"十三五"江苏省高等学校重点教材

供 热 工 程

主编 陈宏振 相里梅琴 张丽娟

中国矿业大学出版社

内 容 提 要

本教材紧紧围绕高职教育的特点，适应高职课程改革的需要，以能力培养为目标、以学生为主体、以教师为主导、以项目为载体，组织编写内容。同时配套了二维码扫描查询、超星平台课程网站、手机网上学习系统、国家级教学资源库学习平台、微课教学视频、动漫演示辅助学习内容。

该书除可作为高等职业技术学院和高等专科学校供热通风与空调专业选用教材外，还可供建筑设备工程技术专业、市政工程专业、从事相关工作的工程技术人员参考。

图书在版编目(CIP)数据

供热工程 / 陈宏振，相里梅琴，张丽娟主编. —徐州：中国矿业大学出版社，2018.9

ISBN 978-7-5646-4171-9

Ⅰ.①供… Ⅱ.①陈… ②相… ③张… Ⅲ.①供热工程—高等职业教育—教材 Ⅳ.①TU833

中国版本图书馆 CIP 数据核字(2018)第 232524 号

书　　名 供热工程
主　　编 陈宏振　相里梅琴　张丽娟
责任编辑 吴学兵
出版发行 中国矿业大学出版社有限责任公司
(江苏省徐州市解放南路　邮编 221008)
营销热线 (0516)83885307　83884995
出版服务 (0516)83885767　83884920
网　　址 http://www.cumtp.com　**E-mail**:cumtpvip@cumtp.com
印　　刷 江苏淮阴新华印刷厂
开　　本 787×1092　1/16　**印张** 19.25　**字数** 480 千字
版次印次 2018 年 9 月第 1 版　2018 年 9 月第 1 次印刷
定　　价 39.00 元

前　言

本教材是江苏省“十三五”高等学校重点教材，是由高等职业技术学院专任教师、现场兼职教师等共同参与编写而成的一本工学结合立体化教材。

本教材以设计、施工验收规范为依据，内容上体现“以能力培养为核心”的指导思想。全书共分10个学习情境、29个学习项目。根据供热通风与空调工程技术专业施工技术员的岗位能力要素，围绕熟读施工图，进行图纸会审和施工技术交底；掌握供暖热负荷、供暖设备、室内外管道、附属设备等内容的选择与校核计算；熟悉施工安装的工艺流程，有效地进行施工过程成品保护、质量自查和验收评定；独立完成施工资料的整理与归档等方面组织教材的编写。

本教材紧紧围绕高职教育的特点，适应高职课程改革的需要，以能力培养为目标、以学生为主体、以教师为主导、以项目为载体，组织编写内容。同时配套了二维码扫描查询、超星平台课程网站、手机网上学习系统、国家级教学资源库学习平台、微课教学视频、动漫演示辅助学习内容。

本教材除可作为高等职业技术学院和高等专科学校供热通风与空调专业选用教材外，还可供建筑设备工程技术专业、市政工程专业、从事相关工作的工程技术人员参考。

本教材由江苏建筑职业技术学院陈宏振、相里梅琴、张丽娟主编。陈宏振负责编写了学习情境三，并对全书进行了统筹；相里梅琴负责编写了学习情境一、二、五；张丽娟负责编写了学习情境四、六、七、八；万智华进行了配套微课录制；辽宁建筑职业学院赵丽丽编写了学习情境九；黑龙江建筑职业技术学院吕君编写了学习情境十；中国建筑第八工程局第三分公司周玫生负责编写了技能训练的内容。

本教材承蒙全国建筑设备类专业教学指导委员会秘书长、山西建筑职业技术学院张炯主审，他结合自己多年的教学和实践经验，提出了许多宝贵意见，在此谨致诚挚的谢意。在编写中引用了供热通风与空调工程技术专业国家教学资源库共享联盟成员单位相关老师的视频、动漫等资源，还参考了许多其他相关资料和书籍，在此一并表示衷心的感谢。

由于编者水平有限，加上国内外供热技术和标准的发展和更新很快，书中如有不妥和错误之处，敬请广大读者批评指正。

编者

2018年9月

目　录

学习情境一　室内供暖系统施工图的识读与绘制

一、职业能力和知识

1．室内供暖系统施工图的识读能力。

2．对照设计规范查找施工图中的错误并提出改进意见的能力。

3．正确绘制室内供暖系统施工图的能力。

4．室内供暖系统施工图的图纸会审与交底能力。

二、工作任务

1．某室内供暖系统施工图的识读。

2．某室内供暖系统平面布置、热媒和系统形式选择。

三、相关实践知识

1．施工图的组成、内容。

2．识读室内供暖系统施工图方法。

四、相关理论知识

1．室内供暖系统的原理、形式、组成及特点。

2．室内供暖系统的布置和敷设。

项目一　热水供暖系统形式的确定

供暖系统根据热媒性质不同，可分为热水供暖系统、蒸汽供暖系统、热风供暖系统和烟气供暖系统等。由于热水供暖系统的热能利用率较高，输送时无效损失较小，散热设备不易腐蚀，使用周期长，且散热设备表面温度低、符合卫生要求，系统操作方便，运行安全，便于进行调节，系统蓄热能力高，散热均衡，适于远距离输送，因此，《民用建筑供暖通风与空气调节设计规范》(GB 50736)规定，民用建筑散热器供暖系统应采用热水作为热媒。

热水供暖系统按循环动力的不同，可分为自然循环供暖系统和机械循环供暖系统。目前应用最广泛的是机械循环热水供暖系统。

本项目内容将主要介绍自然循环和机械循环热水供暖系统的形式和管路的布置。

一、自然循环热水供暖系统

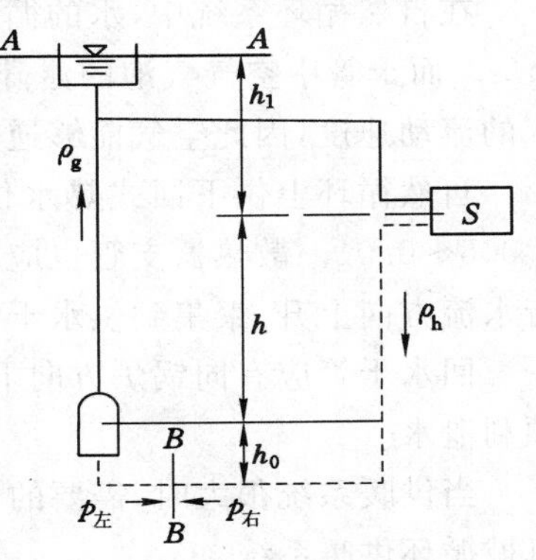

图 1-1　自然循环热水供暖系统工作原理图

图 1-1 为自然循环热水供暖系统的工作原理图。图中假设整个系统有一个加热中心（锅炉）和一个冷却中心

（散热器），用供、回水管路把散热器和锅炉连接起来。在系统的最高处连接一个膨胀水箱，用来容纳水受热膨胀而增加的体积和排除系统内的空气。

在系统工作以前，先将系统内充满水，水在锅炉中被加热后，密度减小，水向上浮升，经供水管道流入散热器。在散热器内热水被冷却，密度增大，水再沿回水管道返回锅炉。

在水的循环流动过程中，供水和回水由于温度差的存在，产生了密度差，系统就是靠供回水的密度差作为循环动力的。这种系统称为自然（重力）循环热水供暖系统。分析该系统循环作用压力时，忽略水在管路中的水冷却，假设水温只是在锅炉和散热器两处发生变化。

假想在循环管路的最低点断面 $A-A$ 处有一阀门，若阀门突然关闭，$A-A$ 断面两侧会受到不同的水柱压力，两侧的水柱压力差就是推动水在系统中循环流动的自然循环作用压力。

左侧压力为：
$$p_{左}=g(h_0\rho_h+h\rho_g+h_1\rho_g)$$
右侧压力为：
$$p_{右}=g(h_0\rho_h+h\rho_h+h_1\rho_g)$$
因为 ρ_h 大于 ρ_g，系统的循环作用压力为
$$\Delta p=p_{右}-p_{左}=gh(\rho_h-\rho_g) \tag{1-1}$$
式中　Δp——自然循环系统的作用压力，Pa；

g——重力加速度，m/s^2；

h——加热中心至冷却中心的垂直距离，m；

ρ_h——回水密度，kg/m^3；

ρ_g——供水密度，kg/m^3。

动画：自然循环热水供暖系统

从式(1-1)中可以看出，自然循环作用压力的大小与供、回水的密度差和锅炉中心与散热器中心的垂直距离有关。低温热水供暖系统，供回水温度一定（如 75 ℃/50 ℃）时，为了提高系统的循环作用压力，应尽量增大锅炉与散热设备之间的垂直距离。但自然循环系统的作用压力都不大，作用半径一般不超过 50 m。自然循环供暖系统比较简单，不消耗电能，水流速小，无噪声，运行和维护管理较为方便。

图 1-2 中(a)、(b) 是自然循环热水供暖系统的两种主要形式。上供下回式系统的供水干管敷设在所有散热器之上，回水干管敷设在所有散热器之下。

在自然循环系统中，水的循环作用压力较小，流速较低，水平干管中水的流速小于 0.2 m/s。而干管中空气气泡的浮升速度为 0.1～0.2 m/s，立管中约为 0.25 m/s，一般超过了水的流动速度，因此空气能够逆着水流方向向高处聚集，通过膨胀水箱排除。

自然循环上供下回式热水供暖系统的供水干管应顺水流方向设下降坡度，坡度值为 0.005～0.01。散热器支管也应沿水流方向设下降坡度，坡度值不小于 0.01，以便空气能逆着水流方向上升，聚集到供水干管最高处设置的膨胀水箱排除。

回水干管应有向锅炉方向下降的坡度，以便于系统停止运行或检修时能通过回水干管顺利泄水。

当供暖系统很大时，需要的作用压力也大，选择自然循环系统满足不了要求，就得采用机械循环供暖系统。

设计注意事项：

(1) 一般情况下，重力循环系统的作用半径不宜超过 50 m。

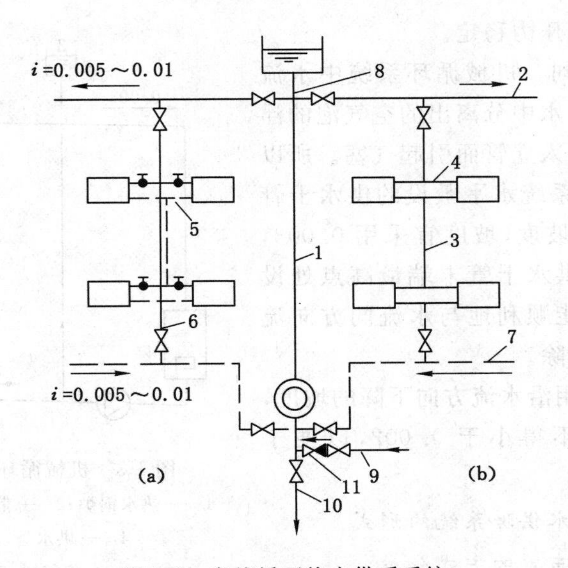

图 1-2　自然循环热水供暖系统

(a) 双管上供下回式系统；(b) 单管上供下回式系统

1——总立管；2——供水干管；3——供水立管；4——散热器供水支管；

5——散热器回水支管；6——回水立管；7——回水干管；8——膨胀水箱连接管；

9——充水管(接上水管)；10——泄水管(接下水道)；11——止回阀

(2) 通常宜采用上供下回式，锅炉位置应尽可能降低，以增大系统的作用压力。如果锅炉中心与底层散热器中心的垂直距离较小，则宜采用单管上供下回式重力循环系统，而且最好是单管垂直串联系统。

(3) 不论采用单管系统还是双管系统，重力循环的膨胀水箱应设置在系统供水总立管顶部(距供水干管顶标高 300～500 mm 处)。供水干管与回水干管均应具有 0.005～0.01 的坡度，坡向膨胀水箱；连接散热器的支管，亦应根据支管的不同长度，具有 0.01～0.02 的坡度，以便使系统中的空气能集中到膨胀水箱而排至大气。

二、机械循环热水供暖系统

(一) 机械循环热水供暖系统的工作原理

机械循环热水供暖系统设置了循环水泵，靠泵的机械能，使水在系统中强制循环。这虽然增加了运行管理费用和电耗，但系统循环作用压力大，管径较小，系统的供热范围可以很大。

图 1-3 为机械循环上供下回式系统，系统中设置了循环水泵、膨胀水箱、集气罐和散热器等设备。现比较机械循环系统与自然循环系统的主要区别：

(1) 循环动力不同。机械循环系统靠水泵提供动力，强制水在系统中循环流动。循环水泵一般设在锅炉入口前的回水干管上，该处水温最低，可避免水泵出现气蚀现象。

(2) 膨胀水箱的连接点和作用不同。机械循环系统膨胀水箱设置在系统的最高处，水箱下部接出的膨胀管连接在循环水泵入口前的回水干管上。其作用除了容纳水受热膨胀而增加的体积外，还能恒定水泵入

动画：机械循环热水供暖系统

口压力，保证供暖系统压力稳定。

(3) 排气方式不同。机械循环系统中水流速度较大，一般都超过水中分离出的空气泡的浮升速度，易将空气泡带入立管而引起气塞。所以机械循环上供下回式系统水平敷设的供水干管应沿水流方向设上升坡度，坡度宜采用 0.003，不得小于 0.002。在供水干管末端最高点处设置集气罐，以便空气能顺利地与水流同方向流动，集中到集气罐处排除。

回水干管也应采用沿水流方向下降的坡度，坡度宜采用 0.003，不得小于 0.002，以便于泄水。

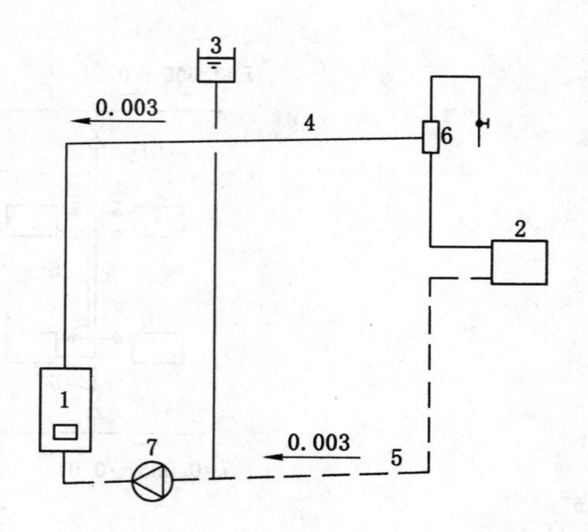

图 1-3 机械循环上供下回式系统

1——热水锅炉；2——散热器；3——膨胀水箱；4——供水管；5——回水管；6——集气罐；7——循环水泵

(二) 机械循环热水供暖系统的形式

1. 按供回水干管布置的方式分类

供暖工程中，按供回水干管布置的方式不同，热水供暖系统可分为图 1-4 所示的上供下回式、上供上回式、下供下回式和下供上回式。另外，还有中供式系统。

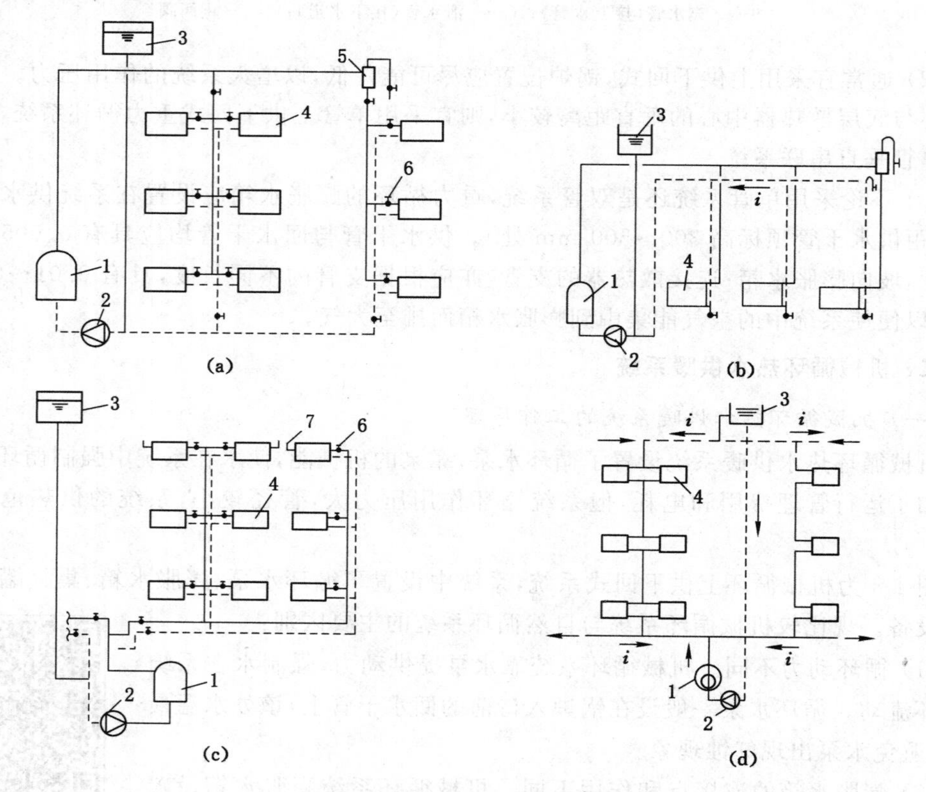

图 1-4 按供、回水方式分类的供暖系统

(a) 上供下回式；(b) 上供上回式；(c) 下供下回式；(d) 下供上回式

1——锅炉；2——循环水泵；3——膨胀水箱；4——散热器；5——集气罐；6——阀门；7——跑风门

(1) 上供下回式系统[图 1-4(a)]的供回水干管分别设置于系统最上面和最下面，布置管道方便，排气顺畅，是用得最多的系统形式。

(2) 上供上回式系统[图 1-4(b)]的供回水干管均位于系统最上面。供暖干管不与地面设备及其他管道发生占地矛盾，但立管消耗管材量增加，立管下面均要设放水阀。该系统形式主要用于设备和工艺管道较多、沿地面布置干管困难的工厂车间。

(3) 下供下回式系统[图 1-4(c)]的供回水干管均位于系统最下面。与上供下回式相比，供水干管无效热损失小、可减轻上供下回式双管系统的垂直失调(沿垂直方向各房间的室内温度偏离设计工况称为垂直失调)。因为上层散热器环路重力作用压头大，但管路亦长，阻力损失大，有利于水力平衡。顶棚下无干管而比较美观，可以分层施工，分期投入使用。底层需要设管沟或有地下室以便于布置两根干管，要在顶层散热器设放气阀或设空气管排除空气。

(4) 下供上回式系统[图 1-4(d)]的供水干管在系统最下面，回水干管在系统最上面。如供水干管在一层地面明设时其热量可加以利用，因而无效热损失小，与上供下回式相比，底层散热器平均温度升高，从而减小底层散热器面积，有利于解决某些建筑物中一层散热器面积过大而难以布置的问题。立管中水流方向与空气浮升方向一致，在上述 4 种系统形式中最有利于排气。当热媒为高温水时，底层散热器供水温度高，回水静压力也大，有利于防止水的汽化。

微课：热水供暖系统形式的确定

(5) 中供式系统。如图 1-5 所示，它是供水干管位于中间某楼层的系统形式。供水干管将系统在垂直方向分为两部分。上半部分系统可为下供下回式系统[图 1-5(a)的上半部分]或上供下回式系统[图 1-5(b)的上半部分]，而下半部分系统均为上供下回式系统。中供式系统可减轻垂直失调，但计算和调节都比较麻烦。

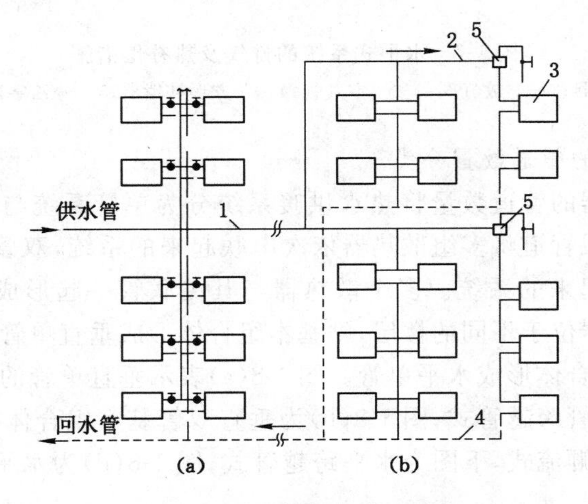

图 1-5　中供式热水供暖系统

1——中部供水管；2——上部供水管；3——散热器；4——回水干管；5——集气罐

2. 按散热器的连接方式分类

按散热器的连接方式将热水供暖系统分为垂直式与水平式系统，如图 1-6 所示。垂直式供暖系统是指不同楼层的各散热器用垂直立管连接的系统，如图 1-6(a)所示；水平式供暖系统是指同一楼层的散热器用水平管线连接的系统，如图 1-6(b)所示。

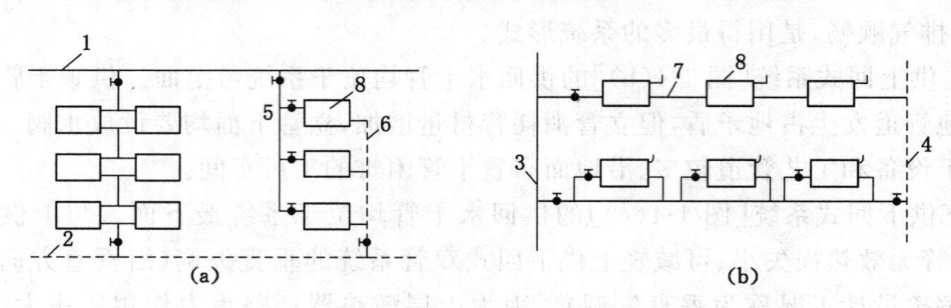

图 1-6　垂直式与水平式供暖系统

(a) 垂直式；(b) 水平式

1——供水干管；2——回水干管；3——水平式系统供水立管；4——水平式系统回水立管；

5——供水立管；6——回水立管；7——水平支路管道；8——散热器

水平式系统可用于公用建筑楼堂馆所等建筑物，用于住宅时便于设计成分户热计量的系统。该系统大直径的干管少，穿楼板的管道少，有利加快施工进度；室内无立管而比较美观；设有膨胀水箱时，水箱的标高可以降低；便于分层控制和调节；用于公用建筑如水平管线过长时容易因胀缩引起漏水。为此要在散热器两侧设乙字弯，每隔几组散热器加乙字弯管补偿器或方形补偿器，水平顺流式系统中串联散热器组数不宜太多。可在散热器上设放气阀或多组散热器用串联空气管来排气，如图 1-7 所示。

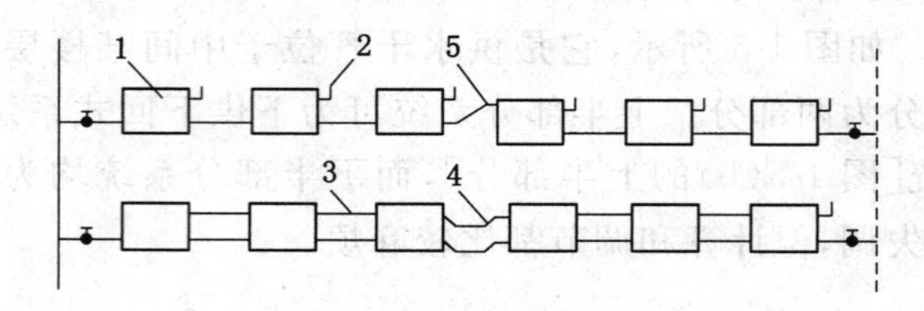

图 1-7　水平式系统的排气及热补偿措施

1——散热器；2——放气阀；3——空气管；4——方形补偿器；5——乙字弯管补偿器

3. 按连接散热器的管道数量分类

按连接相关散热器的管道数量将热水供暖系统分为单管系统与双管系统，如图 1-8 所示。单管系统是用一根管道将多组散热器依次串联起来的系统，双管系统是用两根管道将多组散热器相互并联起来的系统。多个散热器与其关联管一起形成供暖系统的基本组合体。如所关联的散热器位于不同的楼层，则基本组合体形成垂直单管；如所关联的散热器位于同一楼层，则基本组合体形成水平单管。图 1-8(a)表示垂直单管的基本组合体，其左边为单管顺流式，右边为单管跨越管式；图 1-8(b)为垂直双管基本组合体；图 1-8(c)为水平单管组合体，其上图为水平顺流式，下图为水平跨越管式；图 1-8(d)为水平双管组合体。多个基本组合体形成系统。

单管系统节省管材，造价低，施工进度快，顺流单管系统不能调节单个散热器的散热量，跨越管式单管系统采取多用管材(跨越管)、设置散热器支管阀门和增大散热器的代价换取散热量在一定程度上的可调性；单管系统的水力稳定性比双管系统好。如采用上供下回式单管系统，往往底层散热器较大，有时造成散热器布置困难。双管系统可单个调节散热器的散热量，管材耗量大、施工麻烦、造价高，易产生垂直失调。

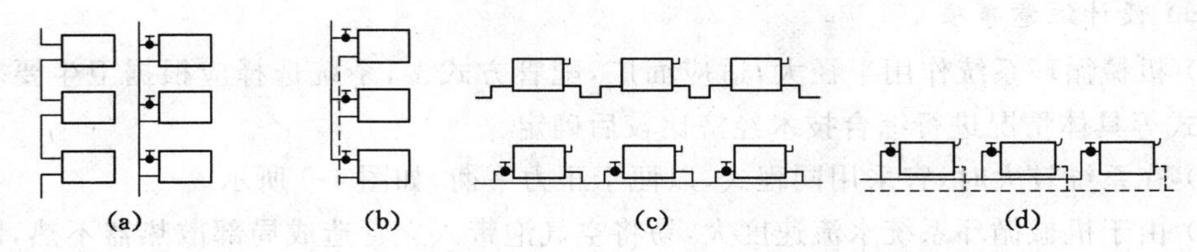

图 1-8　单管系统与双管系统的基本组合体

(a) 垂直单管；(b) 垂直双管；(c) 水平单管；(d) 水平双管

4. 按并联环路水的流程分类

按各并联环路水的流程，可将供暖系统划分为同程式系统与异程式系统，如图 1-9 所示。热媒沿各基本组合体流程相同的系统，即各环路管路总长度基本相等的系统称同程式系统，如图 1-9(a)所示。热媒沿各基本组合体流程不同的系统称为异程式系统，如图 1-9(b)所示。

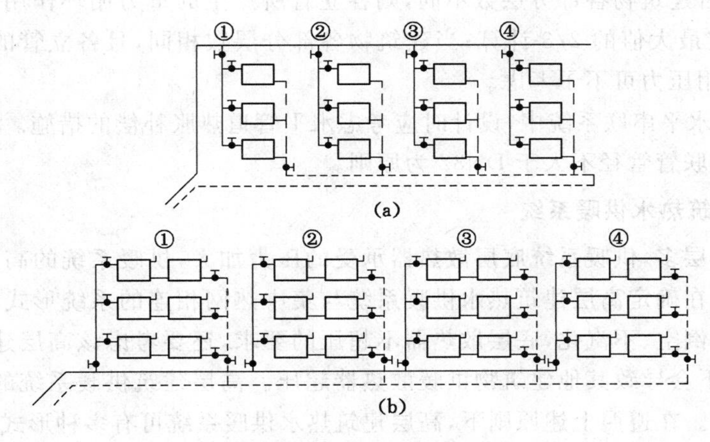

图 1-9　同程式系统与异程式系统

(a) 同程式系统；(b) 异程式系统

水力计算时同程式系统各环路易于平衡，水平失调(沿水平方向各房间的室内温度偏离设计工况叫水平失调)较轻，布置管道合理时耗费管材不多。系统底层干管明设有困难时要置于管沟内。异程式系统能节省管材，降低投资；但由于流动阻力不易平衡，常导致离热力入口近处立管的流量大于设计值，远处立管的流量小于设计值的现象。要力求从设计上采取措施解决远近环路的不平衡问题，如减小干管阻力、增大立支管路阻力、在立支管路上采用性能好的调节阀等。一般把从热力入口到最远基本组合体(如图 1-9 中的基本组合体④)水平干管的展开长度称为供暖系统的作用半径。机械循环系统作用压力大，因此允许阻力损失大，系统的作用半径大。作用半径较大的系统宜采用同程式系统。

根据《民用建筑供暖通风与空气调节设计规范》(GB 50736—2012)第 5.3.2、5.3.4 条，居住建筑室内供暖系统的制式宜采用垂直双管系统或共用立管的分户独立循环双管系统，也可采用垂直单管跨越式系统；公共建筑供暖系统宜采用双管系统，也可采用单管跨越式系统。垂直单管跨越式系统的楼层层数不宜超过 6 层，水平单管跨越式系统的散热器组数不宜超过 6 组。

（三）设计注意事项

(1) 机械循环系统作用半径大，适应面广，配管方式多，系统选择应根据卫生要求和建筑物形式等具体情况进行综合技术经济比较后确定。

(2) 在系统较大时，宜采用同程式，以便于压力平衡，如图 1-9 所示。

(3) 由于机械循环系统水流速度大，易将空气泡带入立管造成局部散热器不热，因此水平敷设的供水干管必须保持与水流方向相反的坡度，以便空气能顺利地与水流同方向集中排除。

(4) 因管道内水的冷却而产生的作用压力，一般可不予考虑；但散热器内水的冷却而产生的作用压力却不容忽视。一般应按下述情况考虑。

双管系统：由于立管本身连接的各层散热器均为并联循环环路，因此必须考虑各层不同的重力作用压力，以避免水力的竖向失调。重力循环的作用压力可按设计水温条件下最大压力的 2/3 计算。

单管系统：若建筑物各部分层数不同，则各立管所产生的重力循环作用压力亦不相同，因此该值也应按最大值的 2/3 计算；当建筑物各部分层数相同，且各立管的热负荷相近似时，重力循环作用压力可不予考虑。

(5) 在单管水平串联系统中，设计时应考虑水平管道热胀补偿的措施。此外，串联环路的大小一般以串联管管径不大于 DN32 为原则。

三、高层建筑热水供暖系统

高层建筑楼层多，供暖系统底层散热器承受的压力加大，供暖系统的高度增加，更容易产生垂直失调。在确定高层建筑热水供暖系统与集中热网相连的系统形式时，不仅要满足本系统最高点不倒空、不汽化，底层散热器不超压的要求，还要考虑该高层建筑供暖系统连到集中热网后，不会导致其他建筑物供暖散热器超压。高层建筑供暖系统的形式还应有利于减轻垂直失调。在遵照上述原则下，高层建筑热水供暖系统可有多种形式。

1. 分区式高层建筑热水供暖系统

分区式高层建筑热水供暖系统是将系统沿垂直方向分成两个或两个以上独立系统的形式，即将系统分为高、低区或高、中、低区，其分界线取决于集中热网的压力工况、建筑物总层数和所选散热器的承压能力等条件。分区式系统可同时解决系统下部散热器超压和系统易产生垂直失调的问题。低区可与集中热网直接或间接连接。高区部分可根据外网的压力选择下述形式。

(1) 高区采用间接连接的系统

高区供暖系统与热网间接连接的分区式供暖系统，如图 1-10 所示。向高区供热的换热站可设在该建筑物的底层、地下室及中间技术层内，还可设在室外的集中热力站内。室外热网在用户处提供的资用压力较大、供水温度较高时可采用高区间接连接的系统。

(2) 高区采用双水箱或单水箱的系统

高区采用双水箱或单水箱的系统如图 1-11 所示。在高区设两个水箱，用泵 1 将供水注入供水箱 3，依靠供水箱 3 与回水箱 2 之间的水位高差[如图 1-11(a)中的 h]或利用系统最高点的压力[如图 1-11(b)所示]，作为高区供暖的循环动力。系统停止运行时，利用水泵出口止回阀使高区与外网供水管断开，高区高静水压力传递不到底层散热器及外网的其他用户。由于回水竖管 6 的管内水高度取决于外网回水管的压力大小，回水箱高度超过了用户所在外网回水管的压力。竖管 6 上部为非满管流，起到了将系统高区与外网分离的作用。室外热网在用户处提供的资用压力较小、供水温度较低时可采用这种系统。该系统简单，省去了设置换热站的费用。但建筑物高区要有放置水箱的地方，建筑结构要承受其载荷。水箱为开式，系统容易进空气，增大了氧化腐蚀的可能。

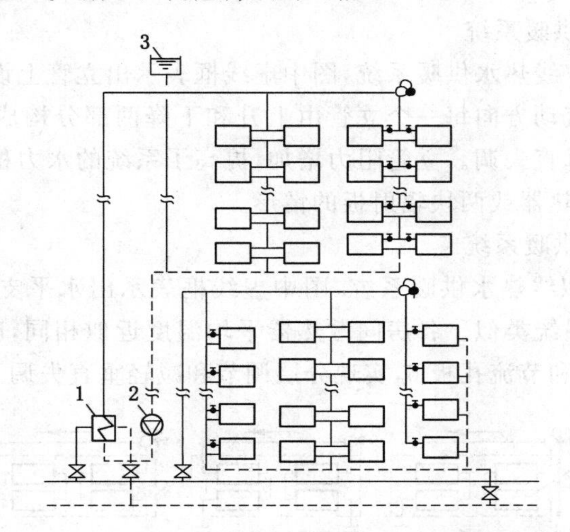

图 1-10　高层建筑分区式供暖系统（高区间接连接）

1——换热器；2——循环水泵；3——膨胀水箱

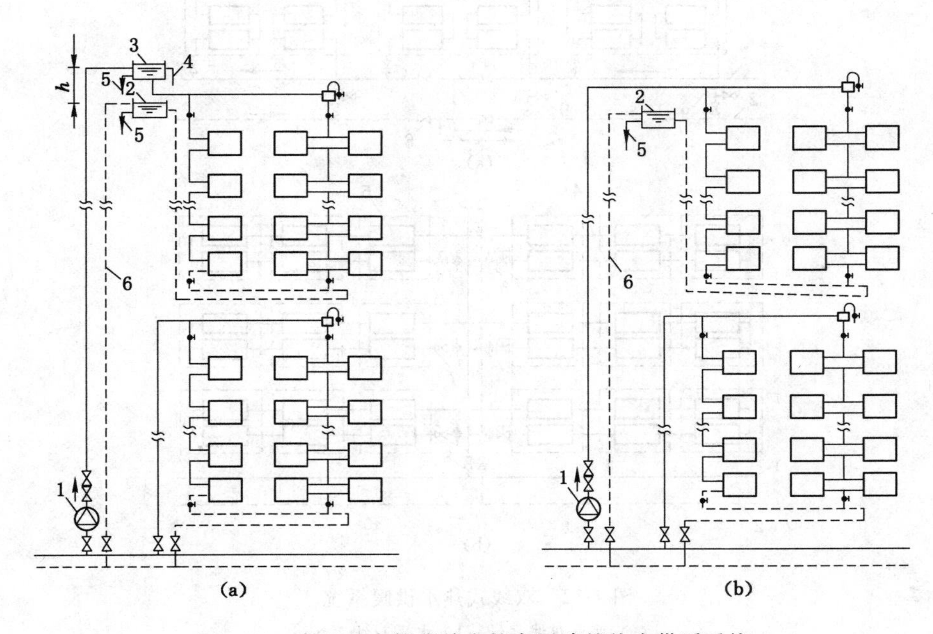

图 1-11　高区双水箱或单水箱高层建筑热水供暖系统

(a) 高区双水箱；(b) 高区单水箱

1——加压水泵；2——回水箱；3——供水箱；4——供水箱溢流管；5——信号管；6——回水箱溢流竖管

此外，还有不在高区设水箱，在供水总管上设加压泵，回水总管上安装减压阀的分区式系统和高区采用下供上回式系统，回水总管上设“排气断流装置”代替水箱的分区式系统。

2. 双线式供暖系统

双线式供暖系统只能减轻系统失调，不能解决系统下部散热器超压的问题。分为垂直双线和水平双线系统(如图 1-12 所示)。

(1) 垂直双线热水供暖系统

图 1-12(a)为垂直双线热水供暖系统，图中虚线框表示出立管上设置于同一楼层一个房间中的散热器，按热媒流动方向每一个立管由上升和下降两部分构成。各层散热器的平均温度近似相同，减轻了垂直失调。立管阻力增加，提高了系统的水力稳定性。适用于公用建筑一个房间设置两组散热器或两块辐射板的情形。

(2) 水平双线热水供暖系统

图 1-12(b)为水平双线热水供暖系统，图中虚线框表示出水平支管上设置于同一房间的散热器，与垂直双线系统类似。各房间散热器平均温度近似相同，减轻水平失调，在每层水平支线上设调节阀 7 和节流孔板 6，实现分层调节和减轻垂直失调。

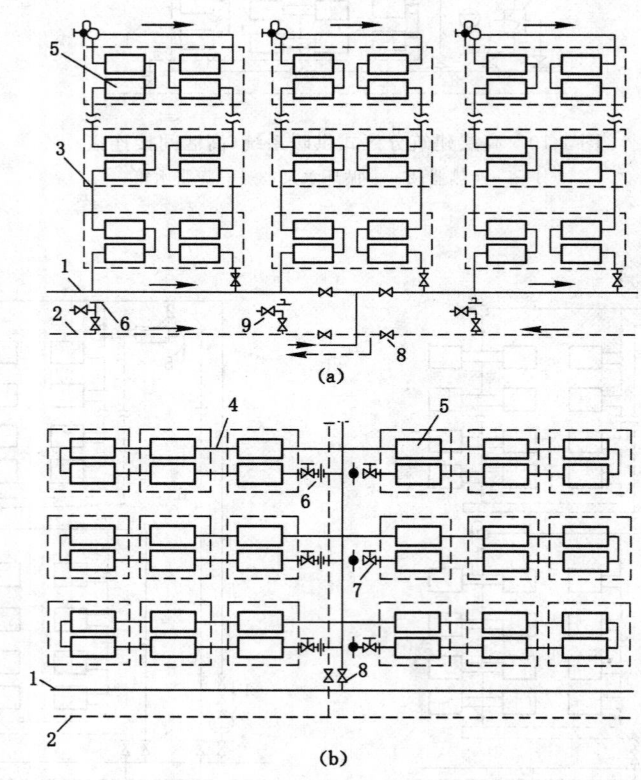

图 1-12 双线式热水供暖系统

(a) 垂直双线系统；(b) 水平双线系统

1——供水干管；2——回水干管；3——双线立管；4——双线水平管；5——散热设备；

6——节流孔板；7——调节阀；8——截止阀；9——排水阀

3. 单双管混合式系统

图 1-13 为单双管混合式系统。该系统中将散热器沿垂向分成组，每组为双管系统，组与组之间采用单管连接。利用了双管系统散热器可局部调节和单管系统可提高系统水力稳定性的优点，减轻了双管系统层数多时，重力作用压头引起的垂直失调严重的倾向，但不能解决系统下部散热器超压的问题。

4. 热水和蒸汽混合式系统

对特高层建筑(例如全高大于 160 m 的建筑)，最高层的水静压力已超过一般的管路附件和设备的承压能力(一般为 1.6 MPa)。可将建筑物沿垂直方向分成若干个区，高区利用蒸汽做热媒向位于最高区的汽水换热器供给蒸汽。低区采用热水作为热媒，根据集中热网的压力和温度决定采用直接连接或间接连接。

如图 1-14 所示，该图中低区采用间接连接。这种系统既可解决系统下部散热器超压的问题，又可减轻垂直失调。

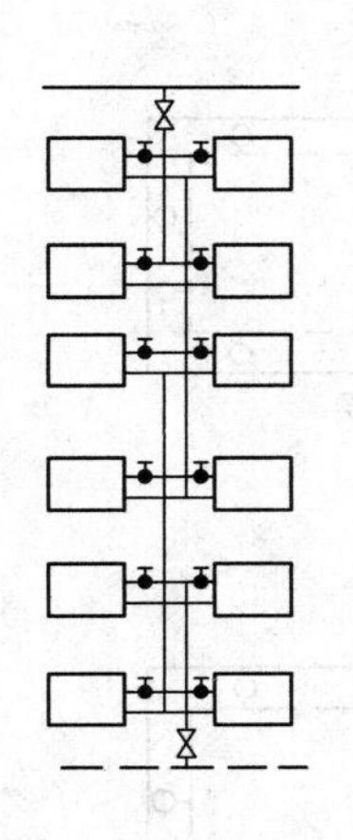

图 1-13　单双管混合式系统

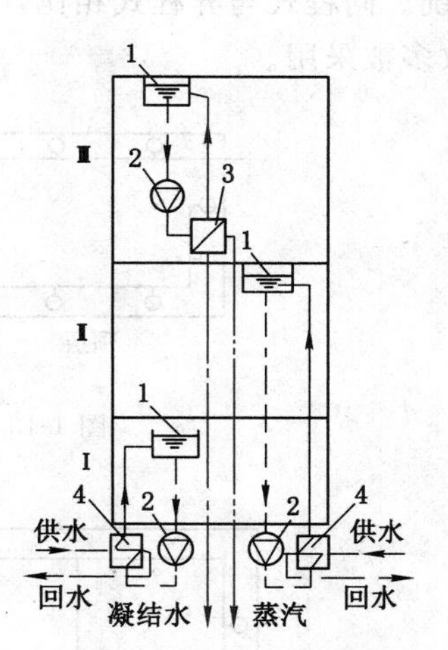

图 1-14　特高建筑热水供暖系统

1——膨胀水箱；2——循环水泵；
3——汽-水换热器；4——水-水换热器

项目二　热水供暖系统管道布置和敷设

一、管道布置的基本原则

管路布置的基本原则是使系统构造简单，节省管材，各个并联环路压力损失易于平衡，便于调节热媒流量、排气、泄水，便于系统安装和检修，以提高系统使用质量，改善系统运行功能，保证系统正常工作。

课件：供暖管路的布置与敷设

布置热水供暖系统管道时，必须要考虑建筑物的具体条件(如平面形状和构造尺寸等)、系统连接形式、管道水力计算方法、室外管道位置或运行等情况，恰当地确定散热设备的位置、管道的位置和走向、支架的布置、伸缩器和阀门的设置、排气和泄水措施等。

设计热水供暖系统时一般先布置散热设备，然后布置干管，再布置立支管。对于系统各个组成部分的布置，既要逐一进行，又要全面考虑，即布置散热设备时要考虑到干管、立支管、膨胀水箱、排气装置、泄水装置、伸缩器、阀门和支架等的布置，布置干管和立支管时也要考虑到散热设备等附件的布置。

二、环路划分

为了合理地分配热量，便于运行控制、调节和维修，应根据实际需要，把整个供暖系统划分为若干个分支环路，构成几个相对独立的小系统，划分时，尽量使热量分配均衡，各并联环路阻力易于平衡，便于控制和调节系统。条件许可时，建筑物供暖系统南北向房间宜分环设置。

下面是几种常见的环路划分方法。

图 1-15 为无分支环路的同程式系统。它适用于小型系统或引入口的位置不易平分成对称热负荷的系统中。图 1-16 为两个分支环路的异程式系统，图 1-17 为两个分支环路的同程式系统。同程式与异程式相比，中间增设了一条回水管和地沟，但两大分环路的阻力容易平衡，故多被采用。

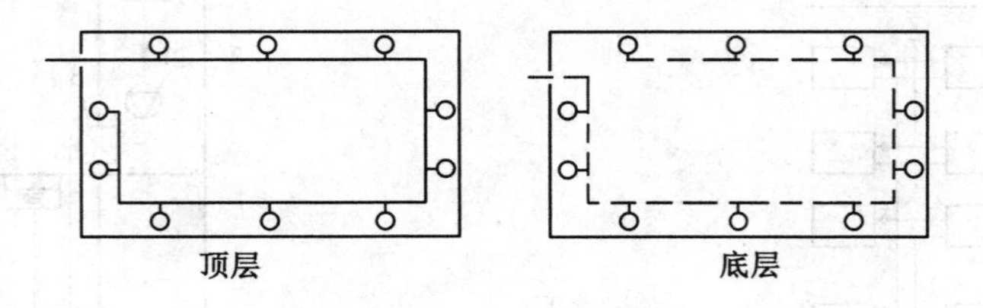

图 1-15　无分支环路的同程式系统

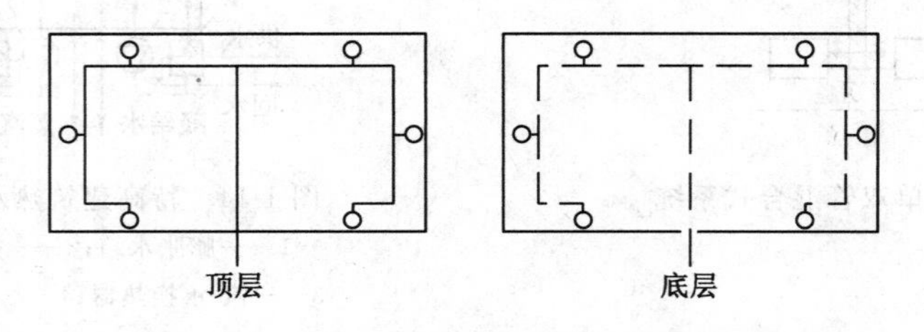

图 1-16　两个分支环路的异程式系统

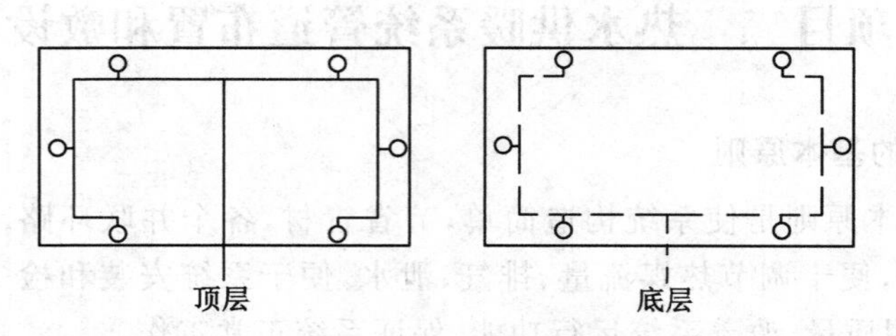

图 1-17　两个分支环路的同程式系统

三、管路敷设要求

室内供暖管道有明装和暗装两种方式。一般民用建筑宜明装，在装饰要求较高的建筑中用暗装。敷设时应考虑以下几点：

(1) 上供下回式系统的顶层梁下和窗顶之间的距离应满足供水干管的坡度和集气罐的设置要求。集气罐应尽量设在有排水设施的房间,以便于排气。在楼板下方敷设的管道应保证一定的坡度,如图 1-18 所示。

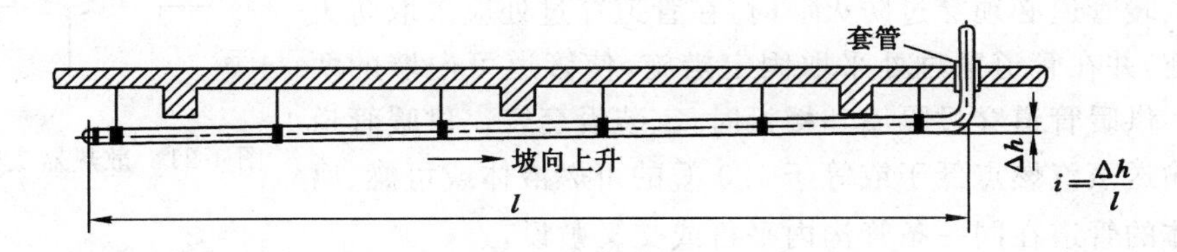

图 1-18　在楼板下方敷设的管道应保证一定的坡度

回水干管如果敷设在地面上,底层散热器下部和地面之间的距离也应满足回水干管敷设坡度的要求。如果地面上不允许敷设或净空高度不够时,应设在半通行地沟或不通行地沟内。

供、回水干管的敷设坡度应满足《民用建筑供暖通风与空气调节设计规范》(GB 50736)的要求。

(2) 管路敷设时应尽量避免出现局部向上凹凸现象,以免形成气塞。在局部高点处,应考虑设置排气装置。局部最低点处,应考虑设置排水阀。

(3) 回水干管过门时,如果下部设过门地沟或上部设空气管,应设置泄水和排空装置。具体做法如图 1-19 和图 1-20 所示。

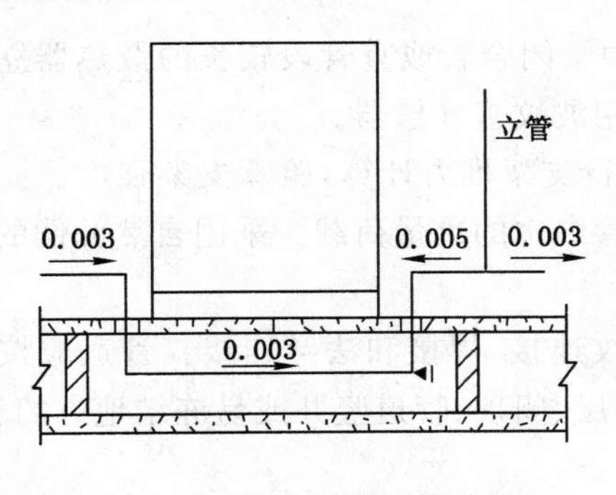

图 1-19　回水干管下部过门

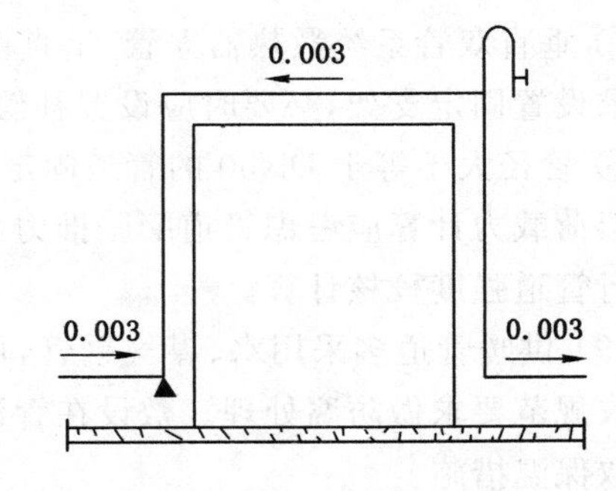

图 1-20　回水干管上部过门

两种做法中均设置了一段反坡向的管道,目的是为了顺利排除系统中的空气。

(4) 立管应尽量设置在外墙角处,以补偿该处过多的热损失,防止该处结露。楼梯间或其他有冻结危险的场所,应单独设置立管,该立管上各组散热器的支管均不得安装阀门。

(5) 室内供暖系统的供水、回水管上应设阀门;划分环路后,各并联环路的起、末端应各设一个阀门,立管的上、下端应各设一个阀门,以便于检修、关闭。

热水供暖系统热力入口处的供水、回水总管上应设置关断阀、温度计、压力表、过滤器及旁通管。应根据水力平衡要求和建筑物内供暖系统的调节方式,选择水力平衡装置;除多个热力入口设置一块共用热量表的情况外,每个热力入口处均应设置热量表,且热量表宜设在回水管上。

(6) 散热器的供、回水支管应考虑避免散热器上部积存空气或下部放水时放不净,应沿水流方向设下降的坡度，坡度不得小于0.01，如图1-21所示。

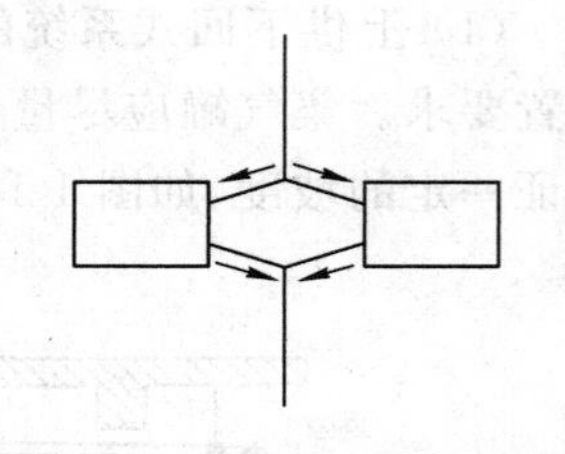

图1-21　散热器支管的坡向

(7) 穿过建筑物基础、变形缝的供暖管道，以及埋设在建筑结构里的立管，应采取防止由于建筑物下沉而损坏管道的措施。当供暖管道必须穿过防火墙时，在管道穿过处应采取防火封堵措施，并在管道穿过处采取固定措施，使管道可向墙的两侧伸缩。供暖管道穿过隔墙和楼板时，宜装设套管。供暖管道不得同输送蒸汽燃点低于或等于120 ℃的可燃液体或可燃、腐蚀性气体的管道在同一条管沟内平行或交叉敷设。

(8) 供暖管道在管沟或沿墙、柱、楼板敷设时，应根据设计、施工与验收规范的要求，每隔一定间距设置管卡或支、吊架。为了消除管道受热变形产生的热应力，应尽量利用管道上的自然转角进行热伸长的补偿，管线很长时，应设补偿器，适当位置设固定支架。

热水供暖供回水管道固定与补偿应符合下列要求：

① 干管管道的固定点应保证管道分支接点由管道胀缩引起的最大位移不大于40 mm；连接散热器的立管应保证管道分支接点由管道胀缩引起的最大位移不大于20 mm。

② 计算管道膨胀量取用的管道安装温度应考虑冬季安装环境温度，宜取0～－5 ℃。

③ 室内供暖系统供回水干管布置应为管道自然补偿创造条件。没有自然补偿条件的系统宜采用波纹管补偿器，补偿器设置位置及导向支架设置应符合产品技术要求。

④ 供暖系统主立管应按要求设置固定支架，必要时应设置补偿器，宜采用波纹管补偿器。

⑤ 垂直双管系统散热器立管、垂直单管系统中带闭合管或直管段较长的散热器立管应按要求设置固定支架，必要时应设置补偿器，宜采用波纹管补偿器。

⑥ 管径大于等于DN50的管道固定支架应进行支架推力计算，验算支架强度。立管固定支架荷载力计算应考虑管道膨胀推力和管道及管内水的重量荷载。采用自然补偿的管段应进行管道强度校核计算。

(9) 供暖管道多采用水、煤气钢管，可采用螺纹连接、焊接和法兰连接。管道应按施工与验收规范要求做防腐处理。敷设在管沟、技术夹层、闷顶、管道竖井或易冻结地方的管道，应采取保温措施。

(10) 供暖系统供水、供汽干管的末端和回水干管始端的管径，不宜小于20 mm。低压蒸汽的供汽干管可适当放大。

(11) 室内供暖管道与电气、燃气管道间距应符合表1-1的规定。

表1-1　室内供暖管道与电气、燃气管道最小净距　单位：mm

热水管	导线穿金属管在上	导线穿金属管在下	电缆在上	电缆在下	明敷绝缘导线在上	明敷绝缘导线在下	裸母线	吊车滑轮线	燃气管
平行	300	100	500	500	300	200	1 000	1 000	100
交叉	200	100	100	100	100	100	500	500	20

室内供暖管道一般应避免设置于管沟内。当必须设置管沟时，应符合下列要求：

① 宜采用半通行管沟，管沟净高应不低于1.2 m，通道净宽应不小于0.6 m。支管连接

处或有其他管道穿越处通道净高宜大于0.5 m。

② 管沟应设置通风孔，通风孔间距不大于20 m。

③ 应设置检修人孔，人孔间距不大于30 m，管沟总长度大于20 m时人孔数不少于2个。检修阀处应设置人孔。人孔不应设置于人流主要通道上、重要房间、浴室、厕所和住宅户内，必要时可将管沟延伸至室外设人孔。

④ 管沟不得与电缆沟、通风道相通。

项目三　供暖系统施工图的识读

一、供暖系统施工图的组成及内容

供暖系统的施工图包括平面图、系统（轴测）图、详图、设计施工说明、目录、图例和设备、材料明细表等。

（1）平面图：是利用正投影原理，采用水平全剖的方法，表示出建筑物各层供暖管道与设备的平面布置。内容包括：

① 标准层平面图：应标明立管位置及立管编号，散热器的安装位置、类型、片数及安装方式。

② 顶层平面图：除了有与标准层平面图相同的内容外，还应标明总立管、水平干管的位置、走向、立管编号及干管上阀门、固定支架的安装位置及型号，膨胀水箱、集气罐等设备的安装位置、型号及其与管道的连接情况。

③ 底层平面图：除了有标准层平面图相同的内容外，还应标明与引入口的位置，供、回管的走向、位置及采用的标准图号（或详图号），回水干管的位置，室内管沟（包括过门地沟）的位置及主要尺寸，活动盖板和管道支架的设置位置。

平面图常用的比例有1∶50、1∶100、1∶200等。

（2）轴测图：又称系统图，是表示供暖系统的空间布置情况，散热器与管道空间连接形式，设备、管道附件等空间关系的立体图。标有立管编号、管道标高、各管段管径、水平干管的坡度、散热器的片数（长度）及集气罐、膨胀水箱、阀件的位置、型号规格等。可了解供暖系统的全貌。比例与平面图相同。

（3）详图：表示供暖系统节点与设备的详细构造及安装尺寸要求。平面图和系统图中表示不清又无法用文字说明的地方，如引入口装置、膨胀水箱的构造、管沟断面、保温结构等可用详图表示。如果选用的是国家标准图集，可给出标准图号，不出详图。

常用的比例是1∶10、1∶50。

（4）设计、施工说明：说明设计图纸无法表示的问题，如热源情况、供暖设计热负荷、设计意图及系统形式、进出口压力差、散热器的种类和形式及安装要求，管道的敷设方式、防腐保温、水压试验要求，施工中需要参照的有关专业施工图号或采用的标准图号等。

二、室内供暖系统施工图的识读

（一）室内供暖图样的画法

1. 平面图样画法

（1）供暖平面图上的建筑物轮廓应与建筑专业图一致。

(2) 管线系统用单线绘制。

(3) 平面图上散热器用图例表示，画法如图 1-22 所示。

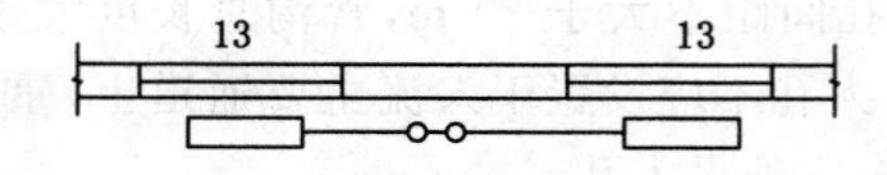

图 1-22 平面图上散热器画法

柱形散热器只标注片数，圆翼形散热器应注明根数、排数，串片式散热器应注明长度、排数(图 1-23)。

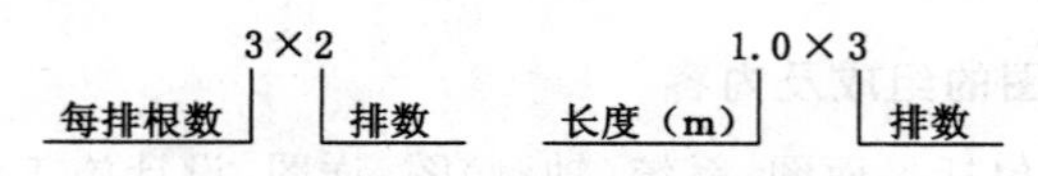

图 1-23 圆翼形、串片式散热器标注法

(4) 散热器的供回水管道画法如图 1-24 所示。

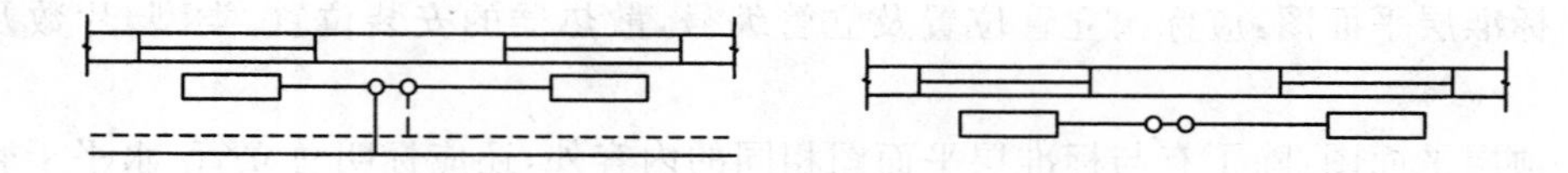

图 1-24 散热器的供回水管道画法

2. 系统图的图样画法

供暖管道系统图通常采用 45°正斜面轴测投影法绘制，布图方法应与平面图一致，并采用与之对应的平面图相同的比例绘制。

(1) 系统图上图样画法及数量、规格的标注如图 1-25 所示。

(2) 系统中的重叠、密集处可断开引入绘制。相应的新断开处宜用相同的小写拉丁字母注明。

(3) 柱形、圆翼形等散热器的数量应标注在散热器内，串片、光面管等散热器的数量、规格应标注在散热器上方。

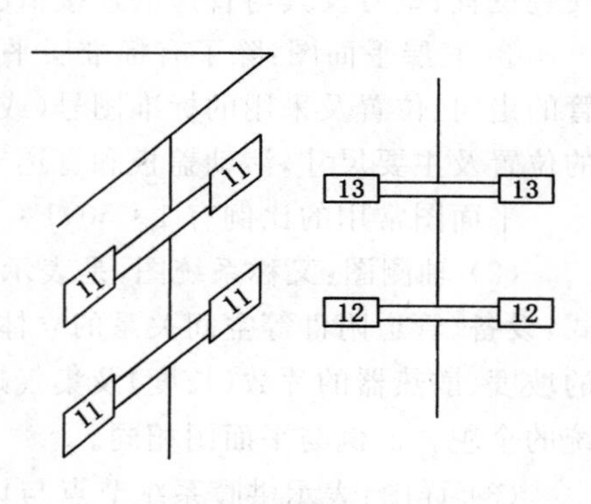

图 1-25 系统图上散热器的画法及标注

3. 标高与坡度

供暖管道在需要限定高度时，应标注相对标高。管道的相对标高以建筑物底层室内地坪(±0.00)为界，低于地坪的为负值，高于地坪的为正值。

(1) 管道标高一般为管中心标高，标注在管段的始端或末端。

(2) 散热器宜标注底标高，同一层、同标高的散热器只标注右端的一组。

(3) 管道的坡度用单面箭头表示，坡度符号用“i”表示。箭头指向低处，箭尾指向高处。

4. 管径与尺寸的标注

(1) 焊接钢管用公称直径 DN 表示管径规格，如 DN15、DN40。

(2) 无缝钢管用外径和壁厚表示，如 D219×7。

(3) 管径标注位置如图 1-26 所示，应标注在变径处。水平管道应标注在管道上方，斜管道应标注在管道斜上方，竖管道应标注在管道左侧。当管道规格无法按上述位置标注时，可另找适当位置标注，但应用引出线示意。同一种管径的管道较多时，可不在图上标注，但需用文字说明。

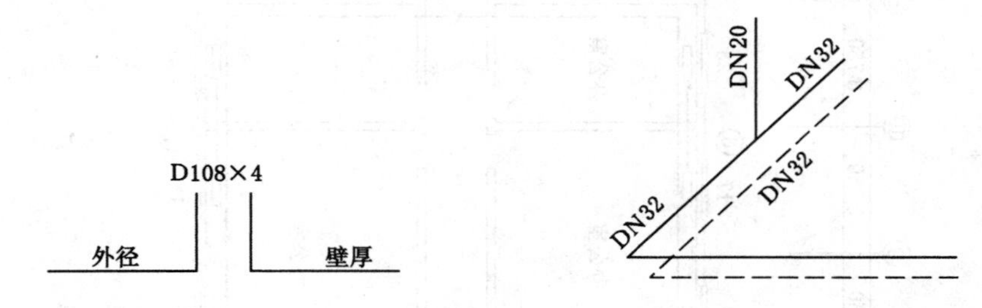

图 1-26　管径标注法

(4) 管道施工图中注有详细的尺寸，以此作为安装制作的主要依据。尺寸符号由尺寸界线、尺寸线、箭头和尺寸数字组成。一般以“mm”为单位，当取其他单位时必须加以注明。

如果有些尺寸线在施工图中注明得不完整，施工、预算时可根据比例用比例尺量出。

5. 比例

图纸中管道的长短与实际大小相比的关系叫比例。一般供暖管道平面图的比例随建筑图确定，系统图随平面图而定，其他详图可适当放大比例。但无论何种比例画出的图纸，图中尺寸均按实际尺寸标注。

6. 供暖施工图的识读

识读施工图时，应将平面图、系统图对照起来。首先看标题栏，了解该工程的名称、图号、比例等，并通过指北针确定建筑物的朝向、建筑层数、楼梯、分间及出入口等情况。然后进一步了解管道、设备的设置情况。

(1) 查明入口的位置、管道的走向及连接，各管段管径的大小要顺热媒流向看，例如供水，由大到小；回水，由小到大。

(2) 了解管道的坡向、坡度，水平管道与设备的标高，以及立管的位置、编号等。

(3) 掌握散热设备的类型、规格、数量、安装方式及要求等。

(4) 要看清图纸上的图样和数据。节点符号、详图等要由大到小、由粗到细认真识读。

三、供暖施工图示例

为更好地了解供暖施工图的组成及主要内容，掌握绘制施工图的方法与技巧，并读懂供暖施工图，现举例加以说明。

图 1-27～图 1-30 为某三层办公楼供暖施工图。该供暖施工图包括一至三层供暖平面图和供暖系统图。比例均为 1∶100。该系统采用机械循环上供下回单管跨越式热水供暖系统，供回水温度 75 ℃/50 ℃。看图时，平面图与系统图要对照来看，从供水管入口开始，沿水流方向，按供水干、立、支管顺序到散热器，再由散热器开始，按回水支管、立管、干管顺序到出口。

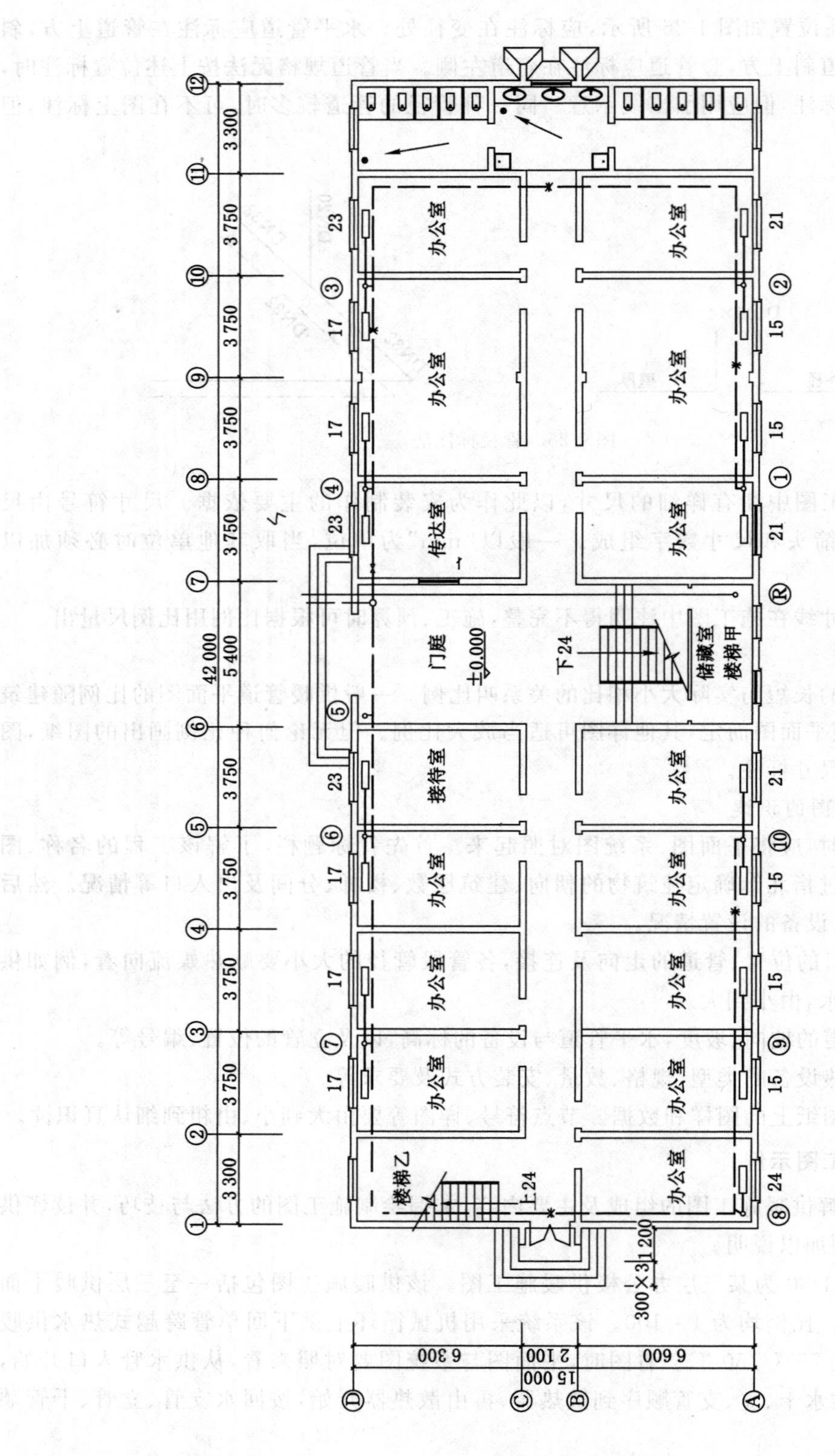

图1-27　一层供暖平面图(1:100)

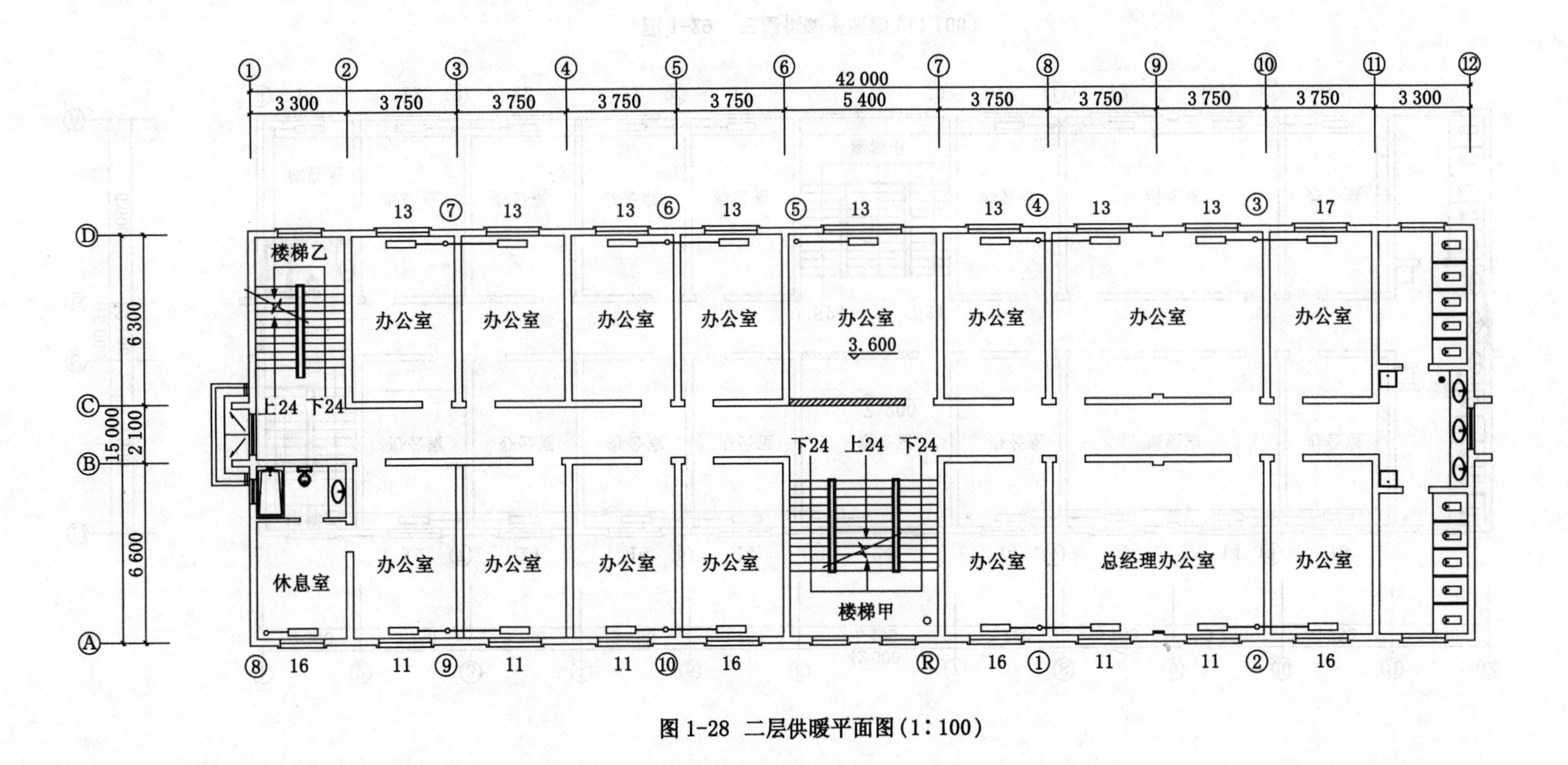

图 1-28 二层供暖平面图(1:100)

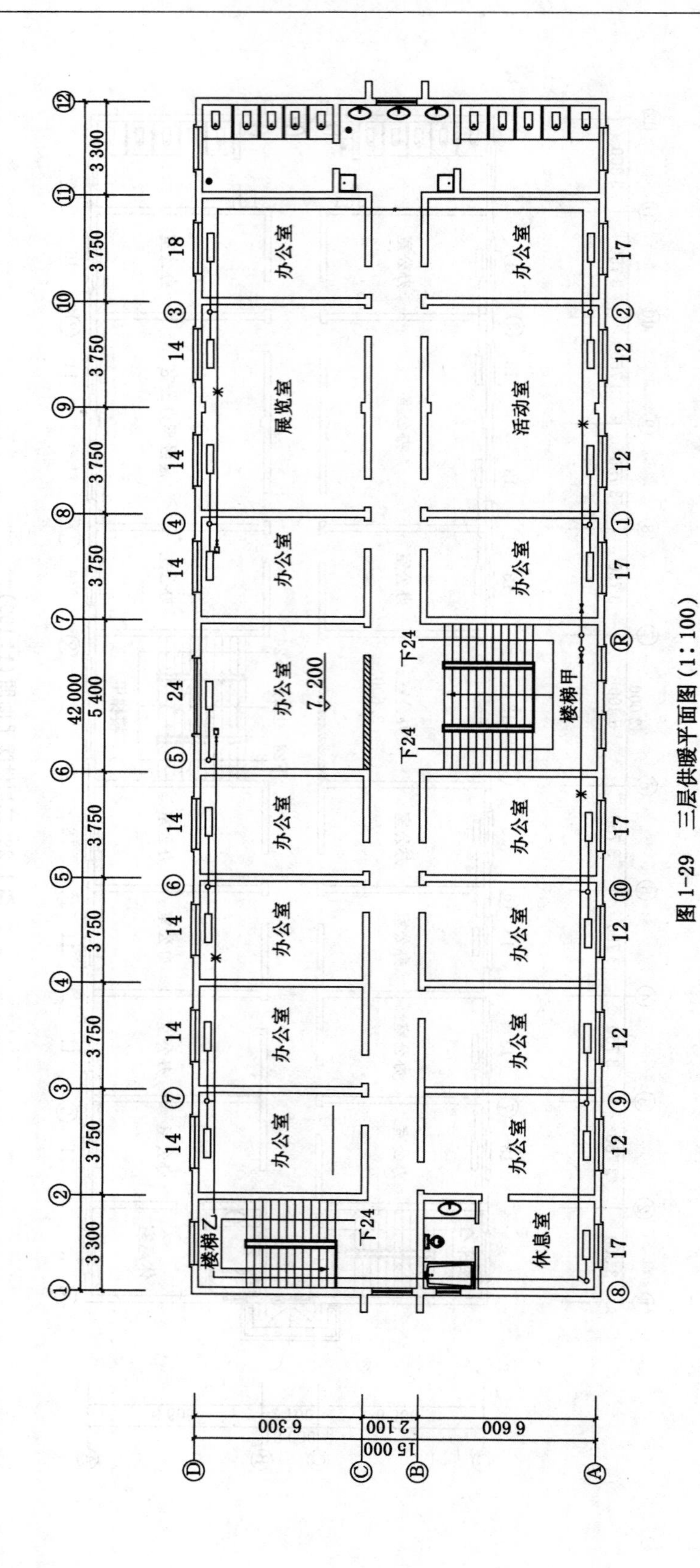

图1-29 三层供暖平面图(1:100)

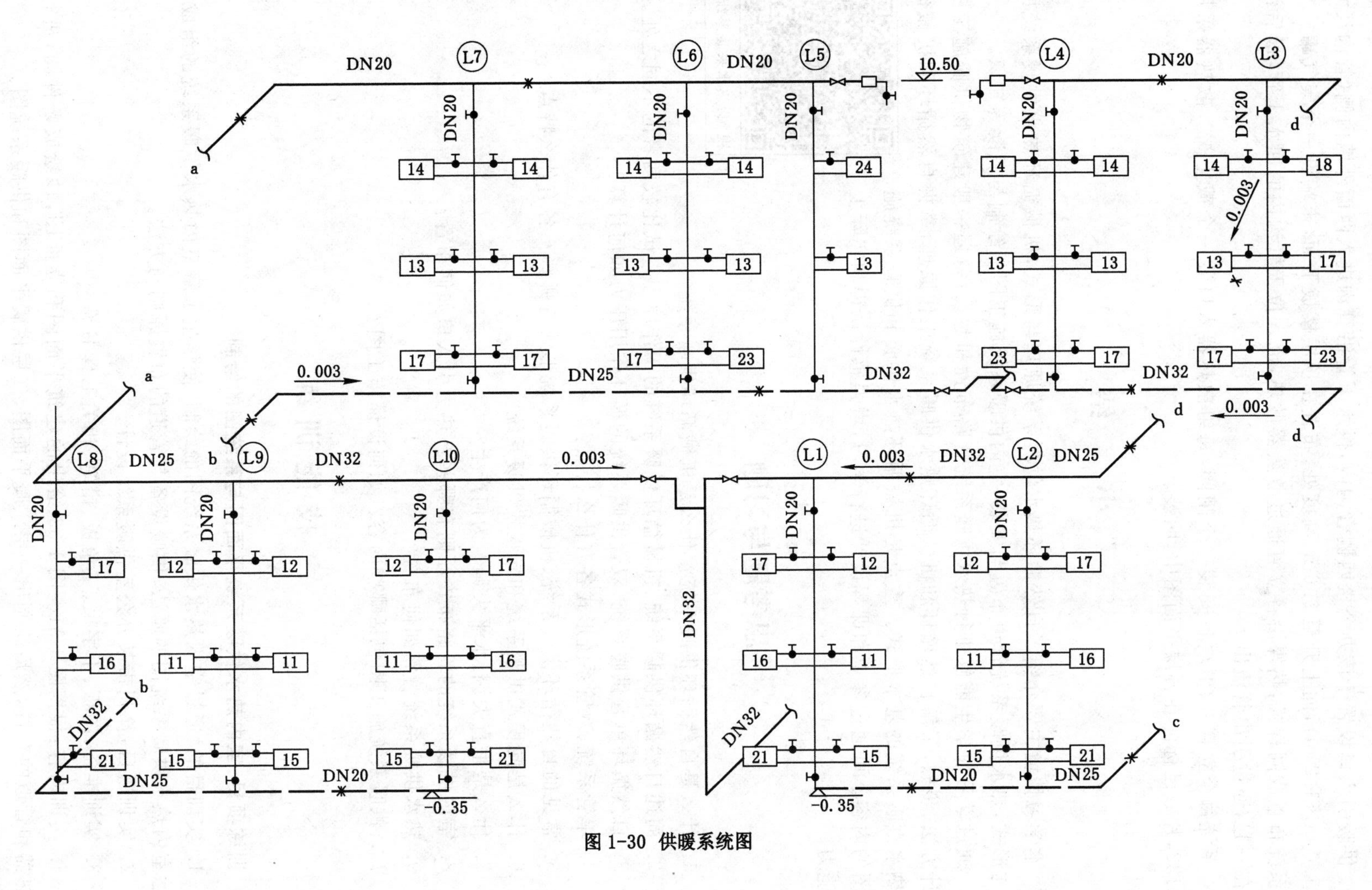

图 1-30　供暖系统图

供暖引入口设置于该办公楼西侧管沟内，供水干管沿管沟进入西面外墙内侧（管沟尺寸为1.0 m×1.2 m），向上升至9.6 m高度处，布置在顶层楼板下面，末端设一个集气罐。整个系统布置成同程式，热媒沿各立管通过散热器散热，流入位于管沟内的回水干管，最后汇集在一起，通过引出管流出。

系统每个立管上、下端各安装一个闸阀，每组散热器入口装一个截止阀。散热器采用M-132，片数已标注在各层平面图中，明装。

小　结

本学习情境主要介绍了自然循环热水供暖系统原理与形式，机械循环热水供暖系统原理与形式，热水供暖系统管道布置与安装，室内供暖系统施工图的绘制与识读等知识。

通过学习使学生能够进行热水供暖系统管路布置和敷设；掌握一般建筑物供暖施工图设计方法、步骤，了解自然循环和机械循环热水供暖系统工作原理，掌握自然循环和机械循环热水供暖系统的基本形式。重点是机械循环热水供暖和供暖系统施工图的内容。可通过参观和课程设计进行学习，增强感性认识和实际工作能力。

视频：热水采暖系统

思考题与习题

1. 什么是自然循环供暖系统？什么是机械循环供暖系统？
2. 简述自然循环供暖系统、机械循环供暖系统的工作原理。试比较两者的不同之处。
3. 自然循环单管供暖系统、双管供暖系统的循环作用压力如何计算？
4. 单管系统、双管系统形式各有什么特点？
5. 常见的自然循环供暖系统、机械循环供暖系统形式有哪些？各有什么特点？
6. 什么是同程式供暖系统和异程式供暖系统？
7. 什么是垂直失调、水平失调？为何产生？
8. 室内供暖系统的管路布置原则有哪些？热力引入口如何布置？
9. 热水供暖系统管路如何布置？
10. 供暖系统施工图包括哪些内容？如何读懂施工图？

技能训练

训练项目：室内热水供暖系统平面图与系统图的绘制

1. 实训目的：通过室内热水供暖系统图的绘制，使学生了解室内热水供暖系统的组成，熟悉室内热水供暖系统图的画法、供暖设备与管道的布置原则与方法。

2. 实训题目：徐州市某办公室供暖系统设计。

3. 实训准备：图板、丁字尺、三角板、铅笔、相关工具书等。

4. 实训内容：根据图1-31～图1-33给出的建筑平面图和立面图，抄绘成条件图，进行散热器和管道的布置，然后绘制出一层供暖平面图、二层供暖平面图和供暖系统图。

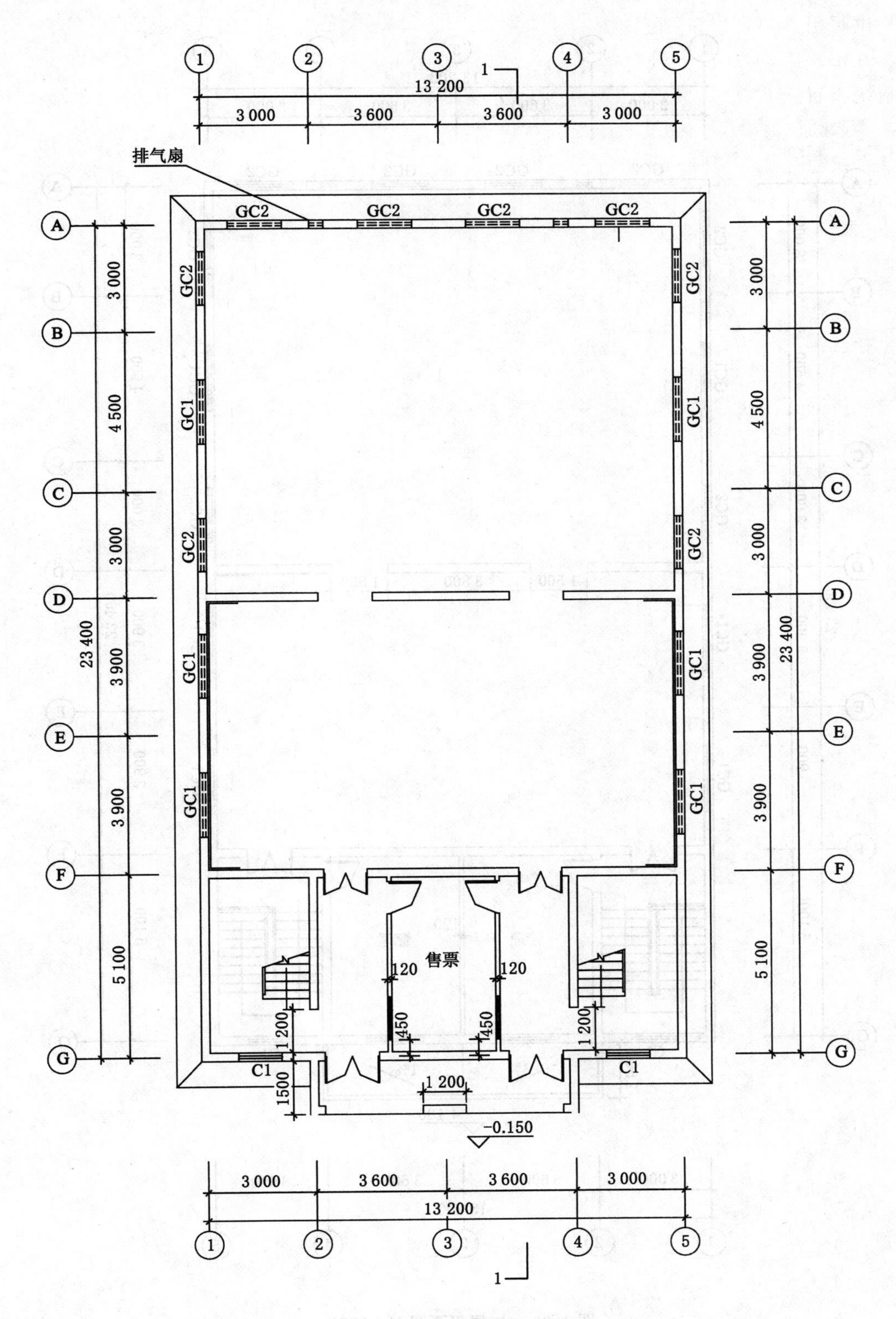

图 1-31　一层平面图(1∶100)

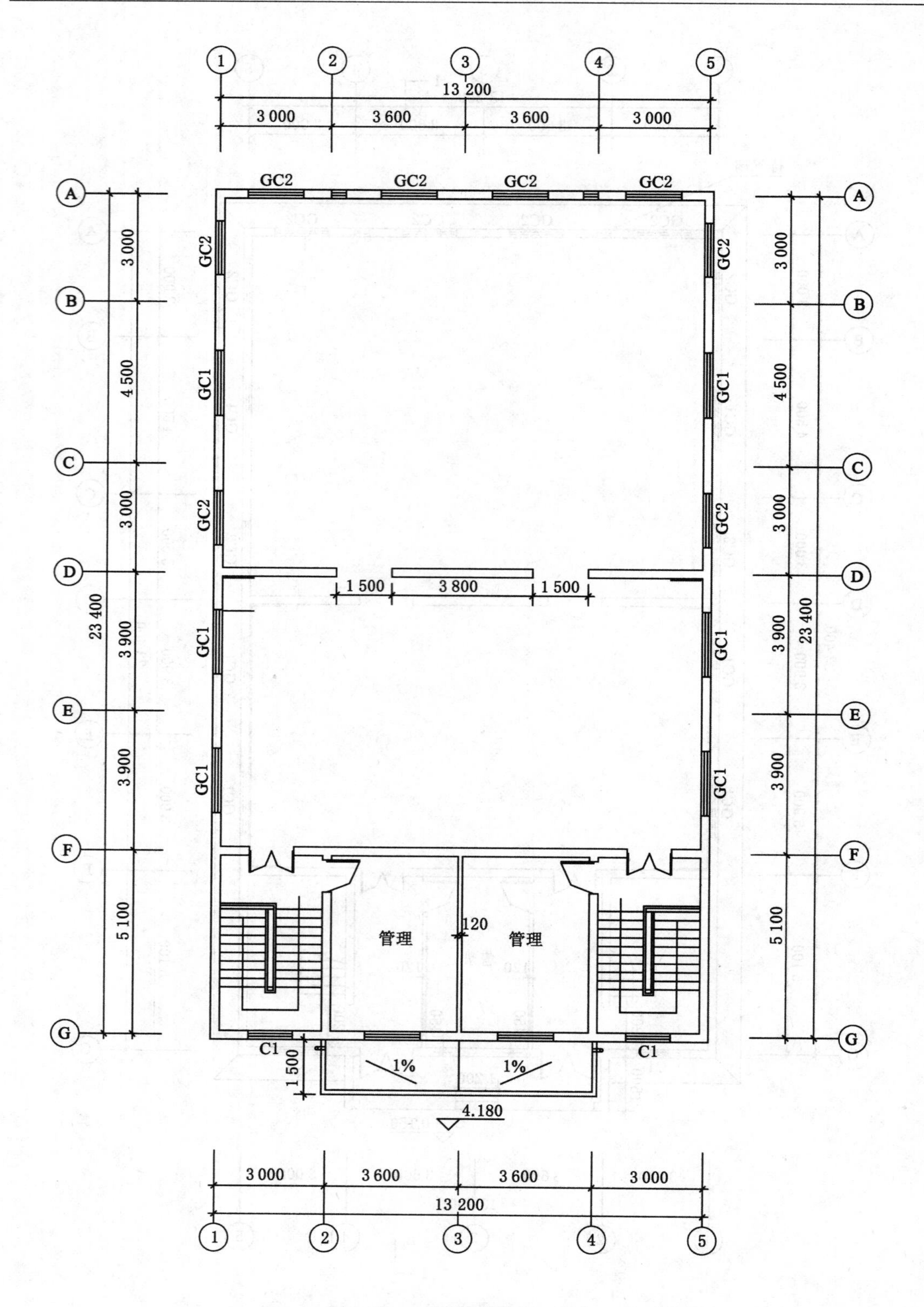

图 1-32　二层平面图(1∶100)

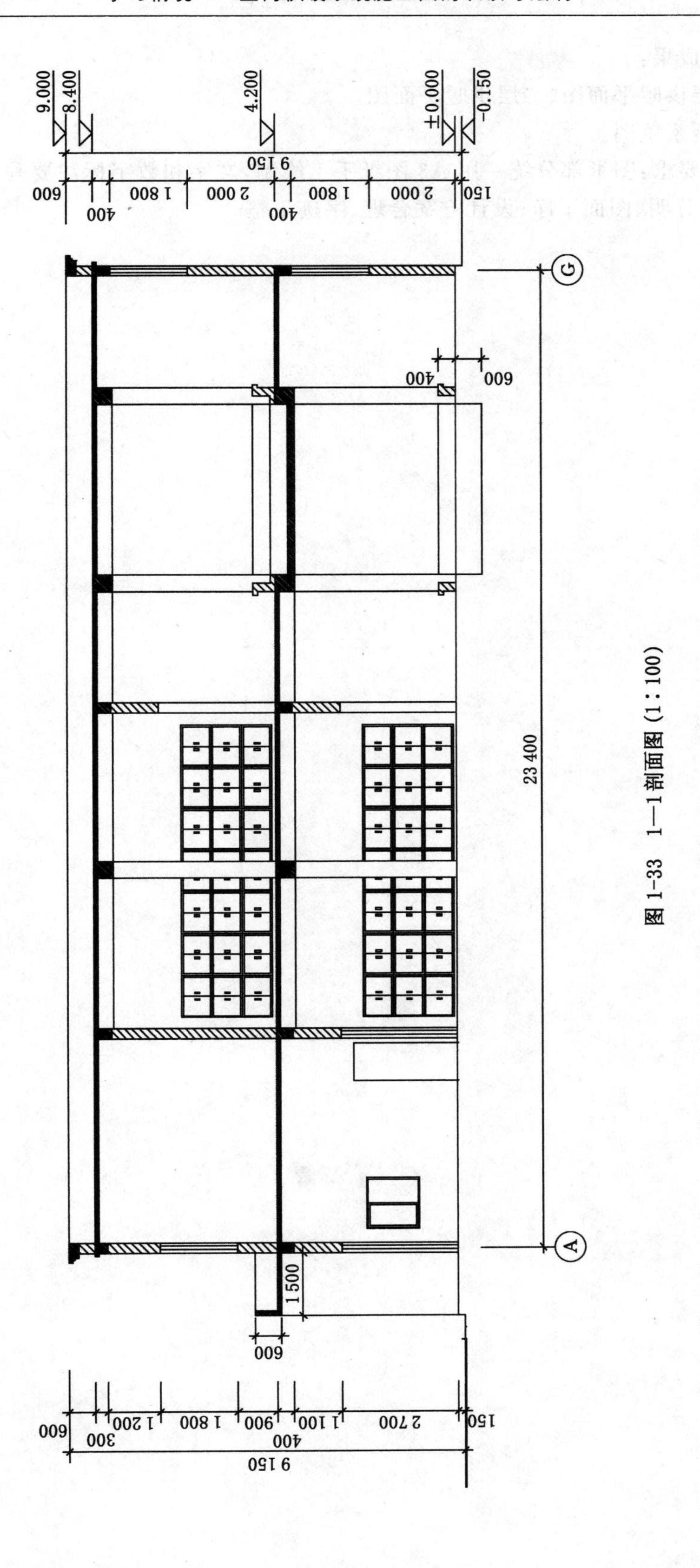

图 1-33　1—1剖面图(1:100)

5. 提交成果：

(1) 一层供暖平面图、二层供暖平面图。

(2) 供暖系统图。

6. 实训要求：图纸部分统一用 A3 图纸手工绘制，文字和数字标注要写仿宋字，要求线条清晰、主次分明、图面干净、设计方案合理、字迹工整。

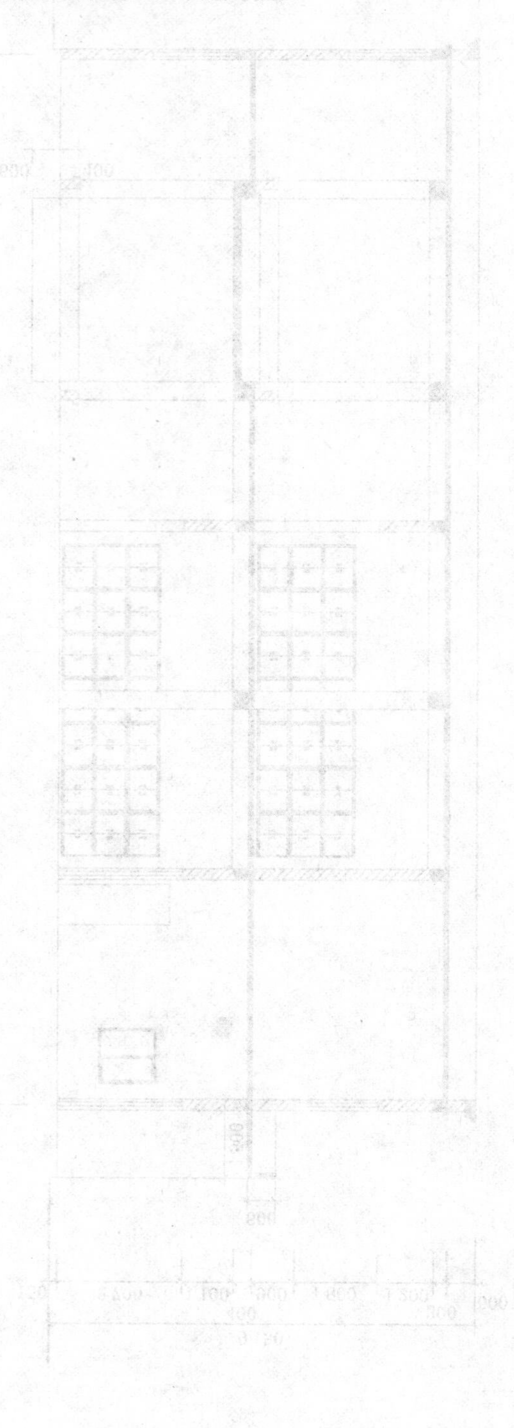

学习情境二　散热器的安装

一、职业能力和知识

1. 确定供暖温度和热媒种类的能力(根据设计手册和国家标准)。
2. 供暖热负荷的计算和进行热负荷估算的能力。
3. 查找并分析设计施工图中存在问题的能力。
4. 进行散热器选择的能力。
5. 布置散热器的能力。
6. 散热器校核计算能力。
7. 进行铸铁柱形散热器组对能力。
8. 进行单组散热器的水压试验的能力。
9. 确定散热器的支、托架数量及位置能力。
10. 进行散热器支、托架安装的能力。
11. 进行散热器安装的能力。
12. 根据施工验收规范进行检查验收的能力。

二、工作任务

1. 某室内供暖热负荷的计算。
2. 某室内供暖系统散热器选择计算。
3. 散热器的安装与质量检验。

三、相关实践知识

1. 铸铁散热器的组对方法。
2. 散热器的水压试验。
3. 散热器的安装。

四、相关理论知识

1. 热负荷计算的方法、步骤。
2. 散热器计算的方法、步骤。

项目一　供暖系统设计热负荷的确定

一、供暖系统设计热负荷计算原理

(一) 供暖系统设计热负荷的定义

人们为了保证正常的生产和生活，要求室内保持一定的温度。一个建筑物或房间可有各种得热和散失热量的途径。当建筑物或房间的失热量大于得热量时，为了保持室内在要求温度下的热平衡，需要由供暖通风系统补给热量，以保证室内要求的温度。供暖系统通常利用散热器向房间散热，通风系统送入高于室内要求温度的空气，这样，一方面向房间不断地补充新鲜空气，另一方面也为房间提供热量。

课件：供暖系统设计热负荷的计算

供暖系统的热负荷是指在某一室外温度 t'_{wn} 下，为了达到要求的室内温度 t_n，供暖系统在单位时间内向建筑物供给的热量。它随着建筑物得失热量的变化而变化。

供暖系统的设计热负荷是指在设计室外温度 t_{wn} 下，为了达到要求的室内温度 t_n，供暖系统在单位时间内向建筑物供给的热量。它是设计供暖系统的最基本依据。

（二）建筑物得热量和失热量

建筑物失热量包括以下几类：

（1）围护结构的耗热量；

（2）加热由外门、窗缝隙渗入室内的冷空气的耗热量，称冷风渗透耗热量；

（3）加热由外门、孔洞及相邻房间侵入的冷空气的耗热量，称冷风侵入耗热量；

（4）水分蒸发的耗热量；

（5）加热由外部运入的冷物料和运输工具的耗热量；

（6）通风耗热量，通风系统将空气从室内排到室外所带走的热量；

（7）通过其他途径的耗热量。

建筑物得热量包括以下几类：

（1）生产车间最小负荷班的工艺设备散热量；

（2）热管道及其他热表面的散热量；

（3）热物料的散热量；

（4）太阳辐射进入室内的热量。

此外，还会有通过其他途径散失或获得的热量。

（三）热负荷确定的基本原则

冬季供暖通风系统的热负荷，应根据建筑物或房间的得、失热量确定。

对于没有由于生产工艺所带来得失热量而需设置通风系统的建筑物或房间（如一般的民用住宅建筑、办公楼等），失热量只考虑上述的前三项耗热量。得热量只考虑太阳辐射进入室内的热量。至于住宅中其他途径的得热量，如人体散热量、炊事和照明散热量，一般散发量不大，且不稳定，通常可不予计入。

对没有装置机械通风系统的建筑物，围护结构的耗热量是指当室内温度高于室外温度时，通过围护结构向外传递的热量。在工程设计中，计算供暖系统的设计热负荷时，常把它分成围护结构的基本耗热量和附加（修正）耗热量两部分进行计算。基本耗热量是指在设计条件下，通过房间各部分围护结构（门、窗、墙、地板、屋顶等）从室内传到室外的稳定传热量的总和。附加（修正）耗热量是指围护结构的传热状况发生变化而对基本耗热量进行修正的耗热量。附加（修正）耗热量包括朝向修正、风力附加、高度附加和外门附加等耗热量。

计算围护结构附加（修正）耗热量时，太阳辐射得热量可采用对基本耗热量附加（减）的方法列入，而风力和高度影响用增加一部分基本耗热量的方法进行附加。本单元主要阐述供暖系统设计热负荷的计算原则和方法。对具有供暖及通风系统的建筑（如工业厂房和公共建筑等)，供暖及通风系统的设计热负荷，需要根据生产工艺设备使用或建筑物的使用情况，通过得失热量的热平衡和通风的空气量平衡综合考虑才能确定。

二、围护结构的基本耗热量

围护结构的传热耗热量是指当室内温度高于室外温度时，通过房间的墙、窗、门、屋顶、地面等围护结构由室内向室外传递的热量。常分为两部分计算，即围护结构的基本耗热量和附加耗热量。

基本耗热量是指在设计的室内外温度条件下通过房间各围护结构稳定传热量的总和。

在工程设计中，围护结构的基本耗热量是按一维稳定传热过程进行计算的，实际上，室内散热设备散热不稳定，室外空气温度随季节和昼夜变化不断波动，这是一个不稳定传热过程。但不稳定传热计算复杂，所以对室内温度容许有一定波动幅度的一般建筑物来说，采用稳定传热计算可以简化计算方法并能基本满足要求。但对于室内温度要求严格、温度波动幅度要求很小的建筑物或房间，就需采用不稳定传热原理进行围护结构耗热量计算，具体计算参考有关资料。

围护结构稳定传热时，基本耗热量计算公式为：

$$Q=KF(t_n-t_{wn})a \tag{2-1}$$

式中　Q——围护结构的基本耗热量，W；

K——围护结构的传热系数，W/(m^2·℃)；

F——围护结构的传热面积，m^2；

t_n——供暖室内计算温度，℃；

t_{wn}——供暖室外计算温度，℃；

a——围护结构的温差修正系数。

整个建筑物或房间围护结构的基本耗热量等于它的围护结构各部分基本耗热量的总和。应该注意，在进行计算时一定要注意单位的统一，通常均要采用法定单位。法定计量单位与习惯用非法定计量换算，见附录2-1。

(一) 供暖室内计算温度 t_n

室内计算温度是指距地面2 m以内人们活动地区的平均空气温度。室内空气温度的选择，应满足人们生活和生产工艺的要求。生产工艺要求的室温，一般由工艺设计人员提出。生活用房间的温度，主要决定于人体的生理热平衡，它和许多因素有关，如与房间的用途、室内的潮湿状况和散热强度、劳动强度以及生活习惯、生活水平等有关。

许多国家所规定的冬季室内温度标准，大致在16～22 ℃范围内。根据国内有关卫生部门的研究结果认为：当人体衣着适宜，保暖量充分且处于安静状况时，室内温度20 ℃比较舒适，18 ℃无冷感，15 ℃是产生明显冷感的温度界限。

《民用建筑供暖通风与空气调节设计规范》(GB 50736)规定，供暖室内设计温度应符合下列规定：

(1) 严寒和寒冷地区主要房间应采用18～24 ℃；

(2) 夏热冬冷地区主要房间宜采用16～24 ℃；

(3) 设置值班供暖房间不应低于5 ℃。

(二) 供暖室外计算温度 t_{wn}

供暖室外计算温度 t_{wn} 如何确定，对供暖系统设计有关键性的影响。如采用过低的 t_{wn}

值，在供暖运行期的绝大部分时间里，使设备能力富裕过多，造成浪费；如采用值过高，则在较长时间内不能保证供暖效果。因此，正确地确定和合理地采用供暖室外计算温度是一个技术与经济统一的问题。

我国使用的统计数据是选取1971年1月1日至2000年12月31日30年的每日4次(2、8、14、20时)定时观测数据为基础进行计算的。我国使用的室外空气计算参数确定方法与国外不同，一般是按平均或累年不保证日(时)数确定，而美国、日本及英国等国家一般采用不保证率的方法，计算参数并不唯一，选择空间较大。虽然国外的方法更灵活，能够针对目标建筑做出不同的选择，但我国的观测设备条件有限，目前还不能够提供所有主要城市30年的逐时原始数据，用1日4次的定时数据计算不保证率的结果与逐时数据的结果是有偏差的；我国供暖室外计算温度是将统计期内的历年日平均温度进行升序排列，按历年平均不保证5天时间的原则对数据进行筛选计算得到。经过几十年的实践证明，在采取连续供暖时，这样的供暖室外计算温度一般不会影响民用建筑的供暖效果。

我国结合国情和气候特点以及建筑物的热工情况等，制定了以日平均温度为统计基础，按照历年室外实际出现的较低的日平均温度低于室外计算温度的时间，平均每年不超过5天的原则，确定供暖室外计算温度的方法。实践证明，只要供热情况有保障，即采取连续供暖或间歇时间不长的运行制度，对于一般建筑物来说，就不会因采用这样的室外计算温度而影响供暖效果。《民用建筑供暖通风与空气调节设计规范》(GB 50736)规定："供暖室外计算温度，应采用历年平均不保证5天的日平均温度"。该供暖室外计算温度选取1971年1月1日至2000年12月31日30年的每日4次(2、8、14、20时)定时观测数据为基础进行计算的。我国北方一些主要城市的供暖室外计算温度 t_{wn} 值，见附录2-2。其他地区的供暖室外计算温度可查有关资料。

(三) 温差修正系数 a 值

计算与大气直接接触的外围护结构的基本耗热量时，所用公式是 $Q=KF(t_n-t_{wn})$。但是，供暖房间的围护结构的外侧有时并不是室外，而中间隔着不供暖的房间或空间。此时通过该围护结构的传热量应为 $Q=KF(t_n-t_h)$。式中 t_h 为传热达到平衡时非供暖房间温度。由于非供暖房间的温度 t_h 较难确定，为了计算方便，工程中可用 $(t_n-t_{wn})a$ 代替 (t_n-t_h) 进行计算。a 值称为围护结构温差修正系数。

围护结构温差修正系数 a 值的大小，取决于非供暖房间或空间的保温性能和透气状况。对于保温性能差和易于室外空气流通的情况，不供暖房间或空间的空气温度 t_h 更接近于室外空气温度，则 a 值更接近于1。围护结构的温差修正系数见表2-1。

表2-1　温差修正系数 a

围护结构特征	a
外墙、屋顶、地面以及与室外相通的楼板等	1.00
闷顶和与室外空气相通的非供暖地下室上面的楼板等	0.90
与有外门窗的不供暖楼梯间相邻的隔墙(1～6层建筑)	0.60
与有外门窗的不供暖楼梯间相邻的隔墙(7～30层建筑)	0.50
非供暖地下室上面的楼板，外墙上有窗时	0.75

续表 2-1

围护结构特征	a
非供暖地下室上面的楼板，外墙上无窗且位于室外地坪以上时	0.60
非供暖地下室上面的楼板，外墙上无窗且位于室外地坪以下时	0.40
与有外门窗的非供暖房间相邻的隔墙	0.70
与无外门窗的非供暖房间相邻的隔墙	0.40
伸缩缝墙、沉降缝墙	0.30
防震缝墙	0.70

此外，与相邻房间的温差大于或等于 5 ℃，或通过隔墙和楼板等的传热量大于该房间热负荷的 10%时，应计算通过隔墙或楼板等的传热量。

（四）围护结构的传热系数 K 值

《民用建筑供暖通风与空气调节设计规范》(GB 50736)规定，设置供暖的建筑物，其围护结构的传热系数应符合国家现行相关节能设计标准的规定。

1. 匀质多层材料(平壁)的传热系数 K 值

一般建筑物的外墙和屋顶都属于匀质多层材料的平壁结构，其传热过程如图 2-1 所示。传热系数 K 值可用下式计算：

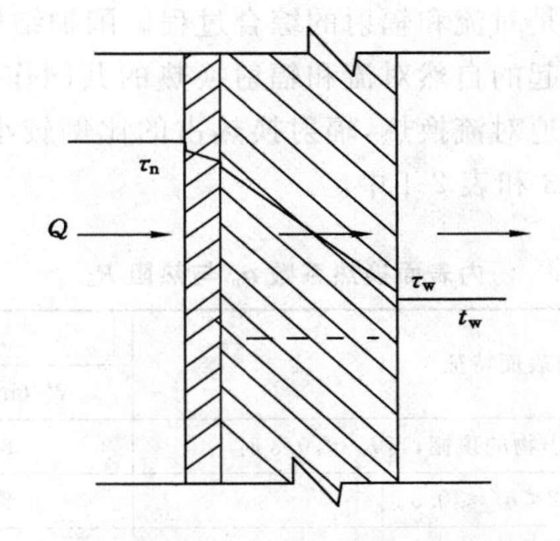

图 2-1　通过围护结构的传热过程

$$K=\frac{1}{R}=\frac{1}{\frac{1}{\alpha_{n}}+\sum\frac{\delta}{\alpha_{\lambda}\cdot\lambda}+R_{K}+\frac{1}{\alpha_{w}}}=\frac{1}{R_{n}+R_{j}+R_{w}} \tag{2-2}$$

式中　K——围护结构的传热系数，W/(m²·℃)；

R——围护结构的传热阻，(m²·℃)/W；

α_n、α_w——围护结构内表面、外表面的换热系数，W/(m²·℃)；

R_n、R_w——围护结构内表面、外表面的热阻，(m²·℃)/W；

δ——围护结构各层材料的厚度，m；

α_λ——材料导热系数修正系数，见表 2-2；

λ——围护结构各层材料的导热系数，W/(m·℃)；

R_j——围护结构本体(包括单层或多层结构材料层及封闭的空气间层)的热阻,$(m^2 \cdot ℃)/W$。

一些常用建筑材料的导热系数 λ 值,可见附录 2-3。

表 2-2　　材料导热系数修正系数 α_λ

材料、构造、施工、地区及说明	α_λ
作为夹心层浇筑在混凝土墙体及屋面构件中的块状多孔保温材料(如加气混凝土、泡沫混凝土及水泥膨胀珍珠岩),因干燥缓慢及灰缝影响	1.60
铺设在密闭屋面中的多孔保温材料(如加气混凝土、泡沫混凝土、水泥膨胀珍珠岩、石灰炉渣等),因干燥缓慢	1.50
铺设在密闭屋面中及作为夹心层浇筑在混凝土构件中的半硬质矿棉、岩棉、玻璃棉板等,因压缩及吸湿	1.20
作为夹心层浇筑在混凝土构件中的泡沫塑料等,因压缩	1.20
开孔型保温材料(如水泥刨花板、木丝板、稻草板等),表面抹灰或混凝土浇筑在一起,因灰浆渗入	1.30
加气混凝土、泡沫混凝土砌块墙体及加气混凝土条板墙体、屋面,因灰缝影响	1.25
填充在空心墙体及屋面构件中的松散保温材料(如稻壳、木、矿棉、岩棉等),因下沉	1.20
矿渣混凝土、炉渣混凝土、浮石混凝土、粉煤灰陶粒混凝土、加气混凝土等实心墙体及屋面构件,在严寒地区,且在室内平均相对湿度超过 65% 的供暖房间内使用,因干燥缓慢	1.15

围护结构表面换热过程是对流和辐射的综合过程。围护结构内表面换热是壁面与邻近空气及其他壁面由于温差引起的自然对流和辐射换热的共同作用,而在围护结构外表面主要是由于风力作用产生的强迫对流换热,辐射换热占的比例较小。工程计算中采用的换热系数和热阻值分别列于表 2-3 和表 2-4 中。

表 2-3　　内表面换热系数 α_n 与热阻 R_n

围护结构内表面特征	α_n W/$(m^2 \cdot ℃)$	R_n $(m^2 \cdot ℃)/W$
墙、地面、表面平整或有肋状突出物的顶棚,当 $h/s \leqslant 0.3$ 时	8.7	0.115
有肋、井状突出物的顶棚,当 $0.2 < h/s \leqslant 0.3$ 时	8.1	0.123
有肋状突出物的顶棚,当 $h/s > 0.3$ 时	7.6	0.132
有井状突出物的顶棚,当 $h/s > 0.3$ 时	7.0	0.143

注:h 为肋高,m;s 为肋间净距,m。

表 2-4　　外表面换热系数 α_w 与热阻 R_w

围护结构外表面特征	α_w W/$(m^2 \cdot ℃)$	R_w $(m^2 \cdot ℃)/W$
外墙和屋顶	23	0.04
与室外空气相通的非供暖地下室上面的楼板	17	0.06
闷顶和外墙上有窗的非供暖地下室上面的楼板	12	0.08
外墙上无窗的非供暖地下室上面的楼板	6	0.17

常用围护结构的传热系数 K 值可直接从有关资料中查得。一些常用围护结构的传热系数 K 值，可见附录 2-4。

2. 由两种以上材料组成的、两向非匀质围护结构的传热系数 K 值

从节能角度出发，采用各种形式的空心砌块或填充保温材料的墙体等日益增多。这种墙体属于由两种以上材料组成的、非匀质围护结构，属于两维传热过程。计算它的传热系数 K 值时，通常采用近似计算方法或实验数据。下面介绍中国建筑科学研究院建筑物理所推荐的一种方法。

首先求出围护结构的平均传热阻：

$$R_{pj}=\left[\left(\frac{F}{\sum_{i=1}^{n}\frac{F_i}{R_i}}\right)-(R_n+R_w)\right]\cdot\varphi \tag{2-3}$$

式中　R_{pj}——平均传热阻，$(m^2\cdot℃)/W$；

F——垂直热流方向的总传热面积，m^2（图 2-2）；

F_i——按平行热流方向划分的各个传热面积，m^2（图 2-2）；

R_i——对应于传热面积 F_i 上的总热阻，$(m^2\cdot℃)/W$；

R_n、R_w——内表面、外表面热阻，$(m^2\cdot℃)/W$；

φ——平均传热阻修正系数，按表 2-5 取值。

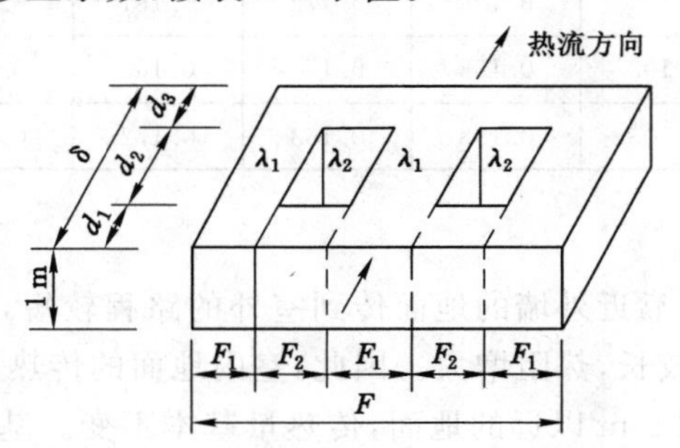

图 2-2　非匀质围护结构传热阻计算图

表 2-5　修正系数 φ 值

序　号	λ_2/λ_1 或 $(\lambda_2+\lambda_3)/(2\lambda_1)$	φ
1	0.09～0.19	0.86
2	0.20～0.39	0.93
3	0.40～0.69	0.96
4	0.70～0.99	0.98

注：① 当围护结构由两种材料组成，λ_2 应取较小值，λ_1 为较大值，φ 由比值 λ_2/λ_1 确定。

② 当围护结构由三种材料组成，φ 值应由比值 $(\lambda_2+\lambda_3)/(2\lambda_1)$ 确定。

③ 当围护结构中存在圆孔时，应先将圆孔折算成同面积的方孔，然后再进行计算。

两向非匀质围护结构传热系数 K 值，再用下式确定：

$$K=\frac{1}{R}=\frac{1}{R_n+R_{pj}+R_w} \tag{2-4}$$

式中　K——围护结构的传热系数，$W/(m^2\cdot℃)$；

R——围护结构的传热阻，$(m^2 \cdot ℃)/W$；

R_n、R_w——围护结构内表面、外表面的热阻，$(m^2 \cdot ℃)/W$；

R_{pj}——平均传热阻，$(m^2 \cdot ℃)/W$。

3. 空气间层传热系数 K 值

在严寒地区和一些高级民用建筑，围护结构内常用空气间层以减少传热量，如双层玻璃、复合墙体的空气间层等。间层中的空气导热系数比组成围护结构的其他材料的导热系数小，增加了围护结构传热阻。空气间层传热同样是辐射与对流换热的综合过程。在间层壁面涂覆辐射系数小的反射材料，如铝箔等，可以有效地增大空气间层的换热阻。对流换热强度与间层的厚度、间层设置的方向和形状及密封性等因素有关。当厚度相同时，热流朝下的空气间层热阻最大，竖壁次之，而热流朝上的空气间层热阻最小。同时，在达到一定厚度后，反而易于对流换热，热阻的大小几乎不随厚度增加而变化了。

空气间层的热阻难以用理论公式确定。在工程设计中，可按表 2-6 的数值计算。

表 2-6　　空气间层热阻 R　　单位：$(m^2 \cdot ℃)/W$

位置、热流状况	间层厚度 δ/cm						
	0.5	1	2	3	4	5	6 以上
热流向下（水平、倾斜）	0.103	0.138	0.172	0.181	0.189	0.198	0.198
热流向上（水平、倾斜）	0.103	0.138	0.155	0.163	0.172	0.172	0.172
垂直空气间层	0.103	0.138	0.163	0.172	0.181	0.181	0.181

4. 地面的传热系数

在冬季，室内热量通过靠近外墙的地面传到室外的路程较短，热阻较小；而通过远离外墙的地面传到室外的路程较长，热阻增大。因此，室内地面的传热系数（热阻）随着离外墙的远近而变化，但在离外墙约 8 m 以远的地面，传热量基本不变。基于上述情况，在工程上一般采用近似方法计算，把地面沿外墙平行的方向分成 4 个计算地带，如图 2-3 所示。

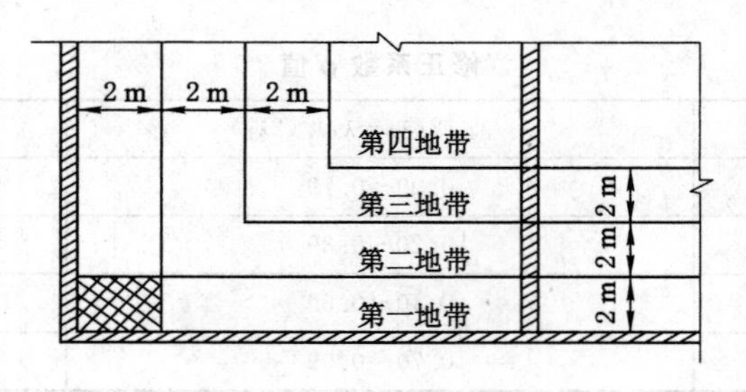

图 2-3　地面传热地带的划分

(1) 贴土非保温地面[组成地面的各层材料导热系数 λ 都大于 1.16 $W/(m \cdot ℃)$]的传热系数及热阻值见表 2-7。第一地带靠近墙角的地面面积（如图 2-3 中的阴影部分）需要重复计算。

工程计算中，也有采用对整个建筑物或房间地面取平均传热系数进行计算的简易方法，具体计算方法可参考有关资料。

表 2-7　　　　非保温地面的传热系数和热阻

地　带	R_0	K_0
	(m²・℃)/W	W/(m²・℃)
第一地带	2.15	0.47
第二地带	4.30	0.23
第三地带	8.60	0.12
第四地带	14.2	0.07

(2) 贴土保温地面[组成地面的各层材料中，有导热系数 λ 小于 1.16 W/(m・℃)的保温层]各地带的热阻值，可按下式计算：

$$R'_0 = R_0 + \sum_{i=1}^{n} \frac{\delta_i}{\lambda_i} \tag{2-5}$$

式中　R'_0——贴土保温地面的热阻，(m²・℃)/W；

R_0——非保温地面的热阻(按表 2-6 取值)，(m²・℃)/W；

δ_i——保温层的厚度，m；

λ_i——保温材料的导热系数，W/(m・℃)。

(3) 铺设在地垄墙(图 2-4)上的保温地面各地带的热阻 R''_0 值，可按下式计算：

$$R''_0 = 1.18R'_0 \tag{2-6}$$

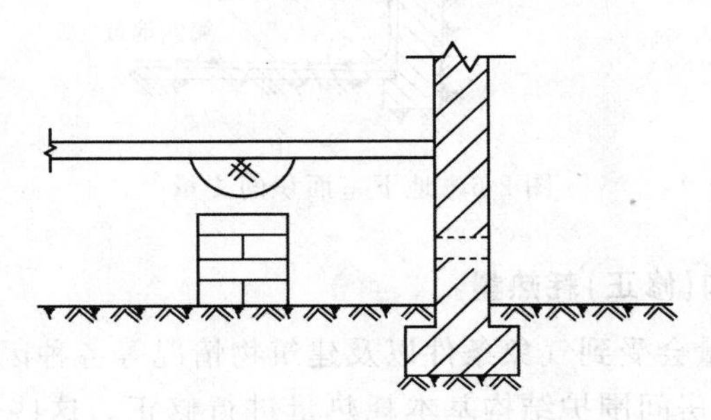

图 2-4　铺设在地垄墙上的地面

(五) 围护结构传热面积的丈量

不同围护结构传热面积的丈量按图 2-5 的规定进行。

外墙面积的丈量，高度从本层地面算到上层的地面(底层除外，如图 2-5 所示)。对平屋顶的建筑物，最顶层的丈量是从最顶层的地面到平屋顶的外表面的高度；而对有闷顶的斜屋面，算到闷顶内的保温层表面。外墙的平面尺寸，应按建筑物外廓尺寸计算。两相邻房间以内墙中线为分界线。

门、窗的面积按外墙外表面上的净空尺寸计算。

闷顶和地面的面积，应按建筑物外墙以内的内廓尺寸计算。对平屋顶，顶棚面积按建筑物外廓尺寸计算。

地下室面积的丈量，位于室外地面以下的外墙，其耗热量计算方法与地面的计算相同，但传热地带的划分，应从与室外地面相平的墙面算起，亦即把地下室外墙在室外地面以下的部分，看作是地下室地面的延伸，如图 2-6 所示。

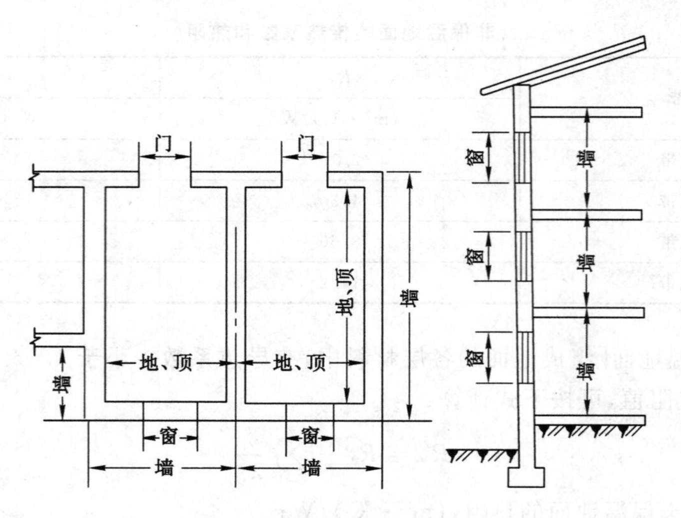

图 2-5　围护结构传热面积的尺寸丈量规则

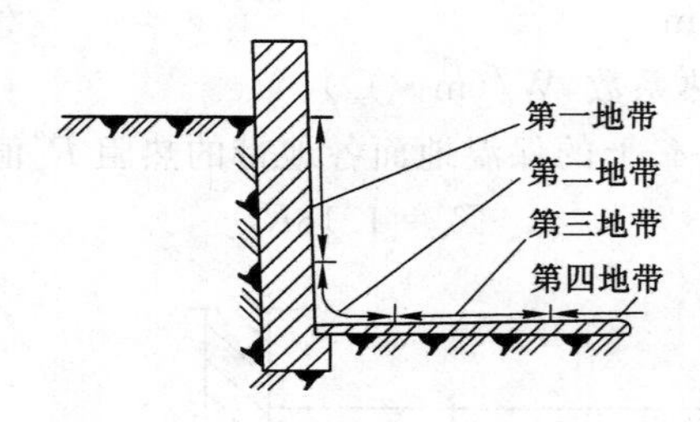

图 2-6　地下室面积的丈量

三、围护结构的附加(修正)耗热量

围护结构实际耗热量会受到气象条件以及建筑物情况等各种因素影响而有所增减。由于这些因素影响,需要对房间围护结构基本耗热量进行修正。这些修正耗热量称为围护结构附加(修正)耗热量。通常按基本耗热量的百分率进行修正。

(一) 朝向修正耗热量

朝向修正耗热量是考虑建筑物受太阳照射影响而对围护结构基本耗热量的修正。当太阳照射建筑物时,阳光直接透过玻璃窗使室内得到热量,同时由于受阳面的围护结构较干燥,外表面和附近空气温度升高,围护结构向外传递热量减少。采用的修正方法是按围护结构的不同朝向,采用不同的修正率。需要修正的耗热量等于垂直的外围护结构(门、窗、外墙及屋顶的垂直部分)的基本耗热量乘以相应的朝向修正率。如图 2-7 所示。

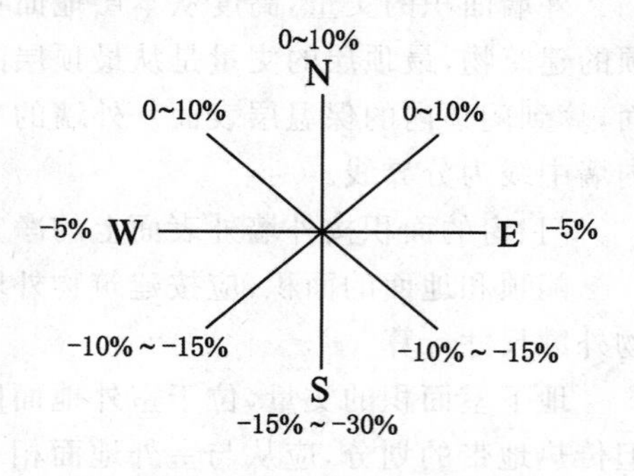

图 2-7　朝向修正百分数

选用上述朝向修正率时,应考虑当地冬季日照率、辐射照度、建筑物使用和被遮挡等情况。对于冬季日照率小于 35％的地区,东南、西南和南向修正率，宜采用－10%～0。东、西向可不修正。

此外，还有一种适于全国各主要城市用的朝向修正率，见附录2-5。使用本附录时，要注意该附录的适用条件与计算条件。

(二) 风力附加耗热量

风力附加耗热量是考虑室外风速变化而对围护结构基本耗热量的修正。在计算围护结构基本耗热量时，外表面换热系数 a_w 是对应风速约为4 m/s的计算值。我国大部分地区冬季平均风速一般为2～3 m/s。因此，在一般情况下，不必考虑风力附加。只对建在不避风的高地、河边、海岸、旷野上的建筑物，以及城镇、厂区内特别高出的建筑物，才考虑垂直的外围护结构附加5%～10%。

(三) 高度附加耗热量

高度附加耗热量是考虑房屋高度对围护结构耗热量的影响而附加的耗热量。

民用建筑和工业辅助建筑物(楼梯间除外)的高度附加率，当房间高度大于4 m时，每高出1 m应附加2%，但总的附加率不应大于15%。计算时应注意：高度附加率，应附加于房间各围护结构基本耗热量和其他附加(修正)耗热量的总和上。

对于多层建筑物的楼梯间，不考虑高度附加。

(四) 外门附加耗热量

外门附加耗热量是考虑建筑物外门开启时，侵入冷空气导致耗热量增大，而对外门基本耗热量的修正。对于短时间开启无热风幕的外门，可以用外门的基本耗热量乘上按表2-8查出的相应的附加率。阳台门不应考虑外门附加。

表2-8　外门附加率

外门布置状况	附加率/%
一道门	65n
两道门(有门斗)	80n
三道门(有两个门斗)	60n
公共建筑和工业建筑的主要出入口	500

注：n——建筑物的楼层数。

四、冷风渗透耗热量

在冬季，建筑物由于室外空气与建筑物内部的竖直贯通通道(如楼梯间、电梯井等)空气之间的密度差形成的热压以及风吹过建筑物时在门窗两侧形成的风压作用下，室外的冷空气通过门、窗等缝隙渗入室内，被加热后逸出。把这部分冷空气从室外温度加热到室内温度所消耗的热量，称为冷风渗透耗热量 Q_2。冷风渗透耗热量，在设计热负荷中占有不小的份额。

影响冷风渗透耗热量的因素很多，如建筑物内部隔断、门窗构造、门窗朝向、室外风向和风速、室内外空气温差、建筑物高低以及建筑物内部通道状况等。总的来说，对于多层(6层及6层以下)的建筑物，由于房屋高度不高，在工程设计中，冷风渗透耗热量主要考虑风压的作用，可忽略热压的影响。对于高层建筑，室外风速会随着高度的增加而增大，热压作用不容忽视。在计算高层建筑冷风渗透耗热量时，则应考虑风压与热压的综合作用。

计算冷风渗透耗热量的常用方法有缝隙法、换气次数法和百分数法。

(一) 缝隙法

缝隙法是计算不同朝向门窗缝隙长度及每米缝隙渗入的冷空气量,进而确定其耗热量的一种方法,是常用的较精确的计算方法。

在工程设计中,多层(6 层或 6 层以下)的建筑物计算冷风渗入耗热量时,主要考虑风压的作用,忽略热压的影响。而高层建筑则应综合考虑风压和热压的综合影响(详见有关资料)。

多层建筑冷空气渗入量 L(m^3/h)可按下式近似计算:

$$L = L_0' l n \tag{2-7}$$

式中 L_0'——不同类型门窗、不同风速下每米缝隙渗入的空气量,m^3/(m·h),可根据当地冬季室外平均风速,按表 2-9 的实验数据采用;

l——门、窗缝隙的计算长度,m;

n——渗透空气量的朝向修正系数。

朝向修正系数 n 是考虑门、窗缝隙处于不同朝向时,由于室外风速、风温、风频的差异,造成不同朝向缝隙实际渗入的空气量不同而引入的修正系数。

我国主要集中供暖城市的 n 值见附录 2-6。

表 2-9 每米门、窗缝隙渗入的空气量 L_0' 单位:m^3/(m·h)

门窗类型	冬季室外平均风速/(m/s)					
	1	2	3	4	5	6
单层木窗	1.0	2.0	3.1	4.3	5.5	6.7
双层木窗	0.7	1.4	2.2	3.0	3.9	4.7
单层钢窗	0.6	1.5	2.6	3.9	5.2	6.7
双层钢窗	0.4	1.1	1.8	2.7	3.6	4.7
推拉铝窗	0.2	0.5	1.0	1.6	2.3	2.9
平开铝窗	0.0	0.1	0.3	0.4	0.6	0.8

注:① 每米外门缝隙渗入的空气量,为表中同类型外窗的两倍。

② 当有密封条时,表中数据可乘以 0.5~0.6 的系数。

加热由门窗缝隙渗入室内的冷空气的耗热量,可按下式计算:

$$Q_2 = 0.28 c_p \rho_{wn} L (t_n - t_{wn}) \tag{2-8}$$

式中 Q_2——由门窗缝隙渗入室内的冷空气的耗热量,W;

c_p——空气的定压比热容,$c_p = 1.01$ kJ/(kg·℃);

ρ_{wn}——供暖室外计算温度下的空气密度,kg/m^3;

L——渗透冷空气量,m^3/h;

t_n——供暖室内计算温度,℃;

t_{wn}——供暖室外计算温度,℃。

(二) 换气次数法

对于多层建筑的渗透空气量,当无相关数据时,可按以下公式计算:

$$L=kV \tag{2-9}$$

式中　V——房间体积，m^3；

k——换气次数（次/h），当无实测数据时，可按表 2-10 采用。

表 2-10　**换气次数**　单位：次/h

房间类型	一面有外窗或门	二面有外窗或门	三面有外窗或门	门厅
k	0.25～0.67	0.5～1.0	1.0～1.5	2

（三）百分数法

工业建筑，加热由门、窗缝隙渗入室内的冷空气的耗热量，可按表 2-11 估算。

表 2-11　**渗透耗热量占围护结构总耗热量的百分率**　单位：%

建筑物高度/m		<4.5	4.5～10.0	>10.0
玻璃窗层数	单层	25	35	40
	单、双层均有	20	30	35
	双层	15	25	30

五、围护结构的最小传热阻与经济传热阻

（一）围护结构最小传热阻与经济传热阻的概念

确定围护结构传热阻时，围护结构内表面温度 τ_n 是一个最主要的约束条件。除浴室等相对湿度很高的房间外，τ_n 值应满足内表面不结露的要求。内表面结露可导致耗热量增大和使围护结构易于损坏。

室内空气温度 t_n 与围护结构内表面温度 τ_n 的温度差还要满足卫生要求。当内表面温度过低，人体向外辐射热过多，会产生不舒适感。根据上述要求而确定的围护结构传热阻，称为最小传热阻。

在一个规定年限内，使建筑物的建造费用和经营费用之和最小的围护结构传热阻，称为围护结构的经济传热阻。建造费用包括围护结构和供暖系统的建造费用。经营费用包括围护结构和供暖系统的折旧费、维修费及系统的运行费（水、电费，工资，燃料费等）。

按经济传热阻原则确定的围护结构传热阻值，要比目前采用的传热阻值大得多。利用传统的砖墙结构，增加其厚度将使土建基础负荷增大、使用面积减少；因而建筑围护结构采用复合材料的保温墙体，将是今后建筑节能的一个重要措施。

（二）最小传热阻的确定

工程设计中，围护结构的最小传热阻应按下式确定：

$$R_{o \cdot min}=\frac{a(t_n-t_w)}{\Delta t_y}R_n \tag{2-10}$$

式中　$R_{o \cdot min}$——围护结构的最小传热阻，(m²·℃)/W；

Δt_y——供暖室内计算温度 t_n 与围护结构内表面温度 τ_n 的允许温差，℃，按表 2-12 选用；

t_w——冬季围护结构室外计算温度，℃。

式(2-10)是稳定传热公式。实际上随着室外温度波动,围护结构内表面温度也随之波动。热惰性不同的围护结构,在相同的室外温度波动下,围护结构的热惰性越大,则其内表面温度波动就越小。

表 2-12　　允许温差 Δt_y 值　　单位:℃

建筑物及房间类别	外墙	屋顶
居住建筑、医院和幼儿园等	6.0	4.0
办公建筑、学校和门诊部等	6.0	4.5
公共建筑(上述指明者除外)和工业企业辅助建筑物(潮湿的房间除外)	7.0	5.5
室内空气干燥的工业建筑	10.0	8.0
室内空气湿度正常的工业建筑	8.0	7.0
室内空气潮湿的公共建筑、生产厂房及辅助建筑物:		
当不允许墙和顶棚内表面结露时	$t_n - t_1$	$0.8(t_n - t_1)$
当仅不允许顶棚内表面结露时	7.0	$0.9(t_n - t_1)$
室内空气潮湿且有腐蚀性介质的生产厂房	$t_n - t_1$	$t_n - t_1$
室内散热量大于 23 W/m³,且计算相对湿度不大于 50%的生产厂房	12.0	12.0

注:① 室内空气干湿程度的区分,应根据室内温度和相对湿度按暖通规范规定确定;
② 与室外空气相通的楼板和非供暖地下室上面的楼板,其允许温差 Δt_y 值可采用 2.5 ℃;
③ t_1——在室内计算温度和相对湿度状况下的露点温度,℃。

冬季围护结构室外计算温度 t_w 按围护结构热惰性指标 D 值分成四个等级来确定,见表 2-13。

表 2-13　　冬季围护结构室外计算温度　　单位:℃

围护结构类型	热惰性指标 D 值	t_w 的取值
Ⅰ	>6.0	$t_w = t_{wn}$
Ⅱ	4.1~6.0	$t_w = 0.6t_{wn} + 0.4t_{p\cdot min}$
Ⅲ	1.6~4.0	$t_w = 0.3t_{wn} + 0.7t_{p\cdot min}$
Ⅳ	≤1.5	$t_w = t_{p\cdot min}$

注:t_{wn},$t_{p\cdot min}$——供暖室外计算温度和累年最低日平均温度,℃。

匀质多层材料组成的平壁围护结构的 D 值,可按下式计算:

$$D = \sum_{i=1}^{n} D_i = \sum_{i=1}^{n} R_i S_i \tag{2-11}$$

式中　R_i——各层材料的热阻,(m²·℃)/W;

S_i——各层材料的蓄热系数,W/(m²·℃)。

当居住建筑、医院、幼儿园、办公楼、学校和门诊部等建筑物的外墙为轻质材料或内侧复合轻质材料时,外墙的最小传热阻应在按式(2-10)计算结果的基础上进行附加。其附加值应按表 2-14 的规定采用。

表 2-14　　　　　　　　　轻质外墙最小传热阻的附加值　　　　　　　　　单位：%

外墙材料与构造	当建筑物在连续供热热网中时	当建筑物在间歇供热热网中时
密度为 800～1 200 kg/m^3 的轻骨料混凝土单一材料墙体	15～20	30～40
密度为 500～800 kg/m^3 的轻混凝土单一材料墙体；外侧为砖或混凝土、内侧复合轻混凝土的墙体	20～30	40～60
平均密度小于 500 kg/m^3 的轻质复合墙体；外侧为砖或混凝土、内侧复合轻质材料（如岩棉、矿棉、石膏板等）墙体	30～40	60～80

（三）提高围护结构传热阻值采取的措施

(1) 采用轻质高效保温材料与砖、混凝土或钢筋混凝土等材料组成的复合结构，轻质保温材料应放在中间。

(2) 采用密度为 500～800 kg/m^3 的轻混凝土和密度为 800～1 200 kg/m^3 的轻骨料混凝土做为单一材料墙体，内外侧宜做水泥砂浆抹面层或其他重质材料饰面层。

(3) 采用多孔黏土空心砖或多排孔轻骨料混凝土空心砌块墙体。

(4) 采用封闭空气层或带有铝箔的空气层。

六、供暖设计热负荷计算例题

【例题 2-1】 图 2-8 为徐州市某办公楼的平面图。试计算一层 101 办公室的供暖设计热负荷。

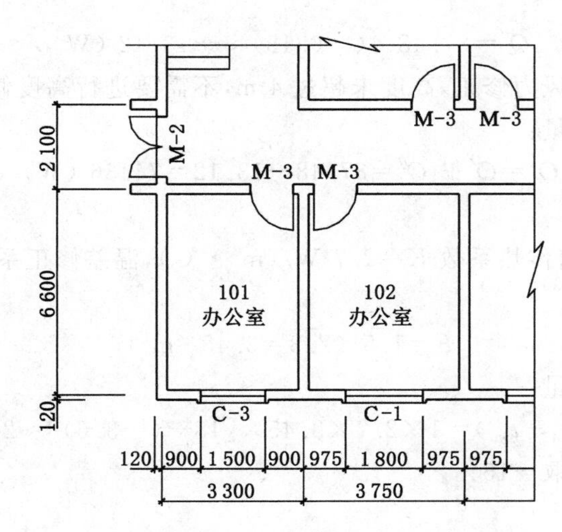

图 2-8　例题 2-1 热负荷计算示意图

注：平面图中外墙以墙体多孔砖中心线进行标注，墙体详细结构及尺寸见已知条件

已知条件：

供暖室外计算温度 $t_{wn}=-3.6$ ℃；冬季室外风速：2.3 m/s。

室内计算温度：办公室 $t_n=18$ ℃，走廊不供暖。

围护结构：

外墙：外保温层为复合岩棉保温板，厚度为 80 mm，导热系数为 0.048 W/(m·℃)，修正系数为 1.30；墙体材料采用煤矸石烧结多孔砖，厚度 240 mm，导热系数为 0.54 W/(m·℃)；内表面为白灰、水泥、砂、砂浆，厚度为 20 mm，导热系数为 0.870 W/(m·℃)。总传热系数为 0.5 W/(m²·℃)，总厚度为 340 mm。

内墙：煤矸石烧结多孔砖，厚度 240 mm，导热系数为 0.54 W/(m·℃)，双面抹灰。传热系数为 1.39 W/(m²·℃)。

外窗：采用中空 Low-E 玻璃(5+12+5)，尺寸为 1 500 mm×2 300 mm，传热系数为 2.7 W/(m²·℃)。采用密封条封窗。

门：M-3 单层内门，尺寸为 900 mm×2 100 mm，传热系数为 2.91 W/(m²·℃)。

层高：3.3 m(从本层地面上表面算到上层地面上表面)。

地面：不保温地面。

解 (1) 围护结构的基本耗热量及附加耗热量 Q_1

① 南外墙

由题意可知：外墙传热系数 $K=0.5$ W/(m²·℃)，温差修正系数 $a=1$

传热面积：

$$F=(3.3+0.2)\times3.3-1.5\times2.3=8.1\ (\mathrm{m^2})$$

南外墙的基本耗热量：

$$Q'=aKF(t_n-t_{wn})=1\times0.5\times8.1\times[18-(-3.6)]=87.48\ (\mathrm{W})$$

南向的朝向修正率取−15%。

朝向修正耗热量：

$$Q''=87.48\times(-0.15)\approx-13.12\ (\mathrm{W})$$

本办公楼不需进行风力修正，高度未超过 4 m，不需要进行高度修正。

南外墙的实际耗热量：

$$Q_1=Q'+Q''=87.48-13.12=74.36\ (\mathrm{W})$$

② 南外窗

由题意可知：南外窗传热系数 $K=2.7$ W/(m²·℃)，温差修正系数 $a=1$

传热面积：

$$F=1.5\times2.3=3.45\ (\mathrm{m^2})$$

南外窗的基本耗热量：

$$Q'=aKF(t_n-t_{wn})=1\times2.7\times3.45\times[18-(-3.6)]\approx201.2\ (\mathrm{W})$$

南向的朝向修正率取−15%。

朝向修正耗热量：

$$Q''=201.2\times(-0.15)\approx-30.18\ (\mathrm{W})$$

南外窗实际耗热量：

$$Q_1=Q'+Q''=201.2-30.18=171.02\ (\mathrm{W})$$

③ 西外墙

由题意可知：外墙传热系数 $K=0.5$ W/(m²·℃)，温差修正系数 $a=1$

传热面积：

$$F=(6.6+0.2)\times3.3=22.44\ (\mathrm{m^2})$$

西外墙的基本耗热量：

$$Q'=aKF(t_n-t_{wn})=1\times0.5\times22.44\times[18-(-3.6)]\approx242.35\ (W)$$

西向的朝向修正率取-10%。

朝向修正耗热量：

$$Q''=242.35\times(-0.1)\approx-24.24\ (W)$$

西外墙的实际耗热量：

$$Q_1=Q'+Q''=242.35-24.24=218.11\ (W)$$

④ 北内墙

由题意可知：内墙的传热系数$K=1.39\ W/(m^2\cdot℃)$

查表2-1，温差修正系数$a=0.7$

传热面积：

$$F=(3.3-0.14)\times3.3-0.9\times2.1\approx8.54\ (m^2)$$

基本耗热量：

$$Q'=aKF(t_n-t_{wn})=0.7\times1.39\times8.54\times[18-(-3.6)]\approx179.48\ (W)$$

内墙不进行朝向修正。

北内墙实际耗热量：

$$Q_1=Q'+Q''=179.48\ (W)$$

⑤ 北内门

由题意可知：北内门的传热系数$K=2.91\ W/(m^2\cdot℃)$

查表2-1，温差修正系数$a=0.7$

传热面积：

$$F=0.9\times2.1=1.89\ (m^2)$$

基本耗热量：

$$Q'=aKF(t_n-t_{wn})=0.7\times2.91\times1.89\times[18-(-3.6)]\approx83.16\ (W)$$

内门不进行朝向修正。

北内门实际耗热量：

$$Q_1=Q'+Q''=83.16\ (W)$$

⑥ 地面(地面划分地带如图2-9所示)

第一地带传热系数$K_1=0.47\ W/(m^2\cdot℃)$

第一地带传热面积：

$$F_1=(3.3-0.14)\times2+(6.6-0.14)\times2=19.24\ (m^2)$$

第一地带传热耗热量：

$$Q_1'=aKF(t_n-t_{wn})=0.47\times19.24\times[18-(-3.6)]\approx195.32\ (W)$$

第二地带传热系数$K_2=0.23\ W/(m^2\cdot℃)$

第二地带传热面积：

$$F_2=(3.3-0.14-2)\times(6.6-0.14-2)\approx5.17\ (m^2)$$

第二地带传热耗热量：

$$Q_2'=aKF(t_n-t_{wn})=0.23\times5.17\times[18-(-3.6)]\approx25.68\ (W)$$

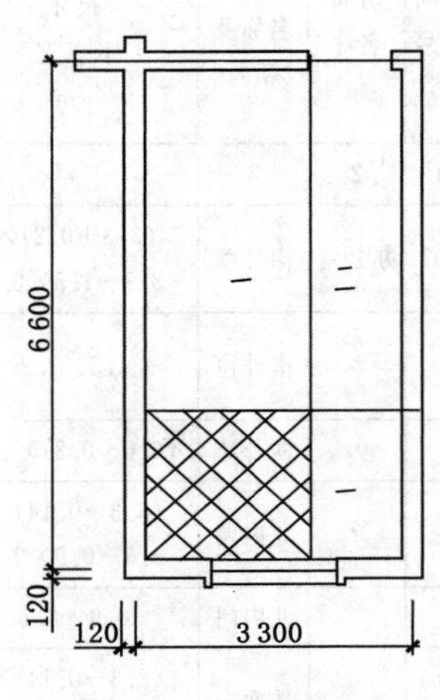

图2-9　划分地带

地面的传热耗热量：

$$Q_1=Q_1'+Q_2'=195.32+25.68=221\ (\mathrm{W})$$

101 办公室围护结构的总传热耗热量为：

$$Q_1=74.36+171.02+218.11+179.48+83.16+221=947.13\ (\mathrm{W})$$

(2) 冷风渗透耗热量

按缝隙法计算：

南外窗，如图 2-10 所示。

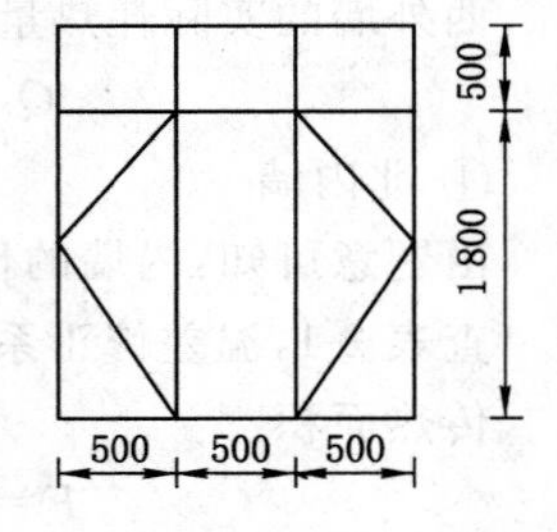

图 2-10　窗缝长度(南)

外窗为 3 扇，带上亮，2 侧窗扇可开启，中间 1 扇固定。

外窗(2 个)缝隙总长度为：

$$l=1.8\times4+0.5\times4=9.2\ (\mathrm{m})$$

查表 2-9，在 $v=2.3$ m/s 的风速下双层钢窗每米缝隙每小时渗入的冷空气量为 2.07 $\mathrm{m^3/(m\cdot h)}$(利用内插法计算而得)。

由于采用密封条封窗，渗入量减小为原来的 60%：

$$L_0'=2.07\times0.6=1.242\ [\mathrm{m^3/(m\cdot h)}]$$

根据 $t_{wn}=-3.6$ ℃，得 $\rho_{wn}=1.31\ \mathrm{kg/m^3}$

查附录 2-7 得：南向朝向修正系数 $n=0.20$

按式(2-8)计算南外窗的冷空气渗入量：

$$L=L_0'ln=1.242\times9.2\times0.2\approx2.29\ (\mathrm{m^3/h})$$

南外窗的冷风渗透耗热量为：

$$Q_2=0.28c_p\rho_{wn}L(t_n-t_{wn})=0.28\times1.01\times1.31\times2.29\times[18-(-3.6)]\approx18.32\ (\mathrm{W})$$

(3) 101 办公室热负荷 Q

$$Q=Q_1+Q_2=947.13+18.32=965.45\ (\mathrm{W})$$

101 办公室热负荷计算详见表 2-15。

表 2-15　房间热负荷计算

房间编号	房间名称	围护结构			室内计算温度/℃	室外计算温度/℃	计算温度差/℃	温度修正系数 a	围护结构传热系数 K/[W/(m²·℃)]	基本耗热量 q/W	附加率/%			实际耗热量 Q/W
		名称及朝向	尺寸 长×宽 /m	面积 F/m²							朝向	风力	外门	
1	2	3	4	5	6	7	8	9	10	11	12	13	14	15
101	办公室	南外墙	(3.3+0.2)×3.3−1.5×2.3	8.1	18	−3.6	21.6	1	0.5	87.48	−15			74.36
		南外窗	1.5×2.3	3.45					2.7	201.20	−15			171.02
		西外墙	(6.6+0.2)×3.3	22.44					0.5	242.35	−10			218.11
		北内墙	(3.3−0.14)×3.3−0.9×2.1	8.54				0.7	1.39	179.48				179.48
		北内门	0.9×2.1	1.89				0.7	2.91	83.16				83.16
		地面一	(3.3−0.14)×2+(6.6−0.14)×2	19.24					0.47	195.32				195.32

续表 2-15

房间编号	房间名称	围护结构			室内计算温度/℃	室外计算温度/℃	计算温度差/℃	温度修正系数 a	围护结构传热系数 K/[W/(m²·℃)]	基本耗热量 q/W	附加率/%			实际耗热量 Q/W
		名称及朝向	尺寸 长×宽 /m	面积 F/m²							朝向	风力	外门	
		地面二	(3.3−0.14−2)×(6.6−0.14−2)	5.17					0.23	25.68				25.68
	围护结构耗热量													947.13
	冷风渗透耗热量													18.32
房间总耗热量														965.45

项目二　散热器的选择

一、对散热器的要求

散热器是供暖系统重要的、基本的组成部件。热媒通过散热器向室内供热达到供暖的目的。散热器的正确选用涉及系统的经济指标和运行效果。对散热器的基本要求，主要有以下几点：

(1) 热工性能方面的要求

散热器的传热系数 K 值越高，散热性能越好。提高散热器的散热量，增大散热器传热系数的方法，可以采用增加外壁散热面积（在外壁上加肋片）、提高散热器周围空气流动速度和增加散热器向外辐射强度等途径。

(2) 经济方面的要求

散热器传给房间的单位热量所需金属耗量越少，成本越低，其经济性越好。散热器的金属热强度是衡量散热器经济性的一个标志。金属热强度是指散热器内热媒平均温度与室内空气温度差为 1 ℃时，每千克散热器单位时间所散出的热量，即

$$q=\frac{K}{G} \tag{2-12}$$

式中　q——散热器的金属热强度，W/(kg·℃)；

K——散热器的传热系数，W/(m²·℃)；

G——散热器每平方米散热面积的质量，kg/m²。

q 值越大，说明放出同样的热量所耗的金属量越小。这个指标可作为衡量同一材质散热器经济性的一个指标。对各种不同材质的散热器，其经济评价标准宜以散热器单位散热量的成本（元/W）来衡量。

(3) 安装使用和工艺方面的要求

散热器应具有一定机械强度和承压能力；散热器的结构形式应便于组合成所需要的散热面积，结构尺寸要小，少占房间面积和空间；散热器的生产工艺应满足批量生产的要求。

(4) 卫生和美观方面的要求

散热器外表光滑，不易积灰和易于清扫，外形美观，易与室内装饰相协调。

(5) 使用寿命的要求

散热器应不易于被腐蚀和破损,使用年限长。

目前,国内生产的散热器种类繁多,按其使用材质不同,主要有铸铁、钢制、铜铝复合等三大类。按其构造不同,主要分为柱形、翼形、管形、平板形等。

二、散热器的种类

(一) 铸铁散热器

铸铁散热器的优点是结构简单、耐腐蚀、使用寿命长、水容量大,但它的金属耗量大、笨重、金属热强度比钢制散热器低。目前国内应用较多的铸铁散热器有柱形和翼形两大类。

铸铁柱形散热器是呈柱状的单片散热器,用对丝将单片组对成所需散热面积。常用的铸铁柱形散热器有四柱和二柱等,如图 2-11(a)、(b)所示。四柱散热器有带足片与不带足片两种片形,分别用于落地和挂墙安装。柱形散热器外形美观,传热系数较大,单片散热量小,容易组对成所需散热面积,积灰较易清除。

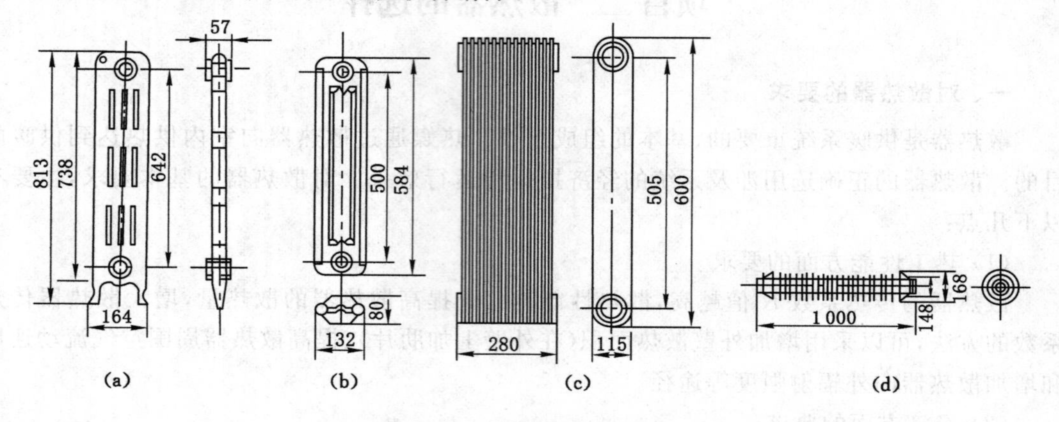

图 2-11 常用铸铁散热器

(a) 四柱散热器;(b) M132 型散热器;(c) 长翼形散热器;(d) 圆翼形散热器

翼形散热器分为长翼形和圆翼形,如图 2-11(c)、(d)所示。翼形散热器铸造工艺简单,价格较低,但易积灰,单片散热面积较大,不易组对成所需散热面积,承压能力低。圆翼形多用于不产尘车间,有时也用在要求散热器高度小的地方。

(二) 钢制散热器

1. 闭式钢串片式

它由钢管、钢片、联箱及管接头组成,如图 2-12 所示。钢管上的串片采用薄钢片,串片两端折边 90°形成封闭形,形成许多封闭垂直空气通道,增强了对流放热量,同时也使串片不易损坏。闭式钢串片式散热器规格以高×宽表示,其长度可按设计要求制作。

2. 钢制板形散热器

它由面板、背板、进出水口接头、放水门、固定套及上下支架组成,如图 2-13 所示。面板、背板多用 1.2~1.5 mm 厚的冷轧钢板冲压成型,在面板直接压出呈圆弧形或梯形的散热器水道。水平联箱压制在背板上,经复合滚焊形成整体。为增大散热面积,在背板后面可焊上 0.5 mm 厚的冷轧钢板对流片。

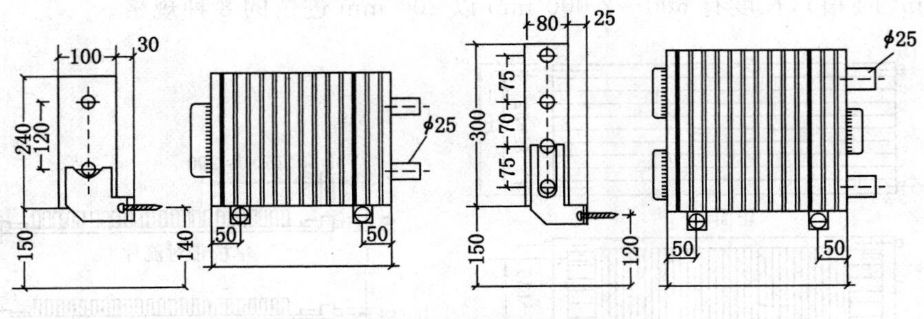

图 2-12　闭式钢串片对流散热器

(a) 240×100 型；(b) 300×80 型

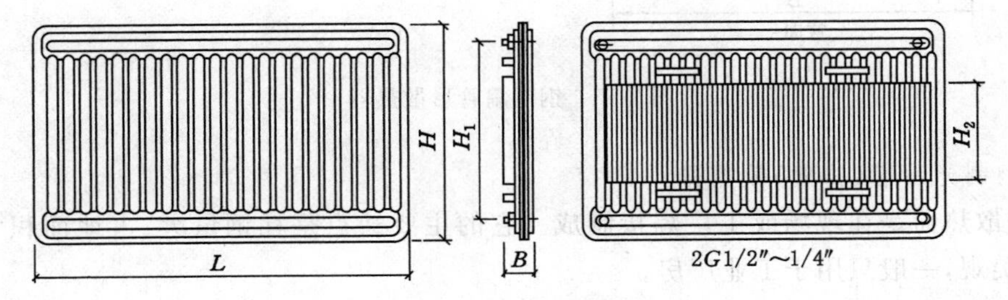

图 2-13　钢制板形散热器

3. 钢制柱形散热器

如图 2-14 所示，其结构形式与铸铁柱形散热器相似。这种散热器是采用 1.25～1.5 mm 厚冷轧钢板冲压延伸形成片状半柱形，将两片片状半柱形经压力滚焊复合成单片，单片之间经焊接连接成散热器。

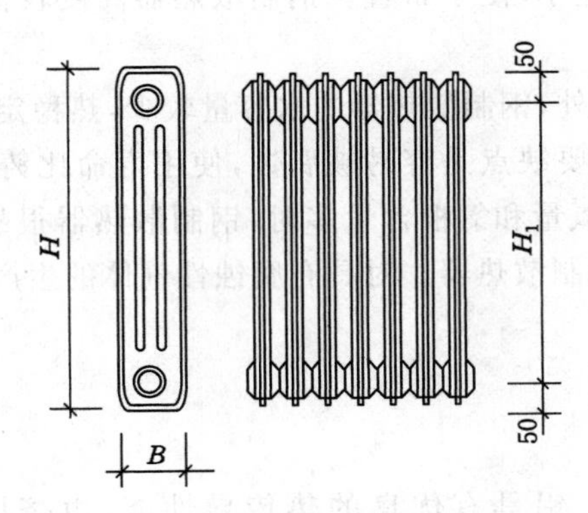

图 2-14　钢制柱形散热器

4. 钢制扁管形散热器

这种散热器由数根 52 mm×11 mm×1.5 mm（宽×高×厚）的水通路扁管叠加焊接在一起，两端加上断面 35 mm×40 mm 的联箱制成，如图 2-15 所示。扁管散热器的板形有单板、双板、单板带对流片和双板带对流片四种结构形式。单、双板扁管散热器两面均为光板，板面温度较高，有较多的辐射热。带对流片的单、双板扁管散热器，每片散热量比同规格的不带对流片的大，热量主要是以对流方式传递。高度规格有 416 mm(8 根)、520 mm(10 根)

和 624 mm(12 根),长度有 600～2 000 mm 以 200 mm 进位的 8 种规格。

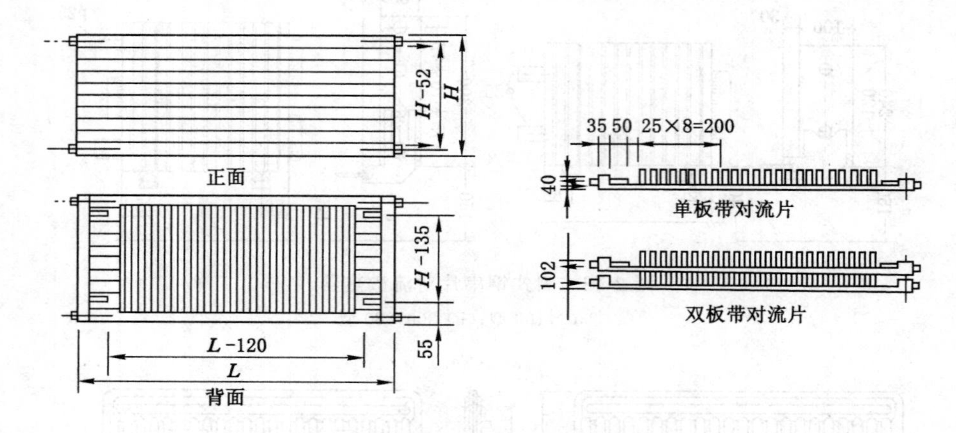

图 2-15　钢制扁管形散热器

5. 钢制光面管(排管)散热器

这种散热器是在现场或工厂焊接制成。它的主要缺点是耗钢量大、占地面积大、造价高,也不美观,一般只用于工业厂房。

钢制散热器与铸铁散热器相比,具有如下一些特点:

(1) 金属耗量少。钢制散热器大多数是由薄钢板压制焊接而成。金属热强度可达 0.8～1.0 W/(kg·℃),而铸铁散热器的金属热强度一般仅为 0.3 W/(kg·℃)左右。

(2) 耐压强度高。铸铁散热器承受的工作压力一般 0.4～0.5 MPa。钢制板形及柱形散热器的最高工作压力可达 0.8 MPa;钢串片承受的工作压力更高,可达 1.0 MPa。

(3) 外形美观整洁,占地小,便于布置。钢制散热器高度较低,扁管和板形散热器厚度薄,占地小,便于布置。

(4) 除钢制柱形散热器外,钢制散热器的水容量较少,热稳定性较差。

(5) 钢制散热器的最主要缺点是容易被腐蚀,使用寿命比铸铁散热器短。实践经验表明:热水供暖系统中水的含氧量和氯根含量多时,钢制散热器很易产生内部腐蚀。此外,在蒸汽供暖系统中不应采用钢制散热器。对具有腐蚀性气体的生产厂房或相对湿度较大的房间,不宜设置钢制散热器。

(三) 铝制散热器

铝制散热器的特点:

(1) 高效的散热性能。铝具有优良的热传导性能,由挤压成型的柱翼式造型(如图 2-16 所示)使得同体积散热面积大大增加,散热量大大提高,因此铝制散热器在满足同等散热量的情况下体积比传统散热器要小得多。

(2) 重量轻。铝制散热器由于具有很高的散热效率,并且它的密度也仅为钢的 1/3,所以在同等散热量情况下,铝制散热器的重量比钢制散热器的重量要轻很多。

(3) 价格偏高。铝是价格较高的有色金属,远远高于钢、铁等黑色金属。

(4) 不宜在强碱条件下长期使用。铝是两性金属,对酸、碱都很活跃。在强碱条件下防腐涂料会加速老化,一旦涂层被破坏,铝会很快腐蚀,造成穿孔,因此铝制散热器对供暖系统用水要求较高。

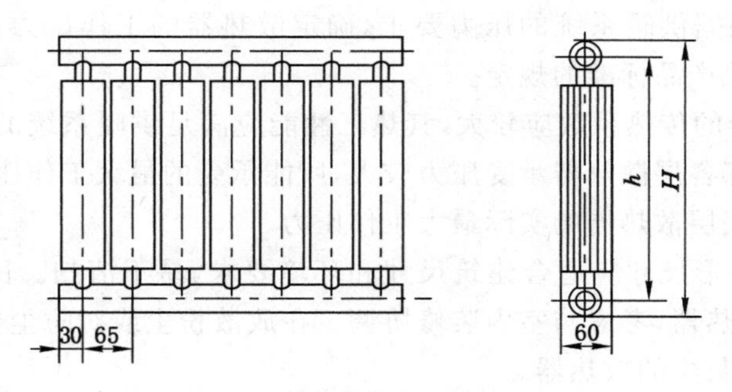

图 2-16　铝制柱翼形散热器

(四) 铜铝复合散热器

采用最新的液压胀管技术将里面的铜管与外部的铝合金紧密连接起来,将铜的防腐性能和铝的高效传热结合起来(如图 2-17 所示)。这种散热器的特点是:

(1) 铜管挤压铝串片结合紧密,经热胀冷缩长期使用都不会松动,接触热阻很小,散热量几无变化。

(2) 铜管翅片管结合紧密,强度大,刚性大,铝翅片冷作硬化,不易碰坏。

(3) 铜水道耐腐蚀,适用水质范围广,使用寿命长。

(4) 铜铝导热性好,散热效率高,便于调控温度。

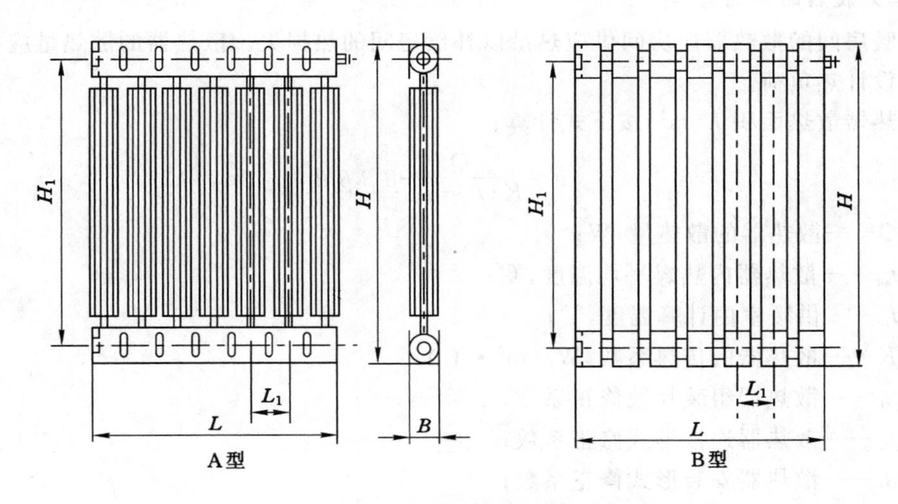

图 2-17　铜铝复合散热器

此外还有用塑料等制造的散热器。塑料散热器,可节省金属,耐腐蚀,但不能承受太高的温度和压力。

各种散热器的热工性能及几何尺寸可查厂家样本或设计手册。

三、散热器的选择

(一) 散热器的选用

选用散热器类型时,应考虑其在热工、经济、卫生工艺和美观等方面的基本要求,并应符合下列原则性的规定：

微课：散热器的选择

(1) 散热器应根据供暖系统的压力要求，确定散热器的工作压力，并符合国家现行有关产品标准的规定。

(2) 所选散热器的传热系数应较大，其热工性能应满足供暖系统的要求。供暖系统下部各层散热器承受压力较大，所能承受的最大工作压力应大于供暖系统底层散热器的实际最大工作压力。

(3) 散热器的外形尺寸应适合建筑尺寸和环境要求，易于清扫。民用建筑宜采用外形美观、易于清扫的散热器，考虑与室内装修协调。在放散粉尘或对防尘要求较高的工业建筑中，应采用易于清除灰尘的散热器。

(4) 相对湿度较大的房间应采用耐腐蚀的散热器。

(5) 铝制散热器内表面应进行防腐处理，且供暖水的 pH 值不应大于 10。水质较硬地区不宜使用铝制散热器；采用铝制散热器、铜铝复合散热器时，应采取措施防止散热器接口电化学腐蚀。

(6) 安装热量表和恒温阀的热水供暖系统不宜采用水流通道内含有黏砂的铸铁散热器。

(7) 环境湿度高的房间(如浴室、游泳馆)和开式供暖系统中不应选用钢制散热器(包括钢制柱式、板式、扁管散热器)。

(8) 高大空间供暖不宜单独采用对流型散热器。

(二) 散热面积的计算

供暖房间的散热器向房间供应热量以补偿房间的热损失。散热器的散热量应等于供暖房间的设计热负荷。

散热器散热面积 F(m^2)按下式计算：

$$F=\frac{Q}{K(t_{pj}-t_n)}\beta_1\beta_2\beta_3\beta_4 \tag{2-13}$$

式中 Q——散热器的散热量，W；

t_{pj}——散热器内热媒平均温度，℃；

t_n——供暖室内计算温度，℃；

K——散热器的传热系数，W/(m^2·℃)；

β_1——散热器组装片数修正系数；

β_2——散热器连接形式修正系数；

β_3——散热器安装形式修正系数；

β_4——散热器流量修正系数。

(三) 散热器内热媒平均温度 t_{pj}

散热器内热媒平均温度 t_{pj} 随供暖热媒(蒸汽或热水)参数和供暖系统形式而定。

(1) 在热水供暖系统中，t_{pj} 为散热器进出口水温的算术平均值。

$$t_{pj}=\frac{t_{sg}+t_{sh}}{2} \tag{2-14}$$

式中 t_{sg}——散热器进水温度，℃；

t_{sh}——散热器出水温度，℃。

对双管热水供暖系统,散热器的进、出口温度分别按系统的设计供、回水温度计算。

对单管热水供暖系统,由于每组散热器的进、出口水温沿流动方向下降,所以每组散热器的进、出口水温必须逐一分别计算,进而求出散热器内热媒平均温度,如图 2-18 所示。

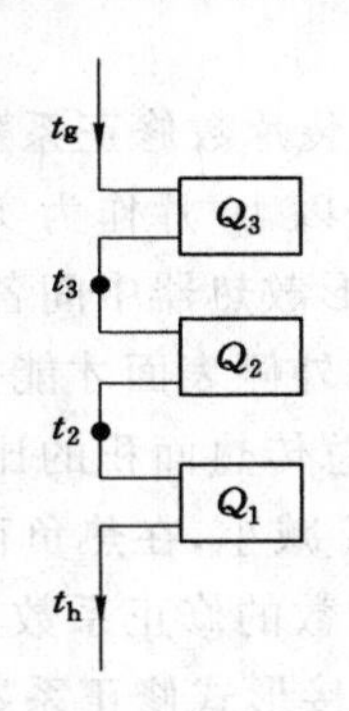

图 2-18　单管热水供暖系统散热器出口水温计算示意图

流出第三层散热器的水温 t_3,可按下式计算:

$$t_3 = t_g - \frac{Q_3}{Q_1 + Q_2 + Q_3}(t_g - t_h) \tag{2-15}$$

流出第二层散热器的水温 t_2,可按下式计算:

$$t_2 = t_g - \frac{Q_2 + Q_3}{Q_1 + Q_2 + Q_3}(t_g - t_h) \tag{2-16}$$

写成通式,即为

$$t_i = t_g - \frac{\sum_i^N Q_i}{\sum Q}(t_g - t_h) \tag{2-17}$$

式中　t_i——流出第 i 组散热器的水温,℃;

$\sum_i^N Q_i$——沿水流方向,在第 i 组(包括第 i 组)散热器前的全部散热器的散热量,W;

$\sum Q$——立管上所有散热器热负荷之和,W。

计算出各管段水温后,就可以计算散热器的热媒平均温度。

(2) 在蒸汽供暖系统中,当蒸汽表压力小于或等于 0.03 MPa 时,t_{pj} 取 100 ℃;当蒸汽表压力大于 0.03 MPa 时,t_{pj} 取与散热器进口蒸汽压力相应的饱和温度。

(四) 散热器传热系数 K 及其修正系数

散热器传热系数 K 值是表示当散热器内热媒平均温度 t_{pj} 与室内空气温度 t_n 相差 1 ℃时,每 1 m² 散热器面积所放出的热量,单位为 W/(m²·℃)。它是散热器散热能力强弱的主要标志。选用散热器时希望散热器传热系数越大越好。

影响散热器传热系数的因素很多,散热器的制造情况(如采用的材料、几何尺寸、结构形式、表面喷涂等因素)和散热器的使用条件(如使用的热媒、温度、流量、室内空气温度及流速、安装方式及组合片数等因素)都综合地影响散热器的散热性能,因而难以用理论计算散热器传热系数 K 值,只能通过实验方法确定。

因为散热器向室内放热量的大小,主要取决于散热器外表面的换热阻,而在自然对流传热下,外表面换热阻的大小主要取决于热媒与空气平均温差 Δt。Δt 越大,则传热系数 K 及放热量 Q 值越高。

散热器的传热系数 K 和放热量 Q 值是在一定的条件下,通过实验测定的。若实际情况与实验条件不同,则应对测定值进行修正。式(2-13)中的 β_1、β_2、β_3 和 β_4 值都是考虑散热器的实际使用条件与测定实验条件不同，而对 K 或 Q 值，亦即对散热器面积 F 引入的修正系数。

(1) 散热器组装片数修正系数 β_1

柱形散热器是以 10 片作为实验组合标准，整理出 $K=f(\Delta t)$ 或 $Q=f(\Delta t)$ 的关系式。在传热过程中，柱形散热器中间各相邻片之间相互吸收辐射热，减少了向房间的辐射热量，只有两端散热器的外侧表面才能把绝大部分辐射热量传给室内。随着柱形散热器片数的增加，其外侧表面占总传热面积的比例减少，散热器单位散热面积的平均散热量也就减少，因而实际传热系数 K 减小，在热负荷一定的情况下所需散热面积增大。

散热器组装片数的修正系数 β_1 值，可按附录 2-7 选用。

(2) 散热器连接形式修正系数 β_2

所有散热器传热系数 $K=f(\Delta t)$ 或 $Q=f(\Delta t)$ 关系式，都是在散热器支管与散热器同侧连接，上进下出的实验状况下整理得出的。当散热器支管与散热器的连接方式不同时，由于散热器外表面温度场变化的影响，使散热器的传热系数发生变化。因此，按上进下出实验公式计算其他连接方式的传热系数 K 值时，应进行修正，由此需增加散热器面积。

不同连接方式的散热器修正系数 β_2 值，可按附录 2-8 选用。

(3) 散热器安装形式修正系数 β_3

安装在房间内的散热器，可有多种方式，如敞开装置、在壁龛内或加装遮挡罩板等。实验公式 $K=f(\Delta t)$ 或 $Q=f(\Delta t)$，都是在散热器敞开装置情况下整理的。当安装方式不同时，就改变了散热器对流放热和辐射放热的条件，因而要对 K 或 Q 值进行修正。

散热器安装形式修正系数 β_3 值，可按附录 2-9 选用。

(4) 散热器流量修正系数 β_4

实验研究表明：在一定的连接方式和安装形式下，通过散热器的水流量大小对某些形式散热器的 K 值和 Q 值也有一定影响。如在闭式钢串片散热器中，当流量减少较多时，肋片的温度明显降低，传热系数 K 和散热量 Q 值下降。对不带肋片的散热器，水流量对传热系数 K 和散热量 Q 值的影响较小，可不修正。

部分散热器在一定连接方式下流量修正系数 β_4 值，可按附录 2-10 选用。

此外，散热器表面采用涂料不同，对 K 值和 Q 值也有影响。银料（铝粉）的辐射系数低于调和漆，散热器表面涂调和漆时，传热系数比涂银粉漆时约高 10%。

在蒸汽供暖系统中，蒸汽在散热器内表面凝结放热，散热器表面温度较均匀，在相同的计算热媒平均温度 t_{pj} 下（如热水散热器的进、出口水温度为 130 ℃/70 ℃与蒸汽压力低于 0.03 MPa的情况相对比），蒸汽散热器的传热系数 K 值要高于热水散热器的 K 值。一些常用的铸铁散热器传热系数 K 值，可按附录 2-11 选用；一些常用的钢制散热器的传热系数可按附录 2-12 选用。不同厂家的散热器具有不同的 K 值，选用时也可查相关的样本资料。

（五）散热器片数或长度的确定

按式(2-13)确定所需散热器面积后（由于每组片数或总长度未定，先按 $\beta_1=1$ 计算），可按下式计算所需散热器的总片数或总长度：

$$n=F/f \tag{2-18}$$

式中 f——每片或每 1 m 长的散热器散热面积，m^2/片或 m^2/m。

然后根据每组片数或长度乘以修正系数 β_1，最后确定散热器面积。按经验一般来说，柱形散热器面积可比计算值小 0.1 m^2（片数 n 只能取整数），翼形和其他散热器的散热面积可比计算值小 5%。

散热器散热片数或长度 n 的确定也可由式(2-19)简化计算：

$$n=(Q/Q_s)\beta_1\beta_2\beta_3\beta_4 \tag{2-19}$$

式中 Q——房间的供暖热负荷，W；

Q_s——散热器的单位（每片或每米长）散热量，W/片或 W/m；

β_1——柱形散热器（如铸铁柱形、柱翼形、钢制柱形等）的组装片数修正系数及扁管形、板形散热器长度修正系数；

β_2——散热器支管连接方式修正系数；

β_3——散热器安装形式修正系数；

β_4——进入散热器流量修正系数。

四、散热器的布置

散热器的布置原则是：使渗入室内的冷空气加热迅速，人们停留的区域暖和舒适，少占房间有效的使用面积和空间。常布置的位置有：

(1) 散热器宜安装在外墙的窗台下，这样，沿散热器上升的对流热气流能阻止和改善从玻璃窗下降的冷气流和玻璃冷辐射的影响，有利于人体舒适；当安装或布置管道有困难时，也可靠内墙安装，如图 2-19 所示。

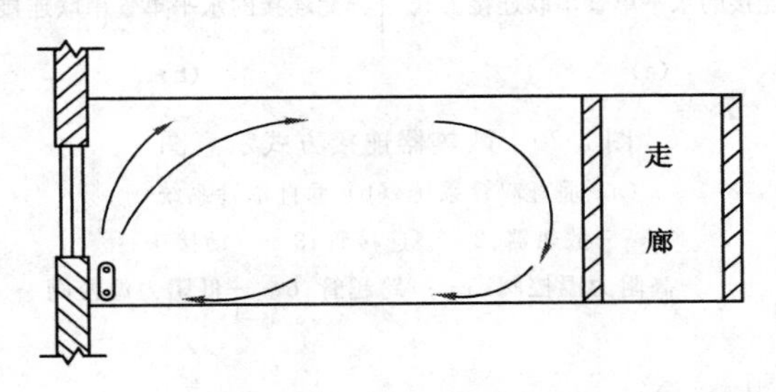

图 2-19　散热器布置

(2) 为防止冻裂散热器，两道外门之间的门斗内，不应设置散热器。楼梯间的散热器，应分配在底层或按一定比例分配在下部各层。楼梯间各层散热器的分配比例可按表 2-16 采用。

表 2-16　各层楼梯间散热器的分配　单位：%

建筑物总层数	计算层数							
	1	2	3	4	5	6	7	8
2	65	35	—	—	—	—	—	—
3	50	30	20	—	—	—	—	—
4	50	30	20	—	—	—	—	—
5	50	25	15	10	—	—	—	—
6	50	20	15	15	—	—	—	—
7	45	20	15	10	10	—	—	—
8	40	20	15	10	10	5	—	—

(3) 除幼儿园、老年人和特殊功能要求的建筑外，散热器应明装。必须暗装时，装饰罩应有合理的气流通道、足够的通道面积，并方便维修。散热器的外表面应刷非金属性涂料。幼儿园、老年人和特殊功能要求的建筑的散热器必须暗装或加防护罩，以免烫伤人。

(4) 在垂直单管或双管热水供暖系统中，同一房间的两组散热器，可采用异侧连接的水平单管串联的连接方式，也可采用上下接口同侧连接方式。当采用上下接口同侧连接方式时，散热器之间的上下连接管应与散热器接口同径，如图 2-20 所示。

(5) 铸铁散热器的组装片数，不宜超过下列数值：粗柱形（包括柱翼形）20 片；细柱形 25 片。

(6) 公用建筑楼梯间或有回马廊的大厅散热器应尽量分配在底层，当散热器数量过多，在底层无法布置时，可参考表 2-16 进行分配，住宅楼梯间一般可不设置散热器。

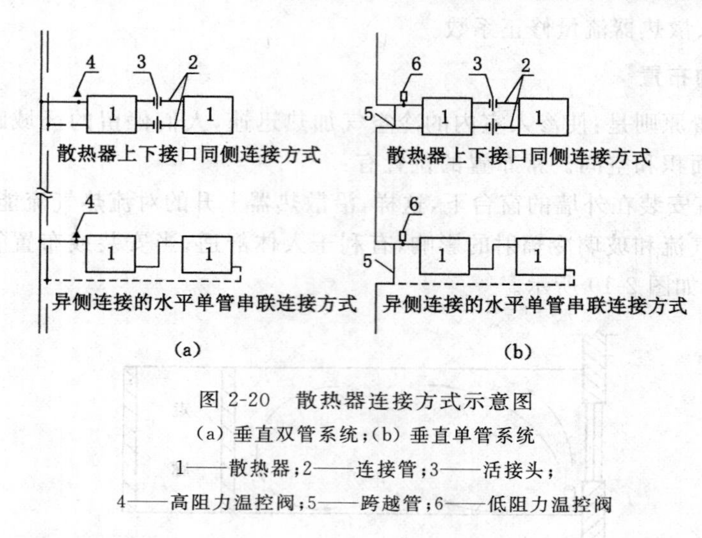

图 2-20　散热器连接方式示意图

(a) 垂直双管系统；(b) 垂直单管系统

1——散热器；2——连接管；3——活接头；

4——高阻力温控阀；5——跨越管；6——低阻力温控阀

五、散热器计算例题

【例题 2-2】 某一层房间设计热负荷为 900 W，室内温度为 18 ℃，安装钢制柱式散热器 600×120，敞开布置，供暖系统为单管跨越上供下回式，如图 2-21 所示。设计供回水温度为 80 ℃/60 ℃，室内供暖管道明装，支管与散热器的连接方式为同侧连接，上进下出，计算散热器面积时，不考虑管道向室内散热的影响，确定一层散热器面积及片数。

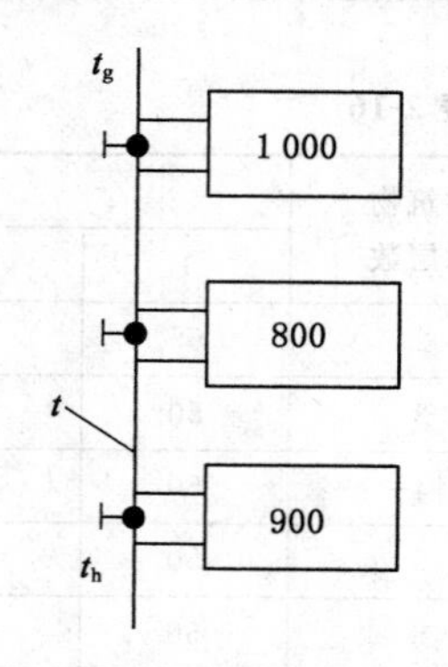

图 2-21　例题 2-2 散热器计算示意图

解　供暖系统为单管跨越上供下回式，进入每组散热器小于等于单管式系统流量，散热器计算采用最不利情况确定，即按照单管上供下回式计算。

根据式(2-17)，计算进入一层散热器水温 t：

$$t = t_g - [(Q_3 + Q_2)/(Q_1 + Q_2 + Q_3)](t_g - t_h)$$
$$= 80 - [(1\,000 + 800)/(1\,000 + 800 + 900)] \times (80 - 60)$$
$$\approx 66.67\ (℃)$$

根据式(2-14)，计算一层散热器热媒平均温度 t_{pj}：

$$t_{pj} = (t + t_h)/2 = (66.67 + 60)/2 = 63.34\ (℃)$$

计算温差 Δt：

$$\Delta t = t_{pj} - t_n = 63.34 - 18 = 45.34\ (℃)$$

查附录 2-12 得，钢制柱式散热器传热系数 K 为：

$$K = 2.489\Delta t^{0.306} = 2.489 \times 45.34^{0.306} \approx 8\ [\mathrm{W/(m^2 \cdot ℃)}]$$

修正系数：

散热器组装片数修正系数，先假定 $\beta_1 = 1.0$；

散热器连接形式修正系数，查附录 2-8 得：$\beta_2 = 1.0$；

散热器安装形式修正系数，查附录 2-9 得：$\beta_3 = 1.0$；

散热器安装流量修正系数，查附录 2-10 得：$\beta_4 = 1.0$。

根据公式(2-13)得：

$$F' = \frac{Q}{K\Delta t}\beta_1\beta_2\beta_3\beta_4 = \frac{900}{8 \times 45.34} \times 1.0 \times 1.0 \times 1.0 \times 1.0 \approx 2.48\ (\mathrm{m^2})$$

查附录 2-12 得，钢制柱式散热器每片散热面积为 0.15 m²。

计算片数 n' 为：

$$n' = 2.48/0.15 \approx 16.5 = 17\ (片)$$

查附录 2-7 得，当散热器片数 $20 > n > 11$ 时，$\beta_1 = 1.05$。

因此，实际所需散热器面积为：

$$F = 1.05 \times 2.48 \approx 2.6\ (\mathrm{m^2})$$

实际采用片数为：

$$n = F/f = 2.6/0.15 \approx 17.3 = 18\ (片)$$

项目三　散热器的安装

一、柱形及 M132 型散热器组对

（一）施工准备

1. 材料

(1) 散热器片。若一组散热器为 n 片时，如果落地安装，当 n 小于等于 14 片时，应有两片为带腿(足片)；当 n 大于等于 15 片时，应有三片为带足片，其余为中片，而且应设外拉条(8 mm 圆钢制成)；如果挂装，则不需足片。

(2) 对丝。对丝是单片散热器之间的连接件，通常有外螺纹，但一端为正扣，另一端为反扣，如图 2-22(a)所示。组对 n 片散热器需要 $2(n-1)$ 个对丝。对丝口径与散热器的内螺纹一致。

(3) 散热器垫片。每个对丝中部要套一个成品耐热石棉橡胶垫片，以密封散热器接口。组对 n 片散热器需要 $2(n+1)$ 个散热器垫片。组对后垫片外露不应大于 1 mm。

(4) 散热器补芯。当连接散热器的管子直径小于 40 mm 时，则需上补芯，如图 2-22(b)所示。其规格有 DN40-32、DN40-25、DN40-20、DN40-15，按接管口径选用。通常每组散热器用 2 个补芯。

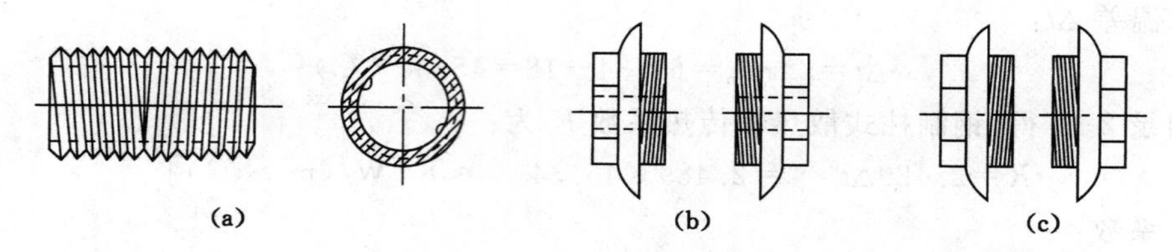

图 2-22　散热器组对零件

(a) 对丝；(b) 补芯；(c) 堵头

(5) 散热器堵头。用以将散热器不接管的一侧封堵住，如图 2-22(c)所示。规格与散热器内螺纹一致，也为 DN40，也有正反扣之分。通常尽可能用反扣堵头。散热器如需局部放气时，可在堵头上打孔攻丝，装手动跑风门。

(6) 其他材料。弯头、三通、钢管、阀门、压力表、机油、铅油、清油、型钢、圆钢、锯条、散热器钩子、水泥、砂子、电焊条、破布、砂纸、四氟乙烯生料带、线麻、小线、石笔。

2. 组对散热器的工具

(1) 钥匙。组对铸铁散热气片时，应使用以高碳钢制成的专用钥匙(图 2-23)。钥匙头做成长方形断面，可深入并扭紧对丝，钥匙尾部可煨成环状以便插入加力杠，也可在尾部直接焊一横柄，需加力时在柄端套上短管以增大力臂。专用钥匙应准备三把，两把短的用作组对，长度不宜大于 450 mm；一把长的用作修理，其长度应大于片数最多的一组散热器长度的一半。

(2) 组对架。组对时，暖气片应放在组对架(图 2-24)上。组对架一般为木架。

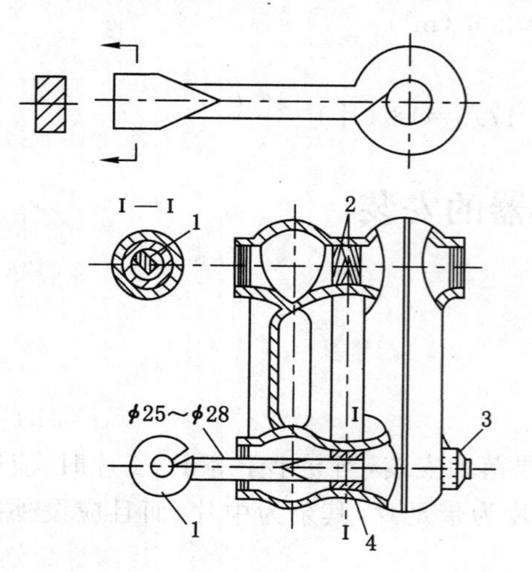

图 2-23　散热器组对钥匙

1——散热器组对钥匙；2——垫片；

3——散热器补芯；4——散热器对丝

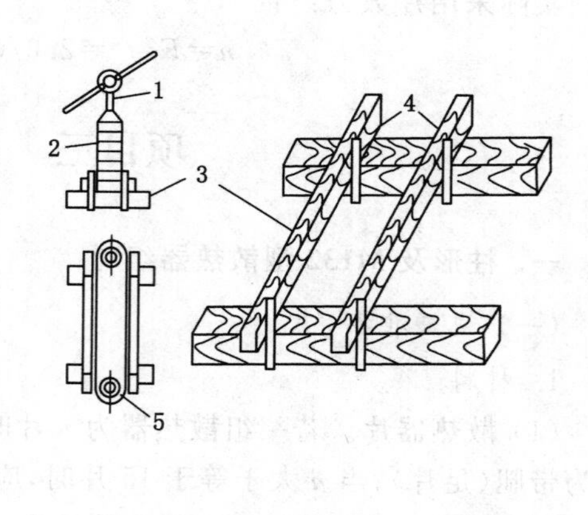

图 2-24　散热器组对架

1——钥匙；2——散热器；

3——木架；4——地桩；5——补芯

(3) 其他工具。管钳子、活扳子、铰扳及扳牙、电动套丝机、管压力及案子、钢锯、丝锥、打压泵、割管器、水平尺、钢卷尺、线坠、手锤、钎子、刷子、电动打孔钻、散热器运输小车，电、气焊工具，托钩定位画线架。

3. 工作条件

(1) 具备散热器堆放及组装的场地。

(2) 水源及电源能保证施工要求。

(3) 散热器经验收合格,已除锈、刷底漆一遍。

(4) 室内地面和墙面装饰工程已完。若为无足散热器也可由土建给出准确的地面标高线,散热器背面的墙装饰完成。

(5) 散热器安装地点,其邻近处不得堆放其他材料及障碍物品。

4. 散热器的组对

散热器的组对工作程序如下:

(1) 准备工作

① 首先检查单片散热器的质量,看每个单片散热器是否有裂纹、砂眼,体腔内是否有砂土等杂物。

② 检查散热器和对丝、丝堵的螺纹是否良好,密封面是否平整,同侧两端连接口的密封面是否在同一平面内。

③ 对单片散热器除锈刷油,对螺纹连接密封面用钢丝刷或细砂布清理干净,露出金属光泽,必要时可涂上机油。

④ 做好螺纹连接口密封面的环形垫片。

⑤ 做好组对散热器用的工具钥匙。

⑥ 准备好组对散热器用的工作台或组对架。

⑦ 铸铁散热器在组对前,应将其内部铁渣、砂粒等杂物清理干净,涂刷防锈漆(樟丹)和银粉漆各一遍。其上的螺纹部分和连接用的丝对也应除锈并涂上机油。

⑧ 散热器上的铁锈必须全部清除;散热器每片上的各个密封面应用细砂布或断锯条打磨干净,直至露出金属本色。铸铁散热器的密封连接面处,宜采用鱼油浸泡过的环形牛皮纸垫圈予以密封,其厚度不大于 1 mm。

⑨ 组对前,根据热源分别选择好衬垫。当介质为蒸汽时,选用 1 mm 厚的石棉垫涂抹铅油待用;介质为过热水时采用高温耐热橡胶石棉垫待用;介质为一般热水时,采用耐热橡胶垫。

(2) 组对工作

组对散热器时,将散热器平放在木架上,正扣朝上,用两个对丝的正扣,分别拧入散热器上、下口 1～2 扣,将环形密封圈套入对丝中,热片材质见表 2-17。再将另一个散热器的反扣对准上、下对丝,用两把钥匙分别从上面的散热器两个接口孔中插入,钥匙的方头正好卡住对丝内部突缘处。此时由两人同时操作,顺时针旋转钥匙,使对丝跟着旋转,两片散热器即随着靠贴压紧,而达到密封要求。当散热器组对到设计片数时,分别在每组散热器两侧,根据进出口介质流向装上补芯和堵头。

表 2-17　　垫片材质

热　媒	垫片材质
低温热水	耐热橡胶
高温热水	石棉橡胶
蒸　汽	石棉橡胶

组对时应特别注意上下(左右)两接口均匀进扣,不可在一个接口上加力过快,否则除加力困难外,常常会扭碎对丝。组对时,应注意中间足片要置于散热器组的中间(或接近中心)位置上,在组对到设计片数时,分别在每组散热器两侧,根据进出口介质流向装上补芯和堵头。散热器组对应平直紧密,组对后的平直度允许偏差应符合表2-18的规定。

表2-18　组对后的散热器平直度允许偏差

项次	散热器类型	片数	允许偏差/mm
1	长翼形	2～4	4
		5～7	6
2	铸铁片形 钢制片形	3～15	4
		16～25	6

(3) 散热器水压试验

散热器组对后,以及整组出厂的散热器在安装之前应做水压试验。试验压力如设计无要求时应为工作压力的1.5倍,但不小于0.6 MPa。散热器水压试验的程序如下:

① 将散热器安放在试压台上,用管钳子上好临时丝堵和补芯,安上放气阀后,连接好试压泵,如图2-25所示。

② 试压管路接好后,先打开进水阀门向散热器内充水,用时打开放气阀,排净散热器内的空气,待水灌满后,关上放气阀。

③ 当加压到规定试验压力值时,关闭进水阀,稳压2～3 min,压力不降且不渗不漏为合格。当水压试验发现有渗漏时,应查出原因并进行修理,直至合格为止。

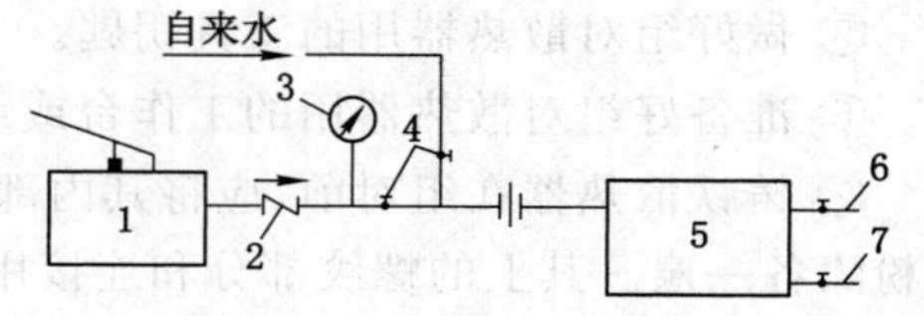

图2-25　单组散热器试验装置

1——手压泵;2——止回阀;3——压力表;4——截止阀;5——散热器;6——放气阀;7——泄水管

④ 如有渗漏用石笔做上记号,再将水放尽,卸下丝堵或补芯,用组对钥匙从散热器的外部比试一下渗漏位置,在钥匙杆上做出标记。再将钥匙伸进至标记位置,按对丝旋紧方向转动钥匙使接口上紧或卸下换垫。修好后再进行水压试验,直至合格。

⑤ 打开泄水阀门,拆掉临时丝堵和补芯,水泄尽后将散热器安放稳妥,集中保管好。丝堵和补芯可上麻丝(石棉绳),但目前热水系统中多采用耐热橡胶垫。

需要安装排气阀的散热器组,当水压试验合格后,在散热器上钻孔攻丝,装上排气阀。

对于蒸汽供暖系统,在每组散热器1/3～1/4高度处安装排气阀。

对于热水供暖系统,当散热器为多层布置时,在顶层每组散热器上端安装排气阀;当系统单层水平串联布置时,在每组散热器上端安装排气阀,散热器排气阀安装位置如图2-26所示。

5. 成品保护

(1) 散热器组对后,用木方分层垫平,要轻搬、轻放。严禁立放,防止扭曲破坏丝扣造成漏水。

(2) 带足散热器进行锉平找正时,要有专人压实压稳散热器,防止震坏丝扣接口。

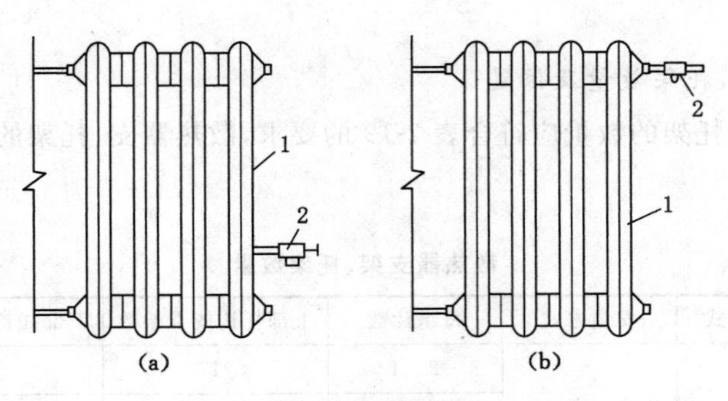

图 2-26　散热器排气阀安装位置

(a) 蒸汽供暖；(b) 热水供暖

1——散热器；2——排气阀

(3) 土建进行喷浆或抹灰之前，用塑料布或灰袋纸把安装好的散热器盖好，防止落上大量灰浆。

(4) 散热器运进室内时，要注意保护好门框、墙角、地面。

6. 安全注意事项

(1) 在平台上组对散热器时，用对丝钥匙拧紧时用力要缓慢、均匀。设专人扶住正在组对过程中的散热器，也可设支架临时固定散热器。

(2) 用小车运送散热器组时，防止小车倾斜散热器掉下砸伤人。

7. 质量标准

(1) 散热器对口用的衬垫，须抹上铅油后方可使用。石棉垫尚须清油浸过方可用。

(2) 散热器的托钩、固定卡数量和构造符合设计要求，位置正确，埋设应平正牢固。

(3) 窗下安装散热器，必须做到：散热器的中心线应与窗子的中心线吻合，允许偏差为 20 mm。

(4) 散热器应严格地垂直安装，散热器的垂直位置应保持在安装散热器的墙壁相平行的平面上，其允许偏差为 30 mm。

(5) 同一房间内所有的散热器应安装在同一水平线上。

(6) 散热器安装应正直、平稳。挂钩散热器应落实在托钩上面，上下对齐、左右一致。带腿安装时不得悬空，必要时只允许用铅垫垫牢、垫稳。距墙、距地的允许偏差为：6 mm、±15 mm。

(7) 壁挂式散热器，距粉饰后墙面不得少于 25 mm，距地面不得少于 60 mm，距窗台板不得少于 50 mm，设计有规定时，应根据设计要求施工。

(8) 散热器顶部掉翼数，只允许一个，其长度不得大于 50 mm。侧面掉翼数，不得超过两个，其累计长度不得大于 200 mm。

微课：铜铝复合散热器的安装

柱形散热器一般都是用具有正反螺纹的对丝接头，将片状的散热片组对成所需面积的一个整体。

二、散热器的安装

按设计图要求，利用所做的统计表将不同型号、规格和组对号并试压完毕的散热器运到各房间，根据安装位置及高度在墙上画出安装中心线，然后进行安装。

（一）散热器支、托架数量及位置

散热器的支架、托架的数量应符合表2-19的要求，散热器支、托架的安装位置如图2-27所示。

表2-19　散热器支架、托架数量

项次	散热器形式	安装方式	每组片数	上部托钩或卡架数	下部托钩或卡架数	合计
1	长翼形	挂墙	2～4	1	2	3
			5	2	2	4
			6	2	3	5
			7	2	4	6
2	柱形 柱翼形	挂墙	3～8	1	2	3
			9～12	1	3	4
			13～16	2	4	6
			17～20	2	5	7
			21～25	2	6	8
3	柱形 柱翼形	带足落地	3～8	1	—	1
			8～12	1	—	1
			13～16	2	—	2
			17～20	2	—	2
			21～25	2	—	2

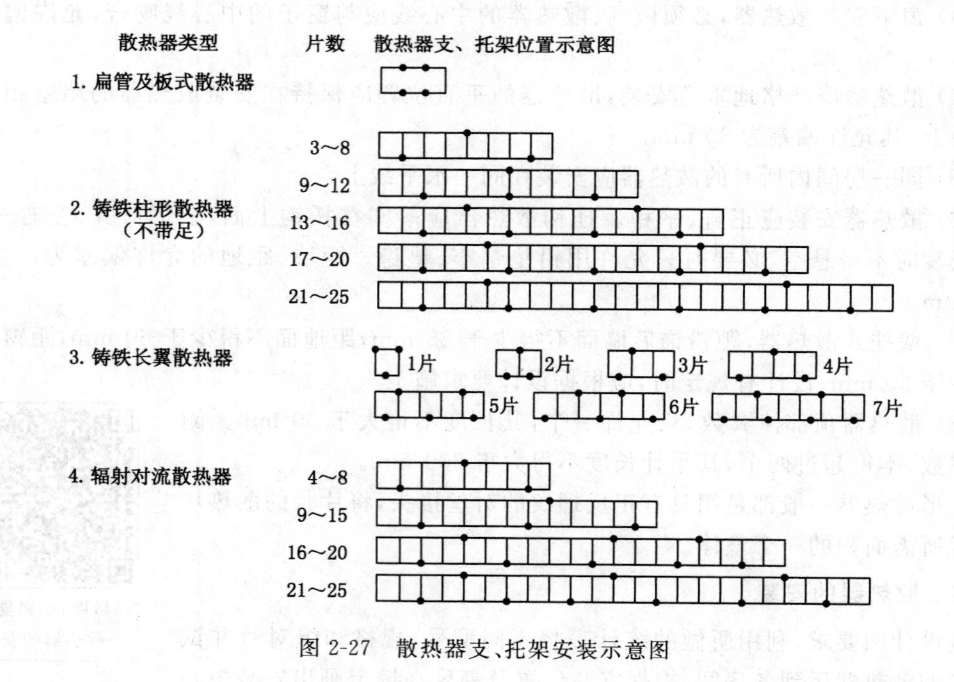

图2-27　散热器支、托架安装示意图

（二）散热器常用托钩、卡件及支座形式

图 2-28 为散热器托钩详图，托钩加工尺寸见表 2-20，光面管散热器的 L、m 值及托钩曲率半径 R 依排管管径 D 值而定。图 2-29 为散热器卡子、支座详图。现在有些厂家生产的托钩和卡子的生根方法已与膨胀螺栓结合起来，使用更为方便。

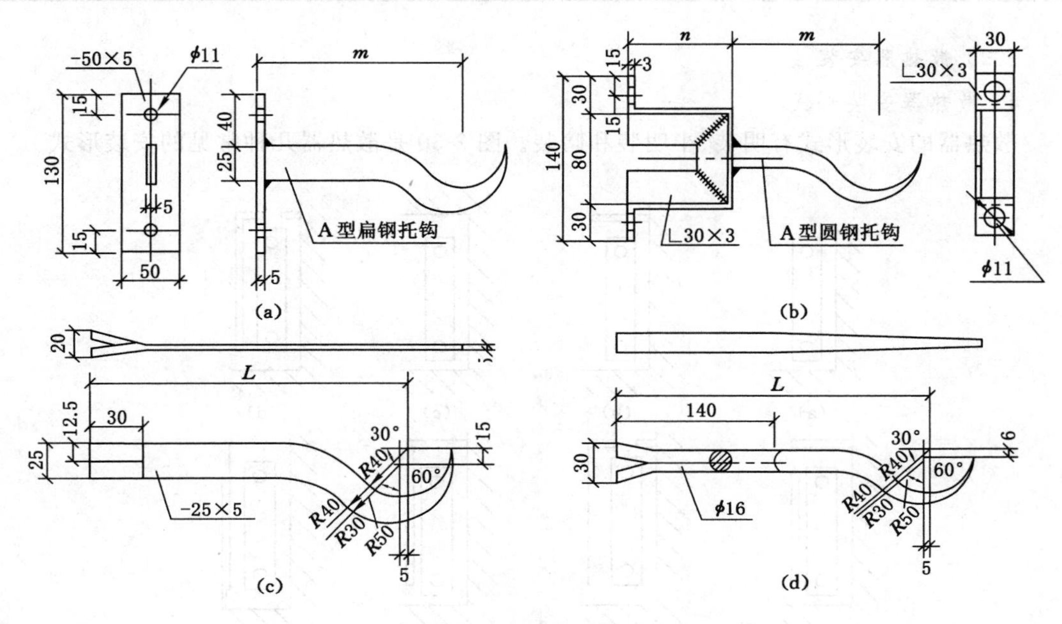

图 2-28　散热器托钩详图

(a) A 型扁钢托钩；(b) A 型圆钢托钩；(c) B 型扁钢托钩；(d) C 型托钩

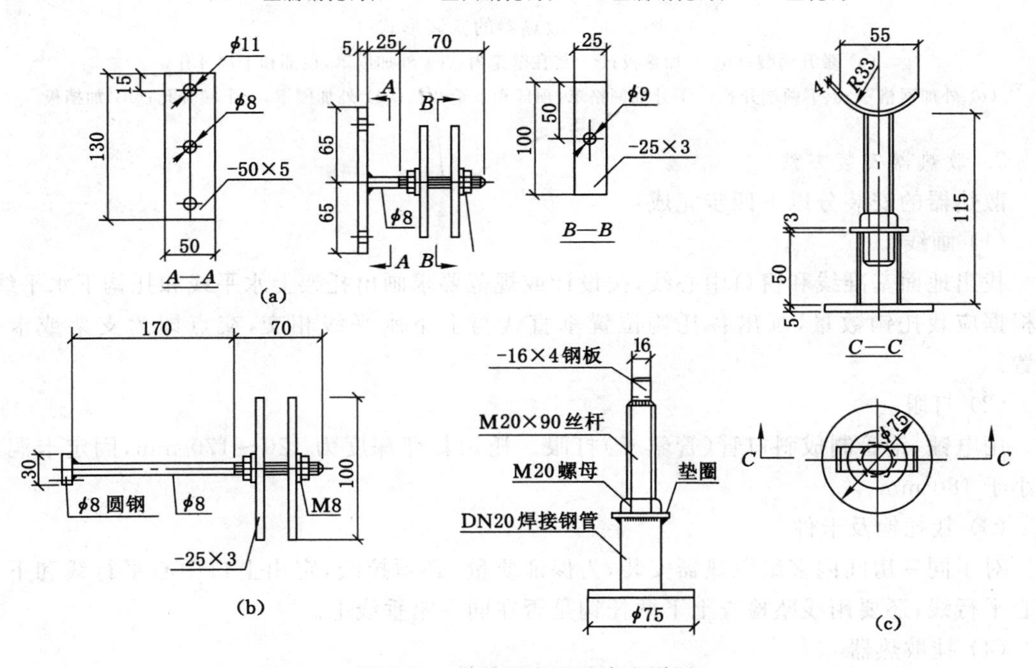

图 2-29　散热器卡子及支座详图

(a) D 型卡子；(b) E 型卡子；(c) F 型支座

表 2-20　　托钩加工尺寸　　单位：mm

型号	TZ4-9	TZ4-3.5.6	TZ2
L	261	251	246
m	122	112	106

（三）散热器安装

1. 散热器安装形式

散热器的安装形式有明装、半明装和暗装。图 2-30 是散热器几种常见的安装形式。

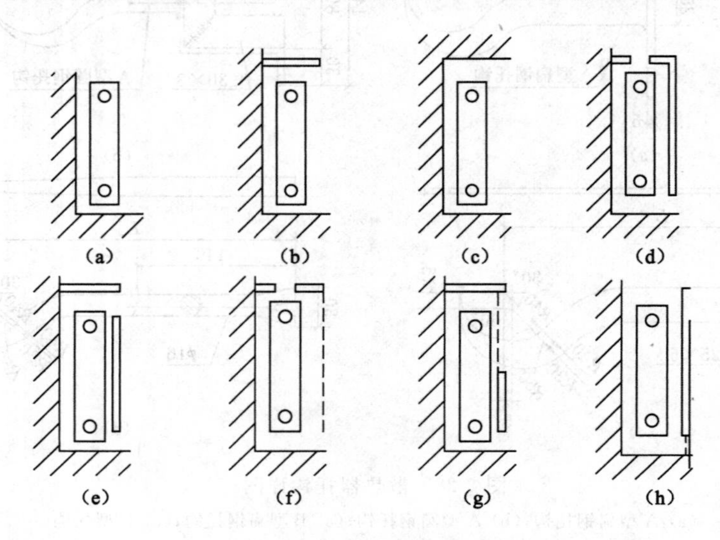

图 2-30　散热器的安装形式

(a) 敞开明装；(b) 上加盖板；(c) 装在壁笼内；(d) 外加围罩，顶部和下端开孔；
(e) 外加网格罩，上下两端开孔；(f) 外加网格罩，顶部和下端开孔；(g) 外加围罩，上下端开孔；(h) 加挡板

2. 散热器安装方法

散热器的安装分以下四步完成：

(1) 画线

找出地面基准线和窗口中心线，按设计或规范要求画出托架上水平线和托钩下水平线，再根据应栽托钩数量，画出各托钩位置垂直线与上下水平线相交，交点即为支架或卡件位置。

(2) 打眼

用电锤、钢管制成斜口管（管錾子）打眼。托钩栽埋深度为 120～170 mm，固定卡洞深不小于 180 mm。

(3) 栽托钩及卡件

对于同一房间内多组散热器安装，为保证质量，必须拉线，定出上口中心平行线和下口中心平行线；还要用线坠检查上下两托钩是否在同一铅垂线上。

(4) 挂散热器

支、托架安装好后，待强度达到有效强度的 75%后即可将散热器挂装在支、托架上。

散热器可靠墙挂装，也可借助足片落地安装，但需上好散热器的拉杆螺母，并用白铁皮或铅皮将散热器足下塞实、垫稳即可。图 2-31 至图 2-34 是常见散热器在各种墙体上的安装情况，供施工参考，图中 n 表示复合墙保温层厚度。

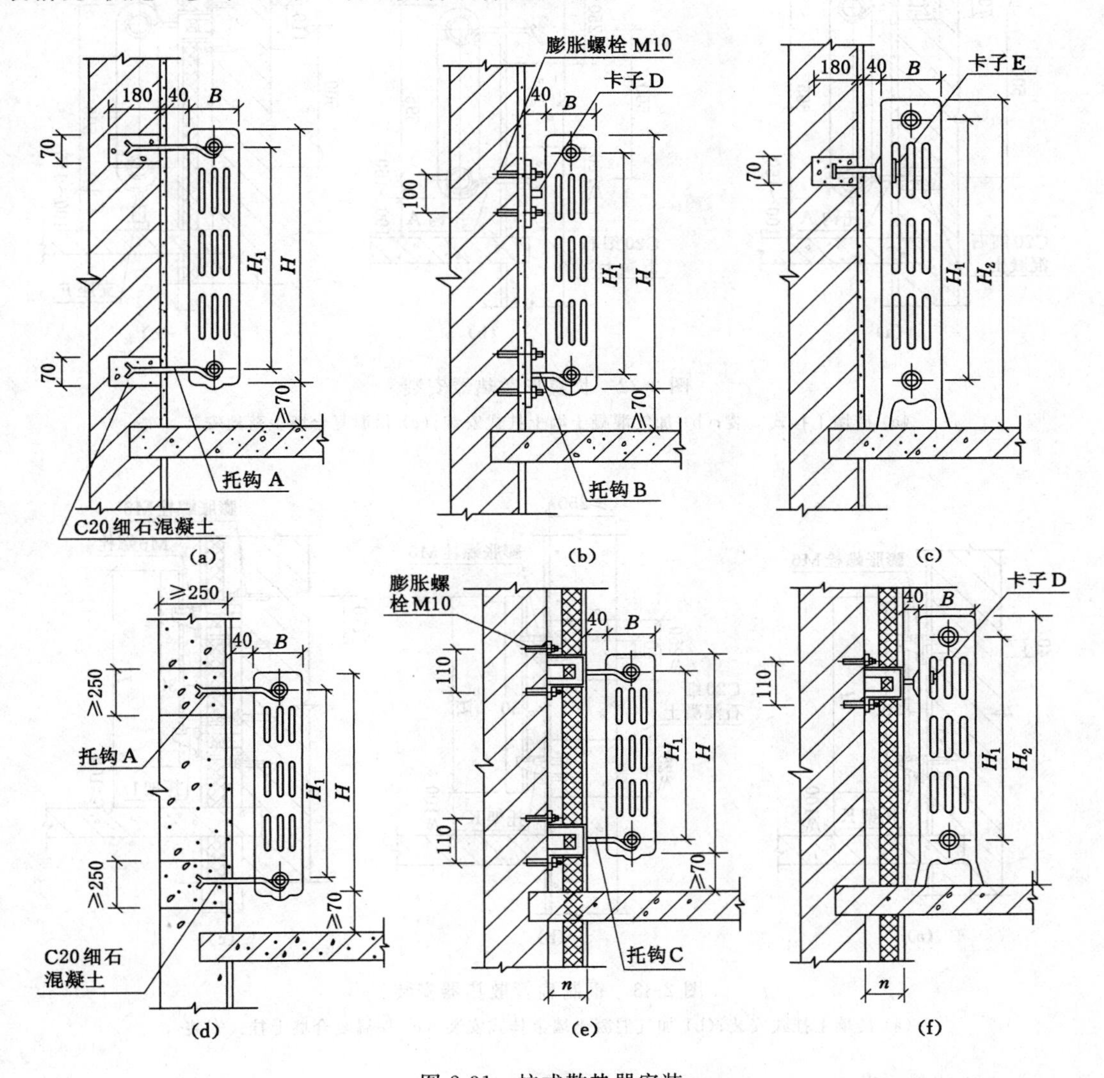

图 2-31　柱式散热器安装

(a)、(b) 砖墙上挂式安装；(c) 砖墙上落地安装；(d) 加气混凝土墙上挂式安装；
(e) 保温复合墙上挂式安装；(f) 保温复合墙上落地安装

3. 散热器安装要求

(1) 安装好的散热器应横平竖直。靠窗口安装的散热器，其垂直中心线应与窗口垂直中心线相重合。在同一房间内，同时有几组散热器时，几组散热器应安装在同一水平线上，高低一致。

(2) 安装好的散热器背面与装饰后的墙内表面间的距离，应符合设计或产品说明书要求。如设计未注明，应为 30 mm。散热器安装允许偏差见表 2-21。

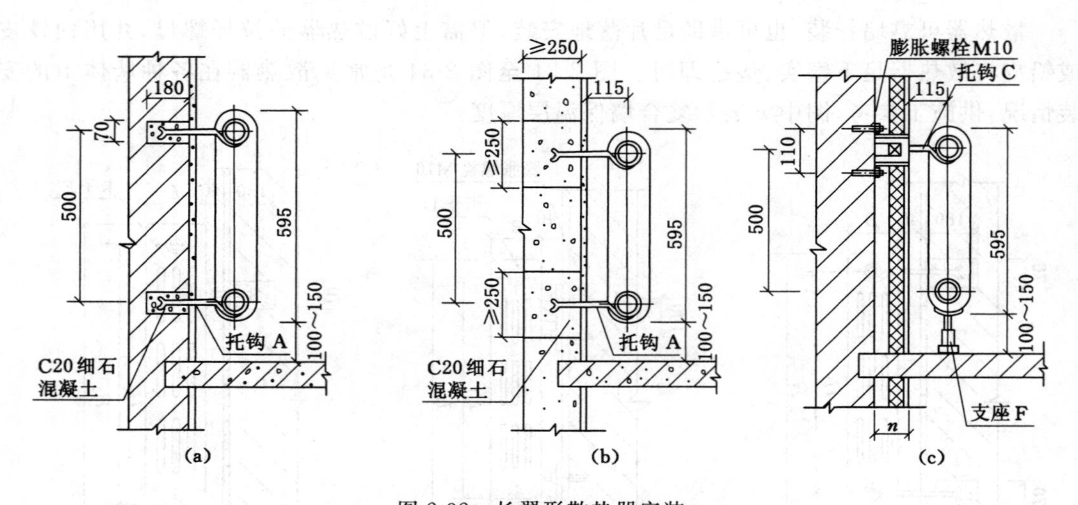

图 2-32　长翼形散热器安装

(a) 砖墙上挂式安装;(b) 加气混凝土墙上挂式安装;(c) 保温复合墙上落地安装

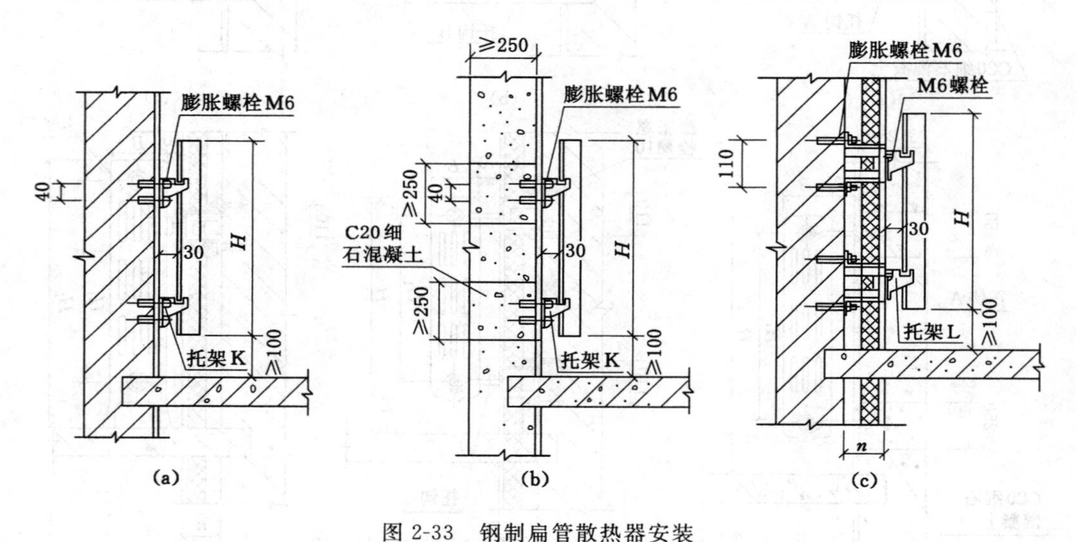

图 2-33　钢制扁管散热器安装

(a) 砖墙上挂式安装;(b) 加气混凝土墙上挂式安装;(c) 保温复合墙上挂式安装

(3) 散热器放气阀的安装,应符合如下要求:

① 按设计要求,将需要钻放气阀眼的炉堵放在台钻上打 $\phi 8.4$ mm 的孔,在台虎钳上用 1/8″丝锥攻丝。

② 将炉堵抹好铅油,加好垫片,在散热器上用管钳子上紧。在放风阀丝扣上抹铅油,缠少许麻丝,拧在炉堵上,用扳手上到松紧适度,放风孔向外斜 45°(宜在综合试压前安装)。

③ 钢制串片式散热器、扁管板式散热器按设计要求统计需打放风阀的散热器数量,在加工订货时提出要求,由厂家负责做好。

④ 钢板板式散热器的放气阀采用专用放气阀水口堵头,订货时提出要求。

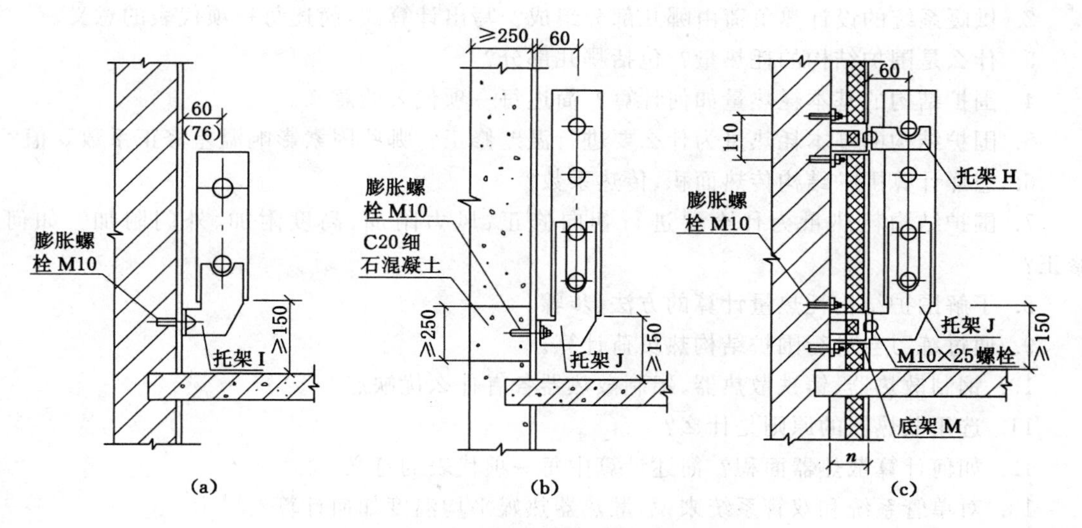

图 2-34　钢制串片散热器安装

(a) 砖墙上挂式安装；(b) 加气混凝土墙上挂式安装；(c) 保温复合墙上挂式安装

表 2-21　　散热器安装允许偏差和检验方法

项次	项目	允许偏差/mm	检验方法
1	散热器背面与墙内表面距离	3	尺量
2	与窗中心线或设计定位尺寸	20	
3	散热器垂直度	3	吊线和尺量

小　　结

本单元系统介绍了供暖系统设计热负荷的基本概念，围护结构的基本耗热量的计算公式和计算方法，围护结构的附加（修正）耗热量和冷风渗透耗热量的计算方法，围护结构的最小传热阻和经济传热阻的计算，散热器选用要求，常见散热器的类型与特点，散热器的选择计算与面罩布置，散热器的安装方法与步骤等知识。

在学习过程中，要让学生重点掌握围护结构耗热量的计算方法和步骤，所使用的公式和表格，锻炼学生收集资料的能力；同时掌握冷风渗透耗热量计算方法，能够进行围护结构最小传热阻的确定与校核，供暖散热器及附属设备的选择计算，供暖散热器及附属设备的选型和布置，散热器的安装方法、步骤和质量标准。在学习过程中可采用现场操作与理论学习结合进行，也可结合课程设计进行同步练习。同时，通过学习要能够了解常用供暖散热器的构造、类型、原理；熟悉散热器的布置、敷设与安装验收规范。

思考题与习题

1. 什么是供暖系统的热负荷、供暖系统的设计热负荷？

2. 供暖系统的设计热负荷由哪几部分组成？写出计算式，简述每一项代表的意义。

3. 什么是围护结构的耗热量？包括哪几部分？

4. 围护结构的基本耗热量如何计算？简述每一项代表的意义。

5. 围护结构的基本耗热量为什么要进行温差修正？哪些因素影响温差修正系数 a 值？

6. 怎样计算围护结构传热面积、传热系数？

7. 围护结构耗热量为什么要进行朝向修正、风力附加、高度附加、外门附加？如何修正？

8. 了解围护结构耗热量计算的方法、步骤。

9. 通过练习会进行围护结构热负荷计算。

10. 钢制散热器、铸铁散热器、铝制散热器各有什么优缺点？

11. 选用散热器的原则是什么？

12. 如何计算散热器面积？简述计算中每一项代表的意义。

13. 对单管系统和双管系统来说，散热器热媒平均温度如何计算？

15. 影响散热器传热系数的因素有哪些？主要因素是什么？

技能训练

训练项目一：供暖设计热负荷的设计计算

1. 实训目的：通过供暖设计热负荷的设计计算训练，使学生了解供暖设计热负荷的设计计算步骤与方法，计算适用标准和要求，掌握计算数据的来源和查表方法，学会利用供暖热指标快速确定供暖热负荷。

2. 实训题目：某办公室供暖设计热负荷的设计计算。

3. 实训准备：

(1) 材料：教材、《实用供热空调设计手册》、《民用建筑供暖通风与空气调节设计规范》(GB 50736—2012)、相关气象资料、建筑物平面图、立面图、门窗详图、计算器等。

4. 实训内容：根据图 1-31～图 1-33 进行供暖设计热负荷计算。

5. 操作要求：

(1) 在进行实训前，需认真阅读施工图；

(2) 根据图纸要求选择计算地点和确定计算参数、绘制计算表格；

(3) 在设计过程中注意参数取值的正确合理性，书写要工整、字迹要工整。

6. 考核时间：80 min。

7. 考核分组：每 8 人为一工作小组。

训练项目二：散热器的安装及立支管的连接

1. 实训目的：通过散热器的安装训练，使学生了解散热器的安装步骤与方法，安装标准与安装要求，熟悉散热器立支管的连接顺序，散热设备与管道安装质量检测要求与格式标准。

2. 实训题目：某室内散热器的安装及立支管的连接。

3. 实训准备：

（1）材料：散热器组、生料带、三通、弯头、三通调节阀、膨胀螺栓、放风阀、补芯、石棉橡胶垫、钢管、阀门、机油、锯条、散热器钩子、线麻、小线、石笔。

（2）机具：电锤、管钳子、活扳子、铰扳及扳牙、电动套丝机、管压力及案子、钢锯、丝锥、割管器、水平尺、钢卷尺、线坠。

4．实训内容：根据图 2-35 进行散热器的安装及立支管的连接。

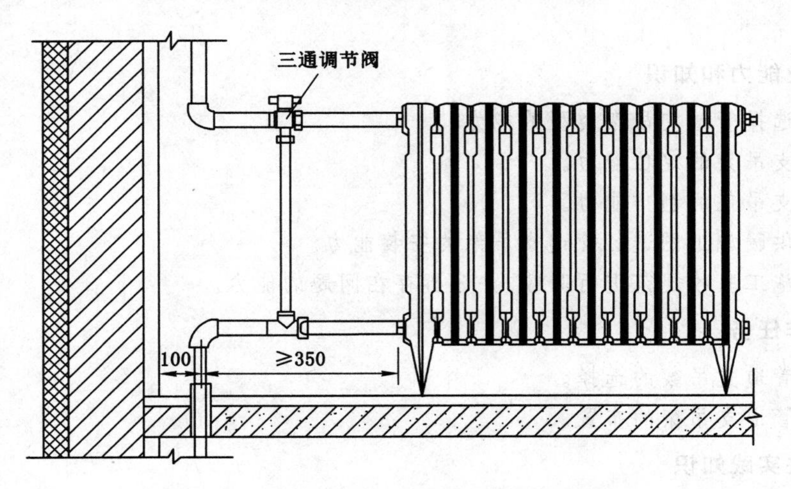

图 2-35　散热器安装及立支管连接示意图

5．操作要求：

（1）在进行安装实训前，需认真阅读施工图；

（2）根据施工图的要求选择好管材、管件和施工工具；

（3）在安装过程中注意工艺的正确合理性，操作过程中注意安全和文明生产。

6．考核时间：80 min。

7．考核分组：每 8 人为一工作小组。

8．散热器安装的检验标准和方法：散热器安装的允许偏差，应符合表 2-21 的规定。

学习情境三　供热管道支架的安装

一、职业能力和知识

1. 正确选择管道支吊架类型的能力。
2. 管道支吊架的定位能力。
3. 管道支吊架的制作能力。
4. 根据供暖施工图进行管道支吊架的安装能力。
5. 对照施工验收规范进行验收,并分析存在问题的能力。

二、工作任务

1. 供热管道支吊架的选择。
2. 供热管道支吊架的布置。

三、相关实践知识

1. 活动支架的选择与布置方法。
2. 固定支架的选择与布置方法。

四、相关理论知识

1. 常见的活动支架类型。
2. 常见的固定支架类型。

项目一　支架的选择

供热管道的支架是直接支承管道并承受管道作用力的管路附件,它的作用是支撑管道和限制管道位移。供热管道的支座承受管道重力及由内压、外载和温度变化引起的作用力,并将这些荷载传递到建筑结构或地面的管道构件上。

支架的种类很多,按其对管道的制约作用不同,可分为固定支架和活动支架;按支架自身的结构不同,可分为托架和吊架。

微课:管道支吊架的选择

一、活动支架

活动支架是允许管道和支撑结构有相对位移的管道支架。相对位移一般有轴向位移和横向位移,但没有或只有很少地方有垂直位移。供热系统管道的活动支架主要有托架、吊架、管卡和钩钉等。

(一) 托架

托架的主要承重构件是横梁,由固定在承重结构上的支架横梁,将管道从其下方托起。根据管道在支架横梁上的活动方式不同,又可分为滑动支架、滚动支架和导向支架三种。

1. 滑动支架

管道在温度变化产生热胀冷缩时，能使管道与支架结构间自由滑动的支架称为滑动支架。滑动支架尽管在滑动时摩擦力较大，但制造简单，应用广泛。

图 3-1、图 3-2 为低滑动支架。图 3-1 为卡环式滑动支架，主要用于室内不保温、公称直径在 50 mm 以下的管道；图 3-2(a)为弧形板滑动支架，图 3-2(b)为其支座详图，其尺寸见表 3-1，主要用于室外不保温管道，加弧形板的目的主要是防止管道直接与支撑结构摩擦而减薄管壁。

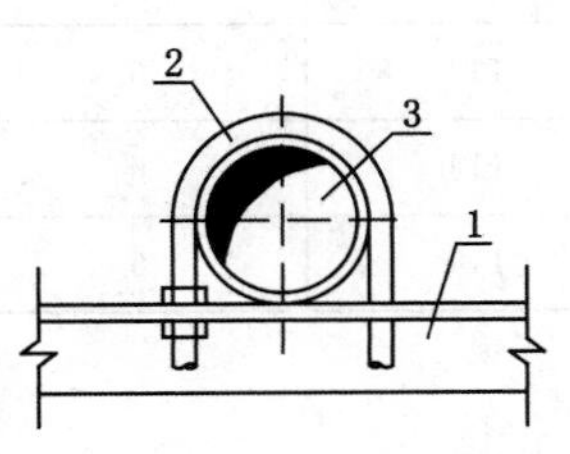

图 3-1　卡环式滑动支架
1——支架；2——U 形管卡；
3——管道

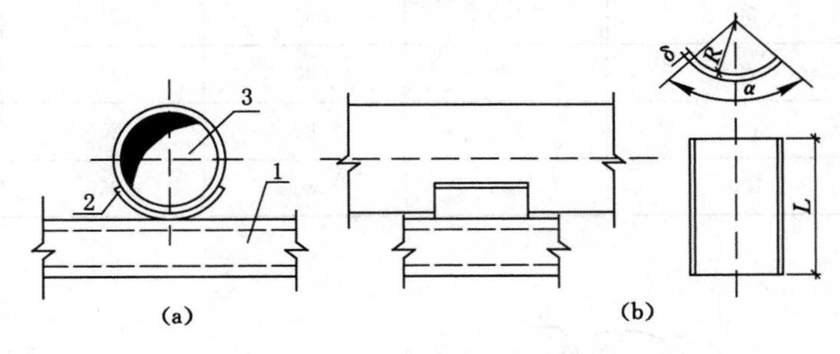

图 3-2　弧形板滑动支架
(a) 弧形板滑动支架；(b) 支座详图
1——支架；2——支座；3——管道

表 3-1　**弧形板滑动支架尺寸**　单位：mm

公称直径 DN	L	R	α/(°)	δ	公称直径 DN	L	R	α/(°)	δ
25	200	17	30	2	100	300	54	70	2
32	200	21	30	2	125	300	67	70	3
40	200	24	30	2	150	300	80	100	3
50	250	30	50	2	200	300	110	100	3
70	250	38	50	2	250	350	137	150	3
80	250	45	50	2	300	350	163	150	3

保温管道宜采用高滑动支架，如图 3-3、图 3-4 所示。其管道与托座是用电焊焊牢的，托座与支撑结构间能自由活动，管道托座的高度必须大于保温层厚度，才能确保管道的保温材料不致因管道的位移而受到破坏。图 3-3(a)为丁字形滑动支架，图 3-3(b)为其支座详图，其尺寸见表 3-2；图 3-4(a)为曲面槽滑动支架，图 3-4(b)为其支座详图，其尺寸见表 3-3。

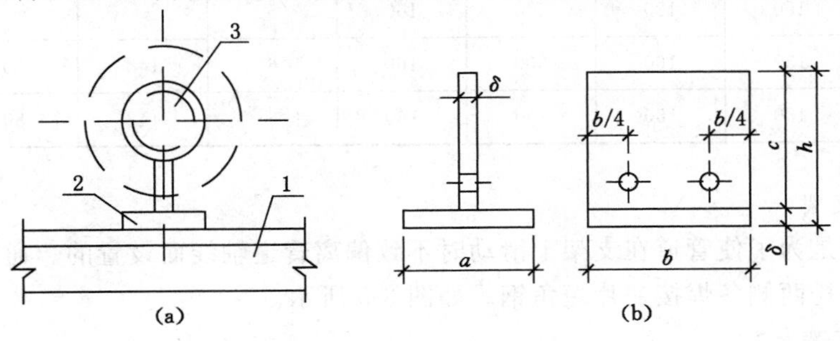

图 3-3　丁字形滑动支架
(a) 丁字形滑动支架；(b) 支座详图
1——支架；2——支座；3——管道

表 3-2　　丁字形滑动支架尺寸　　单位:mm

公称直径 DN	h	a	b	c	δ
25	100	50	200	96	4
32	100	50	200	96	4
40	100	60	200	96	4
50	100	60	250	96	4
70	120	80	250	114	6
80	120	80	250	114	6
100	120	80	250	114	6

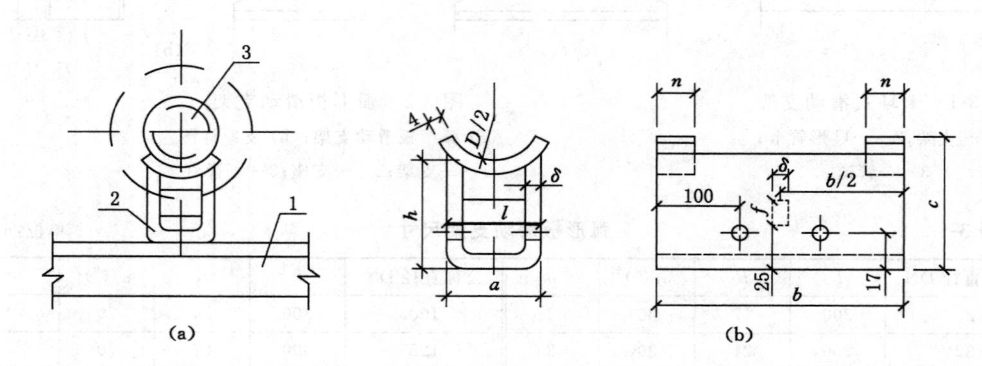

图 3-4　曲面槽滑动支架

(a) 曲面槽滑动支架;(b) 支座详图

1——支架;2——支座;3——管道

表 3-3　　曲面槽滑动支架尺寸　　单位:mm

公称直径 DN	h	a	b	c	δ	l	f	n
125	120	100	250	125	5	—	—	50
150	150	100	300	160	5	—	—	50
200	150	120	300	160	5	—	—	50
250	150	160	300	160	6	148	80	60
300	150	160	300	160	6	148	80	60

2. 导向支架

导向支架是为了使管道在支架上滑动时不致偏离管道轴线而设置的。通常的做法是在滑动支架的滑托两侧各焊接一片短角钢。如图 3-5 所示。

3. 滚动支架

滚动支架是为了减少在热胀冷缩时对支座的摩擦力,使用滚柱或滚珠加在滑托与支架之间,将滑动摩擦变为滚动摩擦。如图 3-6 所示。

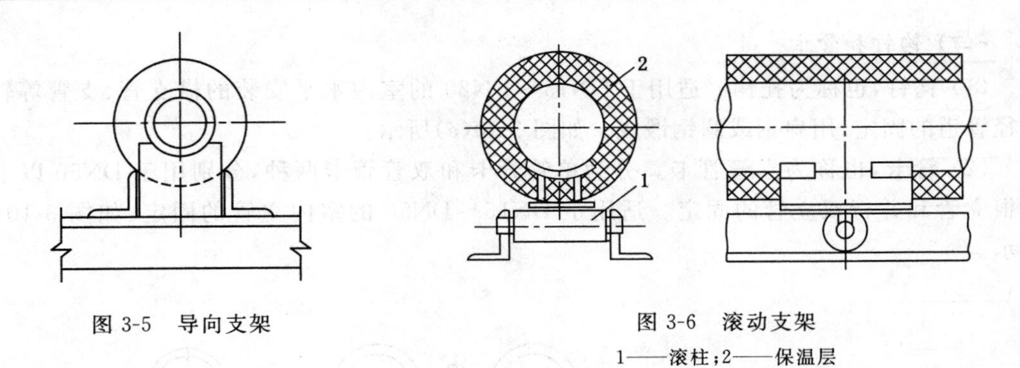

图 3-5　导向支架

图 3-6　滚动支架
1——滚柱；2——保温层

（二）吊架

吊架允许管道在支架处有任何方向的微小位移，当管道沿建筑物的顶棚、梁、桁架等安装，远离建筑物的墙体或柱子，无法采用托架进行支撑时，必须采用吊架的形式将管道及其介质的重量转移到建筑物的顶棚上。如图 3-7 所示，其中图 3-7(a) 适用于 DN50 及以下的管道，图 3-7(b) 适用于 DN50 以上的管道。

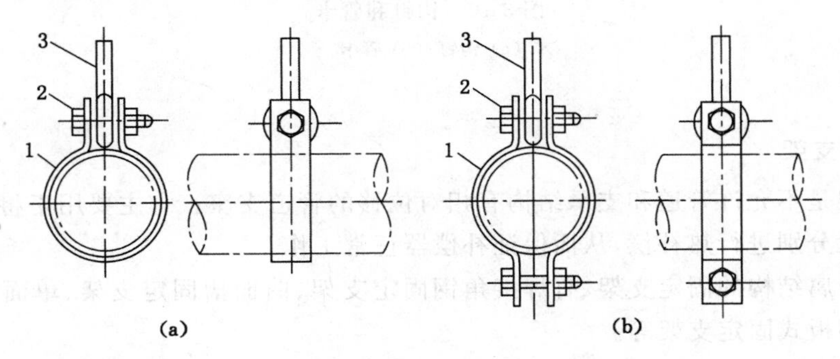

图 3-7　吊架
(a) 适用于 DN50 及以下的管道；(b) 适用于 DN50 以上的管道
1——管卡；2——螺栓；3——吊杆

（三）弹簧支吊架

在管道有垂直位移的地方，应设弹簧支吊架。当同时具有水平位移时，弹簧托架应加装滚柱或滚珠盘。弹簧支吊架的结构见图 3-8，安装形式见图 3-9。

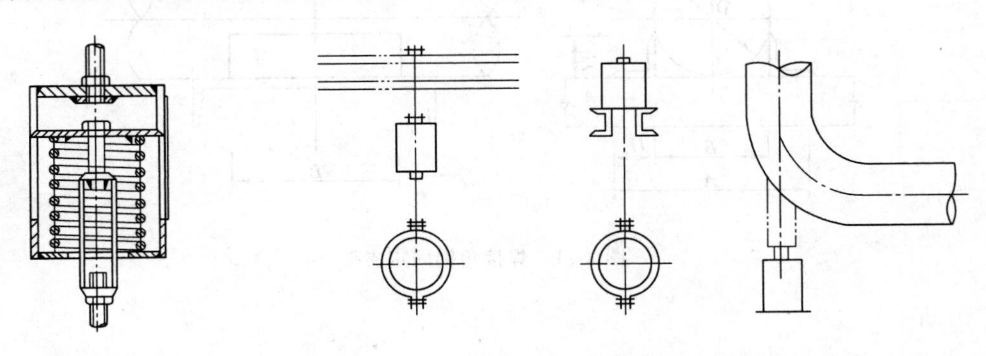

图 3-8　弹簧支吊架结构图

图 3-9　弹簧支吊架安装形式

（四）钩钉和管卡

(1) 钩钉，也称为托钩。适用于 DN15～DN20 的室内水平安装的横支管、支管等较小直径管道的固定，用扁钢或圆钢锻成。如图 3-10(a)所示。

(2) 管卡，也称为立管管卡。分为单管管卡和双管管卡两种，分别用于 DN50 以下的单根立管和并行双立管的固定。适用于 DN15～DN50 的室内立管的固定，如图 3-10(b)所示。

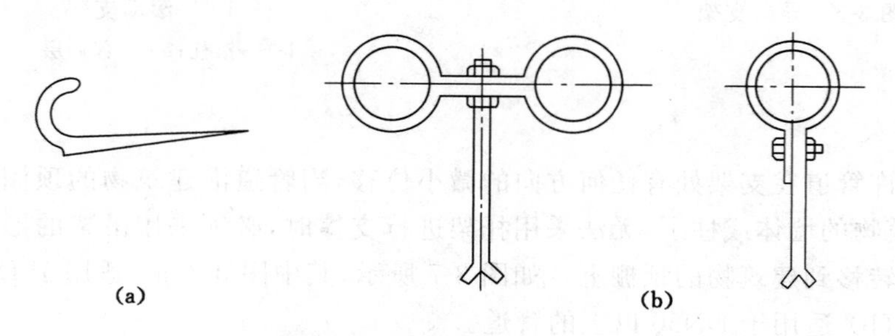

图 3-10　钩钉和管卡

(a) 钩钉；(b) 管卡

二、固定支架

固定支架是不允许管道和支承结构有相对位移的管道支座。它主要用于将管道划分成若干补偿管段分别进行热补偿，从而保证补偿器正常工作。

最常见金属结构的固定支架，有焊接角钢固定支架、曲面槽固定支架、单面挡板式固定支架和双面挡板式固定支架等。

（一）焊接角钢固定支架

焊接角钢固定支架如图 3-11 所示，所用材料见表 3-4。这种固定支架用在不保温的管路上，适用的管子规格为 DN20～DN400。

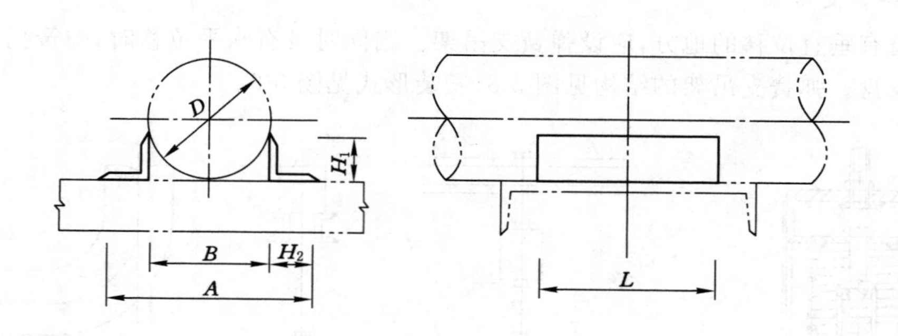

图 3-11　焊接角钢固定支架

表 3-4　　焊接角钢固定支架材料表

零件名称	角钢							
数量	2							
材料	Q235-A							
管子外径 D/mm	最大轴向推力 /kN	主要尺寸/mm					规格 /mm	质量 /kg
		A	B	L	H_1	H_2		
25	22	65	25	100	20	20	角钢 20×20×4	0.23
32	22	72	32	100	20	20	角钢 20×20×4	0.23
38	22	78	38	100	20	20	角钢 20×20×4	0.23
45	27.4	83	43	100	20	20	角钢 20×20×4	0.23
57	27.4	117	57	100	30	30	角钢 30×30×4	0.36
73	35.3	143	73	100	36	36	角钢 36×36×4	0.43
89	35.3	158	88	100	36	36	角钢 36×36×4	0.43
108	43.8	172	102	100	36	36	角钢 36×36×4	0.43
133	43.8	188	118	100	36	36	角钢 36×36×4	0.43
159	49.4	212	148	100	50	32	角钢 50×32×4	0.50
219	54.9	306	206	100	75	50	角钢 75×50×5	0.96
273	54.9	386	260	100	100	63	角钢 100×63×6	1.51
273	109.8	386	260	200	100	63	角钢 100×63×6	3.02
325	54.9	424	298	100	100	63	角钢 100×63×6	1.51
325	109.8	424	298	200	100	63	角钢 100×63×6	3.02
377	65.9	510	350	100	125	80	角钢 125×80×7	2.21
377	131.7	510	350	200	125	80	角钢 125×80×7	4.42
426	65.9	544	384	100	125	80	角钢 125×80×7	2.21
426	131.7	544	384	200	125	80	角钢 125×80×7	4.42

（二）曲面槽固定支架（DN150～DN600）

曲面槽固定支架适用于 DN150～DN600 的热力管道，曲面槽的长度为 $L=200$ mm，高度 H 有 50 mm、100 mm、150 mm 三种。$L=200$ mm，$H=50$ mm 型式的固定支座如图 3-12(a)所示，所需材料见表 3-5，其余的详见 97R412《室外热力管道支座》图集相关内容。制作该固定支架时，曲面槽亦可用焊接代替煨弯，如图 3-12(b)所示。

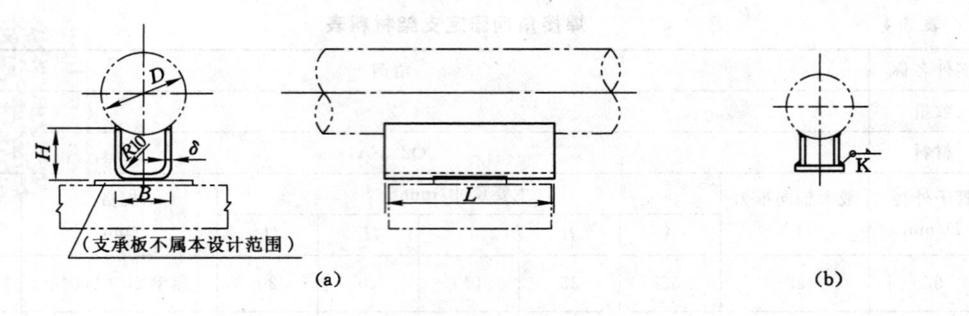

图 3-12 曲面槽固定支座

表 3-5　　曲面槽固定支架材料表

零件名称		曲面槽				
数量		1				
材料		Q235-A				
管道外径 D/mm	允许最大推力 /kN(kg)	尺寸/mm			规格 L×δ/mm	质量 /kg
		B	δ	展开长		
159	13.7(1 400)	108	4	228	扁钢 200×4	1.43
219	13.7(1 400)	128	4	248	扁钢 200×4	1.56
273	20.6(2 100)	152	6	272	扁钢 200×6	2.56
325	20.6(2 100)	192	6	328	扁钢 200×6	3.09
377	20.6(2 100)	202	6	336	扁钢 200×6	3.16
426	20.6(2 100)	232	6	373	扁钢 200×6	3.51
478	20.6(2 100)	252	6	397	扁钢 200×6	3.74
529	27.3(2 800)	276	8	421	扁钢 200×8	5.28
630	27.3(2 800)	316	8	470	扁钢 200×8	5.90

注：支座与支承板焊接时应符合表 3-6 所示条件。

表 3-6　　支座与支承板焊接要求

使用管径 D/mm	焊缝尺寸/mm		支承板宽度 /mm
	总长度	高度	
159～219	200	4	100
273～478	200	6	100
529～630	200	8	100

（三）单面挡板式固定支架

焊接角钢式和曲面槽式固定支架承受的轴向推力较小，通常不超过50 kN。固定支架承受的轴向推力超过 50 kN 时，多采用挡板式固定支架。

单面挡板式固定支架（一）适用于 DN250～DN600、推力≤98 kN（10 t）的情况，如图 3-13 和表 3-7 所示；单面挡板式固定支架（二）适用于 DN150～DN600、推力≤49 kN （5 t）的情况，如图 3-14 和表 3-8 所示。

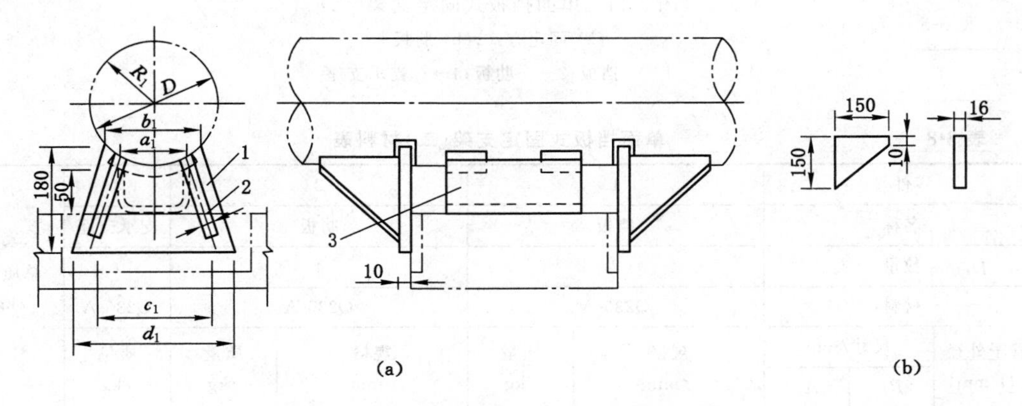

图 3-13　单面挡板式固定支架（一）

（a）固定方式；（b）肋板

1——挡板；2——肋板；3——支承支座

表 3-7　单面挡板式固定支架（一）材料表

零件号						1		2		3	总质量/kg
名称						挡板		肋板		支承支座	
数量						2		4		1	
材料						Q235-A		Q235-A		Q235-A	
管子外径 D/mm	尺寸/mm					规格/mm	质量/kg	规格/mm	质量/kg	质量/kg	
	R_1	a_1	b_1	c_1	d_1						
273	137	70	130	110	180	扁钢 180×10	4.38	扁钢 150×16	6.04	3.11	13.53
325	163	70	130	110	180	扁钢 180×10	4.38	扁钢 150×16	6.04	3.80	14.22
377	189	100	160	140	210	钢板 210×10	5.24	扁钢 150×16	6.04	3.93	15.21
426	213	100	160	140	210	钢板 210×10	5.24	扁钢 150×16	6.04	4.49	15.77
478	239	130	200	170	260	钢板 260×10	6.52	扁钢 150×16	6.04	4.76	17.32
529	265	130	200	170	260	钢板 260×10	6.52	扁钢 150×16	6.04	6.42	18.98
630	315	130	200	170	260	钢板 260×10	6.52	扁钢 150×16	6.04	7.12	19.68

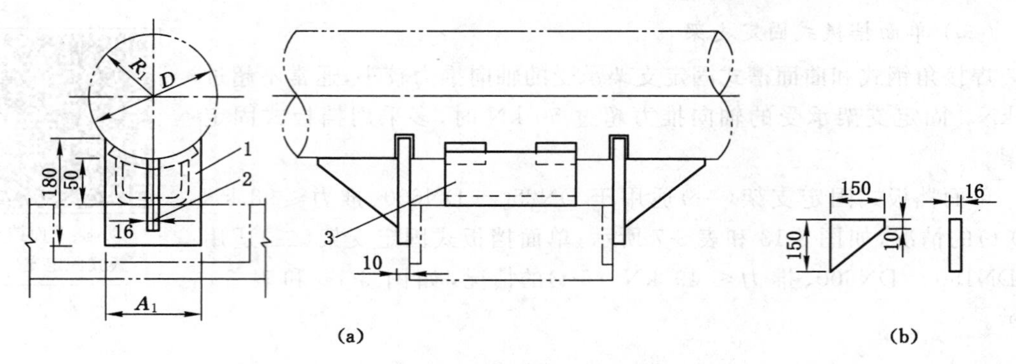

图 3-14 单面挡板式固定支架(二)

(a) 固定方式;(b) 肋板

1——挡板;2——肋板;4——支承支座

表 3-8 单面挡板式固定支架(二)材料表

零件号			1		2		3	总质量/kg
名称			挡板		肋板		支承支座	
数量			2		4		1	
材料			Q235-A		Q235-A		Q235-A	
管子外径 D/mm	尺寸/mm		规格/mm	质量/kg	规格/mm	质量/kg	质量/kg	
	R_1	A_1						
159	80	80	扁钢 180×10	2.26	扁钢 150×16	3.02	1.82	7.10
219	110	100	扁钢 180×10	2.82	扁钢 150×16	3.02	2.07	7.91
273	137	100	扁钢 180×10	2.82	扁钢 150×16	3.02	3.11	8.95
325	163	100	扁钢 180×10	2.82	扁钢 150×16	3.02	3.80	9.64
377	189	120	扁钢 180×10	3.38	扁钢 150×16	3.02	3.93	10.33
426	213	120	扁钢 180×10	3.38	扁钢 150×16	3.02	4.49	10.89
478	239	120	扁钢 180×10	3.38	扁钢 150×16	3.02	4.76	11.16
529	265	140	扁钢 180×10	3.95	扁钢 150×16	3.02	6.42	13.39
630	315	140	扁钢 180×10	3.95	扁钢 150×16	3.02	7.12	14.09

(四) 双面挡板式固定支架

双面挡板式固定支架适用于 DN150～DN600、推力≤49 kN(5 t),DN200～DN600、推力≤98 kN(10 t),DN300～DN600、推力≤196 kN(20 t),DN350～DN600、推力≤294 kN(30 t)的情况。图 3-15 和表 3-9 所示为 DN150～DN600、推力≤49 kN(5 t)的双面挡板式固定支架。

动画:双面挡板式固定支座

(五) 直埋敷设固定墩

无沟敷设或不通行地沟中,固定支座也有做成钢筋混凝土固定墩的形式。

直埋敷设所采用的固定墩,如图 3-16 所示。管道从固定墩上部的立板穿过,在管子上焊有卡板进行固定。

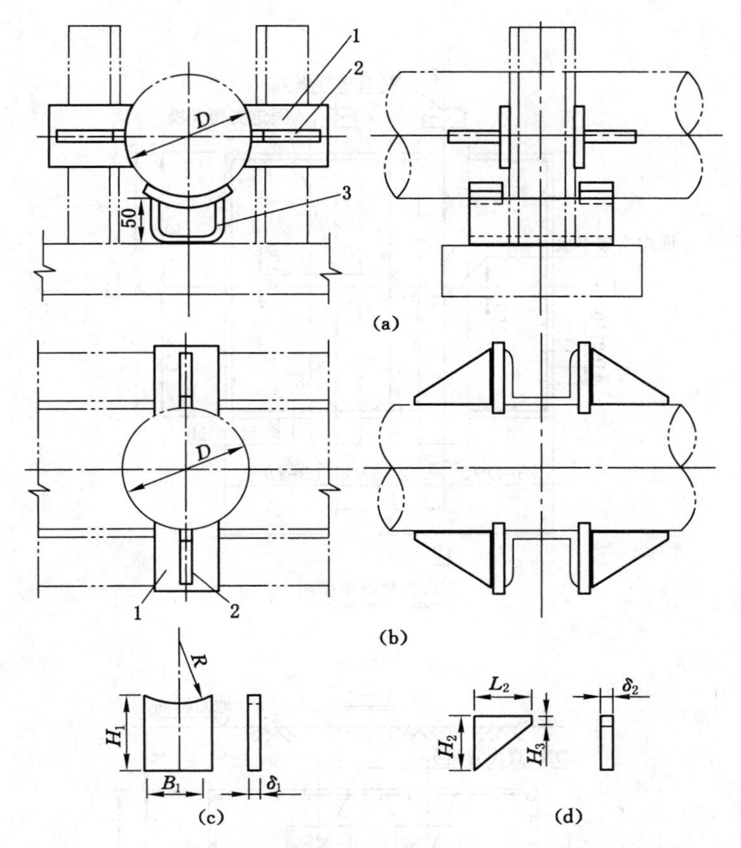

图 3-15　双面挡板式固定支架［推力≤49 kN(5 t)］

(a) 固定方式(一)；(b) 固定方式(二)；(c) 挡板；(d) 肋板

1——挡板；2——肋板；3——曲面槽

表 3-9　　双面挡板式固定支架材料表

零件号	1							2							总质量/kg
名称	挡板							肋板							
数量	4							4							
材料	Q235-A							235-A							
管子外径	尺寸/mm				规格	质量/kg		尺寸/mm				规格	质量/kg		
D/mm	R	B_1	H_1	δ_1	/mm	单重	共重	H_2	H_3	L_2	δ_2	/mm	单重	共重	
159	80	60	100	10	扁钢 60×10	0.47	1.88	80	10	100	12	扁钢 90×12	0.43	1.72	3.60
219	110	80	100	10	扁钢 80×10	0.63	2.52	80	10	100	12	扁钢 90×12	0.43	1.72	4.24
273	137	80	100	10	扁钢 80×10	0.63	2.52	80	10	100	12	扁钢 90×12	0.43	1.72	4.24
325	163	80	100	10	扁钢 80×10	0.63	2.52	80	10	100	12	扁钢 90×12	0.43	1.72	4.24
377	189	100	100	10	扁钢 100×10	0.79	3.16	80	10	100	12	扁钢 90×12	0.43	1.72	4.88
426	213	100	100	10	扁钢 100×10	0.79	3.16	80	10	100	12	扁钢 90×12	0.43	1.72	4.88
478	239	100	100	10	扁钢 100×10	0.79	3.16	80	10	100	12	扁钢 90×12	0.43	1.72	4.88
529	265	120	100	10	扁钢 120×10	0.94	3.76	80	10	100	12	扁钢 90×12	0.43	1.72	5.48
630	315	120	100	10	扁钢 120×10	0.94	3.76	80	10	100	12	扁钢 90×12	0.43	1.72	5.48

注：总质量不包括零件 3 的质量。

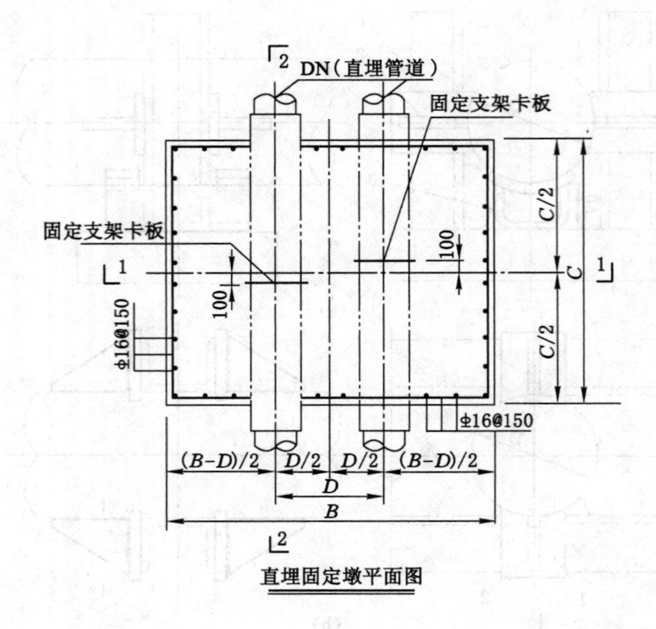

直埋固定墩平面图

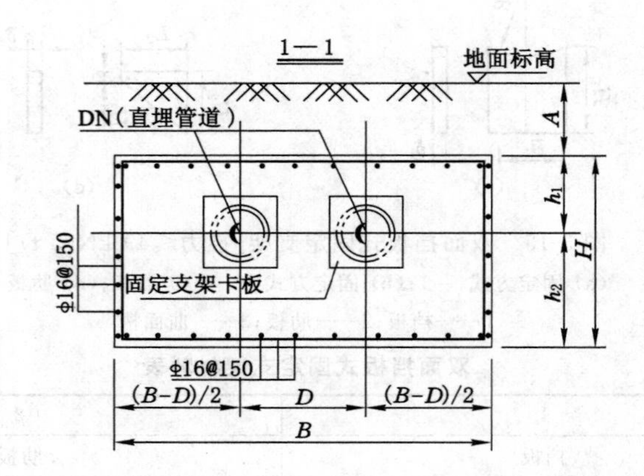

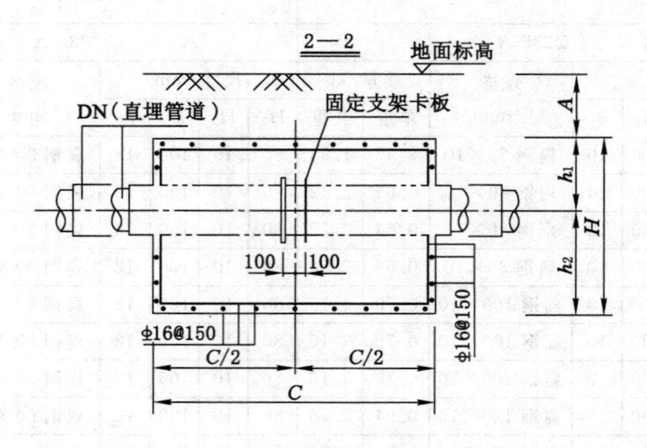

图 3-16 直埋敷设固定墩

项目二　支架的安装

支架安装包括支架构件的制作加工和现场安装两部分工序。

一、支架的制作

制作支架时应遵守以下原则：

(1) 管道支架的制作应在管道安装前采取工厂化集中预制，以提高效率。

(2) 支架的形式和尺寸应符合施工图或设计文件指定的标准图集的要求。当标准图上的尺寸与现场实际情况不符时，应按现场实际需要的尺寸进行调整。

(3) 管道支架的材料，除设计文件另有规定外，一般采用 Q235 普通碳素钢。制作时的下料切割宜采用机械冲剪或锯割，边长大于 50 mm 的型钢可用氧-乙炔焰切割，但应将切割后的熔渣及毛刺除掉。

(4) 支架上的孔应用电钻加工，不得用氧-乙炔焰割孔。钻孔的直径应比所穿管卡或螺栓的直径大 2 mm 左右。

(5) 管卡、吊架等部件上的螺纹宜用车床等机械加工。当数量少时也可用圆板牙进行手工扳丝，但加工出来的螺纹应光洁整齐，无短丝和毛刺等缺陷。

(6) 支架的各部件应在组焊前校核尺寸，确认无误后再进行组对点焊。点焊成形后用角尺或标准样板校核组对角度，并在平台上矫形，最后完成所有焊缝的焊接。

(7) 支架制作完毕，应按设计文件的规定及时做好防腐处理。当设计文件无此规定时，可除锈后加一道防锈底漆。

二、支架的现场安装

(一) 支架安装位置的确定

1. 支架安装标高的确定

在确定支架安装的标高位置时，应根据施工图要求的管道走向、位置和标高，测出同一水平直管段两端点中心在墙体上的位置，并将其定位点标注在墙上。若施工图中只给出管道一端的中心标高，则另一端的标高可根据管段的长度、坡度和坡向，计算出管道两端点的标高差，从而确定管道另一端的标高。然后分别在两端管中心的下方，量取管中心至支架横梁上表面的距离（无保温时为 $0.5D_{w}$，有保温时为 $0.5D_{保温}$），标定在墙上，并以此两点为端点在墙上画直线，则该直线即为管道支架横梁的上表面线。

微课：管道支吊架的安装

2. 支架安装平面位置的确定

支架安装平面位置的确定，就是要确定管道支架在水平面上的投影位置。它分为活动支架平面位置确定和固定支架平面位置确定。

(1) 活动支架平面位置确定

活动支架平面位置一般设计不予明确，必须由施工现场参照表 3-10 的规定具体定位。

表 3-10　　活动支架的最大间距　　单位:m

公称直径/mm	15	20	25	32	40	50	70	80	100	125	150	200	250	300
保温管	2	2.5	2.5	2.5	3	3	4	4	4.5	6	7	7	8	8.5
不保温管	2.5	3	3.5	4	4.5	5	6	6	6.5	7	8	9.5	11	12

实际工程施工中,管道活动支架安装位置的确定,首先应根据管道直径、管材种类、管内介质性质、系统是否保温等因素确定活动支架的最大间距要求,然后再根据管道系统的长度,计算确定支架的数量。在定位时,应首先确定有特殊要求的支架位置,例如,在方型补偿器的水平臂中点处,应设置活动支架等,然后再按顺序依次将特定位置支架之间的支架进行排列定位。在管道活动支架进行定位时,一般应遵循"墙不作架、托稳转角、中间等分、不超最大"的定位原则。

"墙不作架"就是指管道穿越墙体时,不能用墙体作为管道的活动支架,而应从墙表面各向外量取 1 m,作为管道过墙前后的第一个活动支架位置。

"托稳转角"就是指在管道的转角处(包括弯头、伸缩器的弯管等)应加强对管道的支承。一般应在管道产生转角的墙角处,从墙面向外各量取 1 m,分别安装活动支架。

"中间等分、不超最大"是指管道在穿墙、转角等处的活动支架定位后,剩余的管道直线长度上,按照活动支架不能超过规定的最大间距值的原则,将管道长度均匀分配,使中间活动支架的间距相等,以满足支架受力均匀和布置美观的要求。

(2) 固定支架平面位置确定

固定支架的位置是由设计人员根据需要在图纸上予以确定的。一般是考虑热力管道自然补偿、补偿器补偿的需要。为节省投资,设置固定支座时也应加大其间距,减少其数量,但固定支座的间距应满足下列要求:

① 管道的热伸长不得超过补偿器所允许的补偿量;

② 管道因膨胀和其他作用而产生的推力,不得超过固定支架所承受的允许推力;

③ 不应使管道产生纵向弯曲。

同时固定支架位置的确定应不超过表 3-11 规定的间距值。

(二) 支架安装方法

1. 室内管道支架安装方法

支架现场安装时,在建筑结构上的固定方法有以下几种形式:

(1) 栽埋法

沿墙安装的各种管道支架,多采用此法,它是将支架的型钢横梁直接栽埋在墙体之上的一种施工方法,如图 3-17 所示。施工时,在已经画好的支架横梁位置线上,画出每个支架中心的定位十字线及打洞尺寸线,然后进行打洞。也可在土建施工时,根据支架的安装位置要求预留孔洞。在栽埋支架时,应先清除孔洞内的碎砖、砂灰等杂物,并用水将洞浇湿,然后将砂浆填入洞口,将支架横梁插入洞内,并用碎石捣实挤牢。栽埋支架横梁时,应使横梁的上表面与墙面上的位置线平齐,以保证管道安装位置和坡度符合设计要求。同时,砂浆的填塞应饱满,并在横梁栽埋后抹平抹光洞口处的灰浆,不使之突出墙面;横梁的栽埋应保证平正、不发生偏斜或扭曲等缺陷,支架的埋深应符合设计要求或标准图的规定。当混凝土强度未达到有效强度的 75%时,不得安装管道。

表 3-11 热力管道固定支座(架)最大允许跨距 单位:m

公称直径 DN/mm			25	32	40	50	65	80	100	125	150	200	250	300	350	400	450	500	600
方形补偿器	地沟或架空敷设		30	35	45	50	55	60	65	70	80	90	100	115	130	145	160	180	200
	无沟敷设				45	50	55	60	65	70	80	90	90	110	110	110	125	125	125
套管补偿器	通行地沟或架空敷设				25	25	35	40	40	50	55	60	70	80	90	100	120	120	120
	无沟敷设		24	30	36	36	48	56	56	72	72	108	120	144	144	144	144	168	192
波纹管补偿器	地沟或架空敷设							8	10	12	12	18	18	18	25	25	30	30	30
	无沟敷设			30	36	36	48	56	56	72	72	108	120	144					
球形补偿器	地沟或架空敷设		100～500(一般 400～500)																
L形补偿器	地沟架空	长边	≯15	18	20	24	24	30	30	30	30								
		短边	≮2	2.5	3.0	3.5	4.0	5.0	5.5	6.0	6.0								
	无沟架空	长边	≯6	11.5	12	12	13	13	14	15	15	16.5	16.5	17	17	18	18	20.5	21
		短边	≮2	2.5	3	3	3.5	4	4	5	5	6.5	7.5	8.5	9	10	10.5	11.5	13

（2）预埋钢板焊接法

此法是在墙体或柱子施工时，预埋钢板，如图 3-18 所示。支架安装时，应先将钢板表面的砂浆或油污清除干净，然后在钢板面上标出管道安装的坡度线，作为焊接横梁时横梁端面安装标高的控制线，最后按要求将支架横梁垂直地焊接在预埋钢板上。焊接时应先点焊，经校正使横梁端面的上平面与坡度线平齐，横梁垂直平正后再施焊焊接。

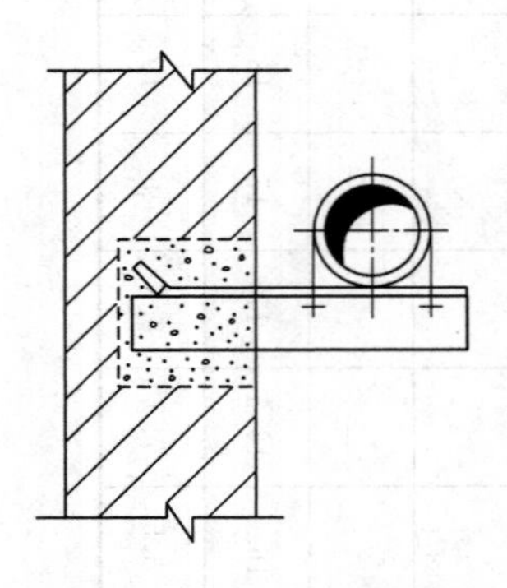

图 3-17　栽埋法安装支架

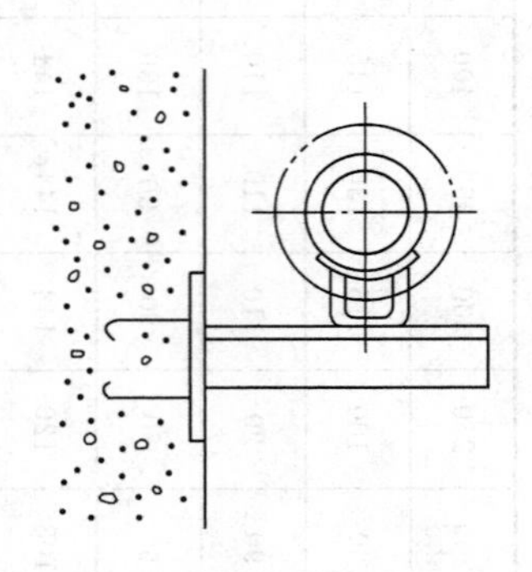

图 3-18　预埋钢板焊接法安装支架

（3）膨胀螺栓法

如图 3-19 所示，支架安装时，应先确定支架的安装位置，然后用已预制好的支架放在墙上进行比量，画出支架的预留螺栓孔位置，随即用电钻在墙上打洞，使洞孔直径与膨胀螺栓套筒外径相同，孔深应为套筒长度加 15 mm，并与墙面垂直。清除孔内杂物后，将膨胀螺栓打入墙孔内，直至套筒外端与墙面平齐为止，然后再用扳手拧紧螺母直至胀开套筒，卸下螺母，将支架穿入螺栓，最后垫上垫圈，拧紧螺母，将支架紧固在墙上。膨胀螺栓及钻头直径的选用应符合表 3-12 的规定。

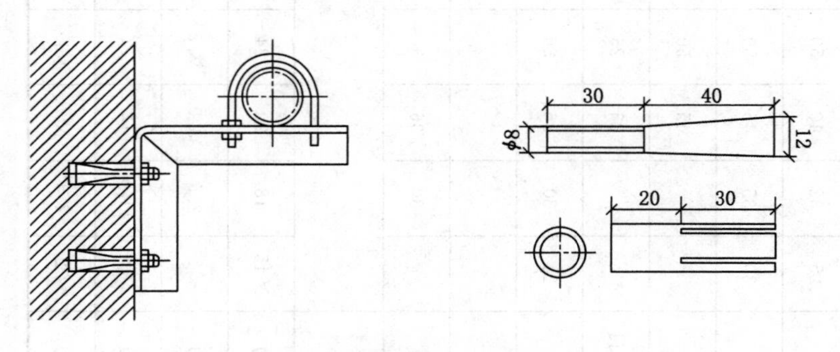

图 3-19　膨胀螺栓法安装支架

表 3-12　　膨胀螺栓及钻头的选用

管道公称直径/mm	≤70	80～100	125	150
膨胀螺栓规格	M8	M10	M12	M14
钻头直径/mm	10.5	13.5	17	19

(4) 抱柱法

安装时，先将支架横梁的位置线用水平尺引至柱子的两侧面，画出水平线作为支架横梁上表面的安装标高线，然后再将支架横梁紧贴柱子的一侧水平放置，在与横梁对称的柱子的另一侧也紧贴柱子放一角钢，最后用两个双头螺栓把角钢和支架紧固于柱子上，如图 3-20 所示。

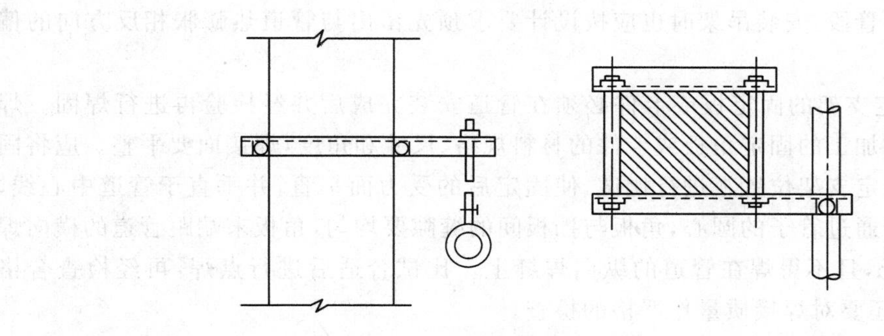

图 3-20　抱柱法安装支架

2. 室外管道支架安装方法

(1) 地沟内混凝土支座及其支架的安装

① 在支座上以预埋板的中心为准，画出管道定位中线。

② 把支座放到地沟内的管线上，进行预定位。使支座上的管道中线与地沟中的管线相重合，允许偏差不大于 5 mm；同时使支座的横向中线与沟边的支座定位线相符，前后位移不得大于 0.5 m。

③ 在预定位的位置上满铺水泥砂浆，将支座放置稳实，按沟边的标高线校核支座上板面的标高，以保证支座的坡度与管道坡度一致。

④ 将预制好的管道支架安放在支座上，使其两纵向中心线相重合，横向中心线则应按设计规定预先留出与管道热膨胀相反方向的偏移量。当设计未作出规定时，应由安装单位技术人员在施工方案或技术交底中作出具体规定，以保证管道在热膨胀时活动支架不会从支座钢板上落下。

(2) 地沟内的钢支架的安装

① 地沟内的钢支架梁均支撑在地沟壁上，安装前要在地沟壁上打洞，或在砌地沟壁时预留洞。洞深应满足支架安装的要求。洞的断面尺寸一般为 240 mm×240 mm，支架有加固角钢时，洞的断面应为 370 mm×370 mm。

② 安装支架前先将洞清理干净，再浇水湿润，把画有管道定位线的支架梁放入洞内，配制设计要求标号的豆石混凝土，填灌支架洞。当设计无明确要求时可用 C20 豆石混凝土。填混凝土时，要边填边进行支架的找平找正，控制好支架的标高，并使支架上的管道定位线正好投影在地沟管道中心线上。都调整好后，将洞口压实抹平。

③ 地沟内竖向的钢架都要“生根”。一种是在地沟底板上打洞或预留洞，用混凝土灌注钢架，其安装方法与在地沟壁上安装支架相同；另一种是在地沟底板内预埋了钢埋件，表面是一块钢板，安装竖向钢支柱时，将支柱端部加工平整，按需要的位置立在底钢板上，用线坠吊好垂线，进行焊接。为保证支架的整体作用，一般是将竖向立柱与横向支架

的定位和立柱与底钢板的定位同时进行，初步调整好各方面的平直关系后点焊，再作核对，最后焊接牢固。

④ 吊架的安装一般是将吊钩预先挂在支架梁上，预测一下管道标高和坡度，调整过长或过短的吊杆，再在管道上套上管卡，然后，将管道抬起，在吊杆和管卡中穿上合适的螺栓带上螺帽。再检测管道的标高和坡度，调整各吊杆的长度使管道标高和坡度符合设计的要求。对热膨胀量较大的管段，安装吊架时也应按设计要求预先留出与管道热膨胀相反方向的偏移量。

⑤ 地沟内固定支架的固定板或卡件必须在管道安装完成后并经检验再进行焊固。焊接前要仔细检查预加工的固定角板或卡件的材料规格、尺寸和角度，焊接面要平整。应将固定角板或卡件在固定支架位置上进行比试，使固定后的受力面平直，并垂直于管道中心线，角板的竖向中心应通过管子的圆心，角板与挡板间的缝隙要均匀，角板末端距管道的横向焊缝应不小于 50 mm，且不得焊在管道的纵向焊缝上。比试合适后进行点焊，再经检查合格后焊接牢固，最后还要对焊接质量作严格的检查。

(3) 架空管道支、吊架的安装

① 管道支、吊架安装前应进行标高和坡降测量并放线，固定后的支、吊架位置应正确，安装应正确、牢固，与管道接触良好。

② 固定支架应按设计规定安装，安装补偿器时，应在补偿器预拉伸之后固定。

③ 导向支架或滑动支架的滑动面应洁净平整，不得有歪斜和卡涩现象。其安装位置应从支承面中心向位移反方向偏移，偏移量应为设计计算值的 1/2 或按设计规定。

④ 焊接应由具上岗证的焊工进行，并不得有漏焊、欠焊或焊接裂纹等缺陷。管道与支架焊接时，管道表面不得有咬边、气孔等缺陷。

(三) 支架安装的要求

管道支架的安装应符合下列要求：

(1) 位置应正确，埋设应平整牢固。固定支架与管道接触应紧密，固定应牢靠。

(2) 滑动支架应灵活，滑托与滑槽两侧间应留有 3～5 mm 的间隙，纵向移动量应符合设计要求。

(3) 无热伸长管道的吊架、吊杆应垂直安装。有热伸长管道的吊架、吊杆应向热膨胀的反方向偏移 1/2 伸长量；保温管的高支座在横梁滑托上安装时，应向热膨胀的反方向偏斜 1/2 伸长量。

(4) 管道支架附近的焊口，距支架净距大于 50 mm，最好位于两个支座间距的 1/5 位置上。

(5) 固定在建筑结构上的管道支、吊架不得影响结构的安全。

(6) 塑料管及复合管采用金属制作的管道支架时，应在管道与支架之间加衬非金属垫或套管。

(7) 支架横梁、受力部件、螺栓等所用材料的规格及材质，支架的安装形式和方法等，应符合设计要求及国标规定。

(8) 补偿器两侧应各设一个导向支架，使管道伸缩时不发生偏移。

(9) 大直径管道上的阀门等应设专用支架支承，不得用管道承受阀体重量。

（四）管道支架安装的质量通病与防治

1. 支架间距过大或过近

原因：安装前未按设计给定的固定支架位置排定其他支架位置，安装中随意设置。

防治：安装单位的技术部门必须作出支架布置方案，安装中依此加强检查。

2. 活动支架安装未预留偏移量

现象：支座式管道支架滑动量过大，容易滑出支座钢板或卡在支座钢板上，限制管道热伸缩，甚至造成拉动支座或拉弯管道。

支架式管道吊架长期在大角度下承力，易拉扭支架梁，破坏支架根部。

原因：主要是不认识预留偏移量的重要性。

防治：认真研究管道热膨胀情况，分析各个支架处的热膨胀量，设计中不要遗漏对此问题的考虑，在图纸会审和编制施工方案中也要分析由热膨胀引起的位移情况，必要时应作出预留偏移量的指令，并认真落实。

3. 支架构造或材料规格不符合要求

现象：支架构造不利于管道伸缩；支梁压在地沟墙上的做法不当而压裂墙体；支架规格偏小，缩短工作年限等。

原因：设计未给定或指定支架图纸；安装单位的技术部门未在施工方案中对管道支架作出具体规定；安装人员只拿现场有的材料做支架，又无检查把关等。

防治：设计一定要指定所选用的支架图纸或提供支架标准图；施工单位的技术部门必须在施工方案中编入选用的支架构造和支架规格表，并注明使用部位，要经技术主管审批同意方可遵照安装；质量检查部门应严格检查把关。

4. 其他

如支架的定位线与管道定位线不重合；焊缝宽、高不够，双面焊只焊成单面焊；螺丝连接时螺扣外露过少，该放垫片处不放垫片；支架刷油遍数不够或漏刷等等。只要在安装前交底清楚，安装中坚持自检、互检和专职检查，这些通病是可以克服的。

小　　结

本单元系统介绍了供热系统管道支架的类型、构造，各类型支架的制作尺寸，支架的安装方法和步骤，质量检验标准和检验过程等知识。

在学习过程中，要让学生重点掌握供热系统管道支架的类型、构造，支架的安装方法和步骤，锻炼学生收集资料的能力；在学习过程中可采用现场操作与理论学习结合进行。

思考题与习题

1. 常见管道支架的类型有哪几种？

2. 管道支架的安装位置如何确定？

3. 管道支架的安装方法有哪几种？试述各安装方法的施工步骤。

技能训练

训练项目:无保温双管滑动支架在混凝土墙或混凝土柱上的安装

1. 实训目的:通过室内供暖系统管道支架的安装训练,使学生掌握室内供暖系统管道支架的安装步骤与方法,安装标准与安装要求,掌握管道支架的现场制作或成品选购的方法,熟悉室内供暖系统管道安装质量检测要求与格式标准。

2. 实训题目:某无保温双管滑动支架在混凝土墙或混凝土柱上的安装。

3. 实训准备:

(1) 材料:角钢、圆钢、电焊条、膨胀螺栓、螺栓、螺母(帽)、螺垫、氧气、乙炔气、水泥、砂、细碎石、机油、锯条、线麻、小线、石笔。

(2) 机具:电焊机、型钢切割机、电锤、管钳子、活扳子、铰扳及扳牙、电动套丝机、管压力及案子、钢锯、丝锥、割管器、水平尺、钢卷尺、线坠、手锤等。

4. 实训内容:根据图 3-21 进行无保温双管滑动支架在混凝土墙或混凝土柱上的安装操作。具体制作尺寸根据实际需要参照表 3-13、表 3-14 进行。

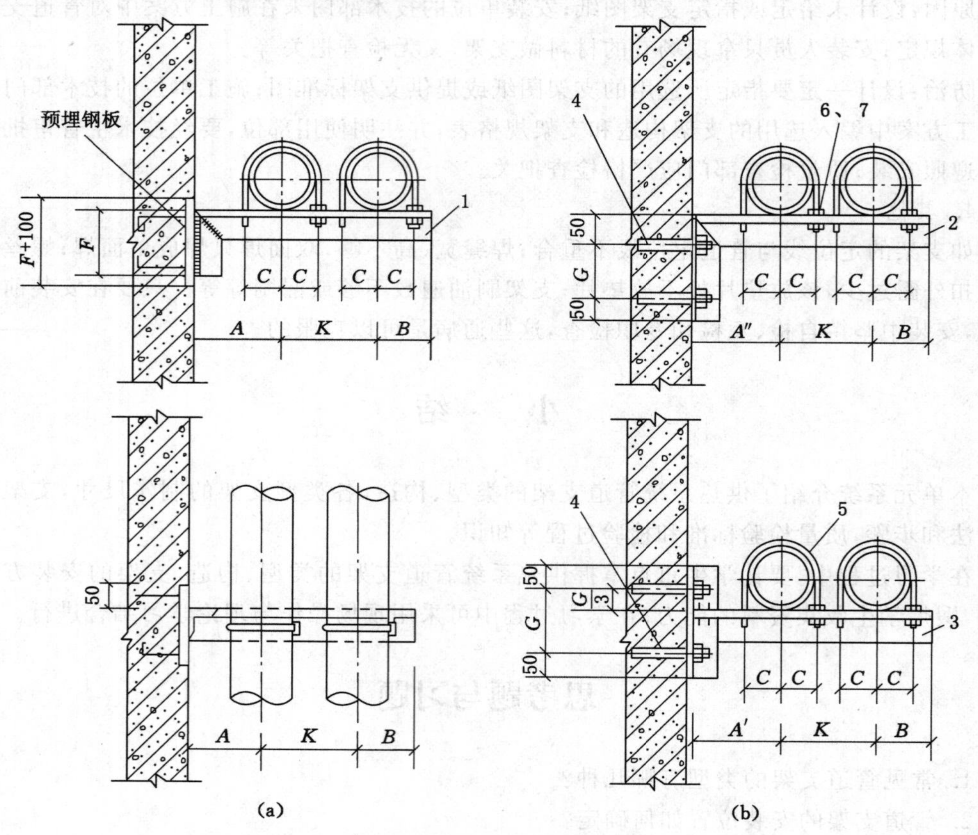

图 3-21 无保温双管滑动支架在混凝土墙或混凝土柱上安装

(a) 焊接式;(b) 膨胀螺栓式

1～3——横梁;4——胀锚螺栓;5——管卡;6——螺母;7——垫圈

表 3-13　　无保温双管滑动支架在混凝土墙或混凝土柱上安装所用材料规格　　单位:mm

件号	名称	件数	DN15 DN20	DN25 DN32	DN40	DN50
			材料规格			
1		1	∟ 50×5	∟ 50×6	∟ 63×5	∟ 63×6
2	横梁	1	∟ 50×5	∟ 50×6	∟ 63×5	∟ 63×6
3		1	∟ 50×5	∟ 50×6	∟ 63×5	∟ 63×6
4	胀锚螺栓	2	M8	M8	M8	M8
5	管卡	2	M8	M10	M10	M10
6	螺母	4	M8	M10	M10	M10
7	垫圈	2	$\phi 8$	$\phi 10$	$\phi 10$	$\phi 10$

表头斜线:材料 / 公称直径 / 项目

表 3-14　　无保温双管滑动支架在混凝土墙或混凝土柱上安装尺寸表　　单位:mm

安装尺寸 \ 公称直径	DN15	DN20	DN25	DN32	DN40	DN50
A	150	150	150	150	150	150
A'	150	150	150	150	150	150
A''	70	70	80	80	80	90
B	40	40	50	50	60	60
C	16	19	23	28	30	36
F	140	140	140	160	160	160
G	120	120	120	120	120	150
K	135	140	150	160	165	175

5. 操作要求:

(1) 在进行安装实训前,需认真阅读施工图;

(2) 根据施工图的要求选择好管材、管件和施工工具;

(3) 在安装过程中注意工艺的正确合理性,操作过程中注意安全和文明生产。

6. 考核时间:80 min。

7. 考核分组:每 8 人为一工作小组。

学习情境四　室内供暖系统管道的安装

一、职业能力和知识

1. 具备管材和连接方法选择的能力。
2. 具备穿墙、楼板、基础、套管的安装能力。
3. 具备查找管材资料的能力。
4. 根据工程要求制定正确的施工方案的能力。
5. 正确选择施工机具和施工程序的能力。
6. 合理选择保温材料并提出妥善的保存方案的能力。
7. 对照施工验收规范对管道和保温层的施工进行验收,并分析存在问题的能力。
8. 排气阀的选择与安装能力。
9. 除污器的选择与安装能力。
10. 散热器温控阀安装的能力。
11. 调压板的制作与安装的能力。
12. 根据施工验收规范进行检查验收的能力。

二、工作任务

1. 供暖管道的选择与调直。
2. 供暖管道下料与定位。
3. 供暖管道的安装与检查验收。
4. 供暖系统附属设备的安装。

三、相关实践知识

1. 管材套丝。
2. 材料的切割与焊接。
3. 各种附属设备的选用。
4. 施工机器具的使用。

四、相关理论知识

1. 供暖管道管径选择与计算。
2. 室内供暖系统的布置和敷设。
3. 排气装置原理、形式及特点。
4. 除污器的原理与结构。

项目一　热水供暖系统的水力计算

一、管路水力计算的基本原理

（一）基本公式

热水供暖系统进行水力计算可以确定系统中各管段的管径，使各管段的流量和进入散热器的流量符合要求，进而确定各管路系统的阻力损失。流体在管路中流动时，要克服流动阻力产生能量损失，能量损失有沿程压力损失和局部压力损失两种形式。

沿程压力损失是由于管壁的粗糙度和流体黏滞性的共同影响，在管段全长上产生的损失。

局部压力损失是流体通过局部构件（如三通、阀门等）时，由于流动方向和速度改变产生局部旋涡和撞击而引起的损失。

1. 沿程压力损失

根据达西公式，沿程压力损失可用下式计算

$$p_y=\lambda\frac{l}{d}\frac{\rho v^2}{2} \tag{4-1}$$

单位长度的沿程压力损失，也就是比摩阻 R（P/m）的计算公式为

$$R=\frac{p_y}{l}=\frac{\lambda}{d}\frac{\rho v^2}{2} \tag{4-2}$$

式中　p_y——沿程压力损失，Pa；

λ——管段的摩擦阻力系数；

d——管子的内径，m；

ρ——流体的密度，kg/m^3；

v——管中流体的速度，m/s；

l——管段的长度，m。

实际工程计算中，往往已知流量，则公式(4-2)中的流速 v 可以用质量流量 G 表示

$$v=\frac{G}{3\ 600\times\frac{\pi d^2}{4}\rho}=\frac{G}{900\pi d^2\rho} \tag{4-3}$$

式中　G——管段中水的质量流量，kg/h。

将式(4-3)代入式(4-2)中，经整理后可得

$$R=6.25\times10^{-8}\frac{\lambda}{\rho}\frac{G^2}{d^5} \tag{4-4}$$

附录 4-1 就是按公式(4-4)编制的热水供暖系统管道水力计算表。

查表确定比摩阻 R 后，该管段的沿程压力损失 $p_y=Rl$（l 为管段长度，m）就可确定出来。

课件：热水供暖系统的水力计算

2. 局部压力损失

局部压力损失可按下式计算

$$p_j=\sum\xi\frac{\rho v^2}{2} \tag{4-5}$$

式中　p_j——局部压力损失，Pa；

$\sum\xi$——管段的局部阻力系数之和，见附录4-2；

$\frac{\rho v^2}{2}$——表示$\sum\xi=1$时的局部压力损失，又叫动压头Δp_d，Pa，见附录4-3。

3. 总损失

任何一个热水供暖系统都是由很多串联、并联的管段组成，通常将流量和管径均不改变的一段管路称为一个计算管段。

各个管段的总压力损失Δp应等于沿程压力损失p_y与局部压力损失p_j之和，即

$$\Delta p=\sum(p_y+p_j)=\sum\left(Rl+\xi\frac{\rho v^2}{2}\right) \tag{4-6}$$

（二）当量阻力法

当量阻力法是在实际工程中的一种简化计算方法。其基本原理是将管段的沿程损失折合为局部损失来计算，即

$$\lambda\frac{l}{d}\frac{\rho v^2}{2}=\xi_d\frac{\rho v^2}{2}$$

$$\xi_d=\frac{\lambda}{d}l \tag{4-7}$$

式中　ξ_d——当量局部阻力系数。

计算管段的总压力损失Δp可写成

$$\Delta p=p_y+p_j=\xi_d\frac{\rho v^2}{2}+\sum\xi\frac{\rho v^2}{2}=(\xi_d+\sum\xi)\frac{\rho v^2}{2} \tag{4-8}$$

令

$$\xi_{zh}=\xi_d+\sum\xi \tag{4-9}$$

式中　ξ_{zh}——管段的折算阻力系数。

则

$$\Delta p=\xi_{zh}\frac{\rho v^2}{2} \tag{4-10}$$

将公式(4-3)代入公式(4-10)中，则有

$$\Delta p=\xi_{zh}\frac{1}{900^2\pi^2d^4 2\rho}G^2 \tag{4-11}$$

设

$$A=\frac{1}{900^2\pi^2d^4 2\rho} \tag{4-12}$$

则管段的总压力损失为

$$\Delta p=A\xi_{zh}G^2 \tag{4-13}$$

附录4-4给出了各种不同管径的A值和λ/d值。

附录4-5给出按公式(4-13)编制的水力计算表。

垂直单管顺流式系统立管与干管、支管，支管与散热器的连接方式，在图中已规定出了标准连接图式，为了简化立管的水力计算，可以将由许多管段组成的立管看作一个计算管段。

附录 4-6 给出了单管顺流式热水供暖系统立管组合部件的 ξ_{zh} 值。

附录 4-7 给出了单管顺流式热水供暖系统立管的 ξ_{zh} 值。

（三）当量长度法

当量长度法是将局部损失折算成沿程损失来计算的一种简化计算方法，也就是假设某一段管段的局部压力损失恰好等于长度为 l_d 的某管段的沿程损失，即

$$\sum \xi \frac{\rho v^2}{2} = \frac{\lambda}{d} l_d \frac{\rho v^2}{2} \tag{4-14}$$

$$l_d = \sum \xi \frac{d}{\lambda}$$

式中　l_d——管段中局部阻力的当量长度，m。

管段的总压力损失 Δp 可写成

$$\Delta p = p_y + p_j = Rl + Rl_d = Rl_{zh} \tag{4-15}$$

式中　l_{zh}——管段的折算长度，m。

当量长度法一般多用于室外供热管路的水力计算上。

二、热水供暖系统水力计算的任务和方法

（一）热水供暖系统水力计算的任务

（1）已知各管段的流量和循环作用压力，确定各管段管径。

（2）已知各管段的流量和管径，确定系统所需的循环作用压力。

（3）已知各管段管径和该管段的允许压降，确定该管段的流量。

（二）等温降法水力计算方法

等温降法就是采用相同设计温降进行水力计算的一种方法。它认为双管系统每组散热器的水温降相同，单管系统每根立管的供回水温降相同。在这个前提下计算各管段流量，进而确定各管段管径。目前热水供暖系统广泛应用的平均比摩阻法就是等温降法的具体应用。平均比摩阻法就是根据计算环路的平均单位长度摩擦阻力和各管段流量来选择管径的方法。按该法进行水力计算，应区别系统是同程式还是异程式，二者在计算顺序上有所不同。异程式计算步骤如下。

1. 最不利环路计算

（1）最不利环路的选择确定。

供暖系统是由各循环环路所组成的，所谓最不利环路，就是允许平均比摩阻最小的一个环路。可通过分析比较确定，对于机械循环异程式系统，最不利环路一般就是环路总长度最长的一个环路。

（2）根据已知温降，计算各管段流量 G(kg/h)：

$$G = \frac{3\,600Q}{4.187 \times 10^3 (t_g - t_h)} = \frac{0.86Q}{t_g - t_h} \tag{4-16}$$

式中　Q——各计算管段的热负荷，W；

t_g——系统的设计供水温度，℃；

t_h——系统的设计回水温度，℃。

（3）根据系统的循环作用压力，确定最不利环路的平均比摩阻 R_{pj}：

$$R_{pj}=\frac{\alpha\Delta p}{\sum l} \tag{4-17}$$

式中 R_{pj}——最不利环路的平均比摩阻，Pa/m；

Δp——最不利环路的循环作用压力，Pa；

α——沿程压力损失占总压力损失的估计百分数，查附录 4-8 确定；

$\sum l$——环路的总长度，m。

如果系统的循环作用压力暂无法确定，平均比摩阻 R_{pj} 无法计算；或入口处供回水压差较大时，平均比摩阻 R_{pj} 过大，会使管内流速过高，系统中各环路难以平衡。出现上述两种情况时，对机械循环热水供暖系统可选用推荐的经济平均比摩阻 R_{pj}＝60～120 Pa/m，来确定管径。剩余的资用压力，由入口处的调压装置节流。

根据平均比摩阻确定管径时，应注意管中的流速不能超过规定的最大允许流速，流速过大会使管道产生噪声。《民用建筑供暖通风与空气调节设计规范》(GB 50736)规定的最大允许流速为：

民用建筑	1.5 m/s
辅助建筑物	2 m/s
工业建筑	3 m/s

(4) 根据 R_{pj} 和各管段流量，查附录 4-1 选出最接近的管径，确定该管径下管段的实际比摩阻 R 和实际流速 v。

(5) 确定各管段的压力损失，进而确定系统总的压力损失。

首先按计算环路各管段先后顺序分别计算沿程损失 Rl 和局部损失 Z，然后按式 $\Delta p=\sum_{1}^{n}(Rl+Z)$ 计算各管段及最不利环路的总压力损失。

2. 其他环路计算

其他环路的计算是在最不利环路计算的基础上进行的，应遵循并联环路压力损失平衡的规律，来进行各环路的计算。

在实际进行水力计算时，只有使各并联环路的阻力做到平衡，才能保证其流量符合设计要求。为了使阻力平衡，对于长度较短的并联环路管段，可采用较大的平均比摩阻选择管径，但不应超过最大允许流速值。

应用等温降法进行水力计算时应注意以下几点：

(1) 如果系统未知循环作用压力，可在总压力损失之上附加 10％确定。

(2) 各并联循环环路应尽量做到阻力平衡，以保证各环路分配的流量符合设计要求。但各并联环路的阻力做到绝对平衡是不可能的，允许有一个差额，但不能过大，否则会造成严重失调。

(3) 散热器的进流系数。在单管顺流式热水供暖系统中，如图 4-1 所示，两组散热器并联在立管上，立管流量经三通分配至各组散热。流进散热器的流量 G_s 与立管流量 G_l 的比值，称为该组散热器的进流系数 α，即

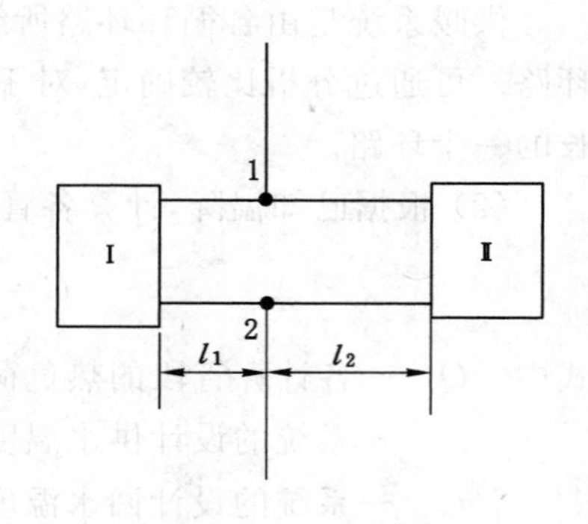

图 4-1 顺流式系统散热器节点

$$\alpha=\frac{G_s}{G_l} \tag{4-18}$$

在垂直顺流式热水供暖系统中，当散热器单侧连接时，进流系数 $\alpha=1.0$；当散热器双侧连接时，如果两侧散热器支管管径、长度、局部阻力系数都相等，则进流系数 $\alpha=0.5$；如果散热器支管管径、长度、局部阻力系数不相等，进流系数可查图 4-2 确定。

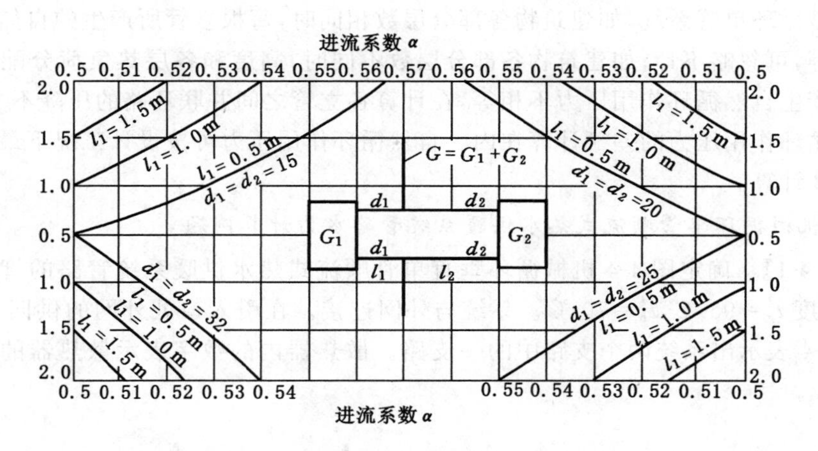

图 4-2　单管顺流式散热器进流系数

跨越式热水供暖系统中，由于一部分直接经跨越管流入下层散热器，散热器的进流系数 α 取决于散热器支管、立管、跨越管管径的组合情况和立管中的流量、流速情况，进流系数可查图 4-3 确定。

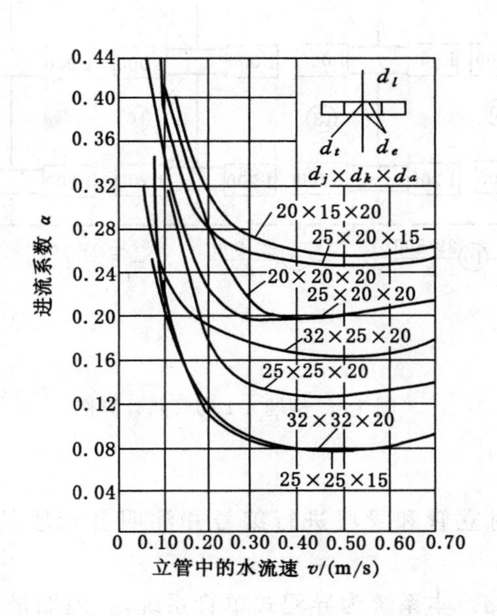

图 4-3　跨越式系统中散热器的进流系数

三、热水供暖系统水力计算实例

在机械循环系统中，循环压力主要是由水泵提供，同时也存在着自然循环作用压力。管道内水冷却产生的自然循环作用压力，占机械循环总循环压力的比例很小，可忽略不计。

对机械循环双管系统，水在各层散热器冷却所形成的自然循环作用压力不相等，在进行各立管散热器并联环路的水力计算时，应计算在内，不可忽略。

对机械循环单管系统，如建筑物各部分层数相同时，每根立管所产生的自然循环作用压力近似相等，可忽略不计；如建筑物各部分层数不同时，高度和各层热负荷分配比不同的立管之间所产生自然循环作用压力不相等，在计算各立管之间并联环路的压降不平衡率时，应将其自然循环作用压力的差额计算在内。自然循环作用压力可按设计工况下最大循环作用压力的 2/3 计算。

（一）机械循环单管顺流式热水供暖系统管路水力计算例题

【例题 4-1】 确定图 4-4 机械循环垂直单管顺流式热水供暖系统管路的管径。热媒参数：供水温度 $t_g'=95$ ℃，$t_h'=70$ ℃。系统与外网连接。在引入口处外网的供回水压差为 30 kPa。图 4-4 表示出系统两个支路中的一支路。散热器内的数字表示散热器的热负荷。楼层高为 3 m。

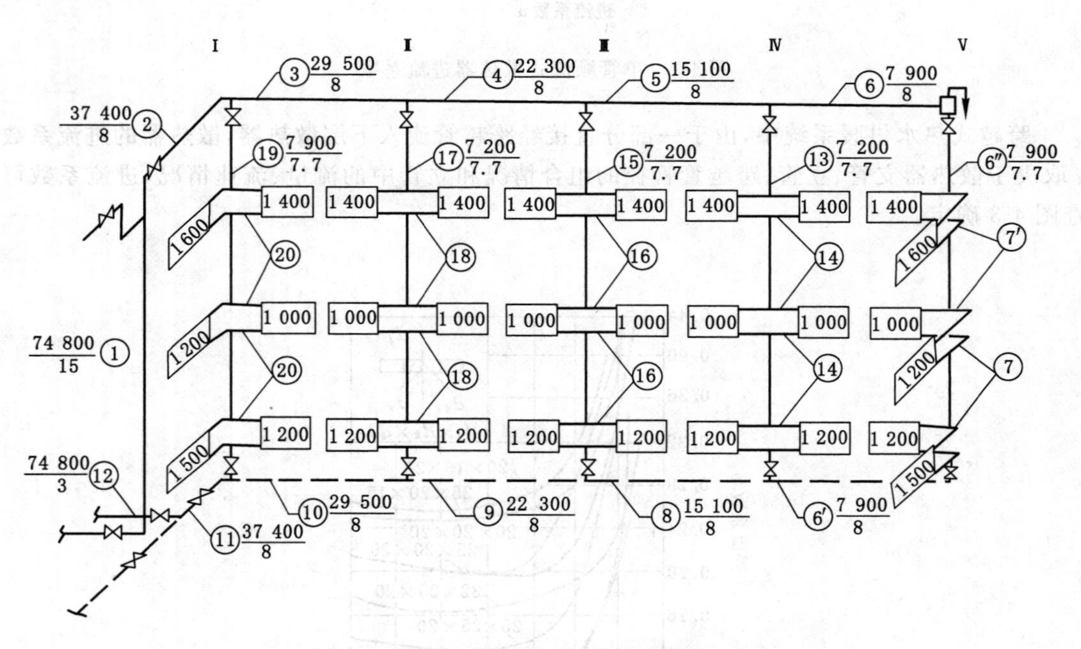

图 4-4 例题 4-1 的管路计算图

解 计算步骤：

(1) 在轴测图上，对立管和管段进行编号并注明各管段的热负荷和管长，如图 4-4 所示。

(2) 确定最不利环路。本系统为异程式单管系统，一般取最远立管的环路作为最不利环路，最不利环路是从入口到立管Ⅴ。这个环路包括管段 1 至管段 12。

(3) 计算最不利环路各管段的管径。本例题采用推荐的平均比摩阻 R_{pj} 为 60～120

Pa/m来确定最不利环路各管段的管径。

水力计算方法是：首先根据式(4-16)确定各管段的流量。根据 G 和选用的 R_{pj} 值，查附录表 4-1，将确定的各管段 d、R、v 值列入表 4-1 所示水力计算表中。最后算出最不利环路的总压力损失 $\sum(\Delta p_y+\Delta p_j)_{1\sim12}=8\ 633$ Pa。入口处的剩余循环压力，用调节阀节流。

(4) 确定立管Ⅳ的管径。

立管Ⅳ与管段 6、7 为并联环路。所以，立管Ⅳ的资用压力 $\Delta p_{Ⅳ}$ 可由下式确定

$$\Delta p_{Ⅳ}=\sum(\Delta p_y+\Delta p_j)_{6,7}-(\Delta p_{Ⅴ}-\Delta p_{Ⅳ})$$

式中　$\Delta p_{Ⅴ}$——水在立管Ⅴ的散热器中冷却时所产生的自然循环作用压力，Pa；

$\Delta p_{Ⅳ}$——水在立管Ⅳ的散热器中冷却时所产生的自然循环作用压力，Pa。

由于两根立管各层热负荷的分配比例大致相等，$\Delta p_{Ⅴ}=\Delta p_{Ⅳ}$，因而 $\Delta p_{Ⅳ}=\sum(\Delta p_y+\Delta p_j)_{6,7}$。

立管Ⅳ的平均比摩阻为

$$R_{pj}=\frac{0.5\Delta p_{Ⅳ}}{\sum l}=\frac{0.5\times 2\ 719}{16.7}=81.4\ (\text{Pa/m})$$

根据 R_{pj},G 值，选立管Ⅳ的立、支管的管径，均取DN15。计算出立管Ⅳ的总压力损失为 2 941 Pa。与立管Ⅴ的并联环路相比，其不平衡百分率 $x_{Ⅳ}=-8.2\%$，在允许值±15%范围之内。

(5) 确定其他立、支管的管径。

按上述同样的方法可分别确定立管Ⅲ、Ⅱ、Ⅰ的立、支管管径，结果列于表 4-1 中。

表 4-1　机械循环单管顺流式热水供暖系统管路水力计算表(例题 4-1)

管段号	Q /W	G /(kg/h)	l /m	d /mm	v /(m/s)	R /(Pa/m)	$\Delta p_y=Rl$ /Pa	$\sum\xi$	Δp_d /Pa	$\Delta p_j=\Delta p_d\cdot\sum\xi$ /Pa	$\Delta p=\Delta p_y+\Delta p_j$ /Pa	备注
1	2	3	4	5	6	7	8	9	10	11	12	13
立管Ⅴ												
1	74 800	2 573	15	40	0.55	116.41	1 746.2	1.5	148.72	223.1	1 969.3	管段 6 包括管段 6′,6″
2	37 400	1 287	8	32	0.36	61.95	495.6	4.5	63.71	286.7	782.3	
3	29 500	1 015	8	32	0.28	39.32	314.6	1.0	38.54	38.5	353.1	
4	22 300	767	8	32	0.21	23.09	184.7	1.0	21.68	21.7	206.4	
5	15 100	519	8	25	0.26	46.19	369.5	1.0	33.23	33.2	402.7	
6	7 900	272	23.7	20	0.22	46.31	1 097.5	9.0	23.79	214.1	1 311.6	
7	—	136	9	15	0.20	58.08	522.7	45	19.66	884.7	1 407.4	
8	15 100	519	8	25	0.26	46.19	369.5	1	33.23	33.2	402.7	
9	22 300	767	8	32	0.21	23.09	184.7	1	21.68	21.7	206.4	
10	29 500	1 015	8	32	0.28	39.32	314.7	1	38.54	38.5	353.1	
11	37 400	1 287	8	32	0.36	61.95	495.6	5	63.71	318.6	814.2	
12	74 800	2 573	3	40	0.55	116.41	349.2	0.5	148.72	74.4	423.6	

续表 4-1

管段号	Q /W	G /(kg/h)	l /m	d /mm	v /(m/s)	R /(Pa/m)	$\Delta p_y = Rl$ /Pa	$\sum\xi$	Δp_d /Pa	$\Delta p_j = \Delta p_d \cdot \sum\xi$ /Pa	$\Delta p = \Delta p_y + \Delta p_j$ /Pa	备注
1	2	3	4	5	6	7	8	9	10	11	12	13

$$\sum l = 114.7\ \text{m}, \sum(\Delta p_y + \Delta p_j)_{1\sim12} = 8\ 633\ \text{Pa}$$

入口处的剩余循环作用压力用阀门节流

立管 Ⅳ　资用压力 $\Delta p_{\text{Ⅳ}} = \sum(\Delta p_y + \Delta p_j)_{6,7} = 2\ 719\ \text{Pa}$

管段号	Q /W	G /(kg/h)	l /m	d /mm	v /(m/s)	R /(Pa/m)	Δp_y /Pa	$\sum\xi$	Δp_d /Pa	Δp_j /Pa	Δp /Pa	备注
13	7 200	248	7.7	15	0.36	182.07	1 401.9	9	63.71	573.4	1 975.3	
14	—	124	9	15	0.18	48.84	439.6	33	16.93	525.7	965.3	

$$\sum(\Delta p_y + \Delta p_j)_{13,14} = 2\ 941\ \text{Pa}$$

不平衡百分率　$x_{\text{Ⅳ}} = \dfrac{\Delta p_{\text{Ⅳ}} - \sum(\Delta p_y + \Delta p_j)_{13,14}}{\Delta p'_{\text{Ⅳ}}} = \dfrac{2\ 719 - 2\ 941}{2\ 719} \times 100\% = -8.2\%$（在 ±15% 以内）

立管 Ⅲ　资用压力 $\Delta p'_{\text{Ⅲ}} = \sum(\Delta p_y + \Delta p_j)_{5\sim8} = 3\ 524\ \text{Pa}$

管段号	Q /W	G /(kg/h)	l /m	d /mm	v /(m/s)	R /(Pa/m)	Δp_y /Pa	$\sum\xi$	Δp_d /Pa	Δp_j /Pa	Δp /Pa	备注
15	7 200	248	7.7	15	0.36	182.07	1 401.9	9	63.71	573.4	1 975.3	
16	—	124	9	15	0.18	48.84	439.6	33	15.93	525.7	965.3	

$$\sum(\Delta p_y + \Delta p_j)_{15,16} = 2\ 941\ \text{Pa}$$

不平衡百分率　$x_{\text{Ⅲ}} = \dfrac{\Delta p_{\text{Ⅲ}} - \sum(\Delta p_y + \Delta p_j)_{15,16}}{\Delta p_{\text{Ⅲ}}} = \dfrac{3\ 524 - 2\ 941}{3\ 524} \times 100\%$

$= 16.5\% > 15\%$（用立管阀门调节）

立管 Ⅱ　资用压力 $\Delta p'_{\text{Ⅱ}} = \sum(\Delta p_y + \Delta p_j)_{4\sim9} = 3\ 937\ \text{Pa}$

管段号	Q /W	G /(kg/h)	l /m	d /mm	v /(m/s)	R /(Pa/m)	Δp_y /Pa	$\sum\xi$	Δp_d /Pa	Δp_j /Pa	Δp /Pa	备注
17	7 200	248	7.7	15	0.36	182.07	1 401.9	9	63.71	573.4	1 975.3	
18	—	124	9	15	0.18	48.84	439.6	33	15.93	525.7	965.3	

$$\sum(\Delta p_y + \Delta p_j)_{17,18} = 2\ 941\ \text{Pa}$$

不平衡百分率　$x_{\text{Ⅱ}} = \dfrac{\Delta p_{\text{Ⅱ}} - \sum(\Delta p_y + \Delta p_j)_{17,18}}{\Delta p'_{\text{Ⅱ}}} = \dfrac{3\ 937 - 2\ 941}{3\ 937} \times 100\%$

$= 25.3\% > 15\%$（用立管阀门节流）

立管 Ⅰ　资用压力 $\Delta p_{\text{Ⅰ}} = \sum(\Delta p_y + \Delta p_j)_{3\sim10} = 4\ 643\ \text{Pa}$

管段号	Q /W	G /(kg/h)	l /m	d /mm	v /(m/s)	R /(Pa/m)	Δp_y /Pa	$\sum\xi$	Δp_d /Pa	Δp_j /Pa	Δp /Pa	备注
19	7 900	272	7.7	15	0.39	217.19	1 672.4	9	74.78	673.0	2 345.4	
20	—	136	9	15	0.20	58.08	522.7	33	19.66	648.8	1 171.5	

$$\sum(\Delta p_y + \Delta p_j)_{19,20} = 3\ 517\ \text{Pa}$$

不平衡百分率　$x_{\text{Ⅰ}} = \dfrac{\Delta p_{\text{Ⅰ}} - \sum(\Delta p_y + \Delta p_j)_{19,20}}{\Delta p'_{\text{Ⅰ}}} = \dfrac{4\ 643 - 3\ 517}{4\ 643} \times 100\%$

$= 24.3\% > 15\%$（用立管阀门节流）

通过机械循环系统水力计算结果可以看出，由于机械循环系统供回水干管的 R_{pj} 值选用较大，系统中各立管之间的并联环路压力平衡较难。例如，立管Ⅰ、Ⅱ、Ⅲ的不平衡百分率都超过±15%的允许值。在系统初调节和运行时，只能靠立管上的阀门进行调节，否则必然会出现近热远冷的水平失调。如系统的作用半径较大，同时又采用异程式布置管道，则水平失调现象更难以避免。

为防止或减轻系统的水平失调现象，可采用下述设计方法：

① 供、回水干管采用同程式布置；

② 仍采用异程式系统，但采用“不等温降”方法进行水力计算；

③ 仍采用异程式系统，采用首先计算最近立管环路，再计算其他立管环路的方法。

（二）机械循环同程式热水供暖系统管路的水力计算例题

【例题 4-2】　确定图 4-5 机械循环垂直单管顺流同程式热水供暖系统管路的管径。热媒参数：供水温度 $t'_g=95$ ℃，$t'_h=70$ ℃。系统与外网连接。采用允许流速法计算。散热器内的数字表示散热器的热负荷。

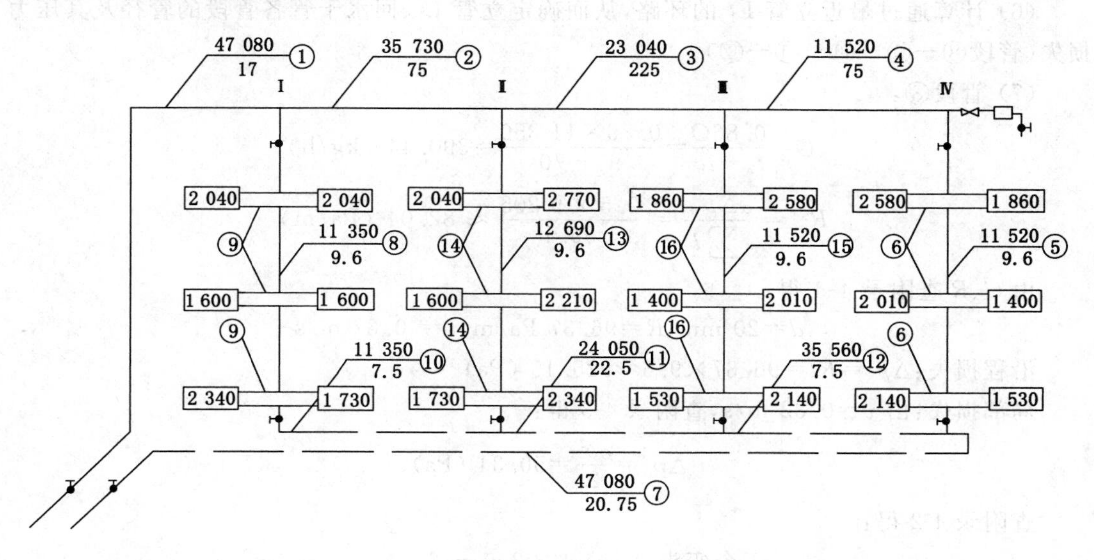

图 4-5　同程式系统管路系统图

解　计算步骤：

(1) 在轴测图上对管段进行分段、编号，并注明各管段的热负荷和管长，如图 4-5 所示。

(2) 流量计算：$G=\dfrac{0.86Q}{t_g-t_h}$，各管段流量均列于表 4-2 中。

(3) 确定最不利环路。本系统为同程式单管系统，一般取最远立管的环路作为最不利环路，最不利环路是从入口到立管Ⅰ。这个环路包括管段①至管段⑦。

(4) 计算最不利环路各管段的管径。

本例题采用推荐的平均比摩阻 R_{pj} 为 60～120 Pa/m 来确定最不利环路各管段的管径。

例如，管段①：由 $G=\dfrac{0.86Q}{t_g-t_h}=\dfrac{0.86\times 47\ 080}{95-70}\approx 1\ 619.55$ (kg/h)

$R_{pj}=60\sim120$ Pa/m，查附录 4-1 得：

$$d=32\ \text{mm},R=94.24\ \text{Pa/m},v=0.45\ \text{m/s}$$

沿程损失：$\Delta p_y=Rl=94.24\times17\approx1\ 602.08$ (Pa)

局部损失：由 $v=0.45$ m/s，查附录 4-3 得：

$$\Delta p_d=\frac{\rho v^2}{2}=99.55\ (\text{Pa})$$

查附录 4-2 得：

$$\sum\xi\begin{cases}1\text{个闸阀} & 1\times0.5=0.5\\2\text{个弯头} & 2\times1.5=3.0\end{cases}$$

$$\sum\xi=0.5+3.0=3.5$$

$$\Delta p_{\mathrm{j}}=\sum\xi\Delta p_{\mathrm{d}}=3.5\times99.55\approx348.43\ (\mathrm{Pa})$$

所以管段①的总损失：$\Delta p=\Delta p_{\mathrm{y}}+\Delta p_{\mathrm{j}}=1\ 602.08+348.43=1\ 950.51\ (\mathrm{Pa})$

(5) 其他最不利环路中各管段的管径计算同管段 1，确定的各管段 d、R、v 值详见表 4-2。最后算出最不利环路的总压力损失：$(\Delta p_{\mathrm{y}}+\Delta p_{\mathrm{j}})_{1\sim6}=13\ 194\ (\mathrm{Pa})$。

(6) 计算通过最近立管 L_1 的环路，从而确定立管 L_1、回水干管各管段的管径及其压力损失(管段⑧－⑨－⑩－⑪－⑫)。

(7) 管段⑧：

$$G=\frac{0.86Q}{t_{\mathrm{g}}-t_{\mathrm{h}}}=\frac{0.86\times11\ 350}{95-70}=390.44\ (\mathrm{kg/h})$$

$$R_{\mathrm{pj}}=\frac{\alpha\Delta p_{\text{资}}}{\sum l}=\frac{0.5\times9\ 205}{56.1}\approx82.04\ (\mathrm{Pa/m})$$

由 G、R 查附录 4-1 得：

$$d=20\ \mathrm{mm},R=96.37\ \mathrm{Pa/m},v=0.32\ \mathrm{m/s}$$

沿程损失：$\Delta p_{\mathrm{y}}=Rl=96.37\times9.6\approx925.15\ (\mathrm{Pa})$

局部损失：由 $v=0.32\ \mathrm{m/s}$，查附录 4-3 得：

$$\Delta p_{\mathrm{d}}=\frac{\rho v^2}{2}=50.34\ (\mathrm{Pa})$$

查附录 4-2 得：

$$\sum\xi\begin{cases}1\text{个弯头} & 1\times2.0=2\\2\text{个闸阀} & 2\times0.5=1\\2\text{个乙字管} & 2\times1.5=3\\1\text{个旁流三通} & 1\times1.5=1.5\end{cases}$$

$$\sum\xi=2+1+3+1.5=7.5$$

$$\Delta p_{\mathrm{j}}=\sum\xi\Delta p_{\mathrm{d}}=7.5\times50.34=377.55\ (\mathrm{Pa})$$

所以管段 ⑧ 的总损失：$\Delta p=\Delta p_{\mathrm{y}}+\Delta p_{\mathrm{j}}=925.15+377.55=1\ 302.7\ (\mathrm{Pa})$

(8) 同理可计算管段⑨、管段⑩、管段⑪、管段⑫，确定的各管段 d、R、v 值详见表 4-2。

(9) 根据同程式系统得管路压力平衡分析图 4-6，由图可知：

立管 L_2 的资用压力为：$\Delta p_{\text{资}}=5\ 854\ (\mathrm{Pa})$

查附录 4-8 得：沿程压力损失占总压力损失的估计百分数 $\alpha=50\%$，则

$$R_{\mathrm{pj}}=\frac{\alpha\Delta p_{\text{资}}}{\sum l}=\frac{0.5\times5\ 854}{9.6}\approx304.90\ (\mathrm{Pa/m})$$

$$G=\frac{0.86Q}{t_{\mathrm{g}}-t_{\mathrm{h}}}=\frac{0.86\times12\ 690}{95-70}\approx436.54\ (\mathrm{kg/h})$$

查附录 4-1 得：

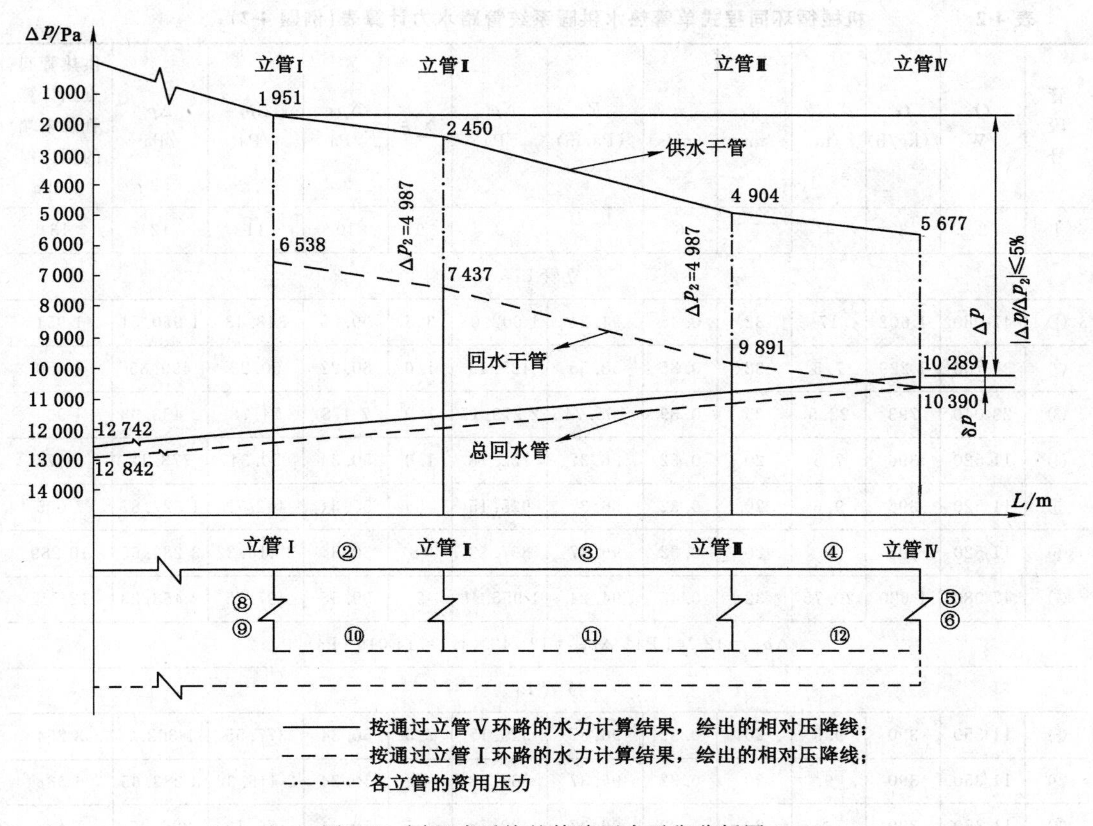

图 4-6　同程式系统的管路压力平衡分析图

$$d=20\ \mathrm{mm}, R=96.37\ \mathrm{Pa/m}, v=0.32\ \mathrm{m/s}$$

沿程损失：$\Delta p_y = Rl = 96.37\times 9.6 \approx 925.15(\mathrm{Pa})$

局部损失：由 $v=0.32\ \mathrm{m/s}$，查附录 4-3 得：

$$\Delta p_d = \frac{\rho v^2}{2} = 50.34\ (\mathrm{Pa})$$

查附录 4-2 得：

$$\sum \xi \begin{cases} 2\text{个闸阀} & 2\times 0.5 = 1 \\ 2\text{个乙字管} & 2\times 1.5 = 3 \\ 2\text{个旁流三通} & 2\times 1.5 = 3 \end{cases}$$

$$\sum \xi = 1+3+3 = 7$$

$$\Delta p_j = \sum \xi \Delta p_d = 7\times 50.34 \approx 352.38(\mathrm{Pa})$$

因此，管段⑬的总损失：$\Delta p = \Delta p_y + \Delta p_j = 925.15 + 352.38 = 1\ 277.53\ (\mathrm{Pa})$。

(10) 同理可计算管段⑭、管段⑮、管段⑯，确定的各管段 d、R、v 值详见表 4-2。

一个良好的同程式系统的水力计算，应使各立管的资用压力值不要变化太大，以便于选择各立管的合理管径。为此，在水力计算中，管路系统前半部供水干管的比摩阻 R 值，宜选用稍小于回水干管的 R 值；而管路系统后半部供水干管的 R 值，宜选用稍大于回水干管的 R 值。

表 4-2　　机械循环同程式单管热水供暖系统管路水力计算表(例题 4-2)

管段号	Q /W	G /(kg/h)	l /m	d /mm	v /(m/s)	R /(Pa/m)	Δp_y /Pa	$\sum\xi$	Δp_d /Pa	Δp_j /Pa	Δp /Pa	供热管起点到计算管段末端的压力损失/Pa
1	2	3	4	5	6	7	8	9	10	11	12	13
立管 L_4												
①	47 080	1 602	17	32	0.45	94.24	1 602.08	3.5	99.55	348.43	1 950.51	1 951
②	35 730	1 229	7.5	32	0.35	58.55	439.13	1.0	60.22	60.22	499.35	2 450
③	23 040	793	22.5	25	0.39	105.74	2 379.15	1.0	7 478	74.78	2 453.93	4 904
④	11 520	396	7.5	20	0.32	96.37	722.78	1.0	50.34	50.34	773.12	5 677
⑤	11 520	396	9.6	20	0.32	96.37	925.15	8	50.34	402.72	1 327.87	7 005
⑥	11 520	396	9	20	0.32	96.37	867.33	48	50.34	2 416.32	3 283.65	10 289
⑦	47 080	1 620	20.75	32	0.45	94.24	1 955.48	5	99.55	497.75	2 453.23	12 742
$\Delta p_{总}=12\ 742$ Pa　$\Delta p_{资}=12\ 742\times1.1\approx14\ 016$ (Pa)												
立管 L_1												
⑧	11 350	390	9.6	20	0.32	96.37	925.15	7.5	50.34	377.55	1 302.7	3 254
⑨	11 350	390	9	20	0.32	96.37	867.33	48	50.34	2 416.32	3 283.65	6 538
⑩	11 350	390	7.5	20	0.32	96.37	722.78	3.5	50.34	176.19	898.97	7 437
⑪	24 040	827	22.5	25	0.39	105.74	2 379.15	1.0	74.78	74.78	2 453.93	9 891
⑫	35 560	1 223	7.5	32	0.35	58.55	439.13	1.0	60.22	60.22	499.35	10 390
管段②～⑥与管段⑧～⑫并联 $\Delta p_{8\sim12}=8\ 439$ Pa；$\Delta p_{2\sim6}=9\ 171.7$ Pa　$\Delta p_{1、7、8\sim12}=12\ 742$ Pa；不平衡率$=\frac{9\ 171.7-8\ 439}{9\ 171.7}\times100\%\approx7.99\%$；系统总压力损失为 12 742 Pa，剩余作用压在引口处用阀门节流												
立管 L_2　$\Delta p_{资}=7\ 437-2\ 450=4\ 987$ (Pa)												
⑬	12 690	437	9.6	20	0.32	96.37	925.15	7	50.34	352.38	1 278	
⑭	12 690	437	9	20	0.32	96.37	867.33	48	50.34	2 416.32	3 284	
不平衡率$=\frac{\Delta p_{资}-\Delta p}{\Delta p_{资}}\times100\%=\frac{4\ 987-4\ 562}{4\ 987}\times100\%\approx8.52\%$												
立管 L_3　$\Delta p_{资}=9\ 891-4\ 904=4\ 987$ (Pa)												
⑮	11 520	396	9.6	20	0.32	96.37	925.15	7	50.34	252.38	1 278	
⑯	11 520	396	9	20	0.32	96.37	867.33	48	50.34	2 416.32	3 284	
不平衡率$=\frac{\Delta p_{资}-\Delta p}{\Delta p_{资}}\times100\%=\frac{4\ 987-4\ 562}{4\ 987}\times100\%\approx8.52\%$												

项目二　供暖系统管道的安装

一、施工准备

（一）材料

（1）预制加工的干、立、支管半成品。

（2）焊接钢管、无缝钢管。

（3）可锻铸铁管件、钢制管件。管件不得有偏扣、方扣、乱扣、丝扣不全和角度不正等现象。

（4）截止阀、闸阀、旋塞、自动排气阀、集气罐等，各阀件均不得有裂纹，开、关应严密灵活，手轮无损伤。

（5）管卡、机油、汽油、铅油、电焊条、石棉垫、石棉绳、石棉橡胶垫、麻丝、石笔、小线、焊丝、聚四氟乙烯胶带、锯条、碎布。

（6）疏水阀、除污器、减压阀装置。

（二）机具

（1）切管机、套丝机、煨管机、台钻及电、气焊工具。

（2）管压力案子、管压力、套丝扳、扳牙、手锤、手锯、活动扳手、管钳子。

（3）水平尺、线坠、钢盘尺、钢卷尺、角尺。

（三）工作条件

（1）干管安装：位于地沟内的干管，一般情况下，在已砌筑清理好的地沟、未盖沟盖板前安装、试压、隐蔽。位于顶层的干管，在结构封顶后安装。位于楼板下的干管，须在楼板安装后方可安装。位于天棚内的干管，应在封闭前安装、试压、隐蔽。

（2）立管安装：在抹地面前安装时，要求土建的地面标高线必须准确。

（3）支管安装：必须在做完墙面和散热器安装后进行。

二、管道安装一般要求

（1）室内供暖管道系统安装工程的施工应按照批准的工程设计文件和施工技术标准（规范）进行，并应有批准的施工组织设计或施工方案。

（2）安装工程所使用的主要材料、成品、半成品、配件和设备必须具有中文质量合格证明文件，规格、型号及性能检验报告应符合国家技术标准或设计要求；进场时应做检查验收，并经监理工程师核查确认。

（3）阀门安装前应有强度和严密性试验，即在同牌号、同型号、同规格数量中抽查10%，且不少于一个（主干管上的闭路阀门应逐个试验）。强度试验压力为公称压力的1.5倍；严密性试验压力为公称压力的1.1倍。试验压力在持续时间内保持不变，且壳体填料及阀瓣密封面无渗漏，参见表4-3。

（4）管道对焊时，点焊长度和点数应符合表4-4的要求。

（5）在焊接钢管上使用冲压弯头时，所用弯头外径应选用与管道外径相同或相近的规格。

表 4-3 **阀门试验持续时间**

公称直径 DN/mm	最短试验持续时间/s		
	严密性试验		强度试验
	金属密封	非金属密封	
≤50	15	15	15
65～200	30	15	60
250～450	60	30	180

表 4-4 **点焊长度和点数**

管径/mm	点焊长度/mm	点数/处
80～150	15～30	4
200～300	40～50	4
350～500	50～60	5
600～700	60～70	6
800 以上	80～100	一般间距 400 mm 左右

(6) 管道穿过基础、墙壁和楼板，应该配合土建预留孔洞。其尺寸如果设计没有具体要求时，按表 4-5 的规定执行。

表 4-5 **预留孔洞尺寸表** 单位：mm

管道名称		明管(长×宽)	暗管(长×宽)
供暖立管	$D\leqslant 25$	100×100	130×130
	$D=32\sim 50$	150×150	150×130
	$D=70\sim 100$	200×200	200×200
两根供暖立管 $D\leqslant 25$		150×100	200×130
散热器支管	$D\leqslant 25$	100×100	60×60
	$D=32\sim 40$	150×130	150×100
供暖主干管	$D\leqslant 80$	300×250	
	$D=100\sim 125$	350×350	

(7) 管道穿过地下室或地下构筑物外墙时，应采取防水措施。一般可采用刚性防水套管做法，如图 4-7 所示；对有振动或有严格防水要求的建筑物，必须采用柔性防水套管，如图 4-8 所示。套管一次浇固墙内，套管内填料应紧密倒实；翼环及刚套管加工完成后外壁均刷防锈底漆一遍，外层防腐由设计决定。

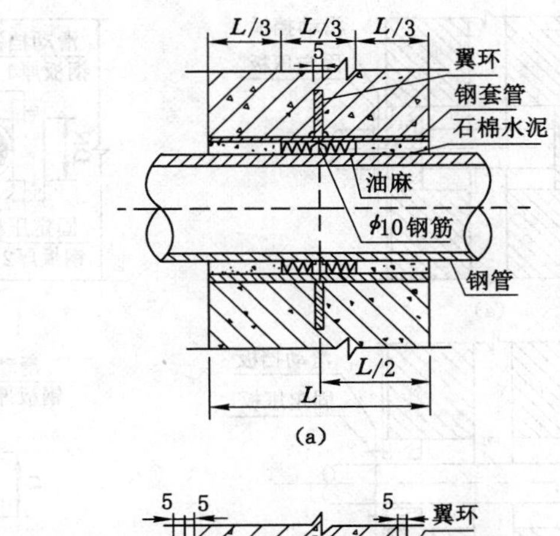

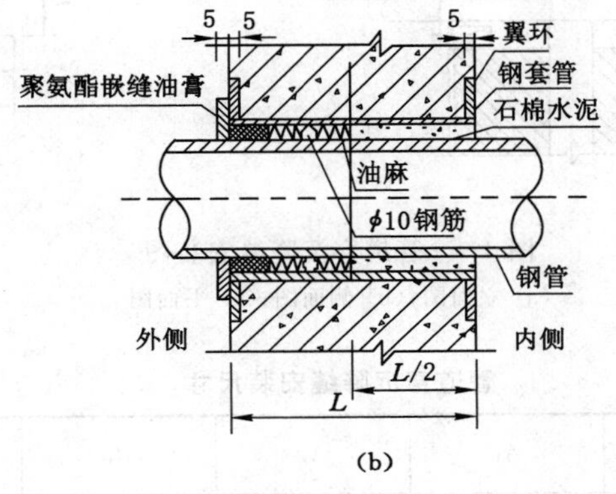

图 4-7　刚性防水套管

(a) 刚性防水套管；(b) 单侧加挡板刚性防水套管

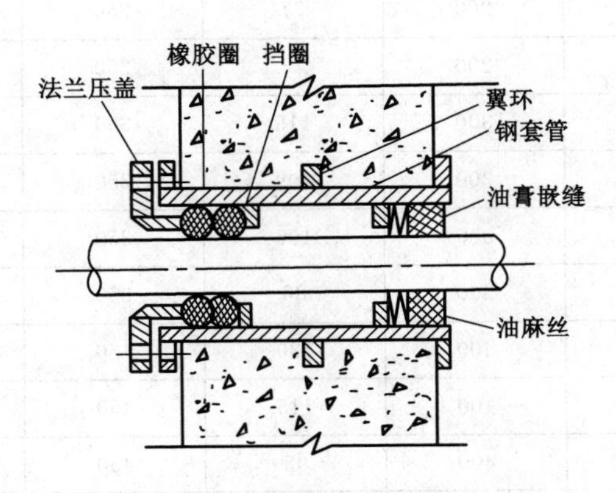

图 4-8　柔性穿墙防水套管

(8) 管道应尽量避免穿越结构伸缩缝、抗震缝及沉降缝，如穿越时，可采用图 4-9 所示的做法，安装尺寸见表 4-6。图中压板用木螺丝固定在木板上，压住滑动挡板，但不可压紧，必须使挡板能随管道沉降而自由上下滑动；木砖用一段杂木，大小与压板相同，70 mm 厚，上下嵌紧于预留洞内；所有金属件表面均需刷环氧富锌防锈底漆和调和漆两道；沉降缝处的管道需保温。

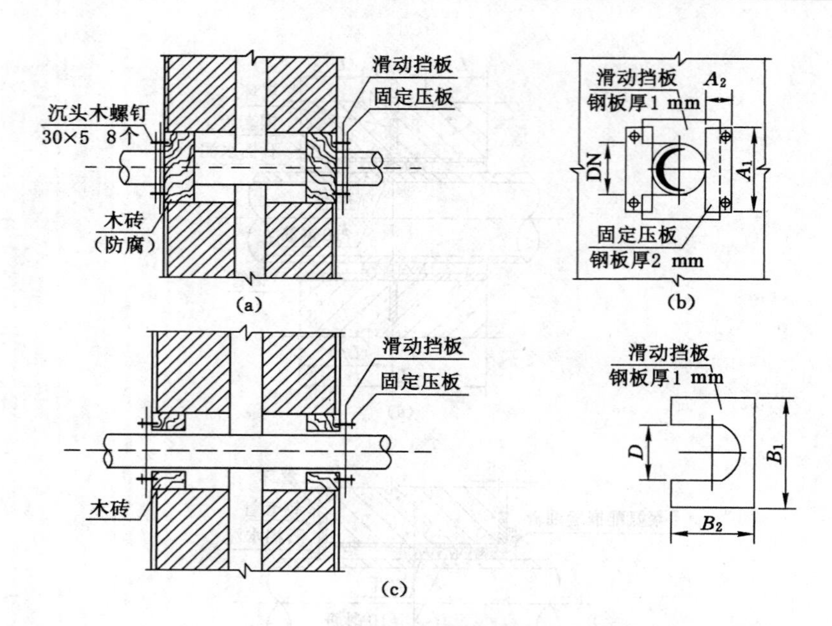

图 4-9 管道穿沉降缝安装图

(a) 立面图;(b) 侧面图;(c) 平面图

表 4-6　　管道穿沉降缝安装尺寸

单位:mm

管径 DN \ 有关尺寸	D	A_1	A_2	B_1	B_2	预留洞尺寸
20	30	200	83	250	110	200×200
25	39	200	81	250	115	
32	48	200	77	250	120	
40	53	200	77	250	125	
50	65	300	115	350	175	300×300
65	81	300	109	350	185	
80	94	300	106	350	195	
100	119	300	86	350	200	
125	145	400	130	450	270	400×400
150	170	400	115	450	280	
175	195	400	95	450	290	
200	225	400	91	450	300	

(9) 管道穿过墙壁和楼板,应设置铁皮套管或钢套管。钢管穿楼板、穿墙采用图 4-10 所示的做法,套管尺寸见表 4-7。穿越楼板套管底面与楼板面相平,顶面高出装饰地面 20 mm(不易积水房间)或 50 mm(积水房间),其顶部高出装饰地面 20 mm;穿过楼板的套管与管道之间缝隙宜用难燃、不燃材料填实;管道的接口不得设在套管内。

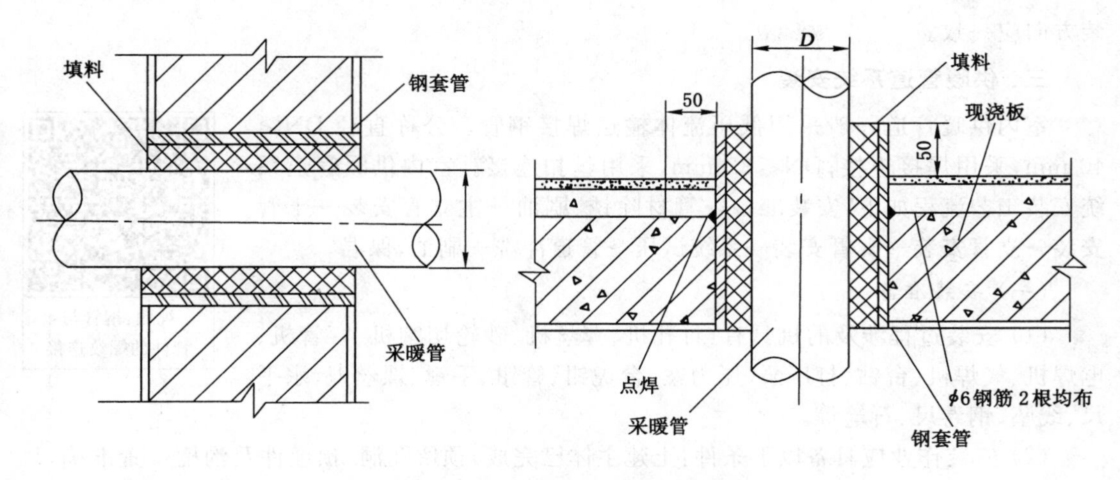

图 4-10　管道穿墙、穿楼板安装图

表 4-7　套管尺寸　单位:mm

DN	15	20	25	32	40	50	65	80	100	125	150
管道外径 D	21	27	34	42	48	59	76	89	108	133	159
套管直径 D_1	32	40	50	50	65	80	100	100	125	150	200

(10) 弯制钢管,弯曲半径应符合下列规定:

① 热弯:应不小于管道外径的 3.5 倍。

② 冷弯:应不小于管道外径的 4 倍。

③ 焊接弯头:应不小于管道外径的 1.5 倍。

④ 冲压弯头:应不小于管道外径。

(11) 管道接口应符合下列规定:

① 管道采用承插连接接口,管端插入承口的深度不得小于表 4-8 的规定。

表 4-8　管端插入承口的深度　单位:mm

公称直径	20	25	32	40	50	75	100	125	150
插入深度	16	19	22	26	31	44	61	69	80

② 熔接连接管道的结合面应有一均匀的熔接圈,不得出现局部熔瘤或熔接圈凹凸不匀现象。

③ 法兰连接时衬垫不得凸入管内,其外边缘接近螺栓孔为宜。不得安放双垫或偏垫。连接法兰的螺栓,直径和长度应符合标准,拧紧后,突出螺母的长度不应大于螺杆直径的 1/2。

④ 螺纹连接管道安装后的管螺纹根部应有 2～3 扣的外露螺纹,多余的麻丝应清理干净并做防腐。

⑤ 卡套式连接两管口端应平整、无缝隙,沟槽应均匀,卡紧螺栓后管道应平直,卡套安

装方向应一致。

三、供暖管道系统安装

视频：钢管与管件的螺纹连接

室内供暖管道一般采用低压流体输送焊接钢管。公称直径DN≥40 mm，采用焊接连接；DN≤32 mm，采用丝扣连接。室内供暖管道系统安装工艺流程如下：安装准备→管材除锈、刷油→主立管安装→干管安装→立管安装→支管安装→系统试压→管道冲洗→刷油、保温。

（一）安装准备

(1) 安装过程涉及的机具有：打孔机、套丝机、砂轮切割机、弯管机、电焊机、气焊机、台钻、打压泵、压力案、台虎钳、管钳、手锤、螺丝刀、水平尺、线坠、钢卷尺、石笔等。

(2) 安装作业应具备以下条件：土建主体已完成，预留孔洞，预埋件及沟槽位置准确，尺寸符合要求；墙面抹灰及粉刷已完成。

(3) 安装前应熟悉图纸，有交底文件，绘制施工草图，确定管卡、甩口位置及坡向等。并对进入施工现场的材料、制品进行检查验收。

（二）管材除锈刷油

采用低压流体输送焊接钢管时，安装前应集中对管材进行手工除锈并刷防锈漆一道。

（三）主立管安装

主立管安装应首先根据管径和是否保温等情况检查土建施工预留的过楼板孔洞位置和尺寸是否符合要求，具体的方法是由孔洞挂铅垂线，配以尺寸测量，若有不符合要求之处应及时加以调整。用管卡或托架将主立管安装在墙壁上，其间距为3～4 m，主立管的下端要支撑在坚固的支架上。

主立管的安装要求是：

(1) 管道穿墙壁和楼板，应该配合土建预留孔洞。

(2) 管道穿墙壁和楼板，应设置铁皮或钢制套管。

(3) 主立管上的管卡只起到固定主立管安装位置和垂直度的作用，而不应妨碍主立管的伸缩。

(4) 主立管垂直度：每米长度管道垂直度允许偏差为2 mm，全长（5 m以上）允许偏差不大于10 mm。

（四）干管安装

干管按输送介质不同分为供水干管和回水干管；按布置形式不同分为上供式系统和下供式系统；按保温情况分为保温和不保温干管等。

干管安装施工顺序：管道定位与画线 → 支架安装 → 管子上架 → 对口连接 → 立管甩口 → 找坡 → 固定。

(1) 管道的定位放线和支架安装。

根据施工图所要求的干管位置、走向、坡度和标高，挂通管子坡度线，若管道过长，挂线中间应加铁钎支承，以保证挂线的平直度。然后按设计要求画出支架位置，并可打洞安装支架。

干管安装坡度如设计无规定时，应符合下列规定：

① 汽、水同向流动的热水供暖管道和汽、水不同向流动的蒸汽管道及凝结水管道，坡度应为 3‰，不得小于 2‰。

② 汽、水逆向流动的热水供暖管道和汽、水逆向流动的蒸汽管道，坡度不应小于 5‰。

(2) 管子上架与连接。

在支架栽牢并达到设计强度后，即可将管子上架就位，通常干管安装应从进户管或分支路点开始。所有管口在支架前，均用角尺检测，以保证对口的平齐。采用焊接连接的干管，对口应不错口并留 1.5～2.0 mm 间隙，点焊后调直最后焊死。焊接完成后即可校核管道坡度，无误后进行固定。装好支架 U 形卡，再安装下节管，以后照此进行连接。

(3) 遇有伸缩器，应考虑预拉伸及固定支架的配合。干管转弯作为自然补偿时，应采用煨制弯头。

(4) 干管分支。

干管分支做法如图 4-11 所示。制作羊角弯时，应煨两个 75°左右的弯头，在连接处锯出破口，主管锯成鸭嘴形，拼好后即应点焊、找平、找正、找直后，再进行施焊。羊角弯接合部位的口径必须与主管口径相等，其弯曲半径应为管径的 2.5 倍左右。

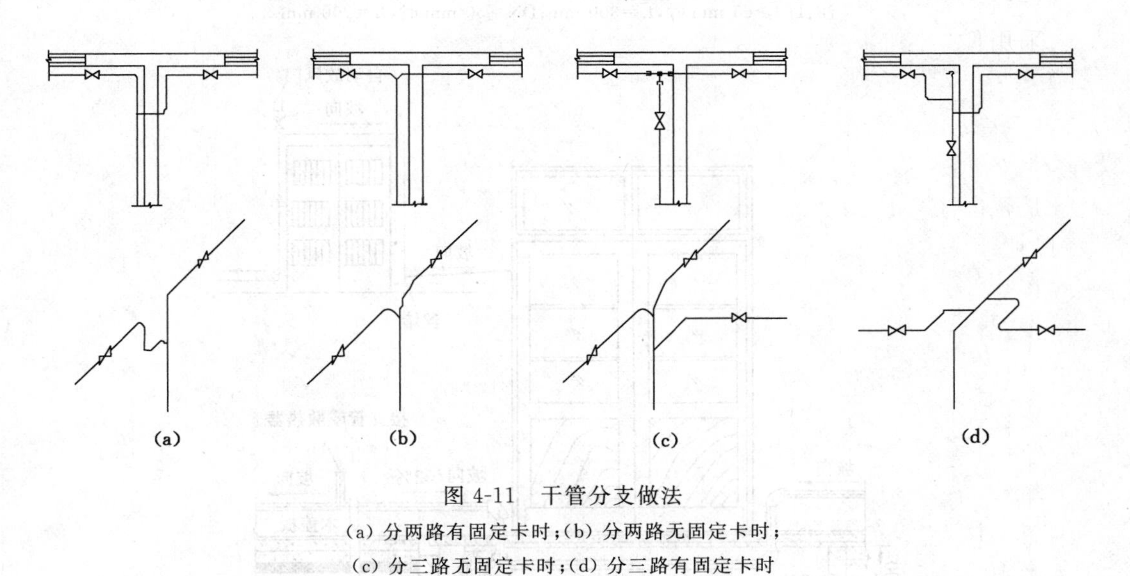

图 4-11　干管分支做法

(a) 分两路有固定卡时；(b) 分两路无固定卡时；
(c) 分三路无固定卡时；(d) 分三路有固定卡时

(5) 干管变径。

变径位置在合流点前或分流点后 200～300 mm 处。对于上供下回热水干管变径应按图 4-12(a) 连接，即供水干管采用顶平偏心变径管，回水干管采用底平偏心变径管；上供上回热水干管变径应按图 4-12(b) 连接，即供回水干管均采用顶平偏心变径管；蒸汽和凝水干管变径应按图 4-12(c) 连接，即蒸汽管采用底平偏心变径管，凝结水管采用同心变径管。

(6) 热水干管过门。

热水干管过门时，应按图 4-13 所示安装。

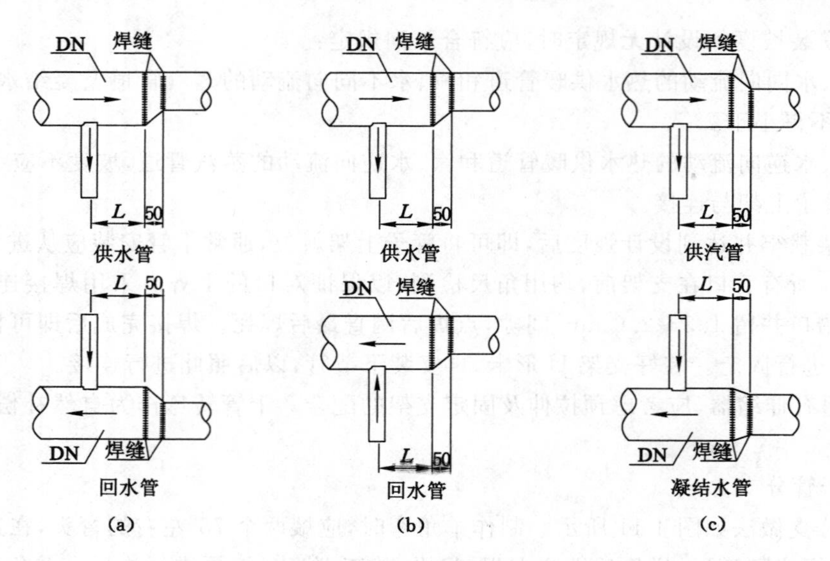

图 4-12　干管变径做法

(a) 上供下回热水干管；(b) 上供上回热水干管；(c) 蒸汽和凝水干管

注：DN≥65 mm 时，$L=300$ mm；DN≤50 mm 时，$L=200$ mm

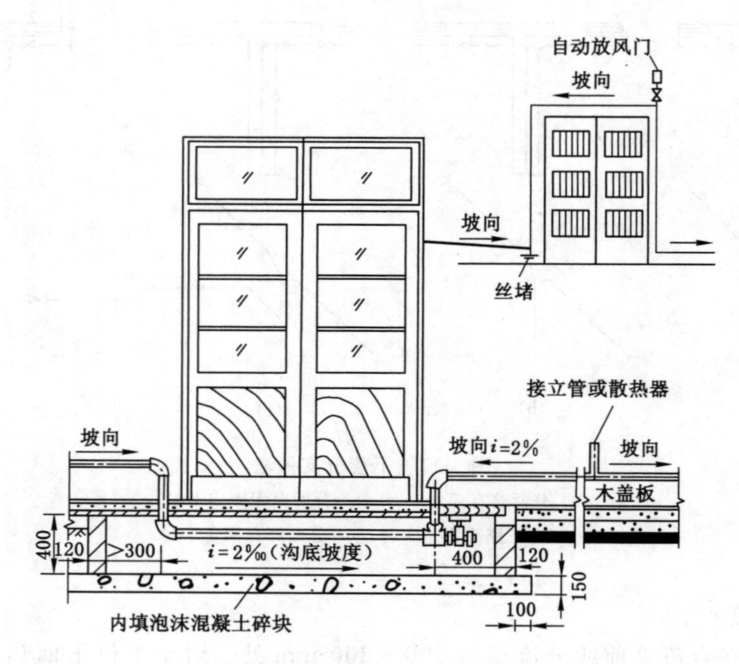

图 4-13　热水干管过门做法

（五）立管安装

立管的安装应在干管安装完毕，土建各层地面和墙面底灰已经完成之后，散热器也已安装完成，即可进行。

立管安装施工顺序与系统的形式有关，一般为：现场实测绘草图→下料加工预制（进行管段预装、调直并于连接处做好标记）→现场安装（立管穿楼板洞检查与修整、套管的安装、管段的组装、立管固定)。现以上供下回系统为例说明安装过程和安装要求。

1. 安装过程

首先从顶层室内干管上预留立管管口开始自上而下进行,立管与干管的连接形式如图4-14所示。通常在制定安装方案时选定。

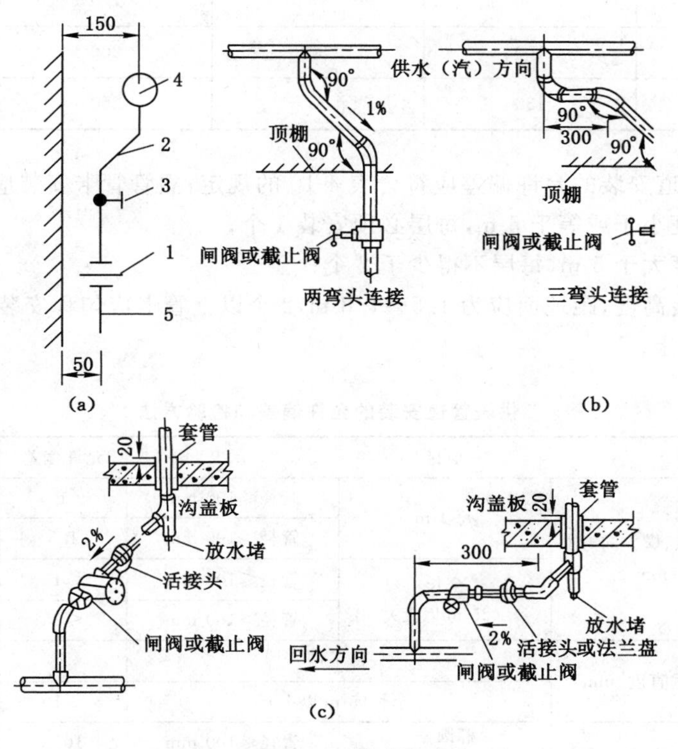

图4-14　立、干管连接形式

1——活结头;2——乙字弯;3——闸阀或截止阀;4——干管;5——立管

在立管安装前先在墙上弹出位置线,并栽好立管管卡。

立管安装是依照施工草图上标定的管段号,将预先组装好的管段自上而下顺序连接,也可以一个个管件现场连接,连接时要做到位置和垂直度正确,接口严密,挂线检查,垂直度合格后将立管管卡拧紧。

2. 立管的安装要求

(1) 立管留口标高要配合散热器类型、管件尺寸、支管坡度要求等因素确定。故应在散热器就位、稳固后再进行立管的实测和预制。

(2) 供暖立管与干管的连接通常为挖眼三通焊接,干管上开孔所产生的残渣不得留在管内,且分支管道绝对不许在焊接时插入干管内。

(3) 立管与散热器支管垂直相交时,应在立管上做弓形弯(元宝弯)绕过支管,如图4-15所示,其尺寸见表4-9。现在市场也有玛钢成品供应,不需现场煨制。

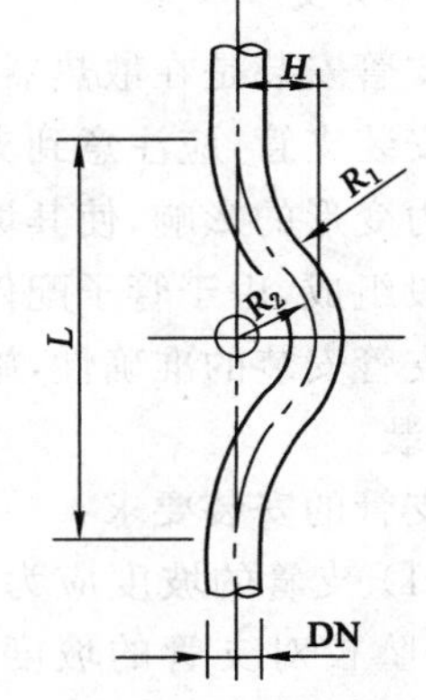

图4-15　立管过支管弓形弯

表 4-9　　　　弓形弯尺寸　　　　单位:mm

DN	R_1	R_2	L	H
15	60	40	150	35
20	80	45	170	35
25	100	50	200	40
32	130	75	250	40

(4) 供暖管道安装的允许偏差应符合表 4-10 的规定;立管管卡安装应符合下列规定:

① 楼层高度小于或等于 5 m,每层必须安装 1 个;

② 楼层高度大于 5 m,每层不得少于 2 个;

③ 管卡安装高度,距地面应为 1.5～1.8 m,2 个以上管卡应匀称安装,同一房间管卡应安装在同一高度上。

表 4-10　　　　供暖管道安装的允许偏差和检验方法

项次	项目			允许偏差	检验方法
1	横管道纵、横方向弯曲/mm	每 1 m	管径≤100 mm	1	用水平尺、直尺、拉线和尺量检查
			管径>100 mm	1.5	
		全长(25 m 以上)	管径≤100 mm	≤13	
			管径>100 mm	≤25	
2	立管垂直度/mm	每 1 m		2	吊线和尺量检查
		全长(5 m 以上)		≤10	
3	弯管	椭圆率 $\frac{D_{\max}-D_{\min}}{D_{\max}}$	管径≤100 mm	10%	用外卡钳和尺量检查
			管径>100 mm	8%	
		折皱不平度/mm	管径≤100 mm	4	
			管径>100 mm	5	

(六) 支管安装

支管安装是在散热器和立管均安装完成后进行的。

安装支管,应注意到支管在运行和安装中的特点。例如,系统运行时,支管主要受立管热应力变形的影响,使其坡度值变化。另外,支管一般很短,根据设计上的不同要求,支管可由多段组成,由于管子配件多、管道接口多,工作时受力变形较大,所以,安装难度较大。为保证支管安装的准确性,施工时可取管子配件或阀门实物,逐段比量下料、安装。

视频:塑料管热熔连接工艺

支管的安装要求:

(1) 支管的坡度应为 1%,坡向应利于排气和泄水。用钢尺、水平尺、线坠校对支管的坡度和平行距墙尺寸,并复查立管及散热器有无移动。

(2) 支管长度大于 1.5 m 时,须设置管卡或托钩。支管一般都较小，多为 DN15 或 DN20，若管内介质和管道自重之和超出了管材刚度所允许的负荷，在支管中间没有支撑件，就会造成弯曲使接口漏水、漏汽。

(3) 为检修方便，靠散热器一侧应安装可拆卸件(常用活接头)。

(七) 系统试压

供暖系统安装完毕，管道保温之前应进行水压试验。

(八) 管道冲洗

系统试压合格后，应对系统进行冲洗，直至排出水不含杂质，然后再清理过滤器及除污器。

(九) 刷油、保温

为了延长供暖系统的使用寿命，防止供暖系统的管道、设备受到腐蚀，需要对其进行防腐处理。为了减少热力管道的能量损失，保证管道输送热媒的参数，设置在地沟、夹层、闷顶及管井内或易于冻结的地方的热力管道均应保温。

四、质量保障

(一) 成品保护

(1) 安装好的管道不得作支撑用、系安全绳、搁脚手板，也禁止登攀。

(2) 抹灰或喷浆前，应把已安完的管道盖好，以免落上灰浆，脏污管道，增加大量清扫工作量，又影响刷油质量。

(3) 立、支管安装后，将阀门的手轮卸下，集中保管，竣工时统一装好，交付使用。

(4) 管道搬运、安装、施焊时，要注意保护好已做好的墙面和地面。

(二) 安全注意事项

(1) 利用塔吊向楼层运管时，必须绑牢固，以防管子滑脱打伤人。

(2) 现场同一垂直面上下交叉作业必须戴安全帽，必要时设置安全隔离层，出入在吊车臂回转范围行走，随时注意有无重物起吊。

(3) 支托架上安装管子时，先把管子固定好再接口，防止管子滑脱砸伤人。

视频：塑料管粘接

(4) 安装立管时，先将楼板孔洞周围清理干净，不准向下扔东西。在管井操作时，必须盖好上层井口的防护板。

(5) 在地沟内或天棚内操作时，应用防水电线和 12 V 安全电压照明。天棚内焊口要严加注意防火。焊接地点严禁堆放易燃物。

(6) 高空作业时系好安全带，严防蹬滑或踩探头板。

(三) 质量标准

(1) 压力试验必须符合设计或规范要求。隐蔽管道在封闭前，必须提前进行压力试验，做好保温，办理隐蔽检查手续。

(2) 管道支托、吊架的安装距离应正确、平正、牢固，与管道接触紧密。构造符合要求，滑动支架要求管道伸缩灵活，固牢支架牢固。严禁将间隔墙作滑动托架用。

(3) 伸缩器的安装位置、尺寸、数量必须符合设计要求，并应按规定进行预拉伸。

(4) 管道的对口焊缝及弯曲部位严禁焊接支管，接口焊缝距起弯点和支、吊架边缘必须大于 50 mm。管道固定支架的位置和构造必须符合设计要求和施工规范要求。

(5) 分路阀门不宜离分路点过远。如分路处是系统的最低点,则须在分路阀门前加泄水。

(6) 管道坡度应符合设计要求,正负偏差不超过设计要求的1/3。丝扣连接紧固,不乱丝,外露2~3扣,无麻(或绳)头,焊缝不得有裂纹、烧穿、结瘤、尾坑、夹渣和气孔等缺陷。法兰连接时,对接平行、严密,不允许用双层以上垫片。螺栓外露丝扣不得大于直径1/2,螺母应在同一面上。

(7) 管道穿楼板及墙时,应按设计要求、规范规定设置套管。楼板内套管顶部高出地面不少于20 mm,底部与天棚齐平,墙壁内套管两端与装饰面齐平。

(8) 明装管道的接口不得装于结构物或套管内。管道不允许半暗半明,不得吃墙。

(9) 阀门安装在同一房间内时其高度应一致,应安装在便于开关与检修处,其型号、规格、耐压强度和严密性试验结果,符合设计要求,安装位置、进出口方向正确,连接牢固紧密。活接头应设置于管道、阀门便于检修拆除的部位,同房间立管卡子高度应一致,支管超过1.5 m应设挂钩。

(10) 管道和金属管架上的锈污必须清除彻底,油漆种类及遍数符合设计。油漆附着良好,无脱皮、起泡、流淌、污染和漏涂。

(四) 质量通病及其防治

供暖系统管道安装质量通病及防治方法见表4-11。

表4-11 供暖系统管道安装质量通病及防治方法

序号	质量通病	防治办法
1	管道某些部位温度骤降,甚至不热,有的产生水击声响	原因: 1. 管子未调直; 2. 管道穿墙处堵洞时标高移动; 3. 管道支架间距不妥,局部塌腰。 措施: 1. 管子必须调直,管道尽量用转动焊,整段管道调直后再焊固定口,并认真找准坡度; 2. 管道变径严格标准连接; 3. 管道穿墙处堵洞随时检查坡度,找准坡度方将堵洞工序完成; 4. 重新调整支架间距
2	立管不垂直、距墙尺寸不一致、接口别劲、出弯	原因: 1. 测量管道甩口尺寸使用量尺不当,如皮卷尺误差较大; 2. 土建墙轴线偏差过大; 3. 穿楼板卡住。 措施: 1. 在现场实测量尺,必须用同一量具,并且要用误差小的钢卷尺或模棒、模具、模板; 2. 各工种严格控制施工误差及偏差; 3. 楼板洞预留要准,剔洞找正时要吊线、找垂直定位,支管下料应准确,丝扣角度应正,安装前要预安装,不得推、拉立管; 4. 干管上的立管甩头要准,立管下料时,应按比量法准确地扣除管件、阀门所占的实长,按标记位置掌握各种管件、阀门与管道连接时松紧程度的差异; 5. 按工艺标准加工合格的丝扣

续表 4-11

序号	质量通病	防治办法
3	散热器供热不正常、窝汽，甚至有的不热	原因： 1. 立管上的支管甩口位置不准，连接散热器的支管倒坡； 2. 地面施工的标高偏差大，导致立管上原甩口不合适、倒坡； 3. 各组散热器连接支管距离相差较大，支管下料用同一尺寸，造成支管过长的坡度＜1%； 4. 自然循环系统中，某一立管的供水管接至回水干管上，而回水立管却接至供水干管上，造成这副立管上散热器就不热。 措施： 1. 应拆除支管，修改立管上支管预留口间长度
4	水平干管不能合理伸缩导致支架损坏	原因： 1. 固定支架没按规定焊接挡板； 2. 活动支架的U形卡两头丝扣套丝并拧紧了螺母。 措施： 1. 固定支架应焊装止动板； 2. 活动支架的U形卡应一头套丝，安装两个螺母，而另一端不套丝，插入支架的孔眼中，保证管道自由滑动，支架应用钻头钻眼，不得用气割割孔
5	供暖系统失调或局部不热	原因： 1. 截止阀被安装反了，增加了系统阻力或阀板脱落而切断水路； 2. 干管反坡、积气； 3. 热水系统局部不热往往是堵塞造成的，堵物种类有泥砂、垃圾、麻丝、布头、铁屑、木块、铁熔渣。 措施： 1. 局部进行返修； 2. 管子灌砂煨弯后，必须清理干净管腔，断管后，清除干净管口飞刺； 3. 铸铁散热器组对时把腔内余留砂子清除干净； 4. 气割开口后的管道及时清除落入管腔内的铁熔渣； 5. 管子安装之前，做到一敲二看，管腔洁净、畅通方可用； 6. 室内供暖系统安装全部完成后认真冲洗干净后，再与外网连接
6	供暖管道冻裂	原因：试压水未及时排除，过冬时管道冻裂。 措施：找出冻裂的位置，及时返修
7	麻丝头不净	丝扣接头连接后，立即用断锯条和碎布将麻丝头清理干净

项目三　供暖系统附属设备

一、排气装置

自然循环和机械循环热水供暖系统都必须及时迅速地排除系统内的空气，避免产生气阻，影响水流的循环和散热，保证系统正常运行。其中，自然循环系统、机械循环的双管下供下回式及倒流式系统可以通过膨胀水箱排除空气，其他系统都应在供暖总立管的顶部或供暖干管末端的最高点处设置集气罐或手动、自动排气阀等排气装置排除空气。

（一）集气罐

1. 集气罐的规格及选择

集气罐的规格尺寸见表 4-12，可根据如下要求选择集气罐的规格尺寸：

(1) 集气罐的有效容积应为膨胀水箱有效容积的1%；

(2) 集气罐的直径应大于或等于干管直径的1.5～2倍；

(3) 应使水在集气罐中的流速不超过0.05 m/s。

表 4-12 集气罐规格尺寸

规 格	型 号			
	1	2	3	4
公称直径 DN/mm	100	150	200	250
高度 H(或长度 L)/mm	300	300	320	430
质量/kg	4.39	6.95	13.76	29.29
适用条件	70～95 ℃热水供暖系统			

2. 集气罐的构造及制作

集气罐是采用无缝钢管焊制而成的，或是采用钢板卷制焊接而成，分为立式和卧式两种，如图4-16所示。为了增大罐的贮气量，其进、出水管宜靠近罐底，在罐的顶部设DN15的排气管，排气管的末端应设排气阀。排气管应引至附近的排水设施处，排气阀应设在便于操作的地方。

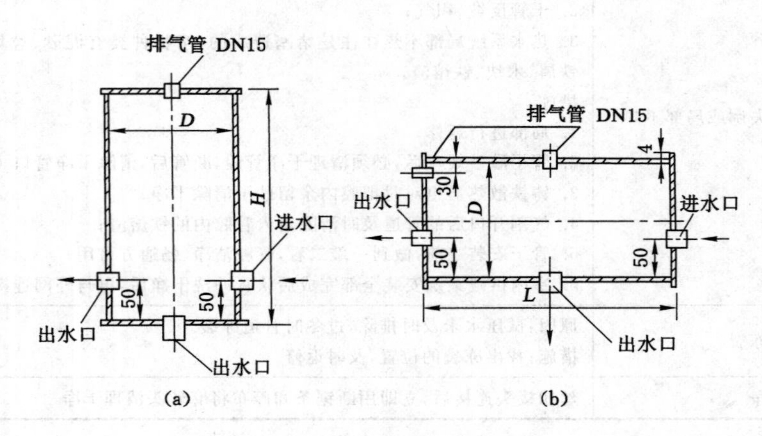

图 4-16 集气罐

(a) 立式集气罐；(b) 卧式集气罐

3. 集气罐的安装

一般立式集气罐安装于供暖总立管的顶部，卧式集气罐安装于供水干管的末端，如图4-17所示。

集气罐的设计安装要求如下：

(1) 集气罐一般安装于供暖房间内，否则应采取防冻措施。

(2) 安装时应有牢固的支架支承，以保证安装的平稳牢固，一般采用角钢栽埋于墙内作为横梁，再配以12的U形螺栓进行固定。

(3) 集气罐在系统中与管配件保持5～6倍直径的距离，以防涡流影响空气的分离。

(4) 排气管一般采用DN15，其上应设截止阀，中心距地面1.8 m为宜。

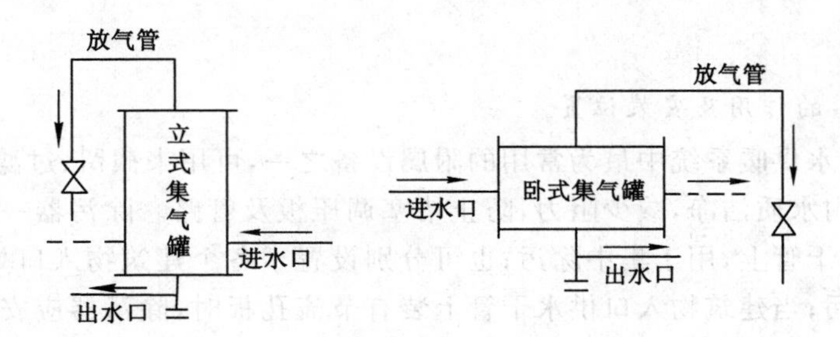

图 4-17　集气罐安装方式

（二）自动排气阀

自动排气阀大都是依靠水对浮体的浮力，通过自动阻气和排水机构，使排气孔自动打开或关闭，达到排气的目的。

自动排气阀的种类很多，图 4-18 是一种立式自动排气阀。当阀内无空气时，阀体中的水将浮子浮起，通过杠杆机构将排气孔关闭，阻止水流通过。当系统内的空气经管道汇集到阀体上部空间时，空气将水面压下去，浮子随之下落，排气孔打开，自动排除系统内的空气。空气排除后，水又将浮子浮起，排气孔重新关闭。

自动排气阀一般采用丝扣连接，安装后应保证不漏水。自动排气阀的安装要求如下：

(1) 自动排气阀应垂直安装在干管上。

(2) 为了便于检修，应在连接管上设阀门，但在系统运行时该阀门应处于开启状态。

(3) 排气口一般不需接管，如接管时排气管上不得安装阀门。排气口应避开建筑设施。

(4) 调整后的自动排气阀应参与管道的水压试验。

（三）手动排气阀

手动排气阀适用于公称压力 $PN \leqslant 600$ kPa，工作温度 $t \leqslant 100$ ℃的水或蒸汽供暖系统的散热器上。如图 4-19 所示为手动排气阀，它多用在水平式和下供下回式系统中，旋紧在散热器上部专设的丝孔上，以手动方式排除空气。

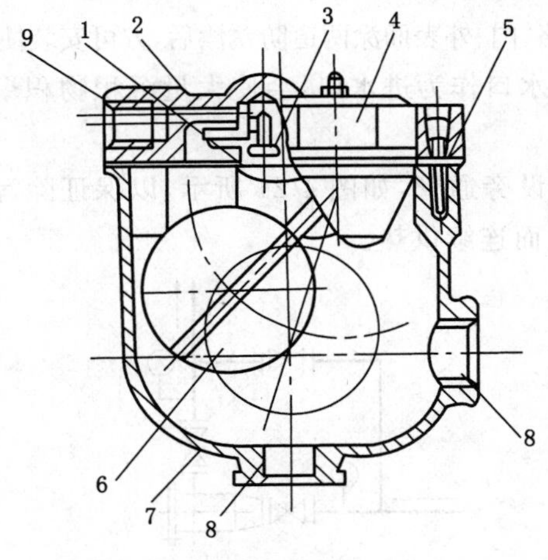

图 4-18　立式自动排气阀

1——杠杆机构；2——垫片；3——阀堵；4——阀盖；
5——垫片；6——浮子；7——阀体；8——接管；9——排气孔

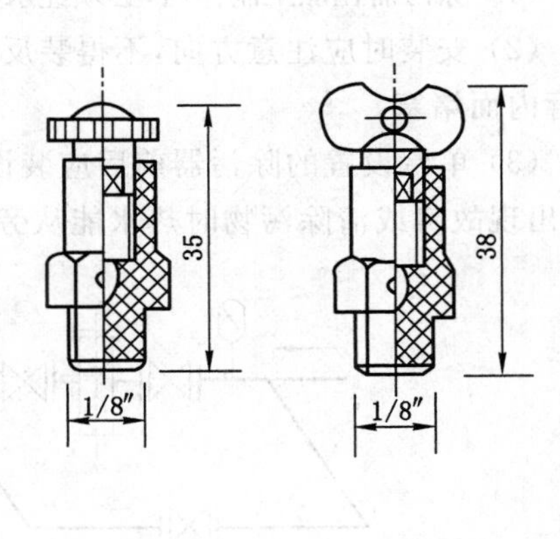

图 4-19　手动排气阀

二、除污器

（一）除污器的作用及安装位置

除污器是热水供暖系统中最为常用的附属设备之一，可用来截留、过滤管路中的杂质和污物，保证系统内水质洁净，减少阻力，防止堵塞调压板及管路。除污器一般安装在循环水泵吸入口的回水干管上，用于集中除污；也可分别设置于各个建筑物入口处的供、回水干管上，用于分散除污；当建筑物入口供水干管上装有节流孔板时，除污器应安装在节流孔板前的供水干管上，以防止污物阻塞孔板；另外在一些小孔口的阀（如自动排气阀）前也宜设置除污器或过滤器。

（二）除污器的类型及构造

除污器按其安装形式可分为立式直通、卧式直通和卧式角通三种，按其结构形式可分为立式和卧式两种类型。图 4-20 是供暖系统常用的立式直通除污器，它是一种钢制筒体，当水从进水管 2 进入除污器内，因流速降低使水中污物沉淀到筒底，较洁净的水经带有大量过滤小孔的出水管 3 流出。安装时可按标准图在现场加工制作，加工时除污器的进水管端部应插入筒体内，并与筒体的内表面平齐，出水管端部应插入到筒体内的中心处，在插入筒体内的这部分出水管表面上开孔，并在其上缠包过滤网，使进入除污器的水经过滤网的过滤后，从出水管流出，被过滤网拦截下来的污物积存到筒底，定期从排污丝堵处排除。在法兰盖板上设有排气阀，定期将积存在除污器上部的气体排出。

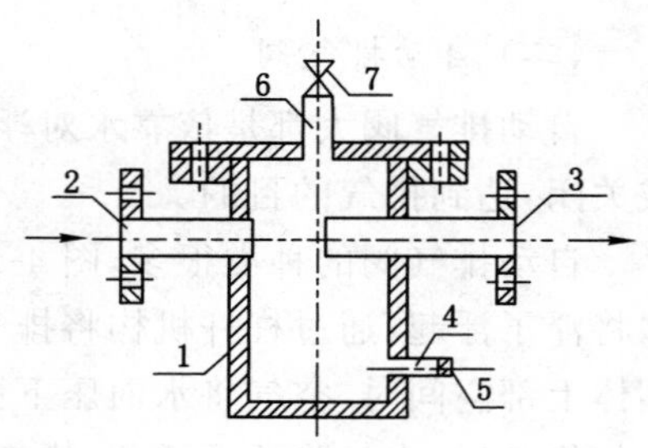

图 4-20　立式直通除污器

1——筒体；2——进水管；3——出水管；4——排污管；5——排污丝堵；6——放气管；7——截止阀

除污器的型号可根据接管直径选择。

（三）除污器的设计安装要求

除污器的安装要求如下：

（1）除污器在加工制作后，必须经水压试验合格，内、外表面涂两道防锈漆后，方可安装使用。

（2）安装时应注意方向，不得装反。如将出水口作为进水口，会使大量沉积物积聚在出水管内而堵塞。

（3）单台设置的除污器前后应装设阀门，并设旁通管，如图 4-21 所示，以保证除污器排污、出现故障或清除污物时热水能从旁通管通过而连续供热。

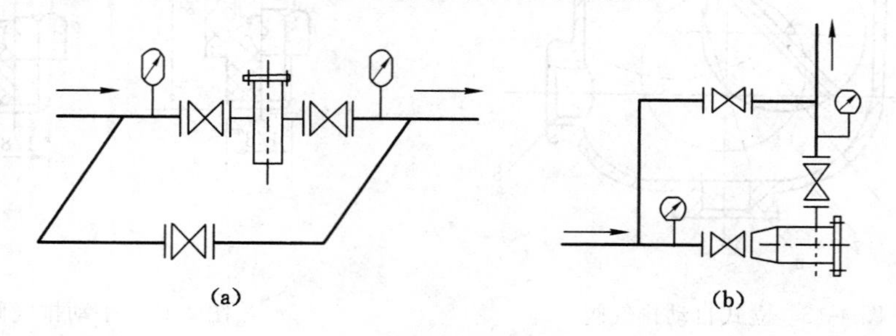

图 4-21　除污器安装

(a) 直通式；(b) 角通式

(4) 除污器应有单独设置的支架。

(5) 系统试压与冲洗后，应将除污器内沉积物及时清理，以防止其影响系统中热水循环。

三、散热器温控阀

散热器温控阀有自动温控阀和手动温控阀两种。自动温控阀是一种自动控制进入散热器热媒流量的设备，它由阀体部分和感温元件控制部分组成，如图 4-22 所示。

当室内温度高于给定的温度值时，感温元件受热，其顶杆压缩阀杆，将阀口关小，进入散热器的水流量会减小，散热器的散热量也会减小，室温随之下降。当室温下降到设置的低限值时，感温元件开始收缩，阀杆靠弹簧的作用抬起，阀孔开大，水流量增大，散热器散热量也随之增加，室温开始升高。温控阀的控温范围在 13～28 ℃之间，控温误差为±1 ℃。散热器温控阀具有恒定室温，节约热能等优点，但其阻力较大(阀门全开时，局部阻力系数 ξ 可达 18.0 左右)。

散热器温控阀按其安装形式可分为直通阀、角通阀和三通阀三种，如图 4-23 所示。选用三通阀有左右方向之分。

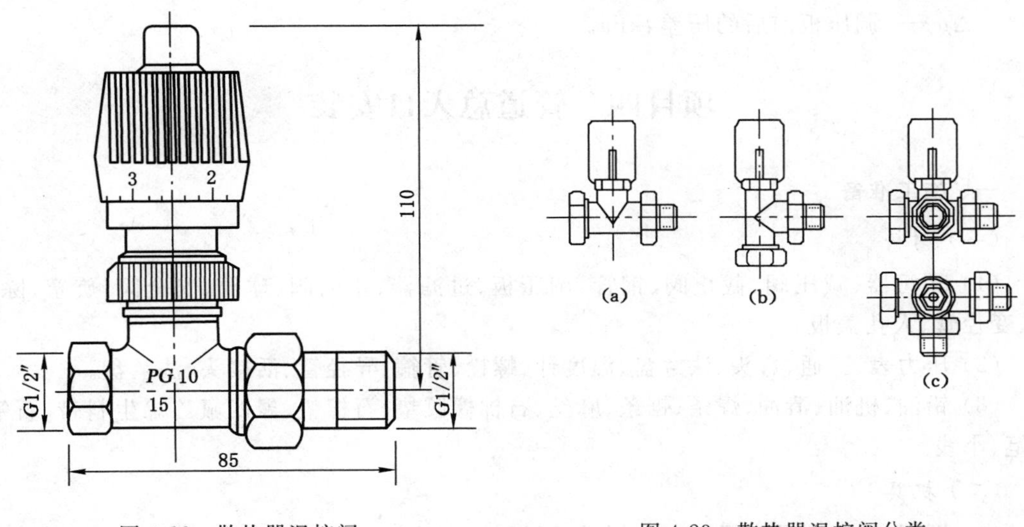

图 4-22　散热器温控阀

图 4-23　散热器温控阀分类

(a) 直通阀；(b) 角通阀；(c) 三通阀

四、调压板

当外网压力超过用户的允许压力时，可设置调压板来减少建筑物入口供水干管上的压力。

动画:蒸汽用孔板流量计安装

调压板的材质，蒸汽供暖系统只能用不锈钢，热水供暖系统可以用铝合金或不锈钢。调压板用于压力 $p<1\ 000$ kPa 的系统中。选择调压板时孔口直径不应小于 3 mm，且调压板前应设置除污器或过滤器，以免杂质堵塞调压板孔口。调压板的厚度一般为 2～3 mm，安装在两个法兰之间，如图 4-24 所示。

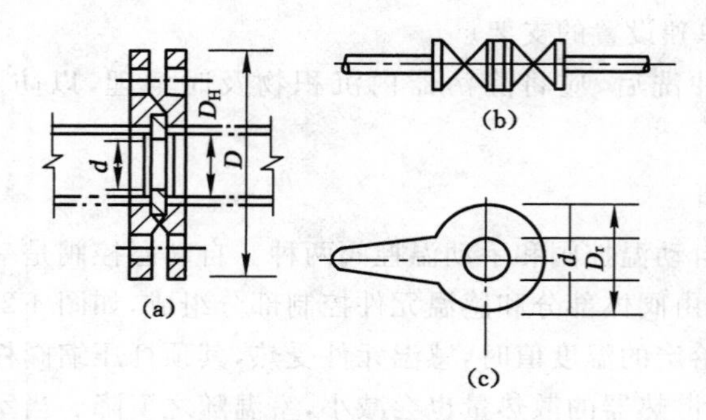

图 4-24　调压板制作安装图

(a) 调压板装配图；(b) 调压板安装图；(c) 调压板制作图

调压板的孔径可按下式计算

$$d=20.1\sqrt[4]{G^2/\Delta p} \tag{4-19}$$

式中　d——调压板的孔径，mm；

G——热媒流量，m^3/h；

Δp——调压板前后的压差，kPa。

项目四　管道总入口安装

一、施工准备

(一) 材料

(1) 除污器、减压阀、截止阀、钢管、调压板、过滤器、止回阀、球阀、安全阀、旋塞、除污器、变径管、人孔盖板。

(2) 压力表、三通、弯头、法兰盘、温度计、螺栓、管箍、异径管、活接头、法兰盘。

(3) 铅油、机油、清油、焊条、锯条、麻丝、石棉橡胶垫、石棉垫、聚四氟乙烯生料带、石笔、粉笔、小线。

(二) 机具

(1) 钢锯、管压力及案子、绞扳、扳牙、活扳子、割管器、手锤、管钳子、螺丝刀、克丝钳。

(2) 钢卷尺、水平尺、法兰盘直角尺、线坠、剪子、钎子、凿子。

(3) 电气焊工具。

(三) 工作条件

(1) 室内供暖管道已安装。

(2) 减压阀、疏水器、除污器接管甩头的位置准确。

(3) 各装置支撑铁件已预制好。

二、施工工艺

工艺流程：量尺、定位→组合安装。

(一) 量尺、定位

动画：热力入口安装

根据管道甩头及设计标高，用尺量出支架、托架、支撑的安装标高，确定除污器、调压板、管道入口等装置的安装位置，并做记号。

（二）组合、安装

1. 减压阀、减压板

（1）减压阀应先进行组装。若设计无规定，可按图4-25和表4-13、表4-14所示进行组装。减压阀、截止阀都用法兰连接，旁通管用弯管相连，采用焊接。

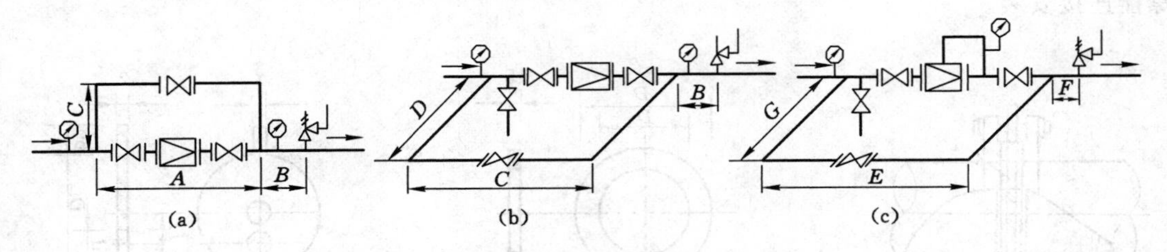

图4-25　减压阀安装

(a) 活塞式旁通管垂直安装；(b) 活塞式旁通管水平安装；(c) 薄膜式、波纹管式旁通管水平安装

表4-13　　配管尺寸表　　单位：mm

d_1	d_2	d_3	安全阀		d_1	d_2	d_3	安全阀	
			规格	类型				规格	类型
20	50	15	20	弹簧式	70	125	40	40	杠杆式
25	70	20	20	弹簧式	80	150	50	50	杠杆式
32	80	20	20	弹簧式	100	200	80	80	杠杆式
40	100	25	25	弹簧式	125	250	80	80	杠杆式
50	100	32	32	弹簧式	150	300	100	100	杠杆式

表4-14　　薄膜式减压阀规格尺寸　　单位：mm

规格	尺寸		
	总高	进口中心至阀顶高	长度
25 32 40	510	432	180
50 70	615	510	230
80 100	859	640	301

（2）用型钢作托架，分别设在减压阀两边阀的外侧，使旁通管卡在托架上。型钢在下料后，按本工艺标准支架安装，栽入事先打好的墙洞内，用水平尺、线坠等找平、找正。

（3）减压阀只允许安装在水平管道上，阀前后压差不得大于0.5 MPa，否则应两次减压（第一次用截止阀），如需要减压的压差很小，可用截止阀代替减压阀。

(4) 减压阀的中心距墙面大于等于 200 mm,减压阀应呈垂直状。减压阀的进出口方向按箭头所示,切不可安反。安装完可根据工作压力进行调试,对减压阀进行定压并做出界限标记。

(5) 减压板在法兰盘中安装时,只允许在整个供暖系统经过冲洗后进行。减压板采用不锈钢材料,其减压孔板孔径、孔位由设计决定后,根据图 4-26 和表 4-15 按本工艺标准用螺栓连接安装。

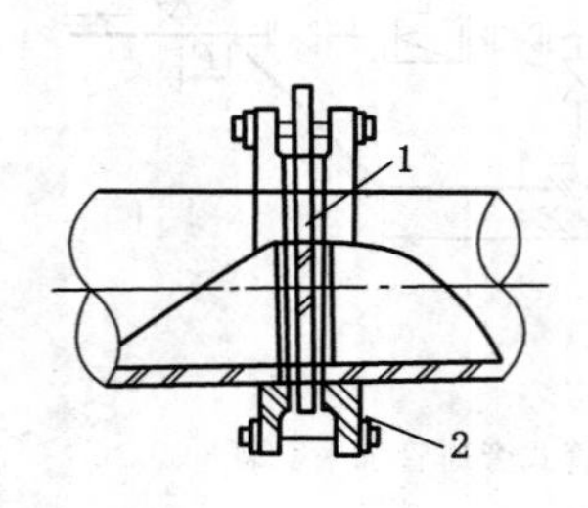

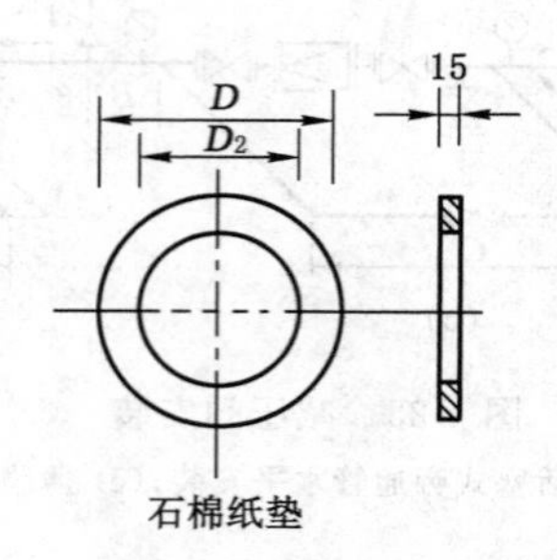

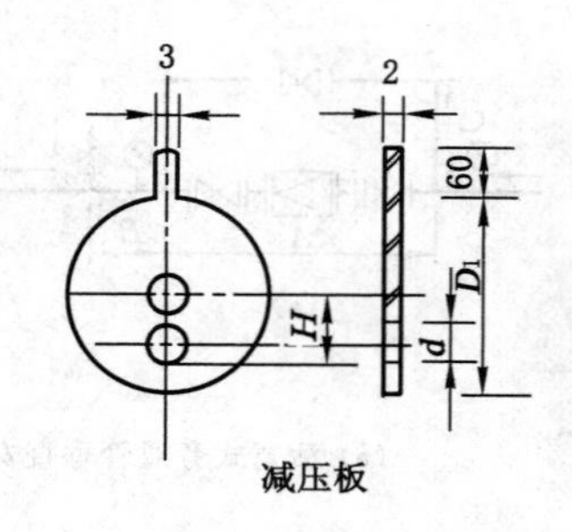

图 4-26 减压板在法兰盘中安装图

1——减压板;2——石棉纸垫

表 4-15 减压板尺寸 单位:mm

管径	D_1	D_2	H	管径	D_1	D_2	H
20	27	53	10	70	76	116	34
25	34	63	13	80	89	132	40
32	42	76	17	100	114	152	53
40	48	86	20	125	140	182	65
50	60	96	26	150	165	207	78

2. 除污器

(1) 除污器装置在组装前应找准进出口方向,不得安反。

(2) 在除污器装置上支架设置的部位必须避开排污口,以免妨碍污物收集清理。

(3) 除污器过滤网的材质、规格均应符合设计规定。

(4) 在安装除污器时,须配合土建在排污口的下方设置排污(水)坑。

3. 管道总入口装置安装

(1) 供暖管道的总入口装置一般设在地下室,如果设在室外地沟可以局部加宽,并且需在上方设置供检查、操作时进出的人孔加盖,人孔进入地沟应偏于沟的一侧,应配合土建设置爬梯,便于维修与操作人员上下。

(2) 热水供暖管道入口装置组装,如设计无规定,参照相关标准图集施工。但在施工中,通常取消标准图中设置的循环管及循环管上的阀门。许多地方实践表明,循环管及管上阀门作用甚小,弊大于利,况且阀门质量不好,漏水(不被发现)时容易造成短路,也是室内系统达不到设计温度的原因之一。

(3) 热水及低、高压蒸汽系统，入口的压力计、温度计、调压板及热水入口的流量计、除污器，按设计图中位置，预留出丝堵及旋塞的位置，然后按设计图纸随工程程序进行安装。热水入口是否安装流量计、除污器，由设计决定。

(4) 压力表安装高度一般在 2.5 m 以下，若高于 2.5 m，需斜向安装。支管与干管焊接间距不得大于 2.0 mm，安装时分支管的管端应加工成马鞍形，不得将支管直插入主管的管腔内。安装压力表存水弯管时，若采用钢管，其内径不应小于 10 mm，若采用铜管其内径不小于 6 mm。

(5) 温度计的安装，视入口地沟具体情况，可以选择直形温度计安装在水平管上或安装在立管上。温度计配带的套管形式，根据被测介质、压力等因素选择。

(6) 除减压阀、疏水器、除污器、安全阀、压力表、温度计，其余构件及管道均按设计要求进行保温。

(三) 成品保护

(1) 各装置安装后，均严禁承受重物，更不得作搭设跳板的支撑。

(2) 抹灰装修前，将减压阀、疏水器各装置用塑料布或灰袋纸包扎好。

(四) 安全注意事项

(1) 组装后的各装置，在安装过程中要有人扶住或扶稳，不得摔倒。

(2) 安装后应做到工完场清，除污器一般位于地沟内，要更加仔细清理沟内。

(五) 质量标准

(1) 各装置的支、托架应牢固。

(2) 安装后的阀门等件，要求横平竖直。

(3) 各类器件、阀件按壳体上指示箭头方向安装，不得安反。

(4) 减压器中心距墙面不应小于 200 mm，疏水器中心距墙为 150 mm。

(六) 质量通病及其防治方法

管道总入口安装质量通病及其防治方法见表 4-16。

表 4-16　　管道总入口安装质量通病及防治方法

序号	质量通病	防治方法
1	疏水器、排污器下不通畅	1. 应检查排污口是否堵住，打开丝堵冲洗。 2. 打开疏水器后面或排污器下面的放水阀排污
2	设备和管道因超压运行出现裂纹或事故	1. 减压器安装完试汽时，应根据设计要求进行压力调整，作出调整后的标志，并且包括安全阀在内。 2. 严格操作规程、防止误操作

小　结

本单元介绍了热水供暖系统水力计算的基本原理，供暖系统水力计算的任务和方法，机械循环热水供暖系统的水力计算，供暖系统附属设备的选用与设计等知识。

学生在学习过程中应重点掌握机械循环热水供暖系统水力计算的方法、步骤；资料的收集、参数的选择、常用的水力计算图表的运用、供暖系统附属设备的选型和布置,可结合供热课程设计进行热水供暖系统的水力计算训练,以达到学以致用的目的。同时,通过学习和实训要能够了解常用供暖附属设备的构造、类型、原理;熟悉室内供暖系统及附属设备的安装验收规范。

思考题与习题

1. 室内供暖系统可采用哪几种管材,分别采用何种连接方式?

2. 哪些管道穿墙、穿楼板时必须加装套管?套管有何作用?套管安装应注意什么问题?

3. 向土建专业的同学请教,弄清楚抗震缝、伸缩缝、沉降缝的含义,进而分析“三缝”对穿越管道的影响及管道安装时应采取的措施。

4. 管道系统试压与制品试压有何区别?压力表装设位置不同,对系统试验压力有无影响?

5. 分析各种供暖系统形式管道连接情况下的管道变径做法。

6. 哪些散热器需现场组对?哪些不需要现场组对?这种差异会对安装产生什么影响?

7. 试分析管道系统采用水压试验和采用气压试验的差异,说明工程中尽可能采用水压试验的原因。

8. 室内供暖管道系统试压要求及合格的标准是什么?

9. 试述集气罐、自动排气阀的作用及如何选择。

技能训练

训练项目:室内供暖系统管道连接与安装

1. 实训目的:通过室内供暖系统管道的安装训练,使学生了解常见室内供暖管道的种类、管道规格,熟悉施工图纸,掌握室内供暖管道的安装方法。

2. 实训题目:某室内供暖系统安装。

3. 实训准备:供暖施工图纸(由实训老师提供)、水暖安装施工工具、水煤气输送钢管、三通、阀门、焊条、机油、铅油、锯条等。

4. 实训内容:给水塑料管、管件连接与安装。

5. 实训场地:水暖实训现场。

6. 操作要求:

(1) 卫生间给水系统安装前,需认真阅读施工图;

(2) 根据施工图要求选择好管材、管件和使用工具;

(3) 在安装过程中注意工艺的正确合理性,操作过程中注意安全和文明生产。

7. 考核时间:60 min。

8. 考核分组:每 3 人为一工作小组。

9. 考核配分及评分标准见表 4-17、表 4-18。

表 4-17　　各部分分值和评分标准

序号	内　容	分值	评分标准	扣分	得分
1	审图	20	发现问题全面，少发现 1 处错误扣 2 分		
2	改图	20	准备应齐全正确，不充分者酌情扣分		
3	施工安装及质量验收	60	具体质检内容详见评分标准		

表 4-18　　施工安装与质量验收

序号	质检内容	配分	评分标准	扣分	得分
1	施工前材料、工具准备	5	准备应齐全正确，不充分者酌情扣分		
2	下料方法正确，尺寸正确	10	下料方法不正确扣 1 分		
			尺寸错误扣 1 分		
3	机具操作规范，使用方法正确	15	机具操作不规范扣 1 分		
			操作方法不当扣 2 分		
4	管子对接方法正确，成功率高	2	对接不正确扣 1 分		
5	管件与管道连接方法正确，成功率高	10	连接方法错误扣 1 分		
			一次不成功者扣 2 分		
6	完成成果美观、管线平直	10	成果不美观扣 1 分		
			安装不坚固扣 1 分		
7	按时完成安装情况	5	每超过 5 min 扣 1 分		
8	安全文明生产情况	3	视情节给予扣分		
备注	1. 检查时采用目测和直尺相结合； 2. 超过时间最多允许 20 min，并扣 4 分； 3. 扣分不受配分限制				

学习情境五　住宅分户热计量供暖系统安装

一、职业能力和知识

1. 进行热负荷的计算和校验的能力。
2. 选择分户热计量供暖系统形式和管材的能力。
3. 进行户内管道的安装的能力。
4. 进行分、集配器的选择与施工安装的能力。
5. 进行建筑物热力入口热计量装置安装的能力。
6. 进行分户入口热计量装置安装的能力。
7. 根据施工验收规范进行检查验收的能力。

二、工作任务

1. 住宅分户热计量供暖系统形式的选择。
2. 住宅分户热计量供暖系统的安装。

三、相关实践知识

1. 热计量表的选择。
2. 材料的切割与焊接。

四、相关理论知识

1. 分户热计量的原理、种类、形式。
2. 室内供暖系统的布置和敷设。

项目一　住宅分户热计量供暖形式的确定

分户热计量是指以住宅建筑的户(套)为单位,计量集中供暖热用户实际消耗热量的供暖方式。《民用建筑供暖通风与空气调节设计规范》(GB 50736)规定:集中供暖的新建建筑和既有建筑节能改造必须设置热量 计量装置,并具备室温调控功能。用于计量装置必须采用热量表。

因而,分户热计量通过对用户进行公平收费,实现供热市场化、商品化,能够有效实现建筑节能。同时,分户热计量通过温控阀等措施可为用户提供调节控制手段,用户可以根据自己的需要调节室温、控制供暖量,提高了建筑的热舒适度,改善了热网供热质量。

课件:住宅分户热计量供暖形式的确定

一、热负荷计算与散热器的布置

(一) 热负荷计算

1. 分户热计量供暖系统与常规供暖系统热负荷计算方法比较

实际上，设置分户热计量供暖系统的建筑物，其热负荷的计算方法与常规供暖系统是基本相同的。考虑到提高热舒适是分户计量供暖系统设计的一个主要目的，分户热计量供暖系统的用户可以根据需要对室温进行自主调节，这就需要对不同需求的热用户提供一定范围内热舒适度的选择余地，因此分户计量供暖系统的设计室内温度宜比常规供暖系统有所提高。

2. 房间热负荷的计算

分户热计量供暖系统允许各用户根据自己的生活习惯、经济能力等在一定范围内自主选择室内供暖温度。这就会出现在运行过程中由于人为节能所造成的邻户、邻室传热。对于某一用户而言，当其相邻用户室温较低时，由于热传递有可能使该用户设计室温得不到保证，为了避免随机的邻户传热影响房间的温度，房间热负荷必须考虑由于分室调温而出现的温度差引起的向邻户的传热量，即户间热负荷。《民用建筑供暖通风与空气调节设计规范》(GB 50736)规定：与相邻房间的温差大于或等于 5 ℃，或通过隔墙和楼板等的传热量大于该房间热负荷的 10%时，应计算通过隔墙或楼板等的传热量。因此，在确定分户热计量供暖系统的户内供暖设备容量和户内管道时，应考虑户间传热对供暖负荷的附加，但附加量不应超过 50% ，且不应统计在供暖系统的总热负荷内。

(1) 按面积传热计算方法的基本传热公式

$$Q = N\sum_{i=1}^{n} K_i F_i \Delta t \tag{5-1}$$

式中　Q——户间总热负荷，W；

K_i——户间楼板及隔墙传热系数，W/(m² · ℃)；

F_i——户间楼板或隔墙面积，m²；

Δt——户间热负荷计算温差，℃；

N——户间楼板及隔墙同时发生传热的概率系数。

当有一面可能发生传热的楼板或隔墙时，N 取 0.8；当有两面可能发生传热的楼板或隔墙，或一面楼板与一面隔墙时，N 取 0.7；当有两面可能发生传热的楼板及一面隔墙，或两面隔墙与一面楼板时，N 取 0.6；当有两面可能发生传热的楼板及两面隔墙，N 取 0.5。

(2) 按体积热指标计算方法的计算公式

$$Q = a q_n V \Delta t N M \tag{5-2}$$

式中　Q——户间总热负荷，W；

a——房间温度修正系数，一般为 3.3；

q_n——房间供暖体积热指标系数，W/(m³ · ℃)；

V——房间轴线体积，m³；

Δt——户间热负荷计算温度差，℃，按体积传热计算时宜为 8 ℃；

N——户间楼板及隔墙同时发生传热的概率系数[取值同公式(5-1)]；

M——户间楼板及隔墙数量修正率系数。

当有一面可能发生传热的楼板或隔墙时，M 取 0.25；当有两面可能发生传热的楼板或隔墙，或一面楼板与一面隔墙时，M 取 0.5；当有两面可能发生传热的楼板及一面隔墙，或两面隔墙与一面楼板时，M 取 0.75；当有两面可能发生传热的楼板及两面隔墙，M 取 1。

实际上述计算公式可简化为：

当有一面可能发生传热的楼板或隔墙时，$Q=2.64V$；

当有两面可能发生传热的楼板或隔墙，或一面楼板与一面隔墙时，$Q=4.62V$；

当有两面可能发生传热的楼板及一面隔墙，或两面隔墙与一面楼板时，$Q=5.94V$；

当有两面可能发生传热的楼板及两面隔墙，$Q=6.6V$。

上述户间传热计算方法是完全相同的，均是按实际可能出现的温差计算传热量，然后考虑可能同时出现的概率，只是所选取的传热温差和概率有所不同，相对而言，天津市《集中供热住宅计量供热设计规程》(DB 29—26—2017)关于概率的选取规定得较细。

邻户传热温差，从理论角度考虑，是假设周围房间正常供暖，而在典型房间不供暖的条件下，按稳定传热条件经热平衡计算所得的值。不供暖房间的温差既受周围房间温度的影响，又受室外温度的影响，因此不同地域的邻户传热温差会有一定差异。实际上，即使在室外温度相同的情况下，由于各建筑物的节能情况、建筑单元的围护情况不同，邻户传热温差也不尽相同。而且邻户传热量的多少与邻户温差成正比，计算中究竟应该选取多大温差合适，必须经过较多工程的设计试算，并经运行调节加以验证才可得出相对可靠的简化计算方法。

（二）散热器的选用与布置

新建和改扩建散热器室内供暖系统，应设置散热器恒温控制阀或其他自动温度控制间进行室温调控。散热器恒温控制阀的选用和设置应符合下列规定：

(1) 当室内供暖系统为垂直或水平双管系统时，应在每组散热器的供水支管上安装高阻恒温控制阀；超过 5 层的垂直双管系统宜采用有预设阻力调节功能的恒温控制阀。

(2) 单管跨越式系统应采用低阻力两通恒温控制阀或三通恒温控制阀。

(3) 当散热器有罩时，应采用温包外置式恒温控制阀。

(4) 恒温控制阀应具有产品合格证、使用说明书和质量检测部门出具的性能测试报告，其调节性能等指标应符合现行行业标准《散热器恒温控制阀》(GB/T 29414)的有关要求。

散热器的布置应注意以下事项：

(1) 散热器选型应遵循热工性能好、安全可靠、美观紧凑、便于清扫及使用寿命不低于供暖系统所用钢管寿命的原则。

(2) 宜选用铜铝复合或钢铝复合型、铝制或钢制内防腐型、钢管型等非铸铁散热器，必须采用铸铁散热器时，应选用内腔无粘砂型铸铁散热器。

(3) 采用热分配表计量时，所选用的散热器应具备安装热分配表的条件。

(4) 散热器的布置应确保室内温度分布均匀。通常散热器宜布置在外墙窗台下；当布置在内墙时，应与室内设施和家具的布置协调。

(5) 散热器罩会影响散热器的散热量和恒温阀及热分配表的工作，非特殊要求，散热器不应设暖气罩。

(6) 散热器的布置应尽可能缩短户内的管道长度。每组散热器应设手动或自动跑风阀。

二、分户热计量供暖系统形式

集中供热按户计量的主要方式是采用热量表和热量分配表计量，而采用热量表或热量分配表按户进行计量对供暖系统形式的要求却大不相同。无论采用哪种计量方法，对供暖系统的要求都要既能满足计量需要，又应具有调控室内温度的功能。

(一) 适合热量表的供暖系统

热量表是根据测量供暖系统入户的流量和供回水温度来计算热量的，因此分户计量要求供暖系统在设计时每一户要单独布置成一个环路。只要满足这一要求，对于户内的系统采用何种形式则可由设计人员根据实际情况确定。对于多层和高层住宅建筑来说，若想每一户自成一个环路，系统首先应具有与各户环路连接的供回水立管，然后户内可根据情况设计成双管水平串联式、单管水平跨越式、双管水平并联式、上供下回式、上供上回式或地板辐射供暖等系统形式。

(1) 下分式双管系统(图 5-1)和下分式单管跨越系统(图 5-2)

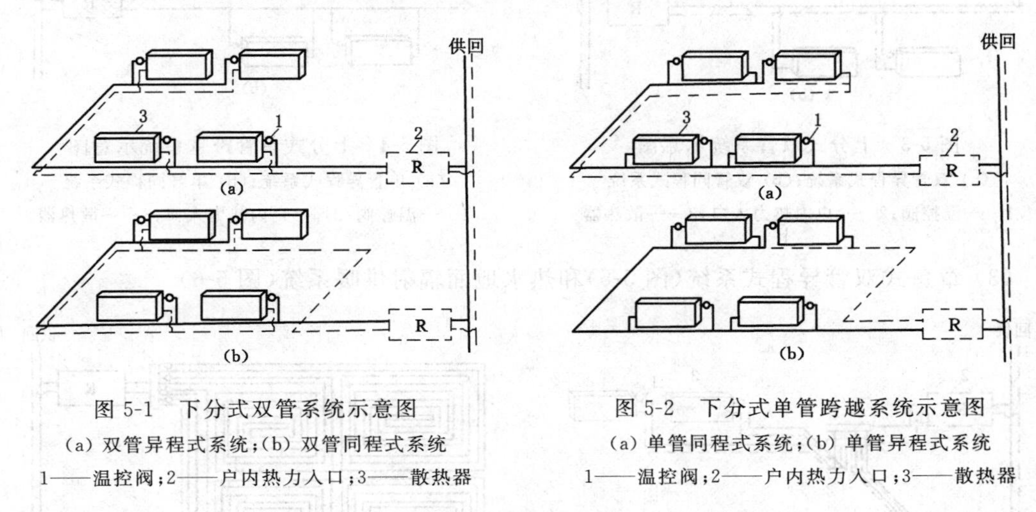

图 5-1　下分式双管系统示意图

(a) 双管异程式系统；(b) 双管同程式系统

1——温控阀；2——户内热力入口；3——散热器

图 5-2　下分式单管跨越系统示意图

(a) 单管同程式系统；(b) 单管异程式系统

1——温控阀；2——户内热力入口；3——散热器

这两种下分式系统的供回水水平支管均位于本层散热器下，根据具体情况，管道可采取明装方式，即沿踢脚板敷设，亦可采取暗敷方式，暗敷时常用以下两种方法：

① 暗敷在本层地面下沟槽内或垫层内。

② 镶嵌在踢脚板内。

采用暗敷方式时，需注意不同管材的连接方式。不同塑料管材应采取不同的连接方式。对于 PB 管、PP-R 管，根据管材特点，除分支管连接件外，垫层内不宜设其他管件，且埋入垫层内的管件应与管道同材质，可采用热熔连接的方式；而对于 PEX 管和 XPAP 管，不能采用热熔连接的方式，而且垫层内不应有任何管件和接头，水平管与散热器分支管连接时，只能在垫层外用铜制管件连接。

(2) 上分式双管系统(图 5-3)和上分式单管跨越系统(图 5-4)

从水力学意义上讲，户内形式为双管系统和单管跨越系统时，均可实现分室控温的功能，即每组散热器散热量可调。但是从变流量特性角度分析，户内系统采用双管形式要优于单管跨越式系统。主要体现在两个方面：

① 双管系统具有良好的变流量特性，即户内系统的瞬时流量总是等于各组散热器瞬时流量之和，系统变流量程度为 100%；而对于单管跨越式系统，即使每组散热器流量均为零时，户内系统仍有一定的流量，而且旁通流量还很大。

② 双管系统中散热器具有较好的调节特性，进入双管系统中散热器的流量明显小于进入单管跨越式系统中散热器的流量，相对而言，更接近或处于散热器调节敏感区。

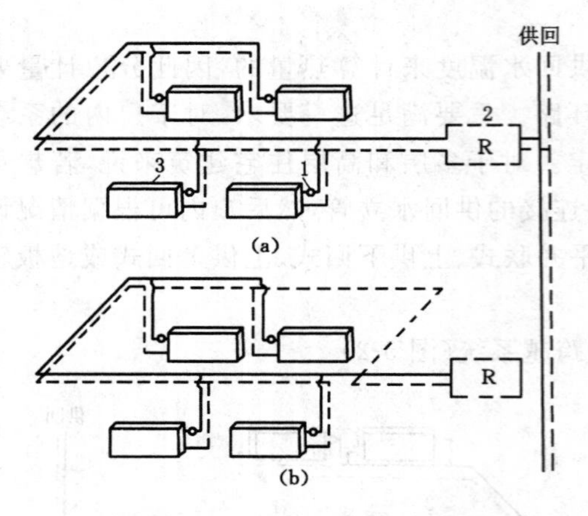

图 5-3　上分式双管系统示意图

(a) 双管异程式系统；(b) 双管同程式系统

1——温控阀；2——户内热力入口；3——散热器

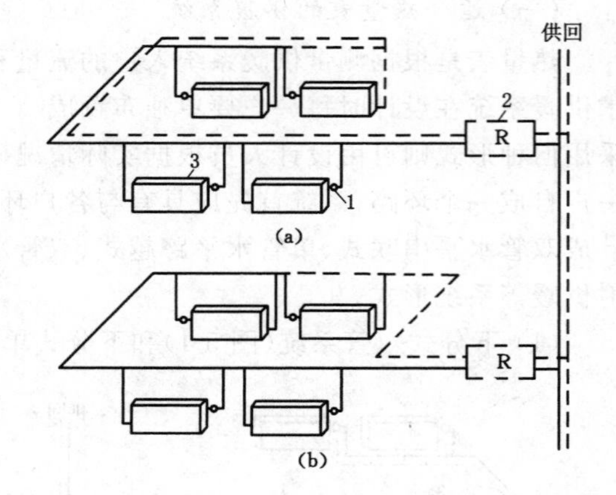

图 5-4　上分式单管跨越系统示意图

(a) 单管异程式系统；(b) 单管同程式系统

1——温控阀；2——户内热力入口；3——散热器

(3) 章鱼式双管异程式系统(图 5-5)和热水地面辐射供暖系统(图 5-6)

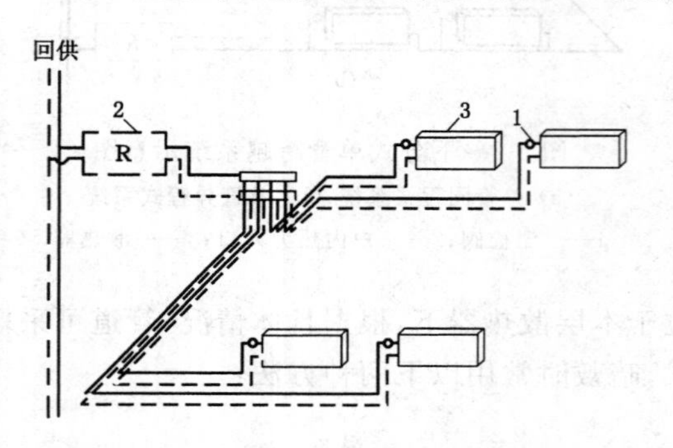

图 5-5　章鱼式双管异程式系统示意图

1——温控阀；2——户内热力入口；3——散热器

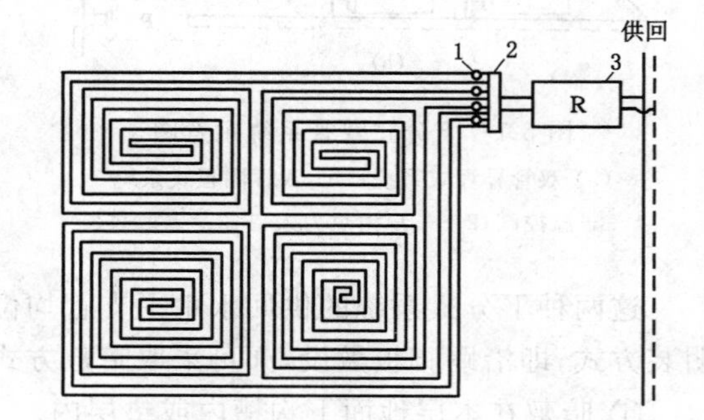

图 5-6　热水地面辐射供暖系统示意图

1——温控阀；2——集、分水器；3——户内热力入口

热水地面辐射供暖系统供回水方式为双管系统，因此，只需在各户的分水器前安装热量表，即可实现按户计量。如在每个房间支环路上增设恒温阀，便可实现分室控温。但是考虑到地板辐射供暖系统的特点，其构造层的热惰性很大，个体调节流量后达到稳定的时间较长，因此设置分户的温控装置宜慎重。

(二) 适合热量分配表的供暖系统

目前我国绝大多数供暖住宅(多层或高层)普遍采用下行下给的单管或混合单双管热水供暖系统，每户都有几根供暖立管分别通过房间，不可能在该户各房间中的散热器与立管连接处设置热量表，这样不仅造成系统过于复杂，而且费用昂贵。对于这类传统的供暖系统，则宜在各组散热器上设置分配表，结合设于楼口的热量总表的总用热量数据，就可以得出各组散热器的散热分配量。热分配表的方式在每户自成系统的新建工程中不宜采用，但对供暖系统为上下贯通形式的旧有建筑，用热量分配表配合总管热量表是一种可行的计量方式，在西欧已使用多年，而且近些年东欧各国供热改革也成功地采用了此种计量方式。

其使用方法是:在每个散热器上安装热量分配表,测量计算每个住户用热比例,通过总表来计算热量;在每个供暖季结束后,由工作人员来读表,根据计算,求得实际耗热量。

(1) 垂直式单管系统

改原有顺流式单管系统为带跨越管、温控阀的可调节系统,是旧系统改造最容易而可行的一种方式。一般有两种形式:一种加两通温控阀(图 5-7),一种加三通温控阀(图 5-8)。这两种形式已分别在北京、天津、烟台、哈尔滨等地进行了试点,都取得了明显的节能效果,同时改善了垂直失调的现象。

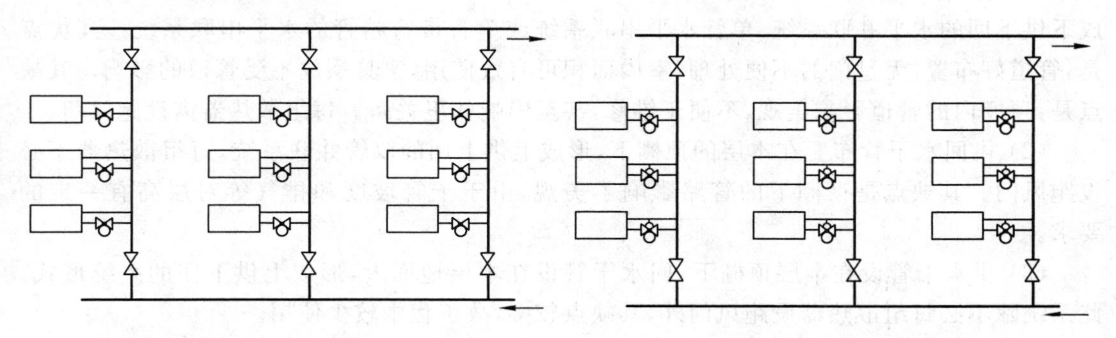

图 5-7 加两通温控阀的垂直单管系统　　图 5-8 加三通温控阀的垂直单管系统

(2) 垂直式双管系统

由于双管系统存在的垂直重力失调原因,往往只应用于 4 层及以下供暖系统。在每组散热器入口处安装温控阀(如图 5-9),不仅可使系统具有可调性,而且增大了末端阻力。温控阀一般推荐的压降约为 10 kPa,而每米高差的“自然作用压力”只有约 160 Pa(供回水温度 75 ℃/50 ℃),相对温控阀而言非常小。所以对于设有温控阀的双管系统,楼层数对系统水力工况影响很小。

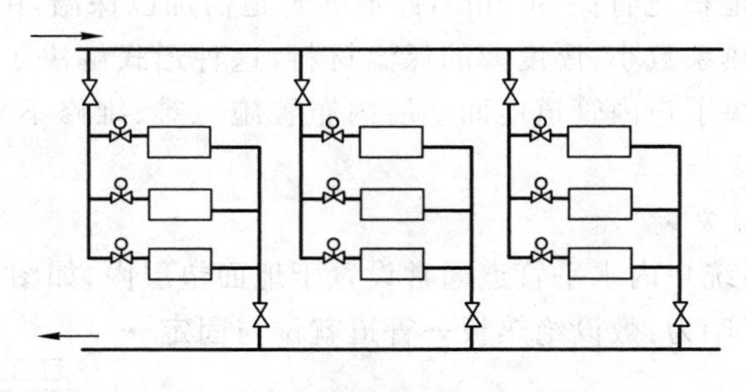

图 5-9 加温控阀的双管系统

总的来说,靠安装于散热器上的热分配表和建筑入口的热量表进行分摊供热量的计量,其计算方法复杂,同时热量分配表的应用推广还需要结合国内的散热器进行测试试验,该工作需由专门的检测机构进行配套检测,试验的工作量很大。由于热分配表读数并不是反映实际用热量,所以实际应用上会出现今年与去年同样的刻度,而所交付费用却不同的现象,引起收费的混乱。热分配表的最大优势是,对于大量现有传统形式的单管供暖系统,可以仅在各组散热器前增加跨越管和温控阀,即可采用热分配表实行供热计量。对于新建系统推广按户分环,必然采用户型热量表。而电子式热分配表适用于任何形式的供暖系统,但其价格可能是制约因素之一。

(三)共用立管和户内管道

1. 户内管道

(1) 户内管道布置

户内管道布置与户内采暖的系统有关。近几年来,各地多项试验工程的实践,均无理想的处理方式。但在试验工程中采用的布置方式均能实现分户热计量的目的,其做法有以下几种:

(1) 在下一层的顶棚处,布置户内水平干管,支管穿过楼板与户内的散热器连接,可形成下供下回的水平并联系统、单管水平串联系统或单管带跨越管的水平串联系统。其优点是:管道好布置,无过门的不便处理,室内面积可有效使用,家具摆放不受管道的影响。其缺点是:顶棚内的管道影响美观,不便于维修,甚至影响邻里关系。每组散热器需设跑风门。

(2) 供回水干管布置在本层的顶棚下,形成上供上回的双管并联系统,每组散热器不必设跑风门。其缺点是顶棚下的管路影响了美观,由于干管坡度和排气等对层高有一定的要求。

(3) 供水干管设在本层顶棚下,回水干管设在本层地面上,形成上供下回的系统形式。此系统除不必每组散热器设跑风门外,其缺点较多,故工程中较少使用。

(4) 供回水干管均在地面布置,形成下供下回的双管并联系统、单管水平串联或单管跨越式水平串联系统。该系统的优点是在顶棚处不出现管道,但管道过门、系统排气、家具摆放均受到一定的影响。

(5) 户内不设置供回水干管,而在户内的热量表后安放一组供回水分配器,然后用交联聚乙烯管(PE)、聚丁烯管(PB)或铝塑复合管,以放射状沿地面与房间的散热器连接。这时可将管路埋在地面垫层内,垫层的厚度不少于 50 mm,此形式在设计时还可在软管外加 DN25 的套管,以便系统维修和管路隔热,防止地面垫层因温度应力而开裂;也可将管道布置在木地板龙骨内,木地板龙骨高 30 mm,此形式管道需加以保温,由于木地板龙骨高度的限制,保温层应选用导热系数小、厚度薄的保温材料,这种形式解决了户内管道地面上布置影响美观的问题,也解决了户内管道地面垫层内布置施工难、维修不方便的难题,是一种较好的布置形式。

2. 地面垫层内管道安装

分户热计量供暖系统户内水平管道通常设置于地面垫层内,如图 5-10 所示。

垫层内管道安装工序为:敷设绝热板→管道就位与固定→水压试验→沟槽回填。

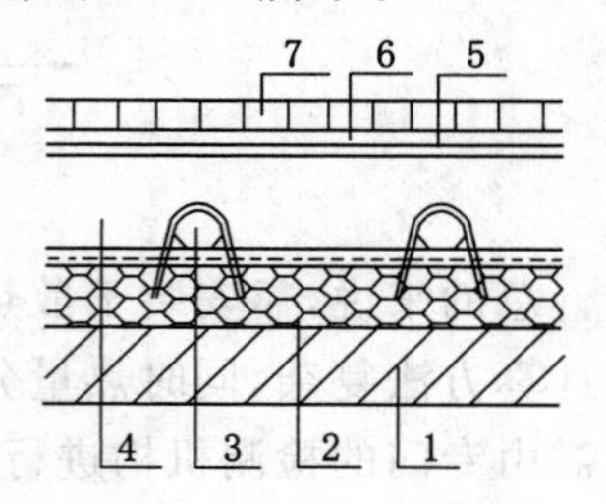

图 5-10　垫层构成

1——楼板;2——绝热层;3——户内管道;4——填充层;5——隔离层(潮湿房间);6——找平层;7——抹面层

垫层内管道安装时应注意以下几方面的问题:

(1) 沟槽在土建现浇楼板时预留,管道中心距现浇楼板大于 25 mm。

(2) 为防止地面(回填处)龟裂,垫层内的管道宜采取绝热措施,同时为了防止管道受热膨胀的推力使地面龟裂,应设置管卡固定管子(图 5-11),绝热板可用 15 mm 厚的聚苯乙烯泡沫塑料。

(3) 管道安装时应保持清洁干净。

(4) 敷设在地面垫层内的管道不得有接头,但散热器处可

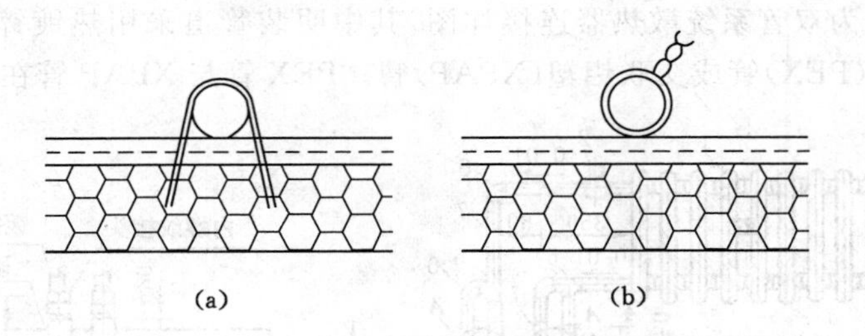

图 5-11　地面垫层内管卡

(a) 塑料卡钉或专用管卡；(b) 细铁丝绑扎

采用同材质专用连接件连接。

(5) 管道隐蔽前必须进行水压试验，试验压力为工作压力的 1.5 倍，但不小于 0.6 MPa。

(6) 水压试验合格后，采用复合硅酸盐保温材料进行沟槽回填，此时管道保持有不低于 0.4 MPa 的压力，回填时，不允许踩压已铺好的环路。

(7) 放射双管系统管道密集的部位应采用带塑料波纹套管的管材，以防止地面温度过高。

(四) 散热器连接

分户热计量供暖系统户内管道系统形式有单管系统和双管系统，不同的形式造成户内管道与散热器的连接方式不同。

(1) 图 5-12 为双管系统散热器连接详图，其中明装管道采用热镀锌钢管，垫层内管道采用无规共聚聚丙烯(PP-R)管或聚丁烯(PB)管。接散热器处可采用同材质专用连接件热熔连接，供回水干管敷设必须考虑膨胀量吸收。

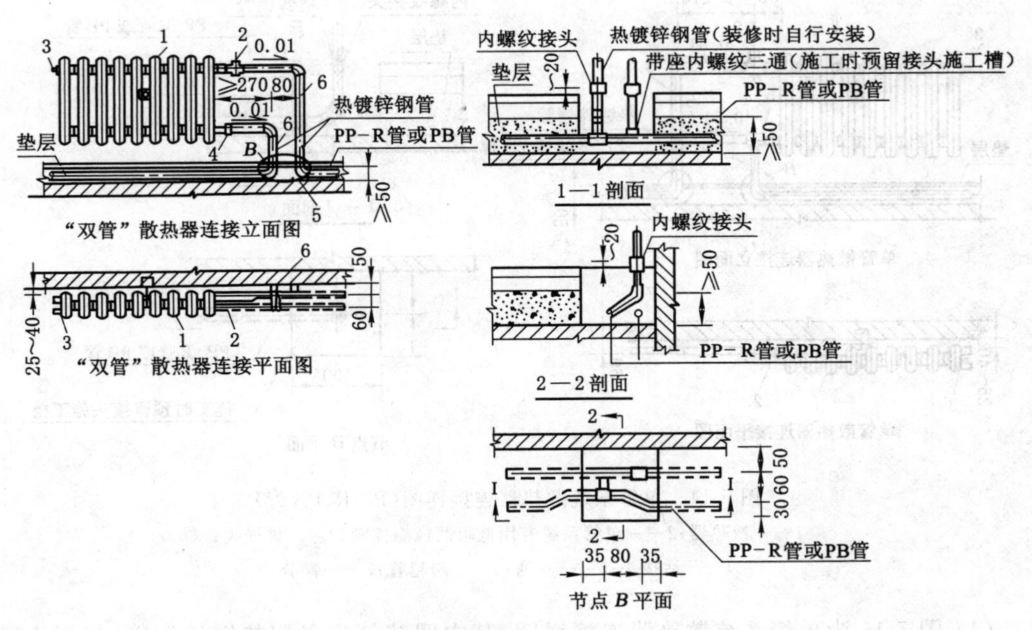

图 5-12　双管系统散热器连接详图(PP-R、PB 管)

1——散热器；2——两通温控阀或手动调节阀；3——排气阀；

4——活接头；5——镀锌三通管件；6——管卡

(2) 图 5-13 为双管系统散热器连接详图，其中明装管道采用热镀锌钢管，垫层内管道采用交联聚乙烯(PEX)管或交联铝塑(XPAP)管。PEX 管与 XPAP 管在垫层不许有接口。

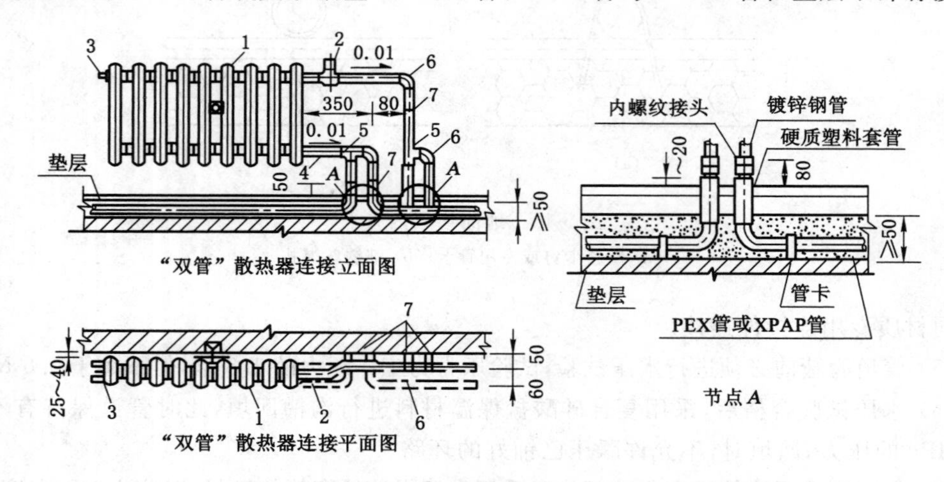

图 5-13　双管系统散热器连接详图(PEX、XPAP 管)

1——散热器；2——两通温控阀或手动调节阀；3——排气阀；4——活接头；
5——镀锌三通管件；6——镀锌弯头管件；7——管卡

(3) 图 5-14 为单管系统散热器连接详图，其中明装管道采用热镀锌钢管，垫层内管道采用无规共聚聚丙烯(PP-R)管或聚丁烯(PB)管。接散热器处可采用同材质专用连接件热熔连接。采用两通阀加闭合管时，应进行校核计算，确保散热器的进流系数不小于 30%。

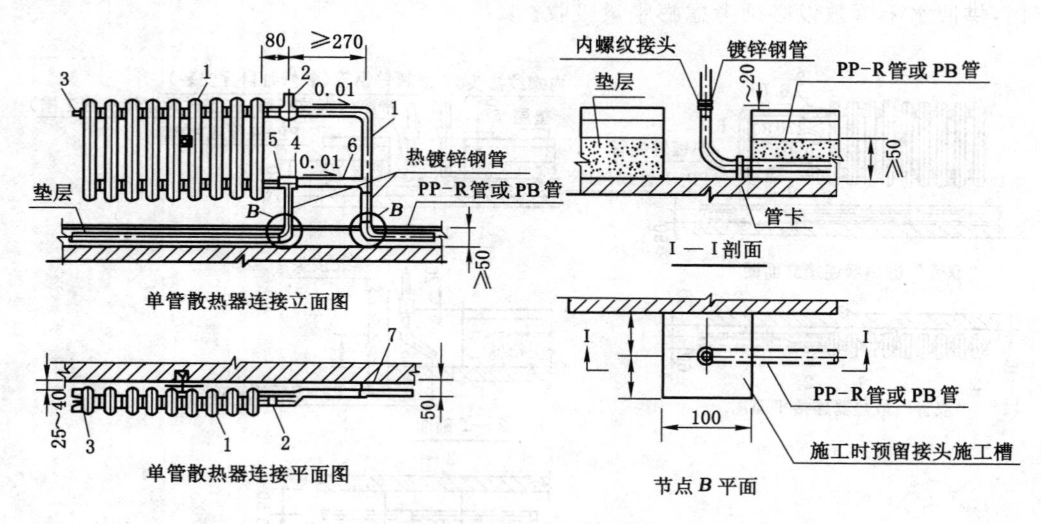

图 5-14　单管系统散热器连接详图(PP-R、PB 管)

1——散热器；2——单管系统专用低阻两通温控阀；3——排气阀；
4——活接头；5——三通；6——跨越管；7——管卡

(4) 图 5-15 为单管系统散热器连接详图，其中明装管道采用热镀锌钢管，垫层内管道采用交联聚乙烯(PEX)管或交联铝塑(XPAP)管。PEX 管与 XPAP 管在垫层不许有接口。采用两通阀加闭合管时，应进行校核计算，确保散热器的进流系数不小于 30%。

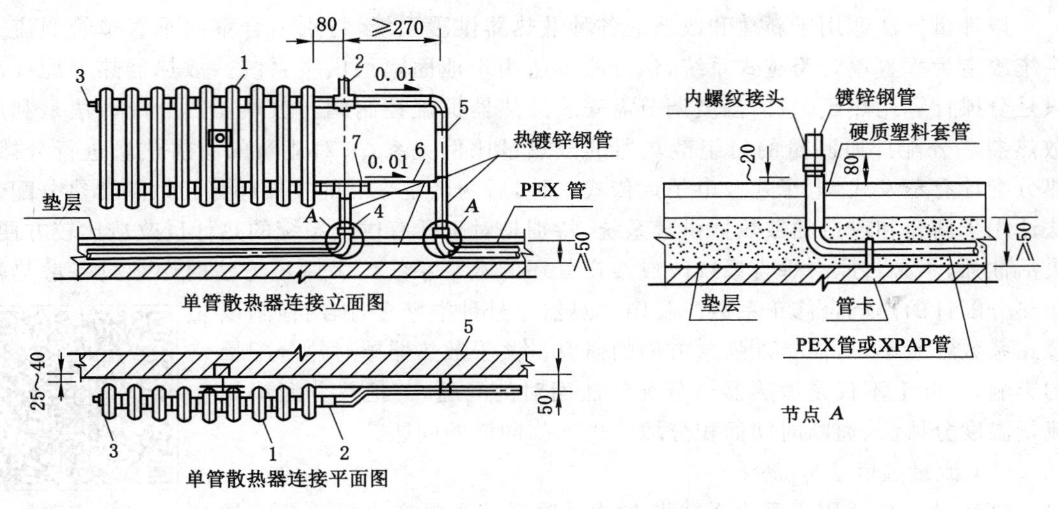

图 5-15　单管系统散热器连接详图(PEX、XPAP 管)

1——散热器;2——单管系统专用低阻两通温控阀;3——排气阀;4——内螺纹接头;5——管卡;6——跨越管;7——活接头

以上各图中镀锌钢管外露丝头需用聚四氟乙烯生料带密封,穿墙处应预留孔洞并置塑料套管,施工过程中各种留口要及时封堵。

三、热计量装置的选择

(一) 计量方式

《民用建筑供暖通风与空气调节设计规范》(GB 50736)规定:热源和换热机房应设热量计量装置;居住建筑应以楼栋为对象设置热量表。对建筑类型相同、建设年代相近、围护结构做法相同、用户热分摊方式一致的若干栋建筑,也可设置一个共用的热量表;当热量结算点为楼栋或者换热机房设置的热量表时,分户热计量应采取用户热分摊的方法确定。在同一个热量结算点内,用户热分摊方式应统一,仪表的种类和型号应一致;当热量结算点为每户安装的户用热量表时,可直接进行分户热计量;供暖系统进行热计量改造时,应对系统的水力工况进行校核;当热力入口资用压差不能满足既有供暖系统要求时,应采取提高管网循环泵扬程或增设局部加压泵等补偿措施,以满足室内系统资用压差的需要。

动画:热计量原则

热源、换热机房热量计量装置的流量、传感器应安装在一次管网的回水管上。因为高温水温差大、流量小、管径较小,可节省计量设备投资;考虑到回水温度较低,建议热量测量装置安装在回水管路上。如果计量结算有具体要求,应按照需要选择计量位置。

用户热量分摊计量方式是在楼栋热力入口处(或换热机房) 安装热量表计量总热量,再通过设置在住宅户内的测量记录装置,确定每个独立核算用户的用热量占总热量的比例,进而计算出用户的分摊热量,实现分户热计量。

《供热计量技术规程》(JGJ 173)提出的用户热分摊方法有:散热器热分配计法、流量温度法、通断时间面积法和户用热量表法。

(1) 散热器热分配计法

该计量方法适用于新建和改造的各种散热器供暖系统，特别适合室内垂直单管顺流式系统改造为垂直单管跨越式系统，该方法不适用于地面辐射供暖系统。散热器热分配计法只是分摊计算用热量，室内温度调节需安装散热器恒温控制阀。散热器热分配计法是利用散热器热分配计所测量的每组散热器的散热量比例关系，来对建筑的总供热量进行分摊。热分配计有蒸发式、电子式及电子远传式三种，后两者是今后的发展趋势。散热器热分配计法适用于新建和改造的散热器供暖系统，特别是对于既有供暖系统的热计量改造比较方便、灵活性强，不必将原有垂直系统改成按户分环的水平系统。采用该方法时必须具备散热器与热分配计的热耦合修正系数。我国散热器型号种类繁多，国内检测该修正系数经验不足，需要加强这方面的研究。关于散热器罩对热分配量的影响，实际上不仅是散热器热分配计法面对的问题，其他热分配法如流量温度分摊法、通断时间面积分摊法也面临同样的问题。

动画：散热器热分配计法

(2) 流量温度法

该计量方法适用于垂直单管跨越式供暖系统和具有水平单管跨越式的共用立管分户循环供暖系统。该方法只是分摊计算用热量，室内温度调节需另安装调节装置。流量温度法是基于流量比例基本不变的原理，即：对于垂直单管跨越式供暖系统，各个垂直单管与总立管的流量比例基本不变；对于在入户处有跨越管的共用立管分户循环供暖系统，每个入户和跨越管流量之和与共用立管流量比例基本不变，然后结合现场预先测出的流量比例系数和各分支三通前后温差，分摊建筑的总供热量。由于该方法基于流量比例基本不变的原理，因此现场预先测出的流量比例系数准确性就非常重要，除应使用小型超声波流量计外，更要注意超声波流量计的现场正确安装与使用。

(3) 通断时间面积法

该计量方法适用于共用立管分户循环供暖系统，该方法同时具有热量分摊和分户室温调节的功能，即室温调节时将户内各个房间室温作为一个整体统一调节而不实施对每个房间单独调节。通断时间面积法是以每户的供暖系统通水时间为依据，分摊建筑的总供热量。该方法适用于分户循环的水平串联式系统，也可用于水平单管跨越式和地板辐射供暖系统。选用该分摊方法时，要注意散热设备选型与设计负荷的良好匹配，不能改变散热末端设备容量，户与户之间不能出现明显水力失调，不能在户内散热末端调节室温，以免改变户内环路阻力而影响热量的公平合理分摊。

(4) 户用热量表法

该系统由各户用热量表以及楼栋热量表组成。户用热量表安装在每户供暖环路中，可以测量每个住户的供暖耗热量。热量表由流量传感器、温度传感器和计算器组成。根据流量传感器的形式，可将热量表分为机械式热量表、超声波式热量表、电磁式热量表。

机械式热量表的初期投资相对较低，但流量传感器对轴承有严格要求，以防止长期运转由于磨损造成误差较大，对水质有一定要求，以防止流量计的转动部件被阻塞，影响仪表的正常工作。

超声波热量表的初期投资相对较高，流量测量精度高、压损小、不易堵塞，但流量计的管壁锈蚀程度、水中杂质含量、管道振动等因素将影响流量计的精度，有的超声波热量表需要直管段较长。

电磁式热量表的初期投资相对机械式热量表要高，但流量测量精度是热量表所用的流量传感器中最高的，并且压损小。电磁式热量表的流量计工作需要外部电源，而且必须水平安装，需要较长的直管段，这使得仪表的安装、拆卸和维护较为不便。这种方法也需要对住户位置进行修正。它适用于分户独立式室内供暖系统及分户地面辐射供暖系统，但不适用于采用传统垂直系统的既有建筑的改造。在采用上述不同方法时，对于既有供暖系统，局部进行室温调控和热计量改造工作时，要注意系统改造时是否增加了阻力，是否会造成水力失调及系统压头不足，为此需要进行水力平衡及系统压头的校核，考虑增设加压泵或者重新进行平衡调试。

（二）热量表

进行热量测量与计算，并作为计费结算依据的计量仪器称为热量表（也称热表）。热量表构造如图 5-16 所示。根据热量计算方程，一套完整的热量表应由以下三部分组成：

（1）热水流量计，用以测量流经换热系统的热水流量。

（2）一对温度传感器，分别测量供水温度和回水温度，并进而得到供回水温差。

（3）积算仪（也称积分仪），根据与其相连的流量计和温度传感器提供的流量及温度数据，通过热量计算方程可计算出用户从热交换系统中获得的热量。

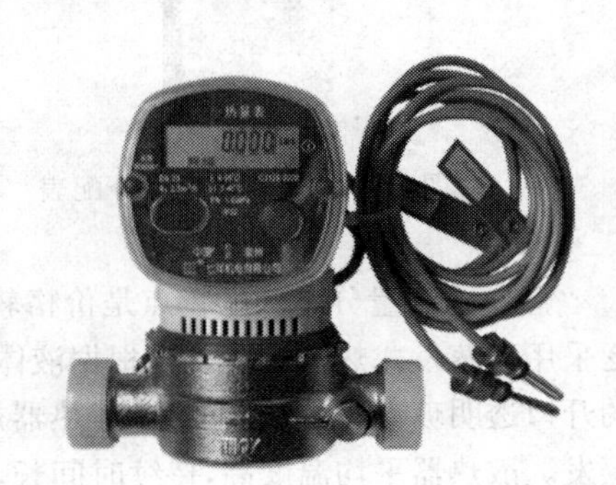

图 5-16　热量表外观图

为了保证人们冬季能在室内进行正常的工作和生活，需要由供暖系统向建筑物补充热量。对于供暖建筑物（房间）来说，当室内温度稳定时，建筑物的供暖热负荷值 Q_1 等于散热设备系统放出的热量值 Q_2，也等于供暖热媒供给建筑物的热量值 Q，即 $Q_1=Q_2=Q$，其中 Q 的计算式如下：

$$Q=Gc\int(t_g-t_h)\mathrm{d}\tau \tag{5-3}$$

式中　Q——供暖热媒供给建筑物的热量值，J；

G——供暖用户的循环水量，kg/h；

c——热水的质量比热容，$c=4\ 178$ J/(kg·℃)；

t_g——散热设备供水温度，℃；

t_h——散热设备回水温度，℃；

τ——计量仪表的采样周期，s。

动画：户用热量表法

由上式可知，如果分别测得供回水温度 t_g 和 t_h 及热水流量 G，确定仪表采样时间 τ，即可得出供暖热媒供给建筑物的热量值 Q。根据热量表的构造，流量计用来测算热水流量，温度传感器用以测量供水温度 t_g 和回水温度 t_h，积算仪根据流量计与温度传感器提供的流量和温度信号计算温度与流量，确定积算时间 τ，计算供暖系统消耗的热量 Q 和其他统计参数，显示记录输出。这就是热量表的工作原理。这种热量测量方法是较精确和全面的，而且直观、可靠、读数方便、技术比较成熟，适合在新建建筑中采用。

（三）热量分配表

热量分配表是通过测定用户散热设备的散热量来确定用户的用热量的仪表。它的使用方法是：在集中供热系统中，在每个散热器上安装热量分配表，测量计算每个住户用热比例，通过总表来计算热量；在每个供暖季结束后，由工作人员来读表，根据计算，求得实际耗热量。常用的有蒸发式和电子式两种，如图 5-17、图 5-18 所示。

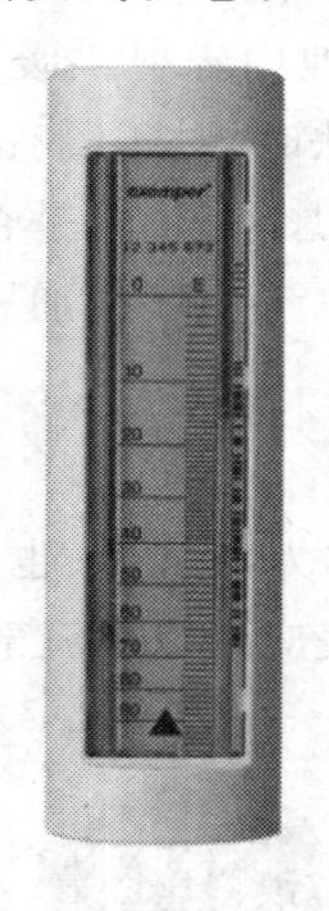

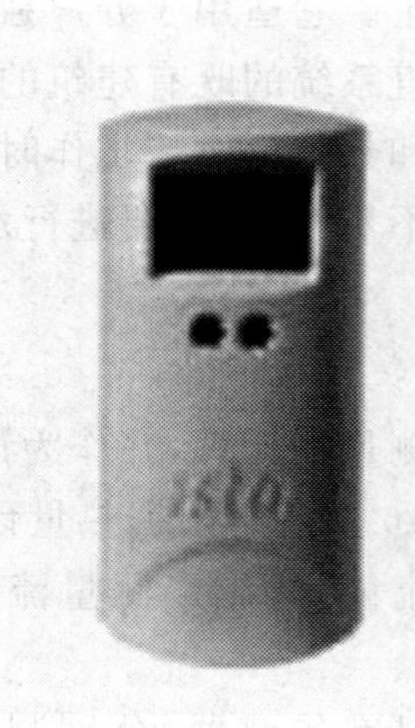

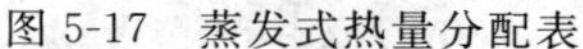

图 5-17　蒸发式热量分配表　　　　图 5-18　电子式热量分配表

蒸发式热量分配表的特点是价格较低，安装方便，但计量准确性较差。目前在丹麦、德国广泛采用。蒸发式热量分配表是根据液体的蒸发原理制成的。蒸发式热量分配表装有可蒸发液体的开口透明玻璃管，把它安装在散热器规定位置上，将感受到散热器的平均温度，使表管内液体蒸发。散热器平均温度高，持续时间长，表管内液体蒸发量越多；反之，散热器平均温度低，持续时间短，表管内液体蒸发量就少。表管内液体蒸发量与散热器平均温度和持续时间成比例。供暖期中玻璃管中的液体蒸发量，即玻璃管中的液体的液面下降的高度，就表示该散热器向房间散出热量的多少。因此，它实际上是一种测量玻璃管中的液体温度对时间积分的装置。

在蒸发式热量分配表上读出的数值是液体蒸发的刻度数，反映了散热器所散发的热量，但这个数值是一个无量纲的数值，它只表示各散热器的散热量间的比例值，也就是各散热器的散热量占热计量单元的总热量的相对比例值。这是计算各户散热器的散热量的依据，也是进行收费的依据。

通过各户蒸发式热量分配表的读值和热计量单元的总热量，能够计算出各户散热器所实际散发的热量间的相对比例值或热费间的相对比例值。

电子式热量分配表的特点是：计量较准确、方便，价格比热量计量表低，并且可在户外读值。目前在欧美受到欢迎。电子式热量分配表安装在散热器表面指定位置，连续测量并记录散热器的表面温度，对时间积分，计算热量。

（四）建筑物热力入口热计量装置

新建住宅的热量表应设置在专用表计小室中；既有建筑的热量表计算器宜就近安装在建筑物内。典型供暖管道入口装置如图 5-19 所示。

专用表计小室的设置，应符合下列要求：

（1）有地下室的建筑，宜设置在地下室的专用空间内，空间净高不应低于 2.0 m，前操作面净距离不应小于 0.8 m。

（2）无地下室的建筑，宜于楼梯间下部设置小室，操作面净高不应低于 1.4 m，前操作面净距离不应小于 1 m。

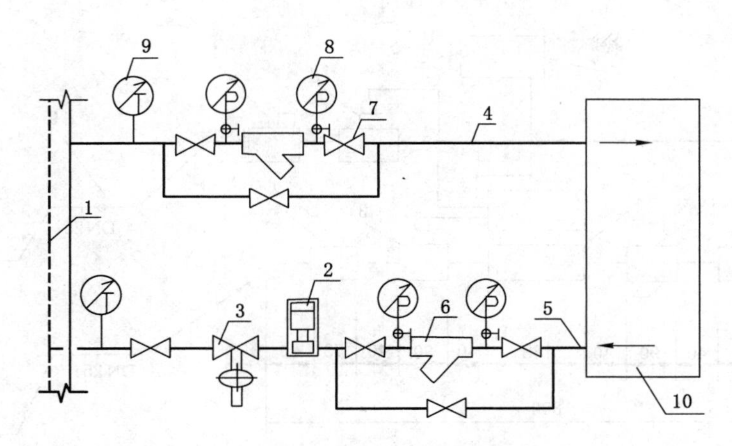

图 5-19 典型供暖管道入口装置图示

1——室外管网；2——热量表；3——压差或流量控制装置；4——室内供水管；5——室内回水管；6——过滤器；7——阀门；8——压力表；9——温度计；10——室内系统

建筑物的热力入口装置除常规做法外，还应符合下列规定：

(1) 应在回水管上设自力式差压控制阀或自力式流量控制阀。建筑物内供暖系统为定流量时应设自力式流量控制阀；建筑物内供暖系统为变流量时应设自力式差压控制阀，其规格应按热媒设计流量、工作压力及阀门允许压降等参数确定。自力式差压控制阀或自力式流量控制阀的两端压差范围宜为 8～100 kPa。

(2) 热力入口的总热量表的流量传感器宜设在回水管上，且供水管宜设两级过滤器，一级应为 ϕ3 mm 孔径的粗过滤器，二级宜为 40～60 目的精过滤器。

(3) 供、回水管应设必要的压力表或压力表管口，其设置原则如下：

① 通过压力表可以观测热力入口的资用压力。

② 通过压力表可以直接或间接判断过滤器两端压差。

③ 通过压力表可以观察自力式差压控制阀或自力式流量控制阀的阀后系统压差。

④ 热力入口涉及的干管阀门宜采用球阀。

(五) 分户热力入口热计量装置

从兼顾技术、经济及美观的角度出发，入口装置宜设在住宅共用空间内。户内供暖系统入口装置的基本构成要满足计量供热的需要。计量供热的主要目的之一是对各户的用热量进行计量，因此需设置户用热量表，为了保护热量表及散热器恒温阀不被堵塞，还需在表前设置过滤器。另外，考虑到我国供暖收费难的现状，从便于管理和控制的角度，在供水管上应安装锁闭阀，以便需要时采取强制性措施关闭用户的供暖系统。热力入口的具体设置方式如图 5-20 所示。

分户计量供暖系统户外管道一般采用金属管材，而户内管道常采取塑料管材，因此必然涉及连接问题。目前，常用做法是将二者用钢塑连接件相连，常见连接方式与分界设置如图 5-21 所示。

四、管材的选用

由于户内系统形式的变化，与传统的供暖系统不同，计量供暖系统户内普遍采用塑料管

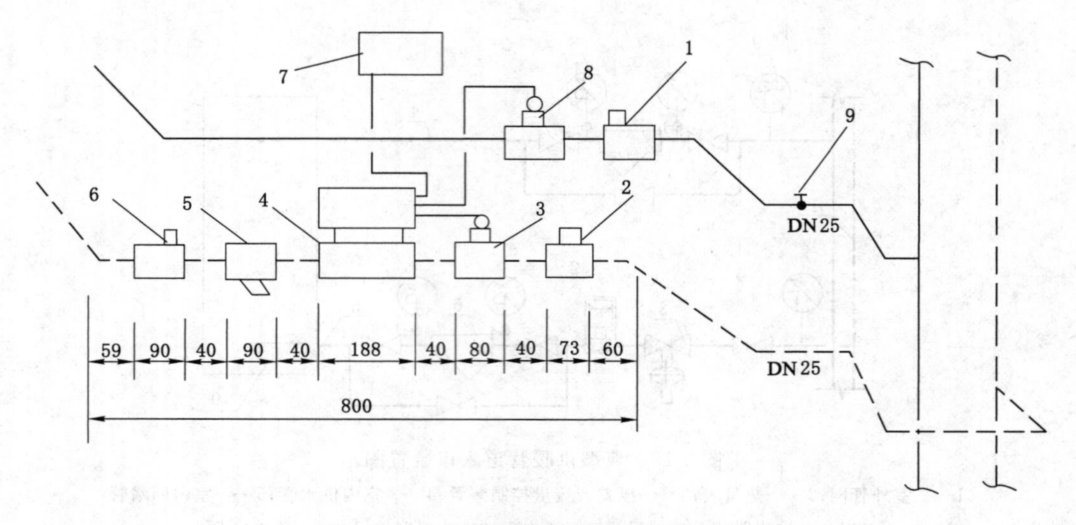

图 5-20 分户热计量入户热表装置示意图

1——锁闭阀(左型);2——直通球型锁闭阀;3——回水温度传感器;4——流量计算部;5——过滤器;6——锁闭阀(右型);7——显示器;8——送水温度传感器;9——截止阀

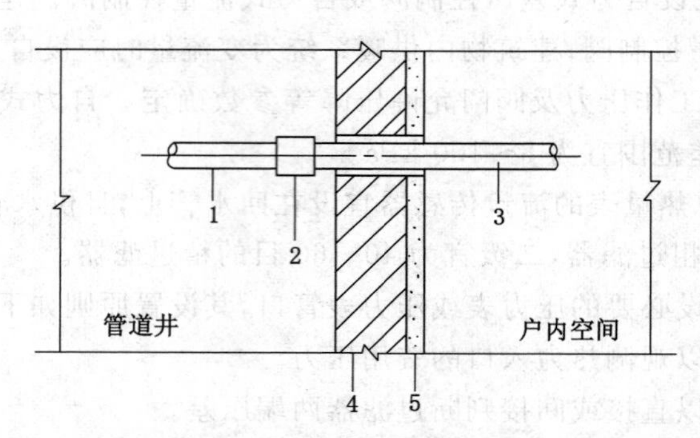

图 5-21 管道安装材质变化的分界示意图

1——分户支管;2——钢塑直通连接管件;3——塑料管;4——分户墙;5——分户墙饰面

材,以便于水平管埋地暗敷设。布置在地面垫层内的管道,不论采用何种配管方式,都要求管道有较长的使用寿命、较小的垫层厚度和较为简便的安装方法,并避免在垫层内有连接管件。供暖管道的材质应根据其工作温度、工作压力、使用寿命、施工与环保性能等因素,经综合考虑和技术经济比较后确定,其质量应符合国家现行有关产品标准的规定。

(一) 塑料管材的种类

(1) 交联铝塑复合(XPAP)管。内层和外层为交联聚乙烯或耐高温聚乙烯,中间层为增强铝箔,层间采用专用热熔胶,通过挤出成型方法复合成一体的加热管。根据焊接方法不同,分为搭接焊和对接焊两种形式,通常以 XPAP 或 PAP 标记。该管材适用于低温地面辐射供暖和散热器供暖系统。

(2) 外层熔接型铝塑复合(铝塑 PP-R)管。内层为聚乙烯或聚丙烯共挤塑料,外层为聚丙烯共挤塑料,嵌入金属焊接铝合金管,层间通过热熔黏合剂形成黏结层,外层可熔接的复合管。管道与金属管件连接,应采用带金属嵌件的聚丙烯管件作为过渡,采用热熔技术承插焊接连接，如图 5-22 所示。为保证供暖系统安全，在设计及施工过程中，必须使用防水密封衬套，以避免流体对管材端面的冲击，确保管材的使用寿命。

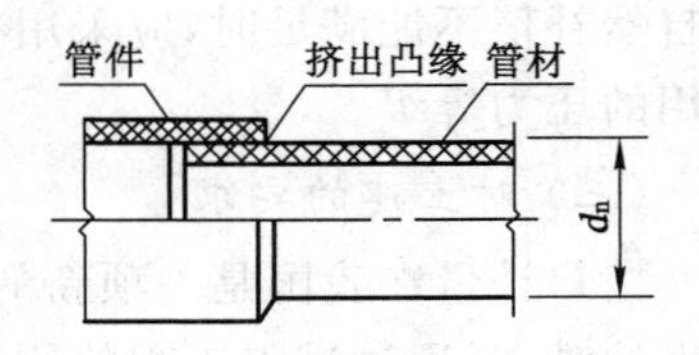

图 5-22　外层熔接型铝塑复合（铝塑 PPR）管热熔承插焊接

(3) 交联聚乙烯(PEX)管。以密度≥0.94 g/cm^3 的聚乙烯或乙烯共聚物，添加适量助剂，通过化学或物理方法，使其线性的大分子交联成三维网状的大分子结构的管道，从而具有优良的温度适应性(−70～110 ℃)、耐压性(爆破压力 6 MPa)、稳定性和持久性(使用寿命达 50 年以上)，而且具有无毒、不滋生细菌等优点。国内 PEX 管的供货规格在 ϕ10～32 mm 之间，少量达 ϕ63 mm。考虑到管材施工和使用中的不利因素，对于管径大于或等于 15 mm 的管材壁厚不应小于 2.0 mm；对于管径小于或等于 15 mm 的管材壁厚不应小于 1.8 mm。连接管件一般采用夹紧式铜制接头或卡环式铜制接头，也有用 ABS 管件、聚甲醛管件、超高分子聚乙烯管件。该管材适用于低温地面辐射供暖和散热器供暖系统。

(4) 无规共聚聚丙烯(PP-R)管。它是第三代改性聚丙烯，以丙烯和适量乙烯的无规共聚物，加适量助剂，经挤出成型的热塑性管。比起 PP-B(嵌段共聚聚丙烯)管具有较好的抗冲击性能、耐温度变化性能和抗蠕变性能。目前国内产品规格在 ϕ20～63 mm 之间。此类管材柔软、易于安装、密封性好、耐腐蚀、使用寿命长。考虑到管材施工和使用中的不利因素，对于管径大于或等于 15 mm 的管材壁厚不应小于 2.0 mm；对于管径小于或等于 15 mm 的管材壁厚不应小于 1.8 mm。管件的连接采用热熔焊接方式，其壁厚不得小于 1.9 mm。

(5) 嵌段共聚聚丙烯(PP-B)管。它是第二代改性聚丙烯，在德国称其为 PP-B，在韩国称其为 PP-C。其柔韧性不如 PP-R，但是其耐低温冲击能力却比 PP-R 强，因此比较适合在北方使用。当热媒温度不超过 60 ℃，系统压力小于 0.6 MPa 时，可采用 PP-B 管，较适宜用于低温热水地面辐射供暖系统。

(6) 聚丁烯(PB)管。它是一种高分子惰性聚合物，在高温下承压力强，且抗蠕变性能好，在低温下耐冲击不开裂，柔性好、易弯曲，可采用热熔或夹紧式连接，系统严密不泄露，安装方便快捷，是高温散热器及地板辐射供暖系统的优选管材。

(二) 使用化学管材应注意的技术问题

(1) 管道宜在吊顶、管井内暗设或嵌墙敷设。管道不得浇筑在钢筋混凝土结构的梁、板、柱、墙内。嵌墙敷设的管子外径不宜大于 32 mm。

(2) 管道宜敷设在地坪架空层、地板木格栅、地坪找平层内。管道敷设在地坪找平层内宜设沟槽。

(3) 当系统中采用钢制散热器时，埋设在地面垫层内的管子宜采用铝塑复合管，或采用有阻氧层的其他塑料管材。

(4) 地面垫平层内的管子不得有任何形式的接头。

(5) 管道不得穿越建筑物的沉降缝、伸缩缝，必须穿越时，应在穿越部位设置防沉降或伸缩措施。

(6) 当管道穿越楼板时，穿越部位应加设固定措施。穿越卫生间、厨房等易积水的房间，应采取妥善的防水措施。管道穿墙应加设套管。

(7) 明敷设的直线管道的固定支架不宜大于 3.0 m。管道敷设应尽量采用自然补偿，当自然补偿不能满足时，应采用补偿器补偿。补偿器的公称压力等级不应小于管道系统所采用的压力等级。

（三）对土建的要求

按户计量在我国是一项新的技术，而设计时符合按户计量要求的供暖系统形式是这项技术的难点，通过试点工程的研究，暖通设计人员感到，必须在建筑设计中就考虑到按户安装热表的供热系统的布置。

1. 对建筑平面设计的要求

采用热量表按户进行计量时，平面设计应考虑供回水立管的布置，为便于安装维修和热表读值，应设置单独的管道井，管道井可布置在楼梯间，或户内的厨房等处，并应适当加大楼梯间或厨房尺寸。由于户内成为单独的系统环路，因此管道增加，户内各房间平面布置设计时应考虑使管道和散热器布置方便，如应注意系统管道过门、散热设备相对靠近等问题。

2. 管道的布置

按户安装热表时，水平系统的管道过门处理比较困难，若能把过门管道在施工中预先埋设在地面内，将使系统的管道得到较好的布置。实施按户热表计量，室内管道增加，这既影响美观也占用了有效使用面积，且不好布置家具，对部分供暖系统管道进行暗设，可以解决这一问题。因此，建筑设计时，尽量考虑管道预埋暗设。

3. 层高的要求

对按户设热量表的单独环路，由于室内需布置供回水干管，因此以往的标准层高不利于管路的布置，需增加层高。层高的尺寸可视室内供暖系统的具体形式确定。

项目二　分户热计量供暖系统安装

一、施工准备

（一）材料

（1）钢管、管件、调节锁闭阀、温度传感器、热流量计量表、污物收集器（也称过滤器或除污器）、热流量显示器、三通调节锁闭阀（左型及右型）、阀门、交联塑料管、交联塑料管件、铝塑复合管及管件。

（2）聚四氟乙烯生料带、铅油、麻丝、钢锯条、砂轮片、机油、电焊条、气焊条、氧气、电石。

（二）机具

（1）电动套丝机、电动割管机、电动砂轮机、电动打压泵、电动机、电焊机、管压力及案子、管子台虎钳、手电钻、冲击电钻、型材切割机。

（2）铰扳及扳牙、钢锯、电焊工具、管钳子、活扳手、螺丝刀、圆扳牙、坡口机、手电钻。

（三）工作条件

（1）干管安装：位于地沟内的干管，一般情况下，在砌筑完毕并经过清理的地沟内，未盖沟盖板之前安装、试压、防腐保温后进行隐蔽。位于顶层的水平干管在结构封顶后安装。设在楼板下的水平干管，须在楼板安装后、吊顶装修之前进行安装、试压、防腐后隐蔽。沿楼板地面敷设的干管或沿地面专设的管槽内敷设的干管，应在地面砖、水磨石地面、木地板、竹地板、大理石地板等装修之前进行安装、试压、防腐、保温后再隐蔽。

(2) 立管安装：一般在土建主体工程完成后，高层建筑的管道井施工完成后方可进行。

(3) 支管安装：土建工程基本完成，散热器已安装就位，室内墙体抹灰已完成或装饰层厚度已定出。

二、施工工艺

分户热计量供暖系统安装顺序：测绘、定位→散热器托钩制作与安装→管道支架制作与安装→散热器安装→仪表、阀件组装→管道安装→试压→通热试验→调试→验收。

(一) 测绘、定位

分户热计量供暖管道在安装前，必须实地测量，认真绘制加工草图，将实地测量尺寸分别标注在草图上。同时，将管件、配件、阀件、仪表的规格、型号及其所在位置、标高、方向均一一在图上标注清楚。

(二) 散热器的托钩制作

散热器的型号不同，固定散热器的托钩也不完全相同。首先按照设计选定的型号，确定散热器的托钩形式、位置及其数量，然后进行计量下料加工或者直接购进。有的散热器是用连接板的挂托形式固定，随散热器一起进入现场，无须自备。

经量尺放线后确定埋栽托钩(或接板)的孔洞中心，用手锤和钎子凿好孔洞或用冲击电钻钻孔。将孔洞用水冲洗湿润后，用细石混凝土栽牢托钩。如果散热器用连接板挂托，只需用手电钻钻孔栽进膨胀螺栓，再安装连接板即可。

(三) 管道支架制作与安装

安装前尽量配合土建工程做好各种孔洞和套管预留和预埋，包括温度传感系统中的传感电缆、显示器的插入盒(在砌筑时)等。

支架的加工应精细，尽量利用型材切割机，避免用气、电焊切割。支架加工不可太长，管道距墙不可太远，不可超过规定值。在除锈和喷、刷防锈漆的施工中，每一道操作程序必须严格把住质量标准。

支架在安装时，必须用量杆确定标高，计算后找准坡度、钉进钎子、拉直小线，支架应依据拉线坡度栽齐、栽牢。分户计量供暖系统中的排气与泄水是供热中的关键问题，管道安装必须保证设计坡度。

(四) 散热器安装

分户计量供暖系统各户的散热器不完全是同一种型号、同一种规格、同一种颜色。因此，安装之前，要按各户对散热器的不同要求进行排列和安置，不可混淆，更不能安错。

安装后，对散热器的各部安装尺寸进行检查和核对，发现有误应及时纠正，以利于下道配管工序的进行。

(五) 入户装置组装

每一户的入户装置在管道安装之前先进行下料组装。每户系统的进出口装置，包括设置在供水管进口处或者回水管出口处的锁闭球阀、控制阀、过滤器、热表(包括热表显示器系统、温度传感器系统、电缆)和管件组合而成。

（六）管道安装

（1）根据实地测量绘制的加工草图，按照“先干管、后立支管”的顺序进行量尺下料、断管、螺纹加工或坡口加工，然后安装就位后进行螺纹连接或焊接。

立管上，散热器支管上若设有直通调节锁闭阀或三通调节锁时，注意进场的锁闭阀是否有左、右型之分，事先进行选定、试扣、组合。

（2）管子预制加工后进行安装。水平管道上架就位后，用水平尺认真校核坡度，如果设计段无坡度要求应保持水平，不允许有反坡和塌腰现象。低处应设泄水阀门，供水干管最高处应设自动排气阀，排气阀上的引出管应引至卫生间或厨房洗涤盆处。严禁将引出管设在卧室等处。

（3）入户装置安装。

① 入户的户型常见的有一梯三户、一梯两户，将组装好的入户装置分别按户型进行每户安装，安装前先将搁置组装成型的装置托架栽好，托架的形式和位置设计若无明确规定，可按工艺标准选用，但是托支架安设后不得妨碍进出口阀门、锁闭阀、过滤器、温度传感器等的正常操作和使用。

② 热表显示器安装。首先配合电气进行热表电缆线的安装，安装过程中应该按照热表显示器背面的规定标记进行接线，不得自行改动。然后，将热表显示器固定在入户外壁的预留洞槽中。

一般根据户型都事先将显示器的位置预留出洞槽，有并排安装也可以上下排列安装，也有设于各户离自己门口最近的墙上，视建筑结构而确定。

由于显示器位于入户门外壁上，在交付使用前应严加保护，不得损坏。

③ 安装时，应检查已经组装好的装置，标有红色套管的温度传感器应插装在入水一侧；污物收集器(排污器)应安装在流量系统的前方，不可调位与安错。

如果发现错误，必须立即纠正，重新组合后再进行安装。

④ 在流量系统和计算系统的外壳上，标识的箭头方向必须和水流方向一致，不得安反。

（七）试压、通热、调试

（1）供热系统全部安装完，可按规范标准进行系统水压试验。试压过程中应严格检查，发现有渗水之处立即停止试压，完全修好后再进行试压直至不渗不漏为合格。

试压以后，应打开全部阀件以1 MPa以上的压力用水流反复冲洗管道及附件(不可用空气清洗)。

（2）通热试验过程中，可进行各个单户热力平衡调试，从最不利、最远的单户调起，直至离热源最近的一户为止。热表显示器上所显示的数字应达到全单元系统中各户的设计热流量为合格(在设计图上应标注每户计算热流量)。

（3）然后调节每一个分户内部的独立系统，将系统调节在设计温度范围内(一般设计均为上限值)，通过恒温调节，使每一个房间可以达到所需要的设计温度即为合格。

三、成品保护

（1）暗设管道均应设有标志，防止施工中损伤管道。热表、热表显示器、三通阀、调节阀、温控器、除污器等设施安装后应注意保护，严禁碰坏，对于入户外壁上的热表显示器在正式交付使用前应采取有效的保护措施。

(2) 安装好的管道不得做支撑用，如系安全绳、搁脚手板，也禁止攀登。

(3) 抹灰或喷浆前，应把已安完的管道盖好，以免落上灰浆，否则不仅污染管道，还增加了大量的清扫工作量，又影响到刷油质量。

(4) 立、支管安装后，将阀门的手轮锁闭阀的锁帽卸下，集中保管，竣工时统一安装再交付使用。

(5) 管道搬运、安装、施焊时，要注意保护好已做好的墙面和地面。

四、安全注意事项

(1) 利用塔吊向楼层运管时，必须绑牢固，以防管子滑脱打伤人。

(2) 现场同一垂直面上交叉作业时必须戴上安全帽，必要时设置安全隔离层，行人在吊车臂回转范围行走，随时注意有无重物起吊。

(3) 支托架上安装管子时，先把管子固定好再接口，防止管子滑脱砸伤人。

(4) 安装立管时，先将楼板孔洞周围清理干净，不准向下扔东西。在管井操作时，必须盖好上层井口的防护板。

(5) 在地沟内或天棚内操作时，应用防水电线和 12 V 安全电压照明。天棚内焊接要严加注意防火。焊接地点严禁堆放易燃物。

(6) 高空作业时系好安全带，严防登滑或踩探头板。

五、质量标准

(1) 埋设管道不应有接头，埋设管材必须采用优质交联聚乙烯管、铝塑复合管和耐久管材，不得采用一般塑料管。若采用钢管应有保温措施，防止对装修后的木地板或竹地板造成不良后果。

(2) 管道敷设必须有 0.002～0.003 的坡度，若设计流速大于等于 0.6 m/s，安装时可不设坡度，但不得有反坡和塌腰。

六、质量通病及其防治

分户热计量供暖系统安装质量通病及其防治见表 5-1。

表 5-1　分户热计量供暖系统安装质量通病及防治方法

序号	质量通病	防治方法
1	装饰时供水干管不好隐蔽	① 管道支架下料不可过长； ② 管道距墙不能太远，控制在标准以内； ③ 沿地面敷设的管道，如在装饰地板上时，尽量沿踢脚设置专用地板凹槽安装，若在地板下，尽量采用特制的交联塑料管埋地敷设； ④ 水平管道可安装在下一层的吊顶中
2	水平管道内气塞导致散热器不热	① 严格按施工程序操作，支架制作安装、管道敷设，均控制好坡度 $i=0.002\sim0.003$，不得反坡； ② 自动排气阀必须设于系统最高处，并且应将排气管引至卫生间或厨房； ③ 在立管或支管上的锁闭阀失灵，造成管路不通，进行阀门更换
3	散热器安装倾斜后积气，局部或全部不热	散热器安装后，用水平尺检查，如形成积气现象应重新找平、找正，或者将散热器托钩返工

小　结

本单元系统介绍了分户热计量供暖系统的负荷计算和散热器的布置、适合分户热计量的系统形式、常见的热计量装置、典型热力入口热计量装置的安装、散热器及管道的安装等知识。

通过学习，使同学们了解分户热计量供暖系统的负荷计算方法、常见的热计量装置的构造、掌握适合分户热计量的各种系统形式及各种管材，在此基础上能够正确进行分户热计量供暖系统的负荷计算、典型热力入口热计量装置的安装、散热器的安装及管道的安装，利用所学知识进行住宅分户热计量供暖系统形式的确定。

思考题与习题

1. 分户热计量供暖方式有什么特点？为什么要进行住宅供暖的分户热计量？
2. 常见的分户热计量的系统形式有哪几种？有什么区别？
3. 适应分户热计量的管材通常有哪几种？如何选用？
4. 分户热计量系统中的主要计量装置有哪几种？
5. 分户热计量供暖系统的热力入口设置需要考虑哪些因素？
6. 简述采用分户热计量供暖系统对土建的要求。

技能训练

训练项目一：分户热计量供暖系统的热力入口的安装

1. 实训目的：通过分户热计量供暖系统的热力入口的安装训练，使学生了解常见分户热计量供暖系统的热力入口的种类、管道设备种类和规格，熟悉施工图纸，掌握管道及配件的安装方法。

2. 实训题目：分户热计量供暖系统的热力入口系统安装。

3. 实训准备：供暖施工图纸(图 5-23)、水暖安装施工工具、镀锌钢管、三通、阀门、热量表、传感器、焊条、机油、铅油、锯条等。

4. 实训内容：镀锌钢管安装、管件连接、热表安装、阀门安装。

5. 实训场地：水暖实训现场。

6. 操作要求：

(1) 分户热计量供暖系统的热力入口系统安装前，需认真阅读施工图；

(2) 根据施工图要求选择好管材、管件和使用工具；

(3) 在安装过程中注意工艺的正确合理性，操作过程中注意安全和文明生产。

7. 考核时间：60 min。

8. 考核分组：每 6 人为一工作小组。

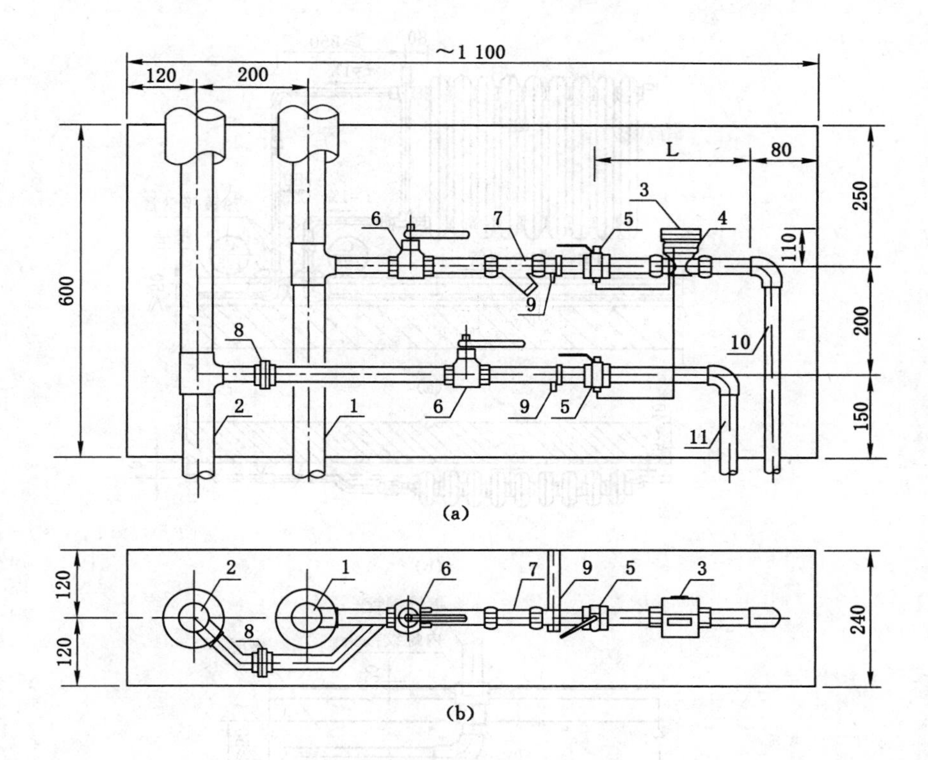

图 5-23　户用热量表箱安装图

(a) 立面图；(b) 平面图

1——供暖供水立管；2——供暖回水立管；3——积分仪；4——热量表；
5——带温度传感器铜球阀；6——锁封调节阀；7——Y 形水过滤器；
8——丝扣法兰；9——∟ 40×4 托架；10——入户供水管 ；11——入户回水管

训练项目二：分户热计量供暖系统散热器的安装

1. 实训目的：通过分户热计量供暖散热器的安装训练，使学生了解常见分户热计量供暖散热器的安装类型、散热器与供暖管道的连接方法、管材种类、规格，熟悉施工图纸，掌握管道及配件的安装方法。

2. 实训题目：分户热计量供暖系统散热器的安装。

3. 实训准备：供暖施工图纸(图 5-24)、水暖安装施工工具、镀锌钢管、PP-R 塑料管、三通、阀门、焊条、机油、铅油、锯条等。

4. 实训内容：PP-R 塑料管、镀锌钢管安装及管件连接、阀门安装。

5. 实训场地：水暖实训现场。

6. 操作要求：

(1) 管道安装时应保持清洁干净。

(2) 清洗，试压后的管道内螺纹处用丝堵堵严，连接散热器管道时将丝堵拧下。交联铝塑复合管出地面时，端头需封堵。

(3) 与热镀锌钢管相连时，镀锌管外丝需经聚四氟乙料生料带进行密封。

(4) 本图适用于明管为热镀锌钢管，垫层为无规共聚聚丙烯(PP-R)管或聚丁烯(PB)管

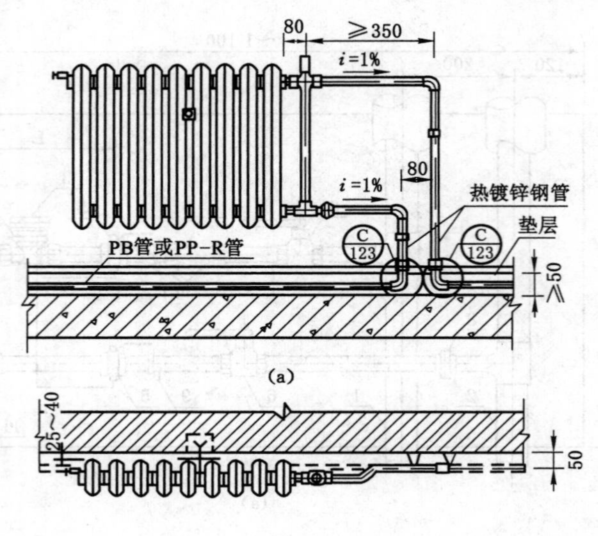

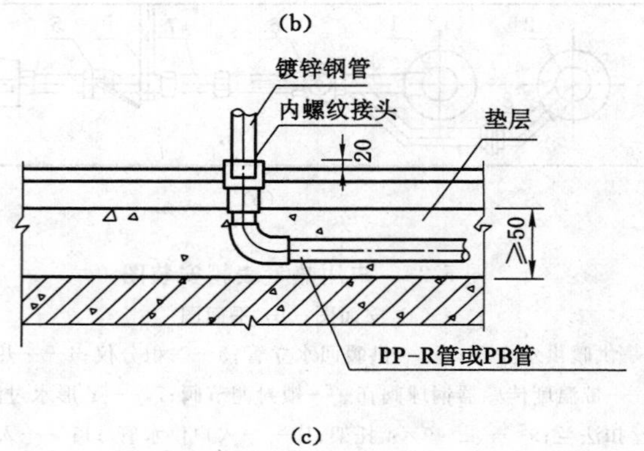

图 5-24　分户计量单管系统散热器安装图

(a) 立面图;(b) 平面图;(c) 节点大样图

的场合。

(5) 敷设在垫层内的管道不得有接头,但连接散热器处可采用同材质专用连接件热熔连接。

(6) 分户热计量供暖系统散热器安装前,需认真阅读施工图。

(7) 根据施工图要求选择好管材、管件和使用工具。

(8) 在安装过程中注意工艺的正确合理性,操作过程中注意安全和文明生产。

7. 考核时间:60 min。

8. 考核分组:每 6 人为一工作小组。

学习情境六　热水地面辐射供暖系统安装

一、职业能力和知识

1. 进行热负荷的计算和校验的能力。
2. 选择热水地面辐射供暖系统形式和管材的能力。
3. 进行热水地面辐射供暖系统安装的能力。
4. 根据施工验收规范进行检查验收的能力。

二、工作任务

1. 热水地面辐射供暖系统形式的选择。
2. 热水地面辐射供暖系统的安装。

三、相关实践知识

1. 材料的选择。
2. 材料的切割与连接。

四、相关理论知识

1. 辐射供暖的原理、种类、形式。
2. 热水地面辐射供暖系统的布置和敷设。
3. 热水地面辐射供暖系统热负荷的计算。

项目一　辐射供暖

一、辐射供暖的基本概念

(一) 辐射供暖的定义

散热器供暖是多年来建筑物内常见的一种供暖形式。随着社会经济不断向前发展，人们生活水平的不断提高，新材料、新技术日益推广应用，这种传统供暖形式的弊端日益突出，如舒适性差、能耗大、耗钢材多、不便于按热计量、分户分室控温等。而辐射供暖便是克服这些弊端的更好方式。散热器主要是靠对流方式向室内散热，对流散热量占总散热量的 50% 以上。而辐射供暖是利用建筑物内部顶棚、墙面、地面或其他表面进行供暖的系统。辐射供暖系统主要靠辐射散热方式向房间供应热量，其辐射散热量占总散热量的 50%以上。

(二) 辐射供暖的特点

辐射供暖是一种卫生条件和舒适标准都比较高的供暖形式，和对流供暖相比，它具有以下特点：

(1) 对流供暖系统中，人体的冷热感觉主要取决于室内空气温度的高低。而辐射供暖时，人或物体受到辐射照度和环境温度的综合作用，人体感受的实感温度可比室内实际环境温度高 2～3 ℃左右，即在具有相同舒适感的前提下，辐射供暖的室内空气温度可比对流供暖时低 2～3 ℃。

(2) 从人体的舒适感方面看，在保持人体散热总量不变的情况下，适当地减少人体的辐射散热量，增加一些对流散热量，人会感到更舒适。辐射供暖时人体和物体直接接受辐射热，减少了人体向外界的辐射散热量，而辐射供暖的室内空气温度又比对流供暖时低，正好可以增加人体的对流散热量。因此辐射供暖时人体具有最佳的舒适感。

(3) 辐射供暖时沿房间高度方向上温度分布均匀，温度梯度小，房间的无效损失减小，而且室温降低的结果可以减少能源消耗。

(4) 辐射供暖不需要在室内布置散热器，少占室内的有效空间，也便于布置家具。

(5) 减少了对流散热量，室内空气的流动速度也降低了，避免室内尘土的飞扬，有利于改善卫生条件。

(6) 辐射供暖比对流供暖的初投资高。

(三) 辐射供暖的分类

按照不同的分类标准，辐射供暖的形式比较多，如表 6-1 所示。

表 6-1　　辐射供暖系统分类表

分类根据	名　称	特　征
板面温度	低温辐射	板面温度低于 80 ℃
	中温辐射	板面温度等于 80～200 ℃
	高温辐射	板面温度高于 500 ℃
辐射板构造	埋管式	以直径 15～32 mm 的管道埋置于建筑结构内构成辐射表面
	风道式	利用建筑构件的空腔使热空气在其间循环流动构成辐射表面
	组合式	利用金属板焊以金属管组成辐射板
辐射板位置	顶棚式	以顶棚作为辐射供暖面，加热元件镶嵌在顶棚内的低温辐射供暖
	墙壁式	以墙壁作为辐射供暖面，加热元件镶嵌在墙壁内的低温辐射供暖
	地板式	以地板作为辐射供暖面，加热元件镶嵌在地板内的低温辐射供暖
热媒种类	低温热水式	热媒水温度低于 100 ℃
	高温热水式	热媒水温度等于或高于 100 ℃
	蒸汽式	以蒸汽(高压或低压)为热媒
	热风式	以加热以后的空气作为热媒
	电热式	以电热元件加热特定表面或直接发热
	燃气式	通过可燃气体在特制的辐射器中燃烧发射红外线

1. 低温辐射供暖

低温辐射供暖的主要形式有金属顶棚式，顶棚、地面或墙面埋管式，空气加热地面式，电热顶棚式和电热墙式等，其中热水地面辐射供暖近几年得到了广泛的应用。它比较适合于民用建筑与公共建筑中考虑安装散热器会影响建筑物协调和美观的场合。

课件：低温热水地板辐射采暖系统

热水地面辐射供暖是指在冬季以温度不超过 60 ℃、系统工作压力不大于 0.8 MPa 的低温热水为热媒，通过分水器与埋设在建筑物内楼板构造层的加热管进行不间断的热水循环，热量由地板辐射向室内空间散热，达到取暖的目的。地面辐射供暖热源广泛，对集中供热热源采用二次水交换，也可单设独立热源，如燃油燃气锅炉、分户壁挂炉等，还可采用其他供回水、余热水、地热水等作为热源。

热水地面辐射供暖形式是辐射供暖形式中应用最广泛、设计安装技术最成熟的形式。它具有舒适、卫生、不占面积、高效节能、热稳定性能好、使用寿命长、运行费用低等优点，已经有逐渐取代散热器供暖的趋势。

2. 中温辐射供暖

中温辐射供暖通常利用钢制辐射板散热。根据钢制辐射板长度的不同，可分成块状辐射板和带状辐射板两种形式。带状辐射板是将单块的块状辐射板按长度方向串联而成的，通常沿房屋长度方向布置。长度可达数十米，水平吊挂在屋顶下或屋架下弦的下部。带状辐射板适用于大空间建筑，其排管较长，加工安装没有块状辐射板方便，而且其排管的膨胀性、排气及凝结水的排除问题等较难解决。如果在钢制辐射板的背面加保温层，可以减少背面的散热损失，让热量集中在板前辐射出去，这种辐射板称为单面辐射板。它背面方向的散热量，大约只占板面总散热量的10%。如果钢制辐射板背面不加保温层.就成为双面辐射板。双面辐射板的散热量可比同样的单面辐射板增加30%左右。

钢制辐射板的特点是采用薄钢板、小管径和小管距，薄钢板的厚度一般为0.5～1.0 mm。加热管通常为水煤气钢管，管径有DN15、DN20和DN25。主要应用在高大的生产厂房和一些大空间的民用建筑中，如商场、展览厅、车站等，也可用于公共建筑的局部区域或局部工作地点供暖。

3. 高温辐射供暖

高温辐射供暖按能源类型的不同可分为电红外线辐射供暖和燃气红外线辐射供暖。电红外线辐射供暖设备中应用较多的是石英管或石英灯辐射器。石英管红外线辐射器的辐射温度可达990 ℃，其中辐射热占总散热量的78%。

燃气红外线辐射供暖系统由一个或多个独立的真空系统组成。每个真空系统包括一台真空泵、控制系统、一定数量的发生器和热交换器。系统的热交换器由100 mm直径的钢管连接而成的管路及覆盖在其上方的高效铝合金反射板构成，该系统采用天然气、液化石油气或煤气等气体作热源，经发生器燃烧后，加热发生器中的空气，形成800～900 ℃的高温，借助于离心风机或真空泵的作用，将加热后空气及燃烧后的产物输送到辐射管内，加热辐射管，产生远红外线，向外传递热量。

燃气红外线辐射供暖适合于燃气丰富而价廉的地方，它具有构造简单、辐射强度高、外形尺寸小、操作简单等优点，适应于大空间建筑供暖。如果条件允许可用于工业厂房或一些局部工作点的供暖，是一种应用较广泛、效果较好的供暖形式。但使用时应注意防火、防爆和通风换气。

二、热水地面辐射供暖系统

（一）加热管的选用

微课：地暖管材的选择

敷设于地面填充层内的加热管，应根据耐热年限、热媒温度和工作压力、系统水质、材料供应条件、施工技术和投资费用等因素来选择管材。目前国内用于热水地面辐射供暖的管材中，主要有交联铝塑复合管(PAP、XPAP)、聚丁烯管(PB)、交联聚乙烯管(PE-X)、无规共聚聚丙烯管(PP-R 管)。

加热管应满足设计使用寿命、施工和环保性能要求,并应符合下列规定:

(1) 加热管的使用条件应满足现行国家标准《冷热水系统用热塑性塑料管材和管件》GB/T 18991 中的 4 级。

(2) 加热管的工作压力不应小于 0.4 MPa。

(3) 管道质量必须符合国家现行相关标准的规定;加热管的物理力学性能应符合《辐射供暖供冷技术规程》(JGJ 142)的规定。

(4) 加热管宜使用带阻氧层的管材。

(5) 加热管外壁标识应按相关管材标准执行,有阻氧层的加热管宜注明。与其他供暖系统共用同一集中热源的热水系统,且其他供暖系统采用钢制散热器等易腐蚀构件时,塑料管宜有阻氧层或在热水系统中添加除氧剂。

(6) 加热管的内外表面应光滑、平整、干净,不应有可能影响产品性能的明显划痕、凹陷、气泡等缺陷。

铜管也是一种适用于热水地面辐射供暖系统的加热管材,其具有导热系数高、阻氧性能好、易于弯曲且符合绿色环保要求等特点,正逐渐为人们所接受。

总的说来,所有根据国家现行管材标准生产的合格产品,都可以放心地用作加热管,不但都有完善的测试数据和质量控制标准,而且都已经过实践考验,设计选材时,应结合工程的具体情况确定。同时随着人们环保意识的增强,在选择管材时,应重视管材是否能回收利用的问题,以防止对环境造成新的污染。

(二) 加热管的布置

住宅建筑中按户划分系统,可以方便地实现按户热计量,各主要房间分环路布置加热管,则便于实现分室控制温度。限制每个环路的加热管长度不超过 120 m 和要求各环路加热管的长度接近相等,都是为了有利于水力平衡。对可自动控温的系统,各环路管长可有较大差异。对于壁挂炉系统,加热管长度应根据壁挂炉循环水泵的扬程经计算确定。

加热管采取不同布置形式时,导致的地面温度分布是不同的。布管时,应本着保证地面温度均匀的原则进行,宜将高温管段优先布置于外窗、外墙侧,使室内温度分布尽可能均匀。加热管的布置形式很多,通常有以下几种形式,如图 6-1 所示。

地面散热量的计算,都是建立在加热管间距均匀布置的基础上的。实际上房间的热损失,主要发生在与室外空气邻接的部位,如外墙、外窗、外门等处。为了使室内温度分布尽可能均匀,在邻近这些部位的区域如靠近外窗、外墙处,管间距可以适当缩小,而在其他区域则可以将管间距适当放大。不过为了使地面温度分布不会有过大的差异,最大间距不宜超过 300 mm。加热管距离外墙内表面不得小于 100 mm,与内墙距离宜为 200～300 mm,距卫生间墙体内表面宜为 100～150 mm。

加热管的敷设是无坡度的。根据《民用建筑供暖通风与空气调节设计规范》(GB 50736)规定:热水管道无坡度敷设时,管内的水流速度不得小于 0.25 m/s。地暖管中水流速度也应达到这个要求,其目的是使水流能把空气裹携带走,不让它浮升积聚。

(三) 分集水器

分集水器是指地暖系统中,用于连接采暖主干供水管和回水管的装置。分为分水器和集水器两部分。分水器是在水系统中,用于连接各路加热管供水管的配水装置。集水器是在水系统中，用于连接各路加热管回水管的汇水装置，如图 6-2 所示。

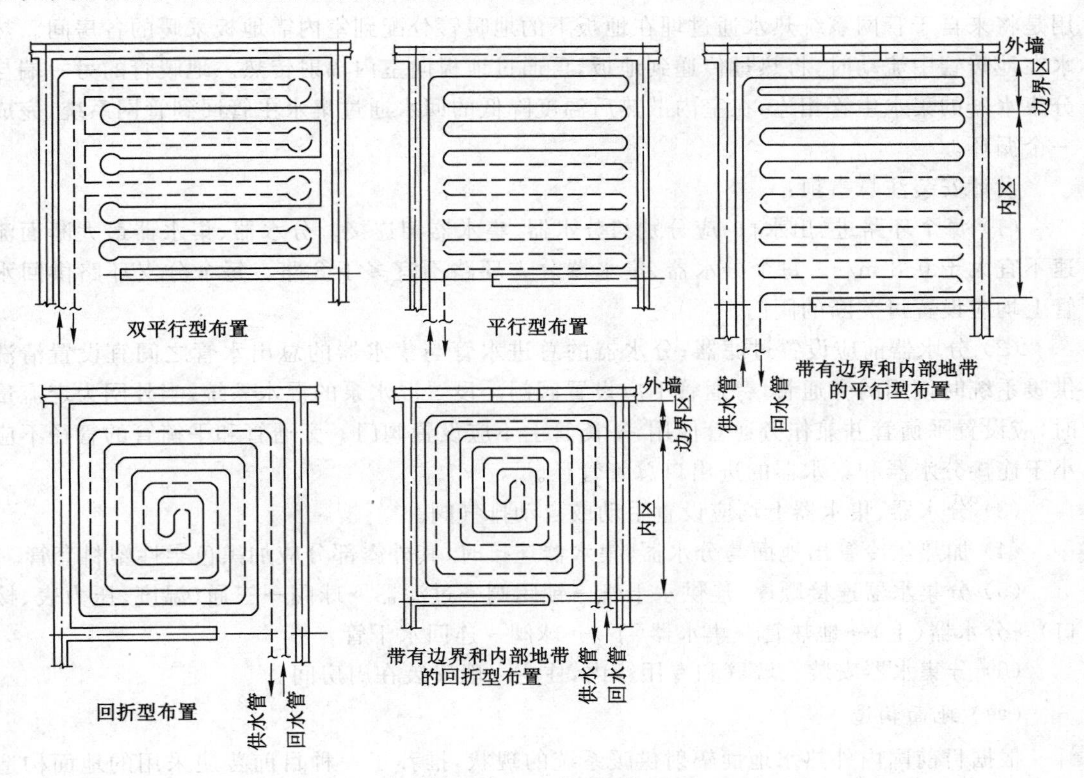

图 6-1　常见低温热水地板辐射加热管布置形式

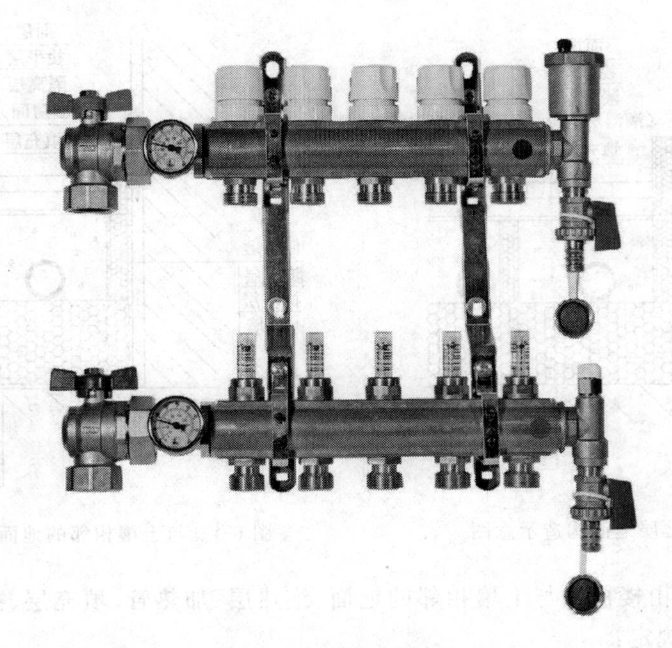

图 6-2　分集水器图

分集水器由分水主管和集水主管组成,分水主管连接于管网系统的供水管,它的主要作用是将来自于管网系统热水通过埋在地板下的地暖管分配到室内需地板采暖的各房间。热水在地暖管中流动时,将热量传递到地板,再通过地板向室内辐射传热。地暖管的另一端与分集水器的集水主管相连,在室内散热后温度降低的回水通过集水主管回到管网系统,完成一个循环。

设计安装注意事项:

(1) 每个环路进、出水口,应分别与分水器、集水器相连接。分水器、集水器最大断面流速不宜大于0.8 m/s。每个分水器、集水器分支环路不宜多于8路。每个分支环路供回水管上均应设置可关断的阀门。

(2) 分水器前应设置过滤器;分水器的总进水管与集水器的总出水管之间宜设置清洗供暖系统时使用的旁通管,旁通管上应设置阀门。设置混水泵的混水系统,当外网为定流量时,应设置平衡管并兼作旁通管使用,平衡管上不应设置阀门。旁通管和平衡管的管径不应小于连接分水器和集水器的进出口总管管径。

(3) 分水器、集水器上均应设置手动或自动排气阀。

(4) 加热供冷管出地面与分水器、集水器连接时,其外露部分应加黑色柔性塑料套管。

(5) 分集水器连接顺序:连供水干管→锁闭阀→过滤器→球阀→三通(温度、压力表、接口)→分水器(上)→地热管→集水器(下)→球阀→连回水干管。

(6) 分集水器安装在墙壁和专用箱内,住宅一般安装在厨房间。

(四) 地面构造

根据目前国内外热水地面辐射供暖系统的现状,推荐了一种目前普遍采用的地面构造形式。地面构造示意图如图6-3、图6-4所示。

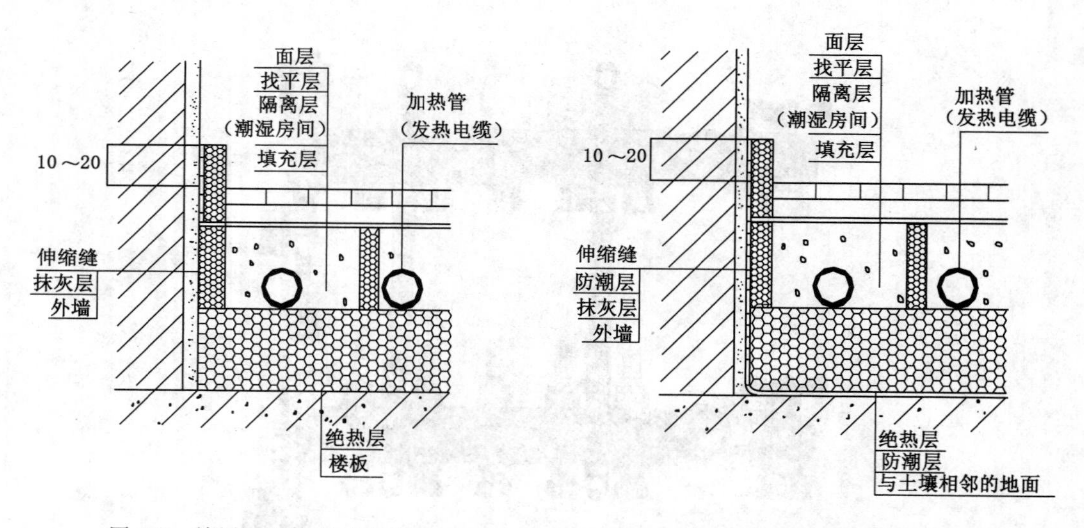

图6-3　楼层地面构造示意图

图6-4　与土壤相邻的地面构造示意图

(1) 地面构造由楼板或与土壤相邻的地面、绝热层、加热管、填充层、找平层和面层组成,并应符合下列规定:

① 直接与室外空气接触的楼板、与不供暖房间相邻的地板为供暖地面时,必须设置绝

微课:地暖的敷设

热层。

② 与土壤接触的底层,应设置绝热层;设置绝热层时,绝热层与土壤之间应设置防潮层。

③ 潮湿房间,填充层上或面层下应设置隔离层。

(2) 混凝土填充式地面辐射供暖系统绝热层热阻应符合下列规定:

① 采用泡沫塑料绝热板时,绝热层热阻不应小于表 6-2 的数值。

表 6-2　混凝土填充式供暖地面泡沫塑料绝热层热阻

绝热层位置	绝热层热阻/($m^2 \cdot K/W$)
楼层之间地板上	0.488
与土壤或不供暖房间相邻的地板上	0.732
与室外空气相邻的地板上	0.976

② 当采用发泡水泥绝热时,绝热层厚度不应小于表 6-3 的数值。

表 6-3　混凝土填充式供暖地面发泡水泥绝热层厚度　单位:mm

绝热层位置	干体积密度/(kg/m^3)		
	350	400	450
楼层之间地板上	35	40	45
与土壤或不供暖房间相邻的地板上	40	45	50
与室外空气相邻的地板上	50	55	60

(3) 地面辐射供暖系统绝热层采用聚苯乙烯泡沫塑料板时,其厚度不应小于表 6-4 的规定值;采用其他绝热材料时,可根据热阻相当的原则确定厚度。为了减少无效热损失和相邻用户之间的传热量,此处给出了绝热层的最小厚度,当工程条件允许时,宜在此基础上再增加 10 mm 左右。

表 6-4　聚苯乙烯泡沫塑料板绝热层厚度　单位:mm

位置	厚度
楼层之间楼板上的绝热层	20
与土壤或不供暖房间相邻的地板上的绝热层	30
与室外空气相邻的地板上的绝热层	40

(4) 填充层的材料宜采用 C15 豆石混凝土,豆石粒径宜为 5～12 mm。加热管的填充层厚度不宜小于 50 mm。对低温地面辐射供暖来说,填充层的作用主要有两个:一是保护加热管;二是使热量能比较均衡地传至地面,从而使地面的表面温度趋于均匀。为了达到以上目的,要求填充层有一定的厚度。由于填充层的厚度直接影响到室内的净高、结构的荷载和建筑的初投资,所以不宜太厚。填充层材料及其厚度宜按表 6-5 选择确定。豆石混凝土填充层上部应根据面层的需要铺设找平层;没有防水要求的房间,水泥砂浆填充层可同时作为面层找平层。

表 6-5　**混凝土填充式辐射供暖地面填充层材料和厚度**

绝热层材料		填充层材料	最小填充层厚度/mm
泡沫塑料板	加热管	豆石混凝土	50
	加热电缆		0
发泡水泥	加热管	水泥砂浆	40
	加热电缆		35

(5) 面层宜采用热阻小于 0.05 $m^2 \cdot K/W$ 的材料。当面层采用带龙骨的架空木地板时，加热管或发热电缆应敷设在木地板与龙骨之间的绝热层上，可不设置豆石混凝土填充层；发热电缆的线功率不宜大于 10 W/m；绝热层与地板间净空不宜小于 30 mm。当地面荷载大于 20 kN/m^2 时，应会同设计人员采取加固措施。面层热阻的大小，直接影响到地面的散热量。实测证明，在相同供热条件和地板构造的情况下，在同一个房间里，以热阻为 0.02 $m^2 \cdot K/W$ 左右的花岗石、大理石、陶瓷砖等做面层的地面散热量，比以热阻为 0.10 $m^2 \cdot K/W$左右的木地板要高 30%～60%，比 0.15 $m^2 \cdot K/W$ 左右的地毯要高 60%～90%。由此可见，面层材料对地面散热量的影响巨大。为了节省能耗和运行费用，因此要求采用地面辐射供暖方式时，应尽量选用热阻小于 0.05 $m^2 \cdot K/W$ 的材料做面层。

三、热水地面辐射供暖系统的设计计算

热水地面辐射供暖系统的供、回水温度应由计算确定，供水温度不应大于 60 ℃，供回水温差不宜大于 10 ℃且不宜小于 5 ℃ 。民用建筑供水温度宜采用 35～45 ℃ 。

(一) 辐射供暖表面平均温度

辐射供暖表面平均温度宜符合表 6-6 的规定。

表 6-6　**辐射供暖表面平均温度**　单位：℃

设置位置		宜采用的平均温度	平均温度上限值
地面	人员经常停留	25～27	29
	人员短期停留	28～30	32
	无人停留	35～40	42
顶棚	房间高度 2.5～3.0 m	28～30	—
	房间高度 3.1～4.0 m	33～36	—
墙面	距地面 1 m 以下	35	—
	距地面 1 m 以上 3.5 m 以下	45	—

(二) 盘管的水力计算

加热管的压力损失，可按下列公式计算：

$$\Delta p = \Delta p_m + \Delta p_j \tag{6-1}$$

$$\Delta p_m = \lambda \frac{l}{d} \frac{\rho v^2}{2} \tag{6-2}$$

$$\Delta p_j = \zeta \frac{\rho v^2}{2} \tag{6-3}$$

式中　Δp——加热管的压力损失，Pa；

Δp_m——摩擦压力损失，Pa；

Δp_j——局部压力损失，Pa；

λ——摩擦阻力系数；

d——管道内径，m；

l——管道长度，m；

ρ——水的密度，kg/m^3；

v——水的流速，m/s；

ζ——局部阻力系数。

辐射供暖系统水力计算过程与对流供暖系统相同，只是要求每套分水器、集水器环路的总压力损失不宜大于 30 kPa，需要加以校验。

（三）地面辐射板供热量的计算

1. 辐射供暖系统热负荷的常用计算方法

（1）修正系数法

$$Q_f = \varphi Q_d \tag{6-4}$$

式中　Q_f——辐射供暖热负荷，W；

Q_d——对流供暖热负荷，W，参见学习情境二计算方法。

φ——修正系数，低温辐射系统 $\varphi=0.9\sim0.95$。

（2）降低室内温度法

该方法也同对流供暖热负荷计算方法一样，进行热负荷计算，只是将室内空气的计算温度降低 2～6 ℃，对于低温辐射供暖系统，一般可降低 2 ℃。

局部地面辐射供暖系统的热负荷，可按整个房间全面辐射供暖所算得的热负荷乘以该区域面积与所在房间面积的比值和表 6-7 中所规定的附加系数确定。进深大于 6 m 的房间，宜以距外墙 6 m 为界分区，分别计算热负荷和进行管线布置。敷设加热管的建筑地面，不应计算地面的传热损失。当采用地面辐射供暖的房间（不含楼梯间）高度大于 4 m 时，应在基本耗热量和朝向、风力、外门附加耗热量之和的基础上，计算高度附加率。每高出 1 m 应附加 1%，但最大附加率不应大于 8%。

表 6-7　局部辐射供热负荷计算系数

供暖区面积与房间总面积的比值 K	$K\geqslant0.75$	$K=0.55$	$K=0.40$	$K=0.25$	$K=0.20$
计算系数	1	0.72	0.54	0.38	0.30

2. 板面的传热计算

单位地面面积的散热量应按下列公式计算：

$$q = q_f + q_d \tag{6-5}$$

$$q_f = 5\times10^{-8}\left[(t_{pj}+273)^4-(t_{fj}+273)^4\right] \tag{6-6}$$

$$q_d = 2.13\left|t_{pj}-t_n\right|^{0.31}(t_{pj}-t_n) \tag{6-7}$$

式中　q——单位地面面积的散热量，W/m^2；

q_f——单位地面面积辐射传热量，W/m²；

q_d——单位地面面积对流传热量，W/m²；

t_{pj}——地表面平均温度，℃；

t_{fj}——室内非加热表面的面积加权平均温度，℃；

t_n——室内计算温度，℃。

3. 地面辐射供暖设计时应注意的问题

(1) 和任何热水供暖系统一样，低温辐射供暖系统也要求有适宜的水温和足够的流量。管网设计时各并联环路应达到阻力平衡，推荐采用同程式布置。

(2) 盘管可以由弯管、蛇形管或排管构成。为了确保流量分配均匀，支管的长度必须大于联箱的长度，否则应采用串-并联连接方式。

(3) 应注意防止空气窜入系统，盘管中应保持一定的流速，一般不应低于 0.25 m/s，以防空气聚积，形成气塞。

(4) 必须妥善处理管道和敷设板的膨胀问题，管道膨胀时产生的推力绝对不允许传递给辐射板。

(5) 埋置于混凝土或粉刷屋中的盘管，禁止使用丝扣和法兰连接。

(6) 系统的供水温度和供回水温度差，一般可按表 6-8 采用。

表 6-8　供水温度和供回水温度差表　　单位：℃

辐射板形式	供水温度	供回水温度差
地面(混凝土)	38～55	6～8
地面(土地板复面)	65～82	15
顶棚(混凝土)	49～55	6～8
墙面(混凝土)	38～55	6～8
钢板	65～82	

项目二　低温地面辐射供暖系统安装

一、施工准备

(一) 技术准备

(1) 所有安装项目的设计图纸已具备，并且已经过图纸会审和设计交底。

(2) 施工方案已编制。

(3) 施工技术人员向班组做了图纸和施工技术交底。

(二) 材料准备

(1) 交联聚乙烯(XLPE)管、铝塑复合板及管件、铝箔片、自熄型聚苯乙烯保温板专用塑料卡钉、专用接口连接件、网孔 150 mm×150 mm 钢筋网。

(2) 专用膨胀带、专用伸缩节、专用交联聚乙烯管固定卡件。

(3) 小白线、棉布块、木工锯片、钢锯条、氧气、电石。

（4）土建材料，如水泥、砂子、油毡布、保温材料、豆石、防龟裂添加剂。

（三）机具准备

（1）电动打压泵、专用扳手、切割剪刀、木工锯、钢锯、电焊机、卡紧钳子、轻便带锯、手电钻、风钻。

（2）水平尺、钢卷尺、弯尺、线板、线坠、电焊、气焊工具、套丝铰扳、管压力及案子、刮刀。

（四）工作条件

（1）进行低温地面辐射供暖系统安装的施工队伍必须持有专业队伍证书，施工人员必须经过培训，特别是机械接口施工人员必须经过专业操作培训，持合格证上岗。

（2）建筑工程主体已基本完成，且屋面已封顶，室内装修的吊顶、抹灰已完成，与地面施工同时进行。设于楼板上（装饰地面下）的供回水干管地面凹槽，已配合土建预留。

（3）管道工程必须在入冬之前完成，冬季不宜施工。

（4）施工前已经过设计、施工技术人员、建设单位进行图纸会审，施工单位对施工人员进行过技术、质量、安全交底。

（5）材料已全进场，电源、水源可以保证连续施工，有排放下水的地点。

（五）材料质量控制

（1）管材、管件和绝热材料，应有明显的标志，标明生产厂的名称、规格和主要技术特性，包装上应标有批号、数量、生产日期和检验代号。管材和管件的颜色应一致，色泽均匀，无分解变色。

（2）施工安装用的专用工具，必须有生产厂的名称，并有出厂合格证和使用说明书。

（3）加热管下部的隔热层，应采用轻质、有一定承载力、吸湿率低和难燃或不燃的高效保温材料。

（4）管材的质量要求。

① 管材应符合有关国家标准，在国家标准未制定前，管材生产标准应等同采用国际标准或国外先进标准。

② 管材的内外表面应光滑、清洁，不允许有分层、针孔、裂纹、气泡、起皮、痕纹和杂质，但允许有轻微的、局部的、不使外径和壁厚超出允许公差的划伤、凹坑、压入物和斑点等缺陷。轻微的矫直和车削痕迹、细划痕、氧化色、发暗、水迹和油迹，可不作为报废的依据。

③ 塑料管管材公称壁厚应符合表 6-9 的要求，并应同时符合下列规定：

a. 对管径大于或等于 15 mm 的管材，壁厚不应小于 2.0 mm；

b. 需要进行热熔焊接的管材，其壁厚不得小于 1.9 mm。

表 6-9　　管材公称壁厚　　单位：mm

系统工作压力 P_D＝0.4 MPa						
公称外径/mm	PB 管	PB-R	PE-X	PE-RTⅡ型	PE-RTⅠ型	PP-R 管
16	1.3	1.5	1.8	1.8	1.8	1.5
20	1.3	1.5	1.9	2.0	2.0	2.0
25	1.3	1.9	1.9	2.3	2.3	2.3

续表 6-9

系统工作压力 $P_D=0.6$ MPa

公称外径/mm	PB管	PB-R	PE-X	PE-RTⅡ型	PE-RTⅠ型	PP-R管
16	1.3	1.5	1.8	1.8	1.8	1.5
20	1.3	1.5	1.9	2.0	2.0	2.0
25	1.5	1.9	1.9	2.3	2.3	2.3

系统工作压力 $P_D=0.8$ MPa

公称外径/mm	PB管	PB-R	PE-X	PE-RTⅡ型	PE-RTⅠ型	PP-R管
16	1.3	1.5	1.8	2.0	2.0	2.0
20	1.5	1.9	1.9	2.3	2.3	2.3
25	1.9	2.3	2.3	2.8	2.8	2.8

系统工作压力 $P_D=1.0$ MPa

公称外径/mm	PB管	PB-R	PE-X	PE-RTⅡ型	PE-RTⅠ型	PP-R管
16	1.5	1.8	1.8	2.2	2.2	2.2
20	1.9	2.3	2.3	2.8	2.8	2.8
25	2.3	2.8	2.8	3.5	3.5	3.5

④ 塑料管的公称外径、最小与最大平均外径，应符合表6-10的规定。

表6-10　塑料管公称外径、最小与最大平均外径　单位：mm

塑料管材	公称外径	最小平均外径	最大平均外径
PB、PB-R、PE-X、PE-RT、PP-R管	16	16.0	16.3
	20	20.0	20.3
	25	25.0	25.3

⑤ 与其他供暖系统共用同一集中热源水系统，当其他供暖系统采用钢制散热器等易腐蚀构件时，聚丁烯管(PB)、交联聚乙烯管(PE-X)、无规共聚聚丙烯管(PP-R)宜有阻氧层，以有效防止渗入氧而加速对系统的氧化腐蚀。

⑥ 管材以盘管方式供货，长度宜不小于100 m/盘。

(5) 连接件的质量要求。

① 铜制金属连接件与管材之间的连接结构形式宜为卡套式或卡压式夹紧结构。连接件的物理力学性能测试应采用管道系统适用性试验的方法，管道系统适用性试验条件及要求应符合管材国家现行标准的规定。

② 连接件与螺纹连接部分配件的本体材料，应为锻造黄铜。使用PP-R作为加热管时，与PP-R管直接接触的连接件表面应镀镍。

③ 连接件外观应完整、无缺损、无变形、无开裂。

④ 连接件的物理力学性能，应符合表6-11的规定。

表 6-11　　连接件的物理力学性能

性　能	单 位	指　　标
连接件耐水压	MPa	常温——2.5,95 ℃——1.2,1 h 无渗漏
工作压力	MPa	95 ℃——1.0,1 h 无渗漏
连接密封性压力	MPa	95 ℃——3.5,1 h 无渗漏
耐拔脱力	MPa	95 ℃——3.0

⑤ 连接件的螺纹,应符合国家标准《55°非密封管螺纹》(GB/T 7307)的规定。螺纹应完整,如有断丝和缺丝,不得大于螺纹全长的10%。

(6) 绝热板材的质量要求。

① 绝热板材宜采用聚苯乙烯泡沫塑料,其物理性能应符合如下要求:

· 密度不应小于 20 kg/m^3;

· 导热系数不应大于 0.05 W/(m·K);

· 压缩应力不应小于 100 kPa;

· 吸水率不应大于 4%;

· 氧指数不应小于 32。

· 当采用其他绝热材料时,除密度外的其他物理性能应与上述要求等同。

② 为增强绝热板材的整体强度,并便于安装和固定加热管,绝热板材表面可分别作以下处理:

· 敷有真空镀铝聚酯薄膜面层;

· 敷有玻璃布基铝箔面层;

· 敷设低碳钢丝网。

(7) 材料的抽样检验方法,应符合国家标准《计数抽样检验程序》(GB/T 2828)系列标准的规定。

二、施工工艺

工艺流程如下:清理地面→铺设保温板→铺设交联塑料管→试压、冲洗→回填豆石混凝土→(人工夯实)→接通分水(回水)器→通水试验、初次启动。

(一) 清理地面

在铺设贴有铝箔的自熄型聚苯乙烯保温板之前,将地面清扫干净,不得有凹凸不平的地面,不得有砂石碎块、钢筋头等。

(二) 铺设保温板

保温板采用贴有铝箔的自熄型聚苯乙烯保温板,必须铺设在水泥砂浆找平层上,地面不得有高低不平的现象。保温板铺设时,铝箔面朝上,铺设平整。凡是钢筋、电线管或其他管道穿过楼板保温层时,只允许垂直穿过,不准斜插,其插管接缝用胶带封贴严实、牢靠。

视频:地板辐射供暖施工工艺

(三) 铺设加热盘管

加热盘管铺设的顺序是从远到近逐个环圈铺设,凡是加热盘管穿地面膨胀缝处，一律用膨胀条将分割成若干块的地面隔开来，加热盘管在此处均须加伸缩节，伸缩节为加热盘管专用伸缩节，其接口连接以加热管品种确定。

加热管供暖散热量及其管路铺设间距可根据不同位置、不同地面材料按设计文件施工。加热管铺设完毕，采用专用的塑料U形卡及卡钉逐一将管子进行固定。U形卡固定在保温层中，间距参照《辐射供暖供冷技术规程》(JGJ 142)。若没有钢筋网，则应安装在高出塑料管的上皮10～20 mm处。铺设处如果尺寸不足整块铺设时，应将接头连接好，严禁踩在塑料管上进行接头。

（四）试压、冲洗

安装完地板上的加热盘管后应进行水压试验。首先接好临时管路及加压泵，灌水后打开排气阀，将管内空气放净后再关闭排气阀，先检查接口，无异样情况方可缓慢加压，增压过程观察接口，发现渗漏立即停止，将接口处理后再增压。增压至工作压力的1.5倍，且不小于0.6 MPa，稳压1 h，压力降不大于0.05 MPa，且不渗不漏为合格。然后由施工单位、建设单位（或监理单位）双方检查合格后做好隐蔽记录，双方对埋地管道验收并签字。

（五）回填豆石混凝土

试压验收合格后，立即回填豆石混凝土。试压临时管路暂不拆除，并且将管内压力降至0.4 MPa压力稳住、恒压。由土建进行回填，填充的豆石混凝土中必须加进5%的防龟裂的添加剂。回填过程中，严禁踩压加热管路，严禁用振捣器施工，必须用人力进行捣固密实。人工捣固时也要防止对管道碰撞或加力。

（六）分水（回水）器制作、安装、连接

(1) 先按设计图纸进行钢制分水（回水）器的放样、下料、画线、切割、坡口、焊制成形，按工艺标准中各工序严格操作。分水器或回水器上的分水管和回水管，与埋地交联塑料管的连接采用热熔接口。

(2) 然后将进户装置系统管道安装完，见系统示意图（图6-5），其仪表、阀门、过滤器、循环泵安装时，不得安反。

（七）通热水、初次启运

初次启运通热水时，首先将烧至25～30 ℃水温的热水通入，循环一周，检查地上接口无异样，将水温提高5～10 ℃，再运行一周后重复检查，照此循环，每隔一周提5～10 ℃温度，直到供水温度为60～65 ℃为止。地上各接口不渗不漏为全部合格，经施工、建设单位双方检查，最后验收，双方签字。

（八）热水地面辐射供暖系统安装的质量检验与验收

加热管安装完毕后，在混凝土填充层施工前应按隐蔽工程要求，由施工单位会同监理单位进行中间验收。地板供暖系统中间验收时，下列项目应达到相应技术要求：

(1) 绝热层的厚度、材料的物理性能及铺设应符合设计要求。

(2) 加热管或发热电缆的材料、规格及敷设间距、弯曲半径等应符合设计要求，并应可靠固定。

(3) 伸缩缝应按设计要求敷设完毕。

(4) 加热管与分水器、集水器的连接处应无渗漏。

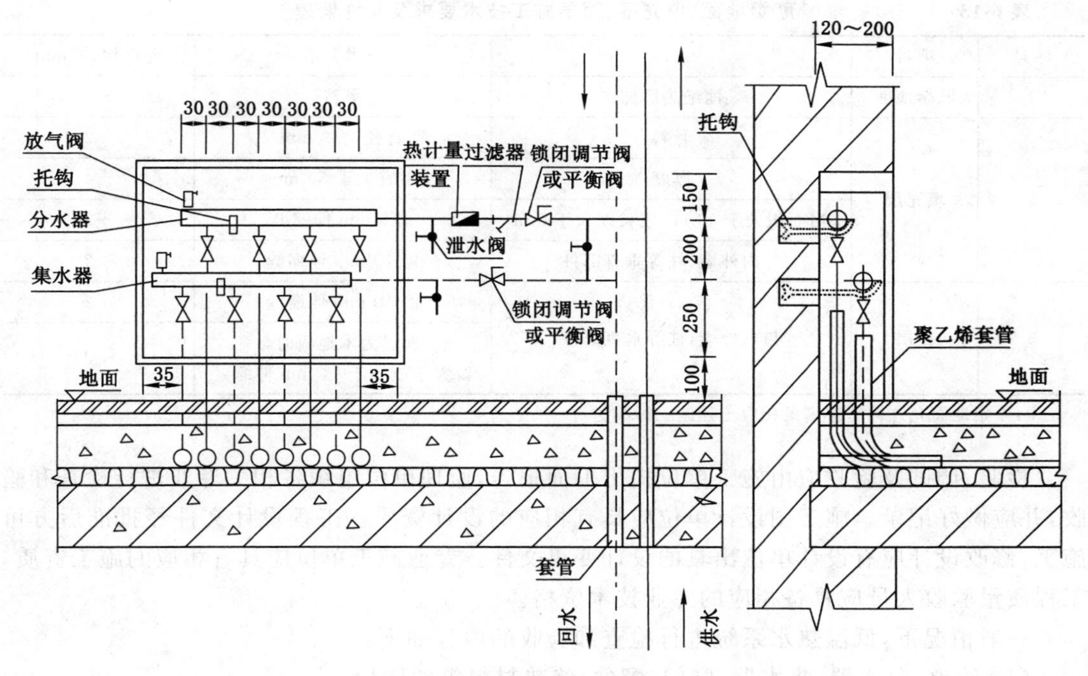

图 6-5　分(集)水器侧视图

(5) 填充层内加热管不应有接头。

(6) 分水器、集水器及其连接件等安装后应有成品保护措施。

管道安装工程施工技术要求及允许偏差应符合表 6-12 的规定;原始地面、填充层、面层施工技术要求及允许偏差应符合表 6-13 的规定。

表 6-12　　管道安装工程施工技术要求及允许偏差

序号	项目	条件	技术要求	允许偏差/mm
1	绝热层	接合	无缝隙	—
		厚度	—	+10
2	加热管安装	间距	不宜大于 300 mm	±10
3	加热管弯曲半径	塑料管及铝塑管	不小于 6 倍管外径	−5
		铜管	不小于 5 倍管外径	−5
4	加热管固定点间距	直管	不大于 700 mm	±10
		弯管	不大于 300 mm	
5	分水器、集水器安装	垂直间距	200 mm	±10

表 6-13　　原始地面、填充层、面层施工技术要求及允许偏差

<table>
<tr><th>序号</th><th>项目</th><th>条件</th><th>技术要求</th><th>允许偏差/mm</th></tr>
<tr><td>1</td><td>原始地面</td><td>铺绝热层前</td><td>平整</td><td>—</td></tr>
<tr><td rowspan="4">2</td><td rowspan="4">填充层</td><td>骨料</td><td>直径≤12 mm</td><td>−2</td></tr>
<tr><td>厚度</td><td>不宜大于 50 mm</td><td>±4</td></tr>
<tr><td>当面积大于 30 m² 或长度大于 6 m</td><td>留 8 mm 伸缩缝</td><td>+2</td></tr>
<tr><td>与内外墙、柱等垂直部件</td><td>留 10 mm 伸缩缝</td><td>+2</td></tr>
<tr><td rowspan="2">3</td><td rowspan="2">面层</td><td rowspan="2">与内外墙、柱等垂直部件</td><td>留 10 mm 伸缩缝</td><td>+2</td></tr>
<tr><td>面层为木地板时，
留大于或等于 14 mm 伸缩缝</td><td>+2</td></tr>
</table>

注：原始地面允许偏差应满足相应土建施工标准。

检验、调试及验收应由施工单位提出书面报告，监理单位组织各相关专业进行检查和验收，并应做好记录。施工图设计单位应具有相应的设计资质。工程设计文件经批准后方可施工，修改设计应有设计单位出具的设计变更文件。专业施工单位应具有相应的施工资质，工程质量验收人员应具备相应的专业技术资格。

一般情况下，低温热水系统进行检查和验收的内容如下：

(1) 管道、分水器、集水器、阀门、配件、绝热材料等的质量。

(2) 原始地面、填充层、面层等施工质量。

(3) 管道、阀门等安装质量。

(4) 隐蔽前、后水压试验。

(5) 管路冲洗。

(6) 系统试运行。

三、质量保障

(一) 成品保护

(1) 施工全过程不允许踩压已铺设好的塑料管。

(2) 打压后在与地板供暖分水器接通前，应防脏物进入地板供暖系统中。

(二) 安全注意事项

(1) 室内用电设备应有专人看管、专人使用，防止触电。

(2) 搬运电焊机、打压泵、交联塑料管盘管和钢筋网卷较重的物件时，上下楼要注意脚下不打滑、不踩空，抬运重物时，前后照应。

(3) 混凝土搅拌和运输中要注意地面整洁、干燥，防止交叉作业时滑倒。

(三) 质量标准

(1) 要求铺设保温板的地面平整，无任何凹凸不平及砂石块、钢筋头。

(2) 塑料管的专用固定 U 形卡具安装应牢固，不得松动。

(3) 塑料管安装前，必须进行外观检查。

(四) 质量通病及其防治方法

质量通病及其防治方法见表 6-14。

表 6-14　质量通病及防治方法

序号	质量通病	防治方法
1	通热后渗漏	1. 严格把住交联塑料管的材质关，严禁用任何别的塑料管代替交联塑料管； 2. 隐蔽之前，必须试压合格，方可回填； 3. 热熔接口操作人员必须经培训考试合格持上岗证上岗操作
2	管路堵塞	1. 埋地管路试压前先进行冲洗，洗干净后再进行连接试压临时管路做压力试验； 2. 试压后与地板供暖分水器、回水集水器连接时，要有专人看管，严禁脏物进入隐蔽塑料管环路中； 3. 过滤器安装前应认真检查，在交付使用过程中应经常检查

小　结

本单元系统介绍了辐射供暖基本概念及特点，常见的辐射供暖方式，热水地面辐射供暖系统的结构形式，热水地面辐射供暖系统的施工安装流程及在施工中应该注意的问题等知识。

在学习过程中要注意对相关资料的收集，特别是新规范的学习和理解，同时要注意一些设计和施工过程中的细节处理，对照相关标准，掌握验收程序和质量检验标准。

辐射供暖是今后供暖系统的主要发展方向之一，学好本单元内容对供暖设计施工人员非常重要，可通过现场参观和工学结合的方式进行学习。

思考题与习题

1. 什么叫辐射供暖方式？辐射供暖与对流供暖相比有哪些优缺点？
2. 常见的辐射供暖有哪几种形式？各适应于什么建筑？
3. 热水地面辐射供暖系统常用的管材有哪几种？它们的性能有什么区别？
4. 热水地面辐射供暖系统加热管的布置形式通常有哪几种形式？
5. 楼板和地面在敷设热水地面辐射供暖时结构有哪些不同？
6. 简述热水地面辐射供暖的施工安装流程。
7. 进行热水地面辐射供暖系统安装项目验收时主要考虑哪几方面？

技能训练

训练项目：低温热水辐射供暖系统的安装

1. 实训目的：通过低温热水辐射供暖系统的安装训练，使学生了解低温热水辐射供暖系统的形式、管道设备及材料种类、规格，熟悉施工图纸，掌握管道及配件的安装方法，地面的组成结构及敷设方法。

2. 实训题目：低温热水辐射供暖系统的安装。

3. 实训准备：供暖施工图纸（见图 6-6）、水暖安装施工工具、交联聚乙烯管（PE-X）、阀门、铝塑复合板及管件、铝箔片、自熄型聚苯乙烯保温板专用塑料卡钉、专用接口连接件、网距 150 mm×150 mm 钢筋网等。

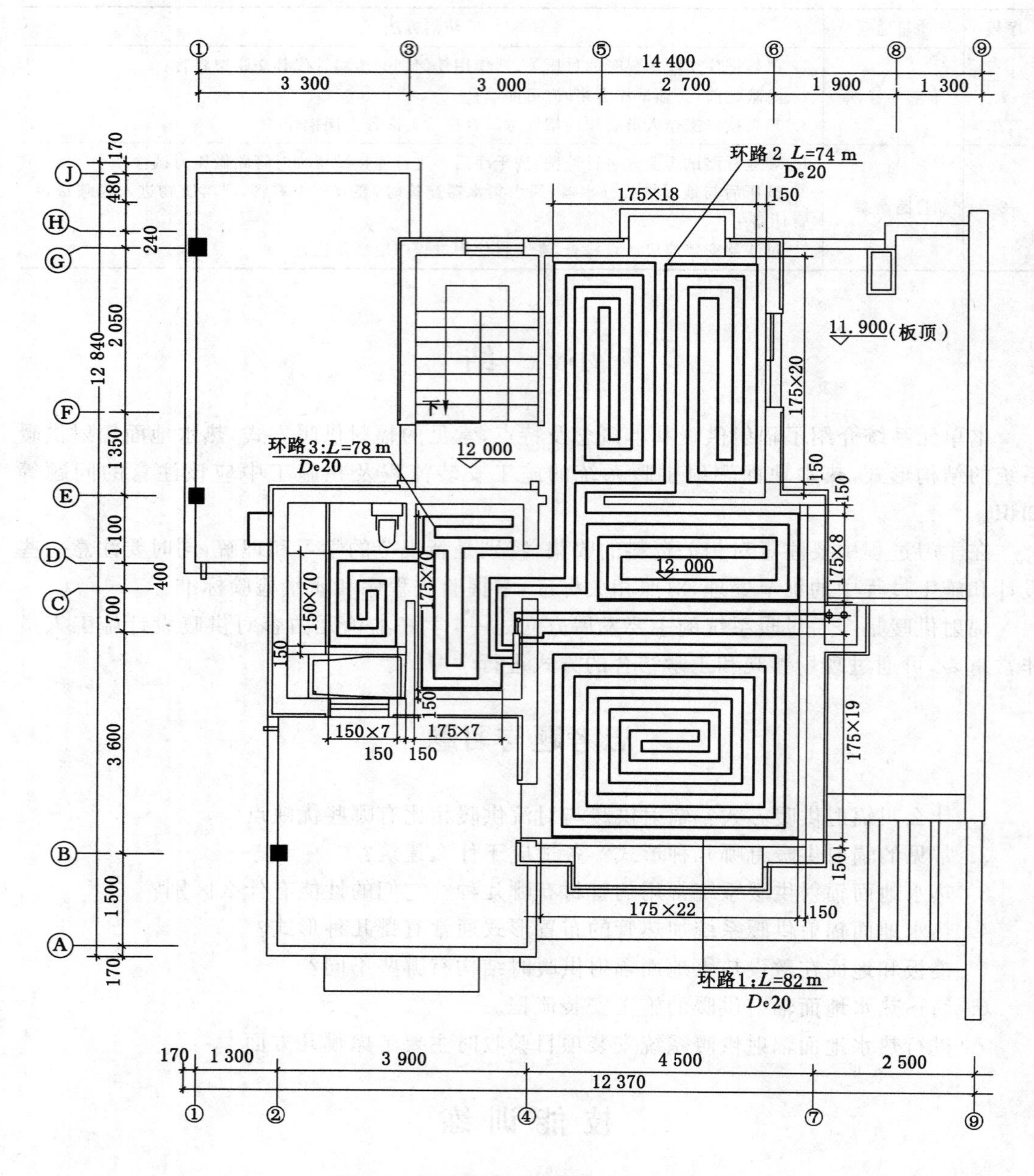

图 6-6　低温热水辐射供暖平面布置图

4. 实训内容：管道铺设、钢筋网铺设、保温层、地坪铺设、管道固定。

5. 实训场地：水暖实训现场。

6. 操作要求：

(1) 系统安装前，需认真阅读施工图；

(2) 根据施工图要求选择好管材、管件和使用工具；

(3) 在安装过程中注意工艺的正确合理性，操作过程中注意安全和文明生产；

(4) 质量标准检验表的填写。

7. 考核时间:60 min。

8. 考核分组:每 6 人为一工作小组。

学习情境七　室外供热管网施工图的识读

一、职业能力

1. 正确识读室外供热管网施工图的能力。
2. 对照设计规范查找施工图中的错误并提出改进意见的能力。
3. 室外供热管网施工图的图纸会审能力。

二、工作任务

1. 室外供热管网施工图的识读。
2. 综合技能实训任务：供热管网的平面布置、热媒和敷设方式选择。

三、相关实践知识

1. 施工图的组成、内容。
2. 识读室外供热管网施工图方法。

四、相关理论知识

1. 室外供热管网施工图的组成及特点。
2. 室外供热管网的形式、平面布置和敷设。

项目一　供热介质及参数的确定

一、集中供热的基本概念

（一）集中供热的概念

供热系统包括热源、供热管网和热用户三个基本组成部分。

(1) 热源：主要是指生产和制备一定参数（温度、压力）热媒的锅炉房或热电厂。

(2) 供热管网：是指输送热媒的室外供热管路系统。主要解决建筑物外部从热源到热用户之间热能的输配问题，是本课程的主要研究对象。

(3) 热用户：是指直接使用或消耗热能的室内供暖、通风空调、热水供应和生产工艺用热系统等。

供热系统根据热源和供热规模的大小，可分为分散供热和集中供热两种基本形式。所谓分散供热，是指热用户较少、热源和热网规模较小的单体或小范围供热方式。而集中供热是指从一个或多个热源通过热网向城市、镇或其中某些区域热用户供热。它的供热量和范围比小型分散供热大得多，输送距离也长得多。

集中供热由于热效率高、节省燃料，减少了对环境的污染，且机械化程度和自动化程度较高，目前，已成为现代化城镇的重要基础设施之一，是城镇公共事业的重要组成部分。

（二）集中供热系统的基本形式

由前述内容已知，集中供热系统由热源、供热管网（热网）和热用户三大部分组成。热源在热能工程中，泛指能从中吸取热量的任何物质、装置或天然能源。目前最广泛应用的是区域锅炉房和热电厂，该热源是使用煤、油、天然气等作为燃料，燃烧产生的热能，将热能传递给水而产生热水或蒸汽。此外也可以利用核能、地热、电能、工业余热作为集中供热系统的热源。集中供热系统热用户有供暖、通风、空调及生活热水供应、生产工艺等。

（三）热水供热系统与独立锅炉房的连接

图 7-1 为热水锅炉房集中供热系统。热源处主要设备有热水锅炉、循环水泵、补给水泵及补充水处理设备。室外热网由一条供水管和一条回水管组成。热用户包括供暖热用户、生活热水供应热用户等。系统中的水在锅炉中被加热到需要的温度，以循环水泵作为动力使水沿供水管供给各热用户，散热后回水沿回水管返回锅炉，水不断地在系统中循环流动。系统在运行过程中的漏水量或被热用户消耗的水量，由补给水泵将经过处理后的水从回水管补充到系统内。补充水量的多少可通过压力调节阀控制。除污器设在循环水泵吸入口侧，用以清除水中的污物、杂质，避免进入水泵与锅炉内。

动画：典型热水热力站供暖系统流程图

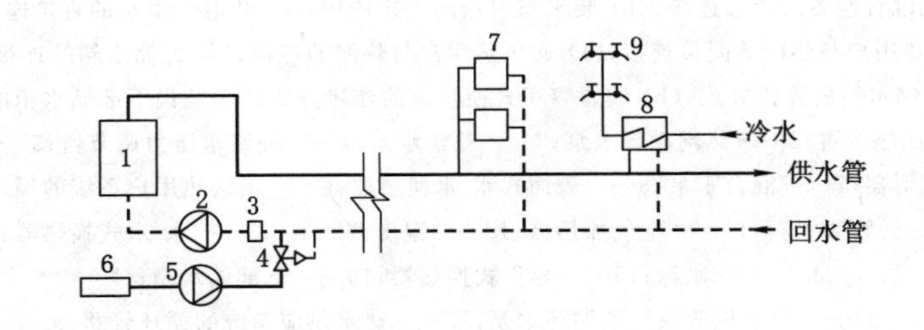

图 7-1　热水锅炉房供热系统

1——热水锅炉；2——循环水泵；3——除污器；4——压力调节阀；5——补给水泵；
6——补充水处理装置；7——供暖散热器；8——生活热水加热器；9——水龙头

（四）热水供热系统与集中供热管网的连接

热水供热系统的供热对象多为供暖、通风和热水供应热用户。

按热用户是否直接取用热网循环水，热水供热系统又分成闭式系统和开式系统。

1. 闭式热水供热系统

热用户不从热网中取用热水，热网循环水仅作为热媒，起转移热能的作用，供给热用户热量，这样的系统称为闭式系统。

根据闭式热水供热系统热用户与热水热网的连接方式不同，可分为直接连接和间接连接两种。

直接连接是指热用户直接连接在热水热网上，热用户与热水热网的水力工况直接发生联系。

间接连接是指热网水进入表面式水-水换热器加热用户系统的水，热用户与热网各自是独立的系统，二者温度不同，水力工况互不影响。

闭式双管热水供热系统是应用最广泛的一种供热系统形式，通常以高温水做热媒，热网由一条供水管和一条回水管组成，故为双管，如图 7-2 所示。

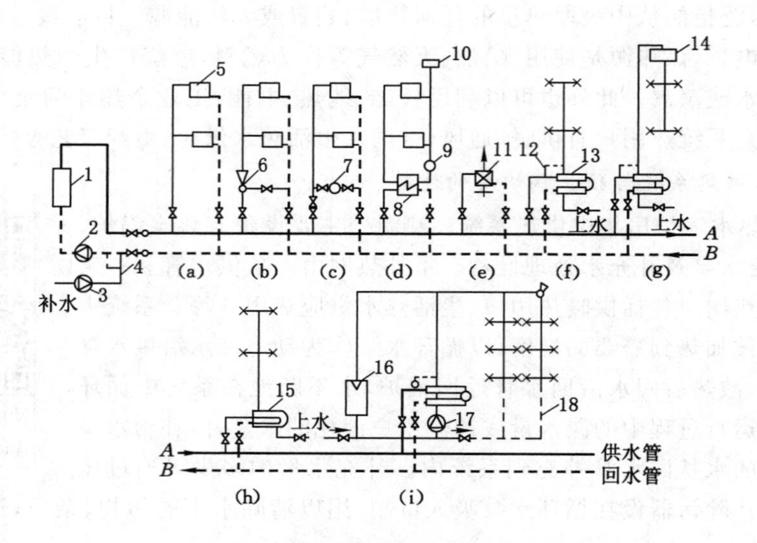

图 7-2 闭式双管热水供热系统

(a) 无混合装置的直接连接；(b) 装水喷射器的直接连接；(c) 装混合水泵的直接连接；
(d) 供暖热用户与热网的间接连接；(e) 通风热用户与热网的连接；(f) 无储水箱的连接方式；
(g) 装设上部储水箱的连接方式；(h) 装置容积式换热器的连接方式；(i) 装设下部储水箱的连接方式
1——热源的加热装置；2——热网循环水泵；3——补给水泵；4——补给水压力调节器；5——散热器；
6——水喷射器；7——混合水泵；8——表面式水-水换热器；9——供暖热用户系统的循环水泵；
10——膨胀水箱；11——空气加热器；12——温度调节器；13——水-水式换热器；
14——储水箱；15——容积式换热器；16——下部储水箱；
17——热水供应系统的循环水泵；18——热水供应系统的循环管路

(1) 无混合的直接连接，如图 7-2(a)所示。

当热用户与热网水力工况和温度工况一致时，热水经热网供水管直接进入供暖系统热用户，在散热设备散热后，回水直接返回热网回水管路。这种连接形式简单、造价低。但这种无混合装置的直接连接方式，只能在热网的设计供水温度等于用户供暖系统的设计供水温度时方可采用，且要满足热用户引入口处热网的供、回水管的资用压头大于供暖系统热用户要求的压力损失的条件。

绝大多数低温水热水供热系统是采用无混合装置的直接连接方式。

当集中供热系统采用高温水供热，热网设计供水温度超过用户供暖系统的设计供水温度时，若采用直接连接方式，就要采用装水喷射器或装混合水泵的形式。

(2) 设水喷射器的直接连接，如图 7-2(b)所示。

热网高温水进入喷射器，由喷嘴高速喷出，在喷嘴出口处形成低于热用户回水管的压力，回水管的低温水被抽入水喷射器，与热网高温水混合，使热用户入口处的供水温度低于热网供水温度，达到符合热用户供水温度的要求。

水喷射器（又叫混水器）无活动部件，构造简单，运行可靠，热网系统的水力稳定性好。但由于水喷射器抽引回水时需消耗能量，通常要求热网供回水管在热用户入口处有 0.08～

0.12 MPa 的压差，才能保证水喷射器正常工作。因而装水喷射器直接连接方式，通常只用在单幢建筑物的供暖系统上，需要分散管理。

(3) 设混合水泵的直接连接，如图 7-2(c)所示。

当建筑物热用户引入口处热网的供、回水压差较小，不能满足水喷射器正常工作时所需的压差，或设集中泵站将高温水转为低温水向建筑物供热时，可采用设混合水泵的直接连接方式。

混合水泵设在建筑物入口或专设的热力站处，热网高温水与水泵加压后的热用户回水混合，降低温度后送入热用户供热系统，混合水的温度和流量可通过调节混合水泵的阀门或热网供回水管进出口处阀门的开启度进行调节。为防止混合水泵扬程高于热网供、回水管的压差，将热网回水抽入热网供水管，在热网供水管入口处应装设止回阀。

设混合水泵的连接方式是目前高温水供热系统中应用较多的一种直接连接方式，但其造价较设水喷射器的方式高，运行中需要经常维护并消耗电能。

(4) 间接连接，如图 7-2(d)所示。

热网高温水通过设置在热用户引入口或热力站的表面式水-水换热器，将热量传递给供暖热用户的循环水，冷却后的回水返回热网回水管。热用户循环水靠热用户水泵驱动循环流动，热用户循环系统内部设置膨胀水箱、集气罐及补给水装置，形成独立系统。

间接连接方式系统造价比直接连接高得多，而且运行管理费用也较高，适用于局部热用户系统必须和热网水力工况隔绝的情况。

有下列情况之一时，热用户供暖系统与热网连接的方式应采用间接连接：

① 大型城市集中供热热力网；

② 建筑物供暖系统高度高于热力网水压图供水压力线或静水压线；

③ 供暖系统承压能力低于热力网回水压力或静水压力；

④ 热力网资用压头低于热用户供暖系统阻力，且不宜采用加压泵；

⑤ 由于直接连接，而使热网运行调节不便、热网失水率过大及安全可靠性不能有效保证。

(5) 通风热用户的直接连接，如图 7-2(e)所示。

如果通风系统的散热设备承压能力较强，对热媒参数无严格限制，可采用最简单的直接连接形式与热网相连。

(6) 热水供应热用户的间接连接。

在闭式热水供热系统中，热网的循环水仅作为热媒，供给热用户热量，而不从热网中取出使用。因此，热水供应热用户与热网的连接必须通过表面式水-水换热器。根据热用户热水供应系统中是否设置储水箱及其设置位置不同，连接方式有如下几种主要形式：

① 无储水箱的连接方式，如图 7-2(f)所示。

热网供水通过水-水换热器将生活给水加热，冷却后的回水返回热网回水管。该系统热用户供水管上应设温度调节器，控制系统供水温度不随用水量的改变而剧烈变化。这是一种最简单的连接方式，适用于一般住宅或公共建筑连续用热水且用水量较稳定的热水供应系统。

② 设上部储水箱的连接方式，如图 7-2(g)所示。

生活给水被表面式水-水加热器加热后，先送入设在热用户最高处的储水箱，再通过配水管输送到各配水点。上部储水箱起着储存热水和稳定水压的作用。适用于热用户需要稳压供水且用水时间较集中，用水量较大的浴室、洗衣房或工矿企业等处。

③ 设容积式换热器的连接方式，如图 7-2(h)所示。

容积式换热器不仅可以加热水，还可以储存一定的水量。不需要设上部储水箱，但由于传热系数很低，需要较大的换热面积。适用于工业企业和小型热水供应系统。

④ 设下部储水箱的连接方式，如图 7-2(i)所示。

该系统设有下部储水箱、热水循环管和循环水泵。当热用户用水量较小时，水-水加热器的部分热水直接流进热用户，多余的部分流入储水箱储存；当热用户用水量较大，水-水加热器供水量不足时，储水箱内的热水被生活给水挤出供给热用户系统，补充一部分热水量。装设循环水泵和循环管的目的是使热水在系统中不断流动，保证打开水龙头就能流出热水。为了使储水箱能自动地充水和放水，应将储水箱上部的连接管尽可能选粗一些。

这种方式复杂、造价高，但工作稳定可靠，适用于对热水供应要求较高的宾馆或高级住宅。

2. 开式热水供热系统

热用户全部或部分地取用热网循环水，热网循环水直接消耗在生产和热水供应热用户上，只有部分热媒返回热源，这样的系统称为开式系统。

开式热水供热系统中，供暖、通风热用户系统与热网的连接方式，与闭式热水供热系统完全相同。

开式热水供热系统的热水供应热用户与热网的连接，有下列几种形式：

(1) 无储水箱的连接方式，如图 7-3(a)所示。

热网供水和回水直接经混合三通送入热水用户，混合水温由温度调节器控制。为防止热网供应的热水直接流入热网回水管，回水管上应设置止回阀。

这种连接方式简单，由于是直接取水，适用于热网压力任何时候都大于热用户压力的情况。一般可用于小型住宅和公共建筑中。

(2) 设上部储水箱的连接方式，如图 7-3(b)所示。

热网供水和回水经混合三通送入热水用户的高位储水箱，热水再沿配水管路送到各配

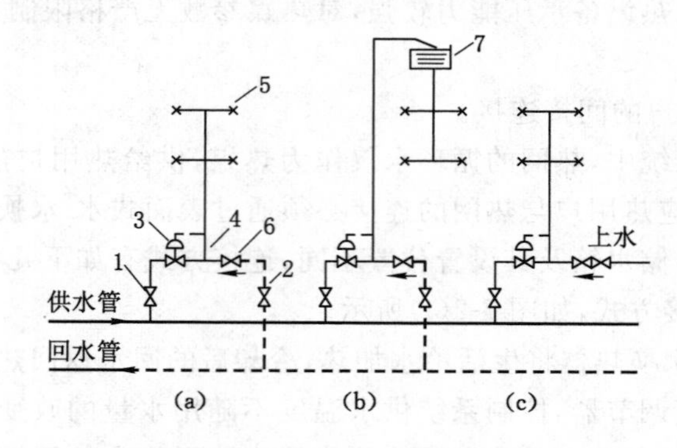

图 7-3　开式热水供热系统

(a) 无储水箱连接方式；(b) 设上部储水箱的连接方式；(c) 与生活给水混合的连接方式

1、2——进水阀门；3——温度调节器；4——混合三通；

5——取水栓；6——止回阀；7——上部储水箱

水点。这种连接方式常用于浴室、洗衣房或用水量较大的工业厂房中。

(3) 与生活给水混合的连接方式，如图 7-3(c)所示。

当热水供应热用户用水量很大且要求水温不很高，建筑物中(如浴室、洗衣房等)来自供暖通风热用户系统的回水量不足与供水管中的热水混合时，则可采用这种连接方式。混合水温同样可用温度调节器控制。为了便于调节水温，热网供水管的压力应高于生活给水管的压力，在生活给水管上要安装止回阀，以防止热网水流入生活给水管。

(五) 蒸汽供热系统

蒸汽供热系统，广泛地应用于工业厂房或工业区域，它主要承担向生产工艺热用户供热，同时也向供暖、通风、空调和热水供应热用户供热。蒸汽供热管网一般采用双管制，即一根蒸汽管，一根凝结水管。有时，根据热用户的要求还可以采用三管制，即一根管道供应生产工艺用汽和加热生活热水用汽，一根管道供给供暖、通风空调用汽，它们的回水共用一根凝结水管道返回热源，凝结水也可根据情况采用不回收的方式。

1. 热用户与蒸汽热网的连接方式

图 7-4 为蒸汽供热管网与热用户的连接方式。锅炉生产的高压蒸汽进入蒸汽热网，通过不同的连接方式直接或间接供给热用户热量，凝水经凝水热网返回热源凝水箱，经凝水泵打入锅炉重新加热变成蒸汽。

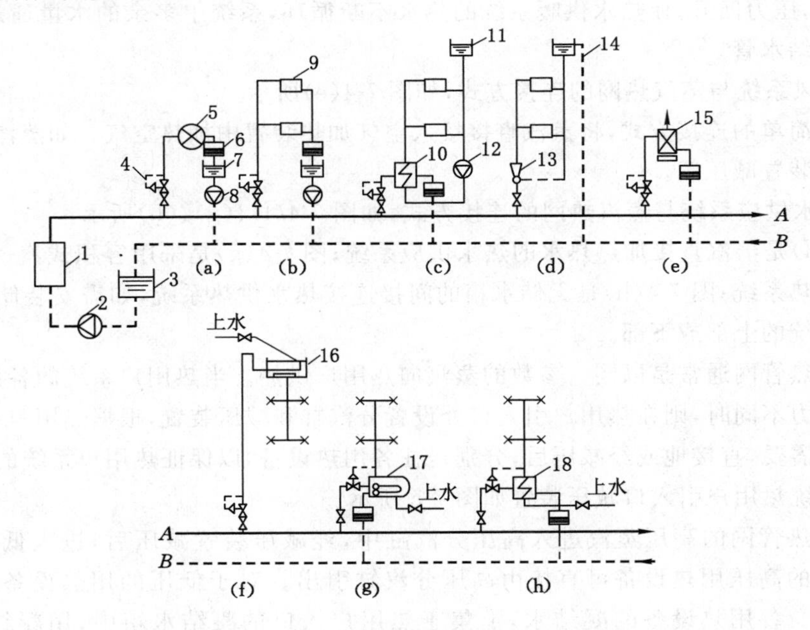

图 7-4 蒸汽供热系统

(a) 生产工艺热用户与蒸汽热网连接；(b) 蒸汽供暖热用户与蒸汽热网直接连接；(c) 采用蒸汽-水换热器的连接；(d) 采用蒸汽喷射器的连接；(e) 通风系统与蒸汽热网的连接；(f) 蒸汽直接加热的热水供应；(g) 采用容积式加热器的热水供应；(h) 无储水箱的热水供应

1——蒸汽锅炉；2——锅炉给水泵；3——凝结水箱；4——减压阀；5——生产工艺用热设备；6——疏水器；7——热用户凝结水箱；8——热用户凝结水泵；9——散热器；10——供暖系统用的蒸汽-水换热器；11——膨胀水箱；12——循环水泵；13——蒸汽喷射器；14——溢流管；15——空气加热装置；16——上部储水箱；17——容积式换热器；18——热水供应系统的蒸汽-水换热器

（1）生产工艺热用户与蒸汽热网连接方式，如图 7-4(a)所示。

蒸汽在生产工艺用热设备中，通过间接式热交换器放热后，凝结水返回热源。如在生产工艺用热设备后的凝结水有污染可能或回收凝结水在技术经济上不合理时，凝结水可采用不回收的方式。此时，应在热用户内对其凝结水及热量加以就地利用。对于直接用蒸汽加热的生产工艺，凝结水当然不回收。

（2）蒸汽供暖热用户与蒸汽热网的连接方式，如图 7-4(b)所示。

动画：典型蒸汽热力站供暖系统流程

高压蒸汽通过减压阀减压后进入热用户系统，凝结水通过疏水器进入凝结水箱，再用凝结水泵将凝结水送回热源。如热用户需要采用热水供暖系统，则可采用在热用户引入口安装热交换器或蒸汽喷射装置的连接方式。

（3）热水供暖热用户系统与蒸汽供热系统采用间接连接方式，如图 7-4(c)所示。

高压蒸汽减压后，经蒸汽-水换热器将热用户循环水加热，热用户采用热水进行供暖。

（4）采用蒸汽喷射装置的连接方式，如图 7-4(d)所示。

蒸汽喷射器与前述的水喷射器的构造和工作原理基本相同。蒸汽在蒸汽喷射器的喷嘴处，产生低于热水供暖系统回水的压力，回水被抽引进入喷射器并被加热，通过蒸汽喷射器的扩压管段，压力回升，使热水供暖系统的热水不断循环，系统中多余的水量通过水箱的溢流管返回凝结水管。

（5）通风系统与蒸汽热网的连接方式，如图 7-4(e)所示。

它采用简单的连接方式，将蒸汽直接接入空气加热装置中加热空气。如蒸汽压力过高，则在入口处装置减压阀。

（6）热水供应系统与蒸汽热网的连接方式，如图 7-4(f)、(g)、(h)所示。

图 7-4(f)是蒸汽直接加热热水的热水供应系统；图 7-4(g)是采用容积式汽-水换热器的间接连接供热系统；图 7-4(h)是无储水箱的间接连接热水供热系统，如需安装储水箱时，水箱可设在系统的上部或下部。

蒸汽供热管网通常是以同一参数的蒸汽向热用户供热。当热用户系统的各用热设备所需要蒸汽压力不同时，则在热用户引入口处设置分汽缸和减压装置，根据热用户系统的各种用热设备的需要，直接地或经减压后，分别送往各用热设备，以保证热用户系统的安全运行。蒸汽供热系统热用户引入口减压装置如图 7-5 所示。

蒸汽供热管网的高压蒸汽进入高压分汽缸中，经减压装置减压后，进入低压分汽缸。热用户系统的高压用热设备可直接由高压分汽缸引出。对于低压的用热设备，则由低压分汽缸引出。各用热设备的凝结水，汇集于热用户入口的凝结水箱中，用凝结水泵返回锅炉房的总凝结水箱中去。分汽缸中的各分支管道上都应装设截止阀，同时在分汽缸上应装设压力表、温度计和安全阀等，分汽缸的下部装疏水器，将分汽缸内的凝结水排入凝结水箱中。

2. 凝结水回收系统

凝结水回收系统是指蒸汽在用热设备内放热凝结后，凝结水经疏水器、凝结水管道返回热源的管路系统及其设备组成的整个系统。凝结水水温较高（一般为 80～100 ℃左右），同时又是良好的锅炉补水，应尽可能回收。

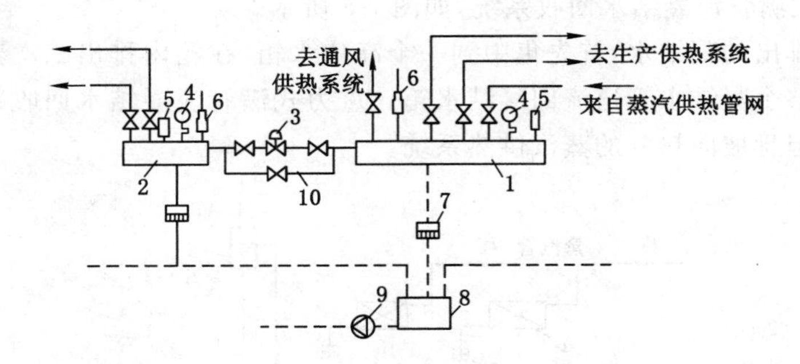

图 7-5　蒸汽供热系统热用户引入口减压装置示意图

1——高压分汽缸；2——低压分汽缸；3——减压装置；4——压力表；5——温度计；
6——安全阀；7——疏水器；8——凝结水箱；9——凝结水泵；10——旁通管

凝结水回收系统按其是否与大气相通，可分为开式凝结水回收系统和闭式凝结水回收系统。前者不可避免地要产生二次蒸汽的损失和空气的渗入，造成热量与凝水的损失，并易产生管道腐蚀现象，因而一般只适用于凝水量和作用半径较小的小型凝结水回收系统。

按凝结水的流动方式不同，可分为单相流和两相流两大类；单相流又可分为满管流和非满管流两种流动方式。

按凝水流动的动力不同，可分重力回水和机械回水。

(1) 非满管流的凝结水回收系统(低压自流式系统)，如图 7-6 所示。

低压自流式凝结水回收系统是依靠凝结水的重力沿着坡向锅炉房凝结水箱的管道，自流返回的凝结水回收系统。只适用于供热面积小，地形坡向凝结水箱的场合，锅炉房应位于系统的最低处，其应用范围受到很大限制。

(2) 两相流的凝结水回收系统(余压回水系统)，如图 7-7 所示。

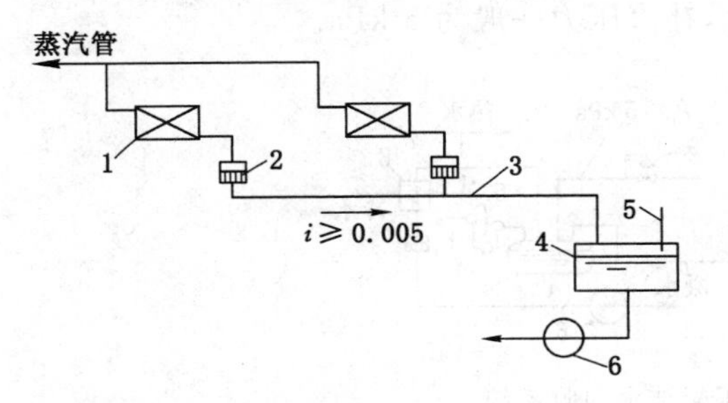

图 7-6　低压自流式凝结水回收系统

1——用热设备；2——疏水器；
3——室外自流凝结水管；4——凝结水箱；
5——排汽管；6——凝结水泵

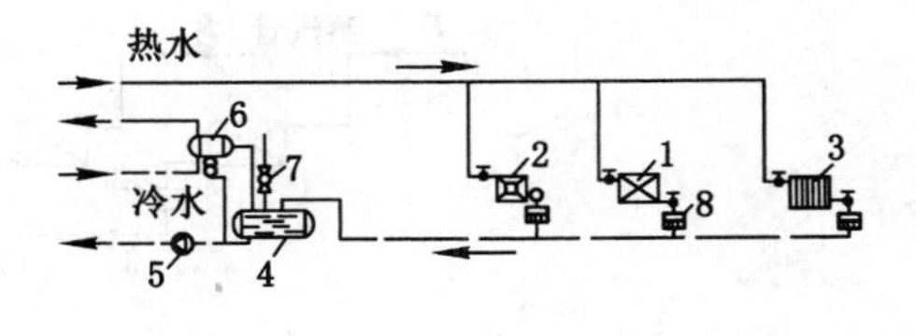

图 7-7　余压回水系统

1——通风加热设备；2——暖风机组；
3——散热器；4——闭式凝水箱；
5——凝水加压泵；6——利用二次汽的水加热器；
7——安全阀；8——疏水器

余压凝结水回收系统是利用疏水器后的背压，将凝结水送回锅炉房或凝结水分站的凝结水箱。它是目前应用最广的一种凝结水回收方式，适用于耗汽量较少、用汽点分散、用汽参数(压力)比较一致的蒸汽供热系统上。

(3) 重力式满管流凝结水回收系统，如图 7-8 所示。

用汽设备排出的凝结水，首先集中到一个高位水箱，在箱内排出二次蒸汽后，凝结水依靠水位差充满整个凝结水管道流回凝结水箱。重力式满管流凝结水回收系统工作可靠，适用于地势较平坦且坡向热源的蒸汽供热系统。

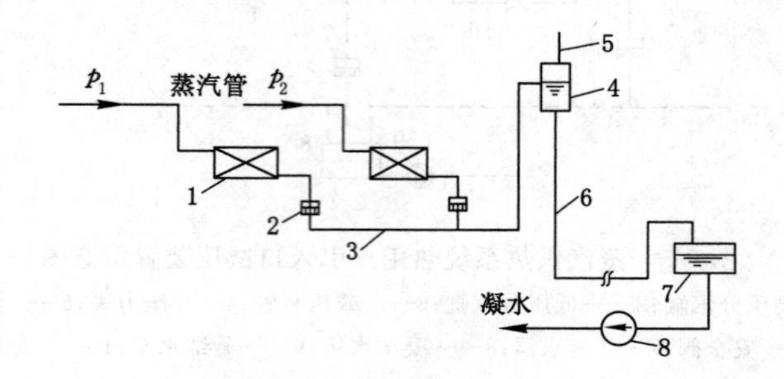

图 7-8　重力式满管流凝结水回收系统

1——车间用热设备；2——疏水器；3——余压凝结水管道；4——高位水箱(或二次蒸发箱)；
5——排气管；6——室外凝水管道；7——凝结水箱；8——凝结水泵

以上三种不同凝水流动状态的凝结水回收系统，均属于开式凝结水回收系统，系统中的凝结水箱或高位水箱与大气相通，凝水管道易腐蚀。

(4) 闭式余压凝结水回收系统，如图 7-9 所示。

闭式余压凝结水回收系统与前述余压回水系统情况相似，仅仅是系统的凝结水箱必须为承压水箱，而且需设置一个安全水封，安全水封的作用是使凝水系统与大气隔断。当二次汽压力过高时，二次汽从安全水封排出；在系统停止运行时，安全水封可防止空气进入。

室外凝水管道的凝水进入凝结水箱后，大量的二次汽和漏汽分离出来，可通过一个蒸汽-水加热器，以利用二次汽和漏汽的热量。这些热量可用来加热锅炉房的软化水或加热上水用于热水供应或生产工艺用水。为使闭式凝结水箱在系统停止运行时，也能保持一定的压力，宜向凝结水箱通过压力调节器进行补汽，补汽压力一般为 5 kPa。

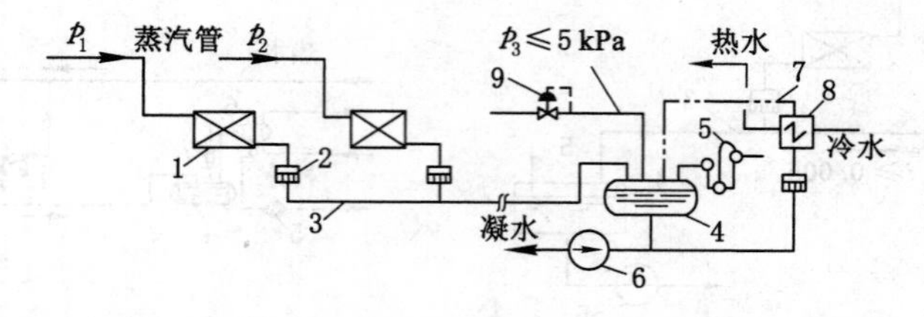

图 7-9　闭式余压凝结水回收系统

1——用热设备；2——疏水器；3——余压凝水管；4——闭式凝结水箱；5——安全水封；
6——凝结水泵；7——二次汽管道；8——利用二次汽的换热器；9——压力调节器

(5) 闭式满管流凝结水回收系统，如图 7-10 所示。

该系统是将用汽设备的凝结水集中送到各车间的二次蒸发箱，产生的二次汽可用于供暖。二次蒸发箱内的凝结水经多级水封引入室外凝结水热网，靠多级水封与凝结水箱顶的回形管的水位差，使凝水返回凝结水箱，凝结水箱应设置安全水封，以保证凝水系统不与大气相通。

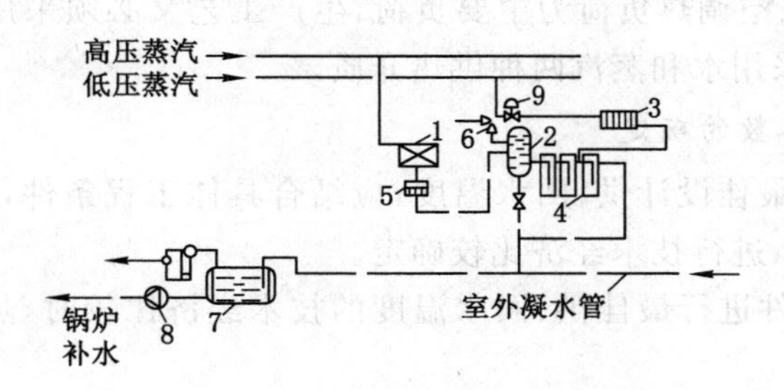

图 7-10　闭式满管流凝结水回收系统

1——高压蒸汽加热器；2——二次蒸发箱；3——低压蒸汽散热器；4——多级水封；5——疏水器；6——安全阀；7——闭式凝水箱；8——凝水泵；9——压力调节器

闭式满管流凝结水回收系统适用于能分散利用二次汽，厂区地形起伏不大，地形坡向凝结水箱的场合。由于利用了二次汽，其热能利用率较高。

(6) 加压回水系统，如图 7-11 所示。

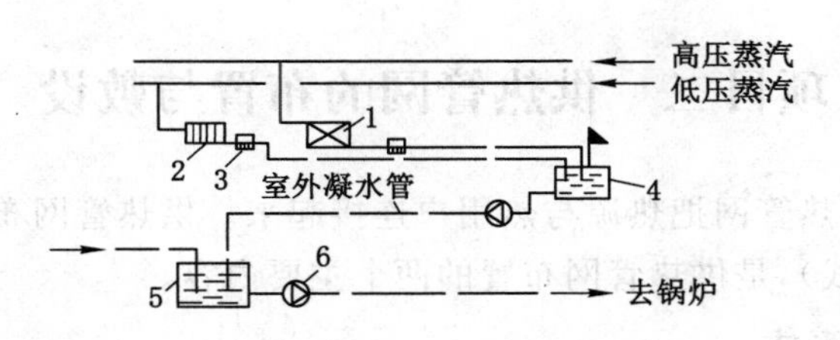

图 7-11　加压回水系统

1——高压蒸汽加热器；2——低压蒸汽散热器；3——疏水器；4——(分站)凝水箱；5——总凝水箱；6——凝水泵

加压回水系统是利用水泵的机械动力输送凝结水的系统。这种系统凝水流动工况呈满管流动，它可以是开式系统，也可以是闭式系统，取决于是否与大气相通。

加压回水系统增加了设备和运行费用，一般多用于较大的蒸汽供热系统。

蒸汽供热系统在选择凝结水回收系统时，必须全面考虑热源、热网和室内热用户系统的情况，各热用户的回水方式应相互适应，要尽可能地利用凝水的热量，以有效地节能。

二、集中供热介质及参数的确定

集中供热的供热介质(热媒)主要是热水和蒸汽。

(一) 供热介质的确定

(1) 对民用建筑物供暖、通风、空调及生活热水热负荷供热的城市热力网应采用水做供热介质。

(2) 同时对生产工艺热负荷和供暖、通风、空调及生活热水热负荷供热的城市热力网供热介质按下列原则确定：

① 当生产工艺热负荷为主要负荷，且必须采用蒸汽供热时，应采用蒸汽做供热介质；

② 当以水为供热介质能够满足生产工艺需要(包括在热用户处转换为蒸汽)，且技术经济合理时，应采用水做供热介质；

③ 当供暖、通风、空调热负荷为主要负荷，生产工艺又必须采用蒸汽供热，经技术经济比较认为合理时，可采用水和蒸汽两种供热介质。

（二）供热介质参数的确定

（1）热水热力网最佳设计供、回水温度，应结合具体工程条件，考虑热源、热力网、热用户系统等方面的因素，进行技术经济比较确定。

（2）当不具备条件进行最佳供、回水温度的技术经济比较时，热水热力网供、回水温度可按下列原则确定：

① 以热电厂或大型区域锅炉房为热源时，设计供水温度可取 110～150 ℃，回水温度不应高于 70 ℃。热电厂采用一级加热时，供水温度取较小值；采用二级加热（包括串联尖峰锅炉）时，取较大值。

② 以小型区域锅炉房为热源时，设计供回水温度可采用热用户内供暖系统的设计温度。

③ 多热源联网运行的供热系统中，各热源的设计供回水温度应一致。当区域锅炉房与热电厂联网运行时，应采用以热电厂为热源的供热系统的最佳供、回水温度。

项目二　供热管网的布置与敷设

集中供热系统的供热管网把热源与热用户连接起来。供热管网布置形式以及供热管道平面位置的确定（即定线），是供热管网布置的两个主要内容。

一、供热管网布置形式

供热管网布置形式的选择应遵循安全供热和经济性的基本原则，取决于热媒、热源与热用户的相互位置和供热地区热用户种类、热负荷大小和性质等。

（一）蒸汽供热系统

蒸汽作为热媒主要用于工厂的生产工艺用热上。热用户主要是工厂的各生产设备，比较集中且数量不多，因此单根蒸汽管和凝结水管的热网系统形式是最普遍采用的方式，同时采用枝状管网布置（其形式参考图 7-12）。

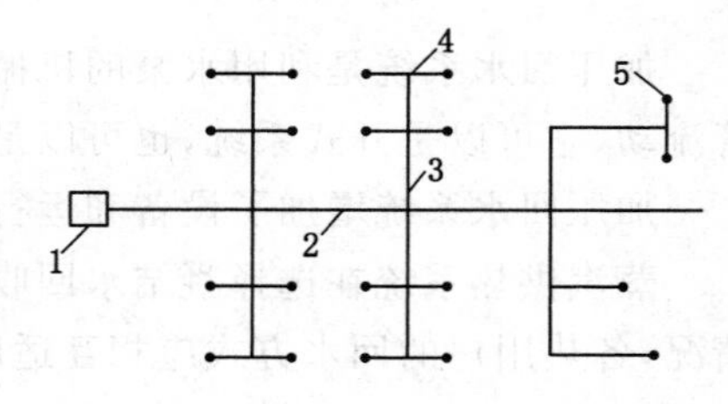

图 7-12　枝状管网

1——热源；2——主干线；3——支干线；4——热用户支线；5——热用户的用户引入口

注：双管热网以单线表示，各种附件未标出

蒸汽热力网的蒸汽管道，宜采用单管制。当符合下列情况时，可采用双管或多管制：

（1）各热用户间所需蒸汽参数相差较大或季节性热负荷占总热负荷比例较大且技术经济合理。

（2）热负荷分期增长。

（二）热水供热系统

热水供热系统在城市热水供热系统中应用非常普遍，主要形式有以下几类。

1．枝状管网

枝状布置方式是常用的布置形式，如图 7-12 所示，管网形式简单，投资省，运行管理方便。其管径随着其与热源距离的增加和热用户的减少而逐步减小。但枝状管网不具有后备供热的能力。当供热管网某处发生故障时，在故障点以后的热用户都将停止供热。但由于建筑物具有一定的蓄热能力，通常可采用迅速消除热网故障的办法，以使建筑物室温不致大幅度地降低。因此，枝状管网是热水管网最普遍采用的方式。

2. 环状管网

环状管网是将其主干线连成环状，如图 7-13 所示。特别是在城市中多热源联合供热时，各热源连在环状主管网上。这种方式投资高，但运行可靠、安全。

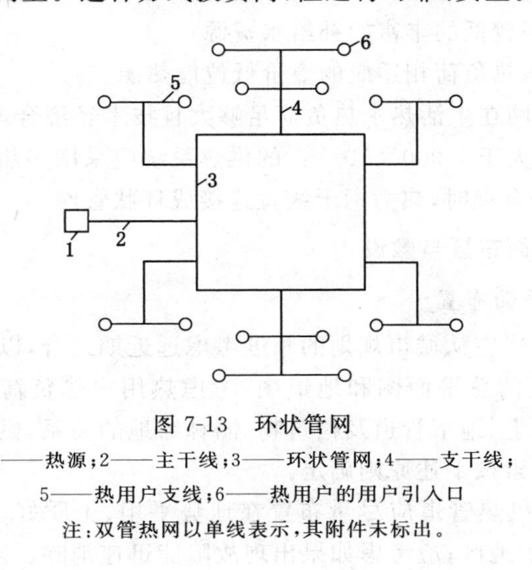

图 7-13　环状管网

1——热源；2——主干线；3——环状管网；4——支干线；
5——热用户支线；6——热用户的用户引入口

注：双管热网以单线表示，其附件未标出。

3. 放射状布置

放射状管网实际上跟枝状管网接近，当主热源在供热区域中心地带时，可采用这种方式，从主热源往各方向敷设好几条主干线，以辐射状形式供给各热用户，如图 7-14 所示。这种方式虽然减小了主干线管径，但又增加了主干线的长度。总体而言，投资增加不多，但对运行管理带来较大方便。

4. 网格状布置

这种方式由很多小型环状管网组成，并将各小环状网之间相互连接在一起，如图 7-15 所示。这种方式投资大，但运行管理方便、灵活、安全、可靠。

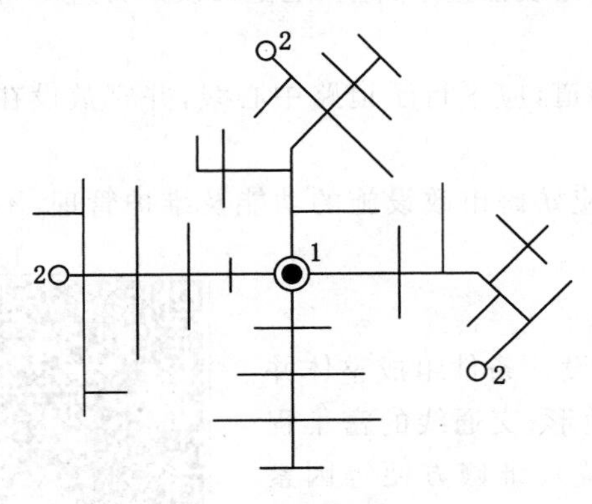

图 7-14　放射状布置图

1——主热源；2——调峰热源

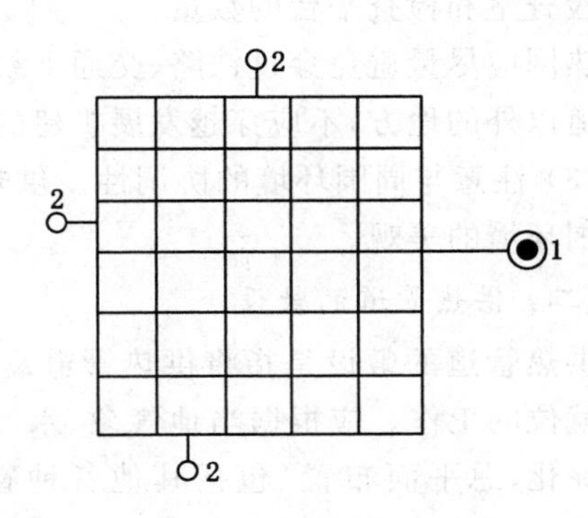

图 7-15　网格状布置图

1——主热源；2——调峰热源

在选用热水热力网形式时，应考虑下列问题：

(1) 热水热力网宜采用闭式双管制。

(2) 以热电厂为热源的热水热力网，同时有生产工艺、供暖、通风、空调及生活热水多种热负荷，在生产工艺热负荷与供暖热负荷所需供热介质参数相差较大，或季节性热负荷占总热负荷比例较大，且技术经济合理时，可采用闭式多管制。

(3) 当热水热力网满足下列条件，且技术经济合理时，可采用开式热力网：

① 具有水处理费用较低的丰富的补给水资源；

② 具有与生活热水热负荷相适应的廉价低位能热源。

(4) 开式热水热力网在生活热水热负荷足够大且技术经济合理时，可不设回水管。

(5) 供热建筑面积大于 1 000×10^4 m^2 的供热系统应采用多热源供热，且各热源热力干线应连通。在技术经济合理时，热力网干线宜连接成环状管网。

二、供热管网的平面布置与敷设

微课：热水供热管网的布置

(一) 供热管网的平面布置

供热管网的平面布置应从城市规划的角度考虑远近期结合，以近期为主。根据城市或厂区的总平面图和地形图，考虑热用户热负荷的分布，热源位置，与各种地上、地下管道及构筑物、园林绿地的关系，供热区域的水文地质条件等因素按下述原则确定：

(1) 技术上可靠。供热管道应尽量布置在地势平坦、土质好、地下水位低、无地震断裂带的地区；应考虑如果出现故障能迅速消除。对暂无城市或区域锅炉集中供热的区域，临时热源的选址及供热管网的布置，应考虑长远规划集中热源引入及替代的可行性。

供热管网管道与建筑物、构筑物和其他管线的最小距离应符合《城镇供热管网设计规范》(CJJ 34)的规定。

(2) 经济上合理。供热管网力求短直，主干线尽可能通过供热负荷中心和接引支管较多的区域，尽可能缩短热网的总长度和最不利环路的长度，尽可能按不同用热性质划分环路。要合理布置管道上的阀门(分段阀、分支管阀、排水阀、放气阀等)和附件(补偿器、疏水器等)。阀门和附件通常应设在检查室内(地下敷设)或检查平台上(地上敷设)，并应尽可能减少检查室和检查平台的数量。

热网应尽量避免穿过铁路、交通干线和繁华街道，应平行于道路中心线，并宜敷设在车行通道以外的地方，不应穿越发展扩建的预留地段。

(3) 注意与周围环境的协调性。供热管道不应妨碍市政设施的功能及维护管理，不影响周围环境的美观。

(二) 供热管道的敷设

微课：热水供热管网敷设

供热管道的敷设是指将供热管道及其部件按设计条件组成整体并使之就位的工作。应根据当地气象、水文、地质、地形、交通线的密集程度及绿化、总平面布置(包括其他各种管道的布置)、维修方便等因素确定。

供热管道的敷设可分为地上敷设(架空)和地下敷设(地沟或直埋)

两大类。

1. 地上敷设

地上敷设又称架空敷设，是管道敷设在地面上的或附墙的支架上的敷设方式。地上敷设按支架的高度不同可分为低支架敷设、中支架敷设和高支架敷设。

(1) 低支架敷设，如图 7-16 所示。

低支架敷设的管道保温结构下表面距地面的净高应不小于 0.3 m，以防雨雪的侵蚀。

低支架敷设一般用于不妨碍交通，不影响厂区、街区扩建的地方。通常是沿工厂围墙或平行于公路、铁路布置。

(2) 中支架敷设，如图 7-17 所示。

中支架敷设的管道保温结构下表面距地面的净高应为 2.5～4.0 m。中支架敷设一般用于穿越行人过往频繁、需要通行车辆的地方。

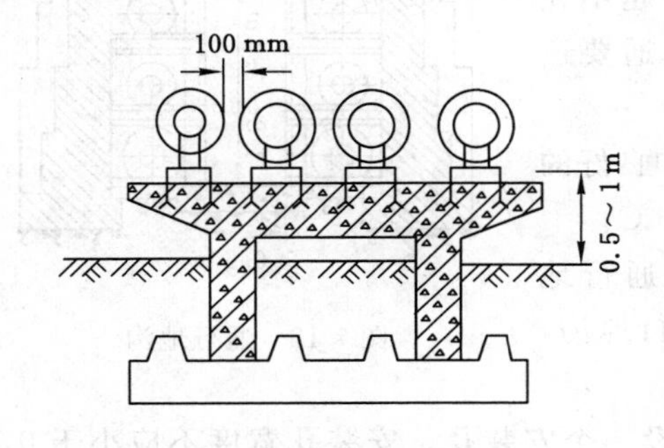

图 7-16　低支架示意图

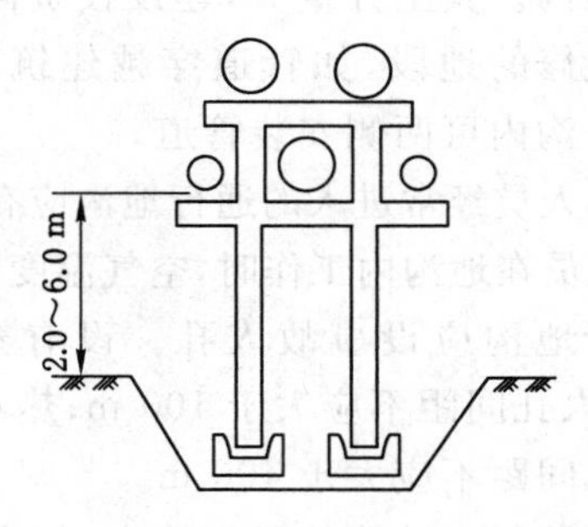

图 7-17　中、高支架示意图

(3) 高支架敷设，如图 7-17 所示。

高支架敷设的管道保温结构下表面距地面的净高为 4.5～6.0 m。高支架敷设一般用于管道跨越公路或铁路的地方。

地上敷设所用支架通常采用砖砌、毛石砌、钢筋混凝土结构、钢结构。

地上敷设的管道不受地下水的侵蚀，使用寿命长，安装和检修方便，管道的坡度易于保证，管道所需的排水、放气设备少，能充分使用工作可靠、构造简单的方形补偿器，维护管理方便，但造价高，占地面积多，管道受室外气候环境影响大，且不够美观。

地上敷设适用于地下水位高，年降雨量大，地下土质为湿陷性黄土或腐蚀性土壤，沿管线地下设施密度大以及采用地下敷设时土方工程量太大的地区。工厂区的热力网管道，宜采用地上敷设。在居住区及其他民用建筑的供热管道不宜采用地上敷设，只有在不允许地下敷设和不影响美观的前提下才可考虑地上敷设。

采用地上敷设时应尽量利用建筑物外墙、屋顶，并考虑建筑物或构筑物对管道荷载的支承能力。管道保温的外保护层的选择应考虑日晒、雨淋的影响，防止保温层受潮而破坏。架空管道固定支架需进行推力核算，做法及布置应与土建结构专业密切配合。

2. 地沟敷设

地沟敷设是将管道敷设在管沟内的敷设方式，如设于混凝土或砖(石)砌筑的管沟内。地沟敷设按人在沟内通行情况分为通行地沟、半通行地沟和不通行地沟。各管沟敷设尺寸要求见表 7-1。

表 7-1 **管沟敷设有关尺寸** 单位:m

管沟类型	有关尺寸名称					
	管沟净高	人行通道宽	管道保温表面与沟墙净距	管道保温表面与沟顶净距	管道保温表面与沟底净距	管道保温表面间的净距
通行管沟	⩾1.8	⩾0.6	⩾0.2	⩾0.2	⩾0.2	⩾0.2
半通行管沟	⩾1.2	⩾0.5	⩾0.2	⩾0.2	⩾0.2	⩾0.2
不通行管沟			⩾0.1	⩾0.05	⩾0.15	⩾0.2

注:当必须在沟内更换钢管时,人行通道宽度还不应小于管子外径加 0.1 m。

(1) 通行地沟,如图 7-18 所示。

通行地沟是指工作人员可直立通行及在内部完成检修用的管沟。其土方量大,建设投资高,仅用在穿越不允许开挖检修的地段,如管道穿越建筑物、铁路、交通要道等场合。沟内可两侧安装管道。

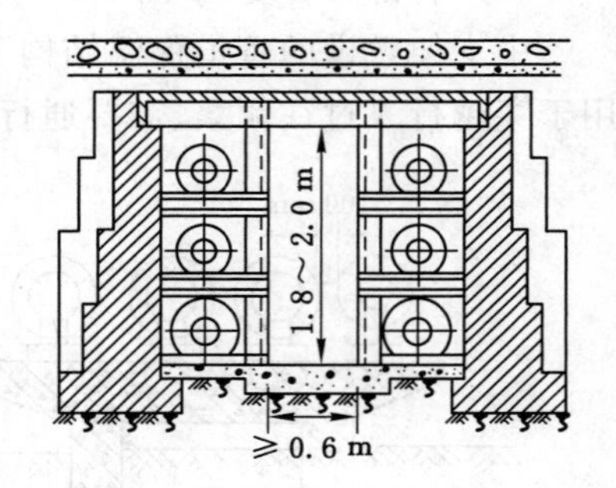

图 7-18 通行地沟

工作人员经常进入的通行地沟应有照明设备和良好的通风。人员在地沟内工作时,空气温度不得超过 40 ℃。

通行地沟应设事故人孔。设有蒸汽管道的通行地沟,事故人孔间距不应大于 100 m;热水管道的通行地沟,事故人孔间距不应大于 400 m。

整体混凝土结构的通行管沟,每隔 200 m 宜设一个安装孔。安装孔宽度不应小于 0.6 m 且应大于管沟内最大一根管道的外径加 0.1 m,其长度应保证 6 m 长的管子进入管沟。当需要考虑设备进出时,安装孔宽度还应满足设备进出的需要。

(2) 半通行地沟,如图 7-19 所示。

半通行地沟是指工作人员可弯腰通行及在内部完成一般检修用的管沟,其净高一般小于 1.6 m。半通行地沟,每隔 60 m 应设置一个检修出口。

半通行地沟适用于管路较短、数量不多、相对不经常维修的情况,安装和检修时也要打开活动盖板。室内管道和距离较短的室外管道允许采用半通行地沟。

(3) 不通行地沟,如图 7-20 所示。

不通行地沟是净空尺寸仅能满足敷设管道的基本要求,人不能进入的管沟。管道的中心距离,应根据管道上阀门或附件的法兰盘外缘之间的最小操作净距离的要求确定。

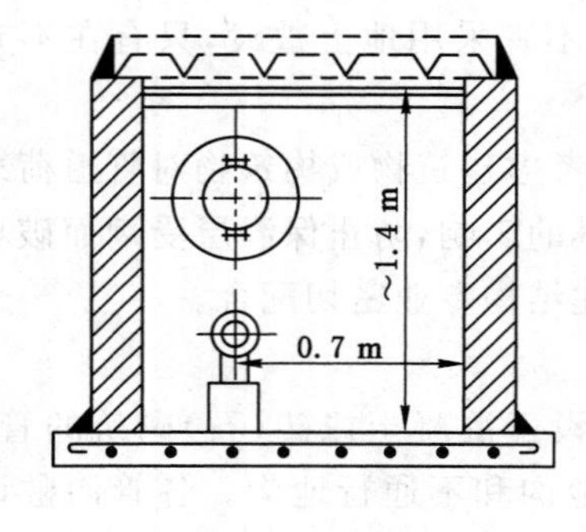

图 7-19 半通行地沟

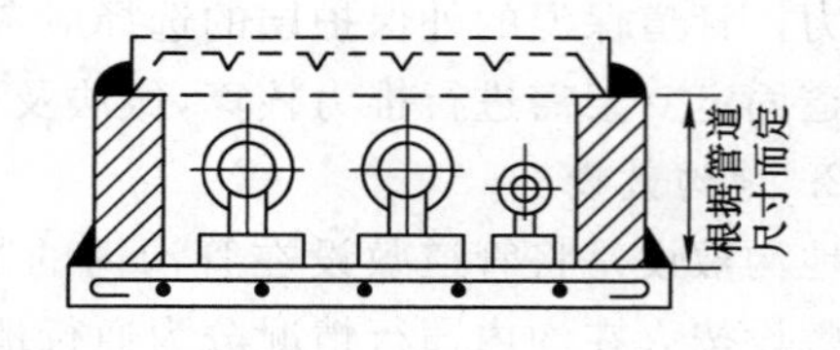

图 7-20 不通行地沟

不通行地沟造价较低，占地较小，是城镇供热管道经常采用的敷设方式。根据地沟宽度、土质条件和上部荷载的不同，可以采用砖砌地沟或钢筋混凝土地沟。一般用于管道间距离较短、数量较少、管子规格比较小、不需要经常检修维护的管道上。热水或蒸汽管道采用管沟敷设时，应首选不通行管沟敷设。

3. 直埋敷设

直埋敷设又称无沟敷设，是将供热管道直接埋设在土壤中的敷设方式，如图 7-21 所示。管道保温结构外表面与土壤直接接触。其占地少、施工周期短、维护管理费用少、热损失小等，近几年得到很大的发展。

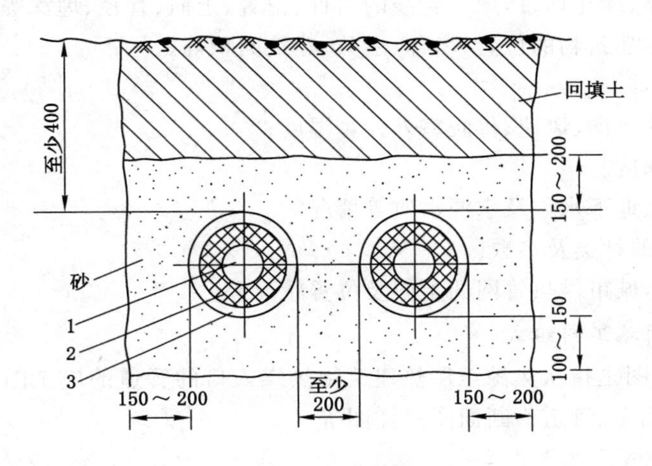

图 7-21　预制保温管直埋敷设

1——钢管；2——聚氨酯硬质泡沫塑料保温层；

3——高密度聚乙烯硬质塑料或玻璃钢保护层

直埋敷设分为有补偿直埋敷设和无补偿直埋敷设。有补偿直埋敷设是指供热管道设补偿器的直埋敷设，又分为有固定点和无固定点两种方式。无补偿直埋敷设是指供热管道不专设补偿器的直埋敷设。

热水热力网管道地下敷设时，应优先采用直埋敷设；热水或蒸汽管道采用管沟敷设时，应首选不通行管沟敷设；穿越不允许开挖检修的地段时，应采用通行管沟敷设；当采用通行管沟困难时，可采用半通行管沟敷设。蒸汽管道采用管沟敷设困难时，可采用保温性能良好、防水性能可靠、保护管耐腐蚀的预制保温管直埋敷设，其设计寿命不应低于 25 年。

直埋敷设热水管道应采用钢管、保温层、保护外壳结合成一体的预制保温管道，其性能应符合《城镇供热管网设计规范》(CJJ 34)有关规定。

直埋敷设管道应采用由专业工厂预制的直埋保温管(也称为“管内管”)，其保温层一般为聚氨酯硬质泡沫塑料，保护层一般采用高密度聚乙烯硬质塑料或玻璃钢，也有采用钢管(钢套管)做保护层的。直埋预制管内管应采用无缝钢管。

地下敷设热力网管道的管沟外表面，直埋敷设热水管道或地上敷设管道的保温结构表面与建筑物、构筑物、道路、铁路、电缆、架空电线和其他管道的最小水平净距、垂直净距见附录 7-1。

项目三　供热管网施工图的识读

一、供热管网施工图的组成

（一）供热管网设计原始资料

（1）供热区域的平面图：

① 区域内地形地貌、等高线、定位坐标；

② 区域内道路、绿化地带，原有管线的名称、位置、走向、管径、埋深等；

③ 已建或拟建建筑物的位置、名称、层数、建筑面积等。

（2）气象资料：

① 供热地区的风向、风速、供暖室外计算温度；

② 最大冻土深度。

（3）土质情况、地下水位及水源水质等情况。

（4）供热介质的种类及参数。

（5）热源位置，城市供热管网的走向及位置状况等。

（二）供热管网施工图组成

供热管网施工图是指从热源至用热建筑物热媒入口的管道的施工图，它包括管道平面布置图、管道纵断面图、管道横断面图及详图等。

1. 管道平面布置图主要内容

管道平面布置图是室外供热管道的主要图纸，用来表示管道的具体位置和走向。其主要内容有：

（1）建筑总平面的地形、地貌、标高、道路、建筑物的位置等。

（2）管道的名称、用途、平面位置、标高、管径和连接方式。

（3）管道的支架形式、位置、数量，管道地沟的形式、平面尺寸。

（4）管道阀门的型号、位置，放气装置及疏排水装置。

（5）管道辅助设备及管路附件的设置情况，如补偿器的形式、位置及安装方式、阀门井，阀门操作平台等的位置、平面尺寸等。

2. 管道纵断面图和横断面图主要内容

室外供热管道的纵、横断面图，主要反映管道及构筑物（地沟、管架）在纵、横立面上的布置情况，并将平面布置图上无法表示的立面情况予以表示清楚，所以是平面布置图的辅助性图纸。管道纵、横断面图表达的主要内容是：

（1）管道在纵断面或横断面上的布置、管道之间的间距尺寸，管底或管中心标高，管道坡度。

（2）管架的布置、标高，地沟断面尺寸、地沟坡度，地面标高。

（3）管道附件设置情况，如补偿器、疏排水装置的位置、标高。

供热管道纵断面图中，纵坐标与横坐标并不相同，通常横坐标的比例采用 1∶500，1∶100的比例尺。纵坐标采用 1∶50，1∶100，1∶200 的比例尺。

二、供热管网施工图识读示例

（一）架空敷设施工图示例

如图 7-22 所示为某厂空调和生活用蒸汽室外供热管道平面布置图，如图 7-23 所示是该供热管道的纵断面图，如图 7-24 所示是供热管道Ⅰ—Ⅰ断面图。

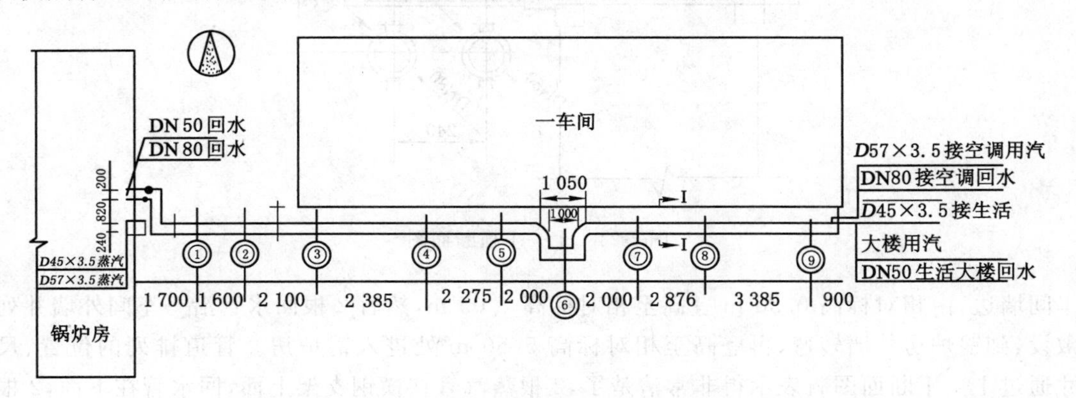

图 7-22　架空敷设供热管道平面布置图

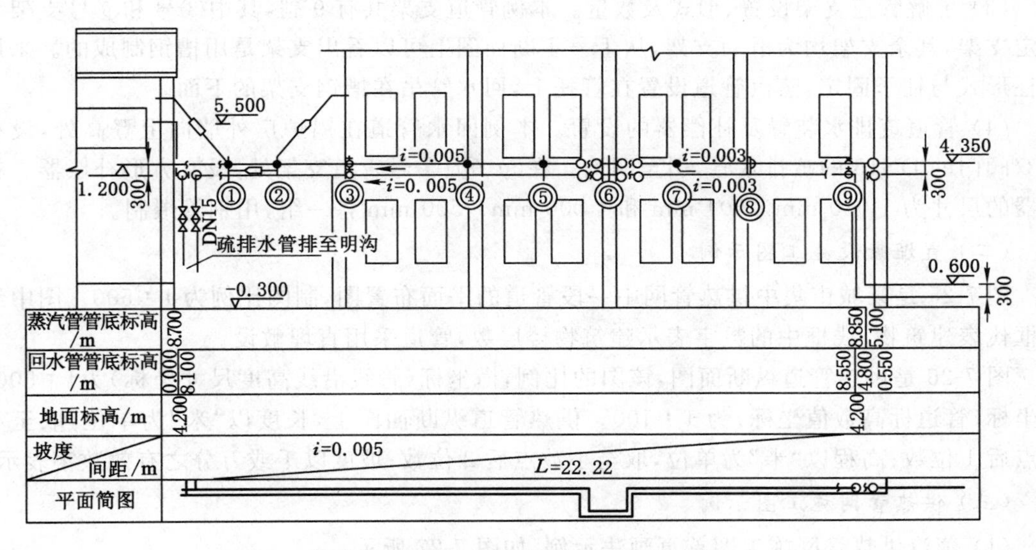

说明：相对标高±0.000 相对于绝对标高 4.500

图 7-23　架空敷设供热管道纵断面图

(1) 了解总平面图上建筑物布置情况，通过对室外供热管道平面布置图的识读，可以看出锅炉房在西面，它的东面是一车间。

(2) 查明管道的布置。本例有 4 根管道，其中 2 根为蒸汽管道，自锅炉房相对标高 4.20 m（绝对标高 8.70 m）出墙，经过走道空间沿一车间外墙并列敷设，至一车间尽头，空调供热管道转弯进入一车间，该管道的管径为 *D*57 mm×3.5 mm；另一根生活用汽管道，管径为 *D*45 mm×35 mm，则从相对标高 4.35 m 返下至标高 0.60 m，沿地面敷设送往生活大楼。回水管道也有 2 根，1 根从一车间自相对标高 4.05 m 处接出；另 1 根从生活大楼送来至一

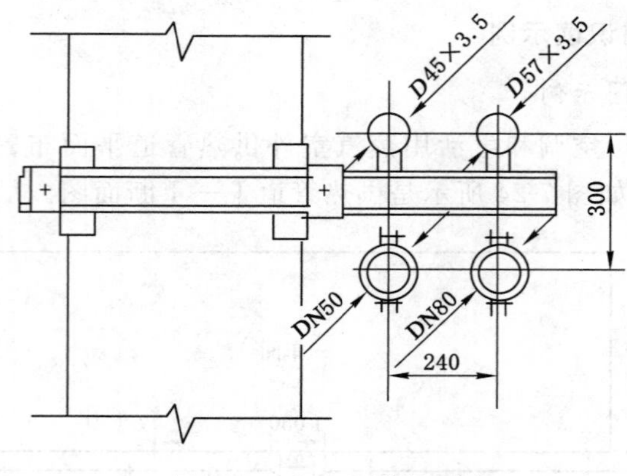

图 7-24　Ⅰ—Ⅰ横断面图

车间墙边，由相对标高 0.30 m 登高至相对标高 4.05 m，然后 2 根回水管沿一车间外墙并列敷设，到锅炉房外墙转弯，再登高至相对标高 5.50 m 处进入锅炉房。管道排列的位置、尺寸通过Ⅰ—Ⅰ断面图就表示得非常清楚了，2 根蒸汽管在横钢支架上面，回水管在下面，2 根水平管道中心间距为 240 mm，蒸汽管道和回水管道上下中心高差为 300 mm。

(3) 了解管道支架设置、形式及数量。本例管道支架共有 9 副，其中③号和⑨号支架为固定支架，其余支架均为滑动支架，从Ⅰ—Ⅰ断面图上可以看出支架是用槽钢制成的。采用抱柱形式与柱子固定，蒸汽管道设置在管托上，回水管吊在槽钢支架的下面。

(4) 管道疏排水装置及补偿器的设置。本例回水管道在锅炉房外墙向上登高处，设有带双阀门的 DN15 的疏排水管，引至明沟。在⑤、⑥、⑦号管道支架处，设有方形补偿器。补偿器的尺寸为 1 080 mm×504 mm 和 1 000 mm×500 mm 各一组，用钢管煨制。

(二) 直埋敷设施工图示例

图 7-25 是某城市集中供热管网中一段管道的平面布置图，制图比例为 1∶500。图中细线框代表建筑物，线框中的数字表示建筑物楼层数，管道采用直埋敷设。

图 7-26 是供热管道纵断面图，该图的比例，横坐标(管线沿线高度尺寸坐标)为1∶500，纵坐标(管道标高数值坐标)为 1∶100。供热管道纵断面图上，长度以“米”为单位，取至小数点后 1 位数；高程以“米”为单位，取至小数点后 2 位数；坡度以千或万分之有效数字表示。

(三) 供热管网施工图示例

(1) 蒸汽供热管网施工图首页画法示例，如图 7-27 所示。

(2) 蒸汽供热管网平面图画法示例，如图 7-28 所示。

(3) 蒸汽供热管网纵断面图画法示例，如图 7-29 所示。

三、供热管网施工图图纸会审

工程中标收到施工图纸后，首先技术管理部门(技术部)或有关负责技术的领导(总工)要组织技术人员和有关管理人员(工长)看图审查图纸，在看图审查图纸时要仔细认真，将图纸中出现的错、漏、碰的问题及需要设计方明确的问题提出并经核实整理后提交建设单位或监理，由建设单位组织设计、监理、施工几方共同进行图纸会审。在图纸会审中设计方对工程及图纸进行交底，并对施工、监理等方提出的问题给予解答。图纸会审中提出问题的修改或变更将以图纸会审记录的形式下发。图纸会审记录将和图纸一样作为施工的依据。

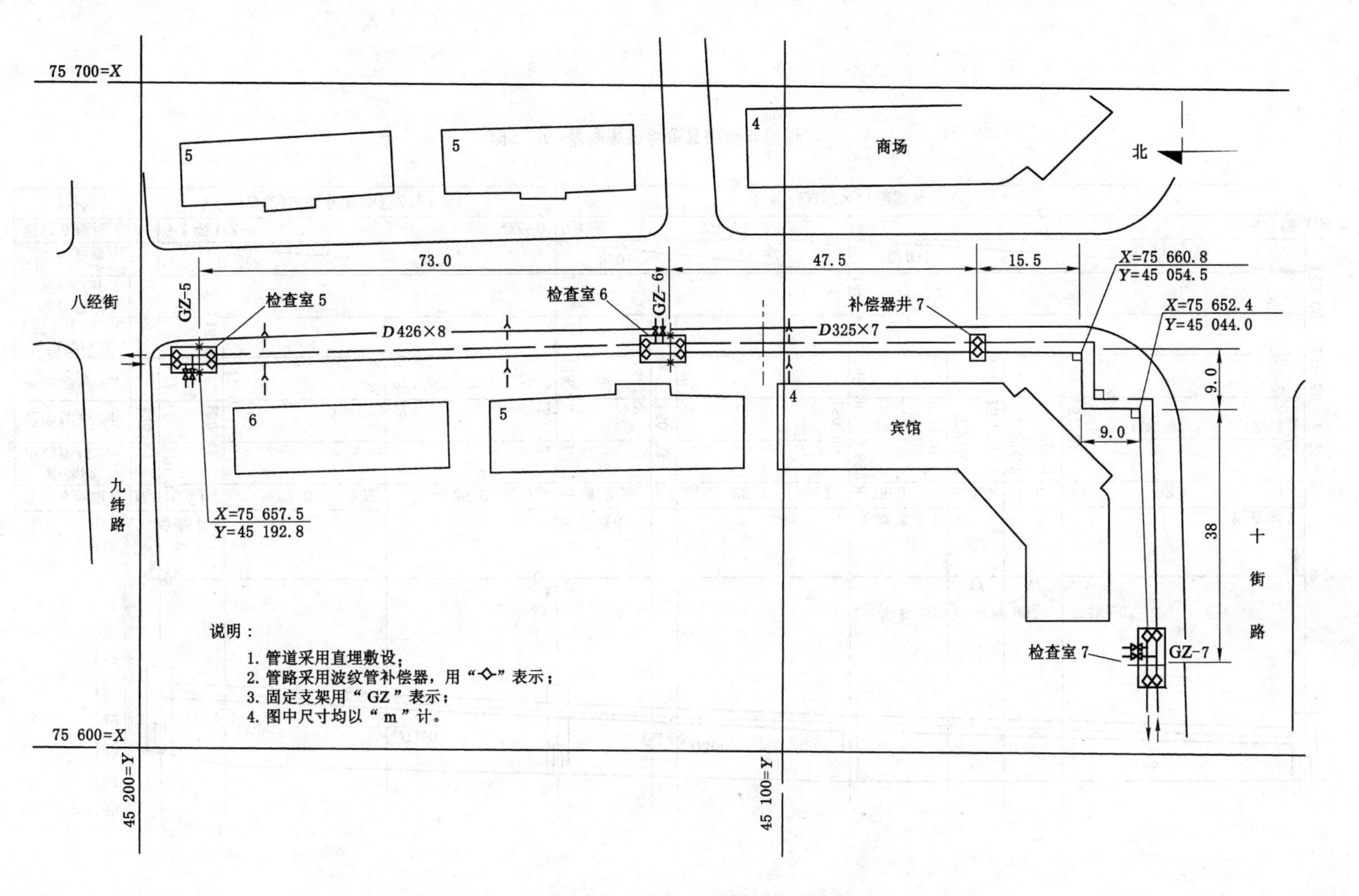

图7-25　直埋敷设供热管道平面图

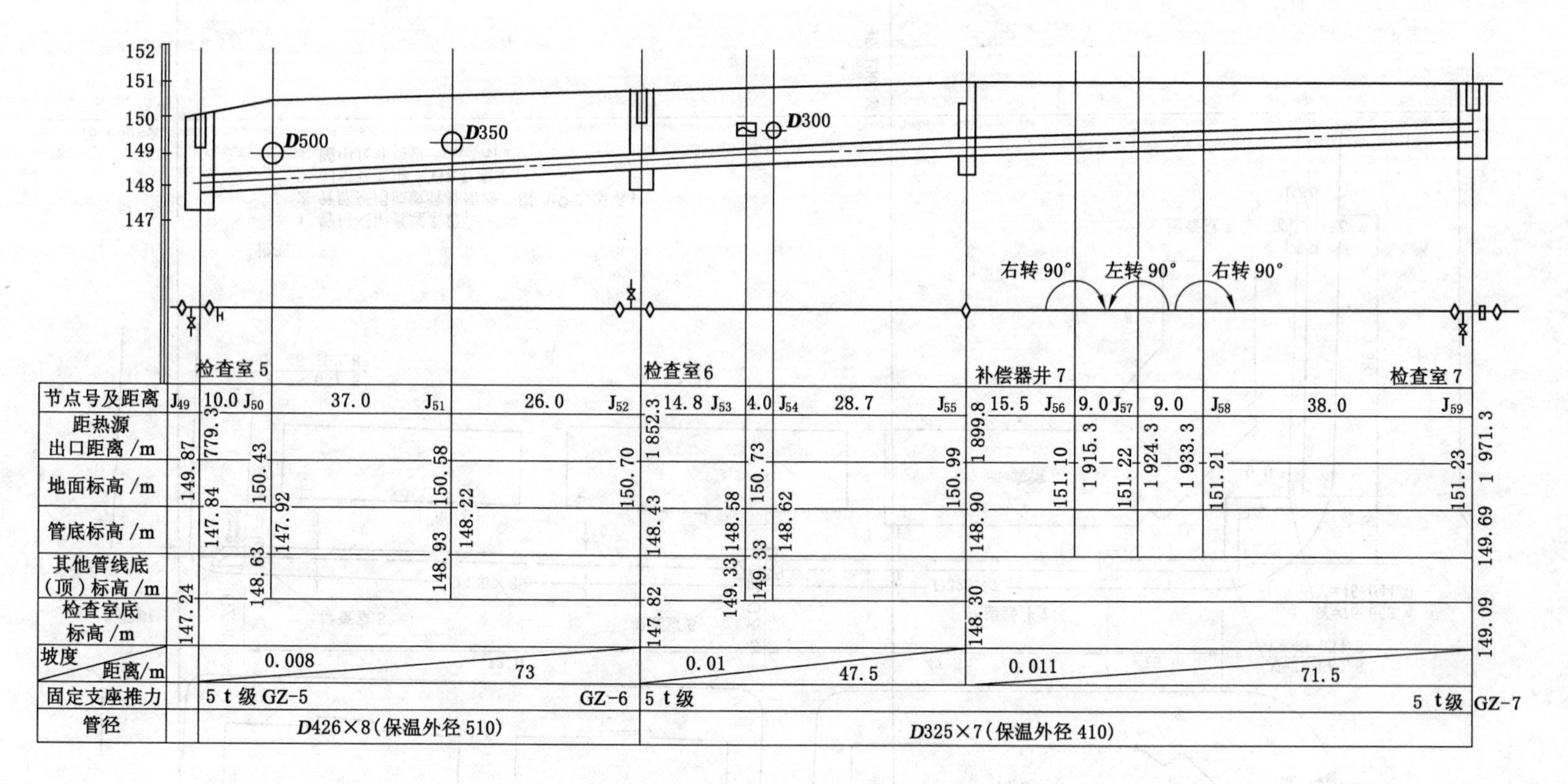

图7-26 直埋敷设供热管道纵断面图

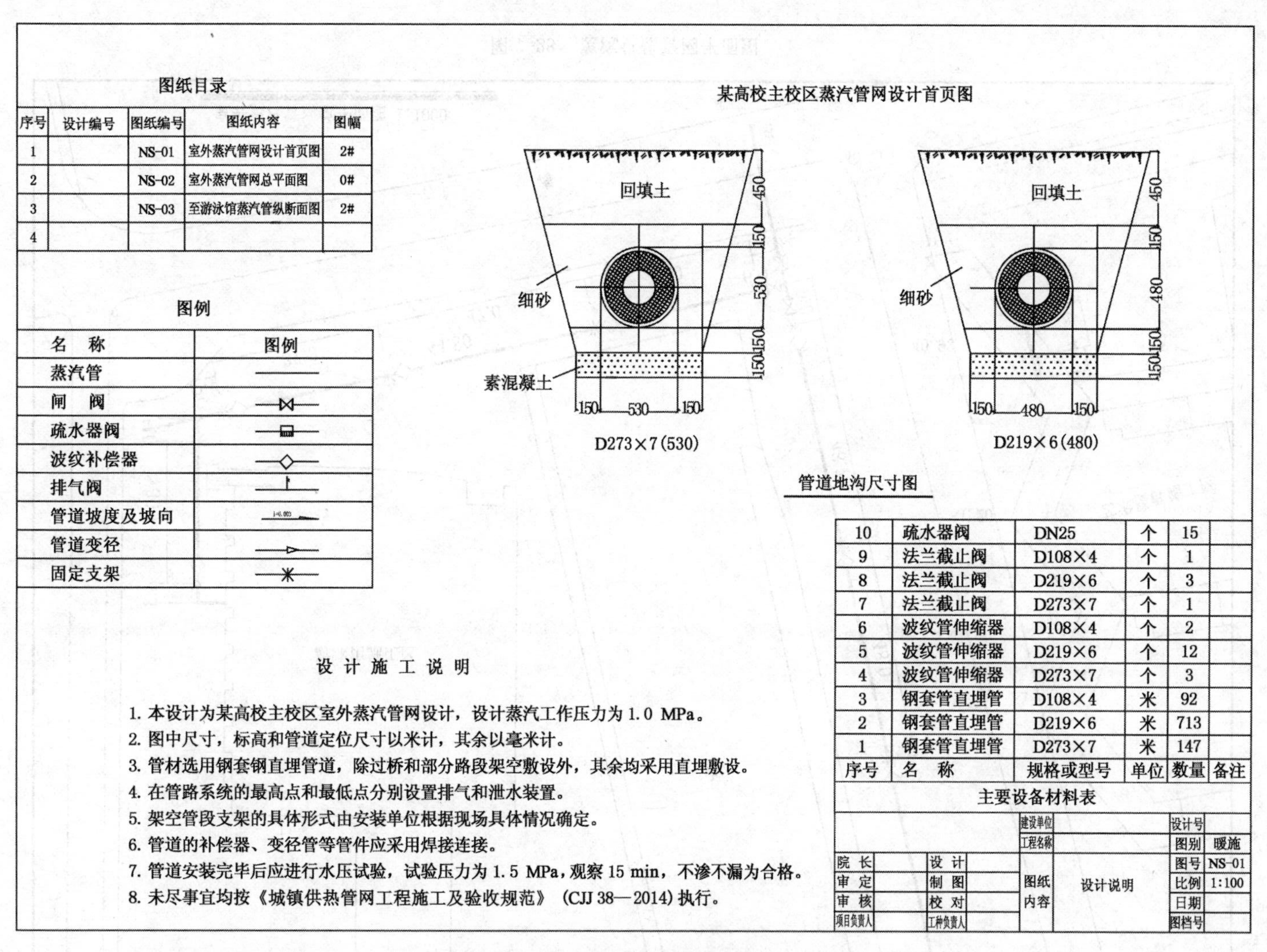

图 7-27　蒸汽供热管网设计首页

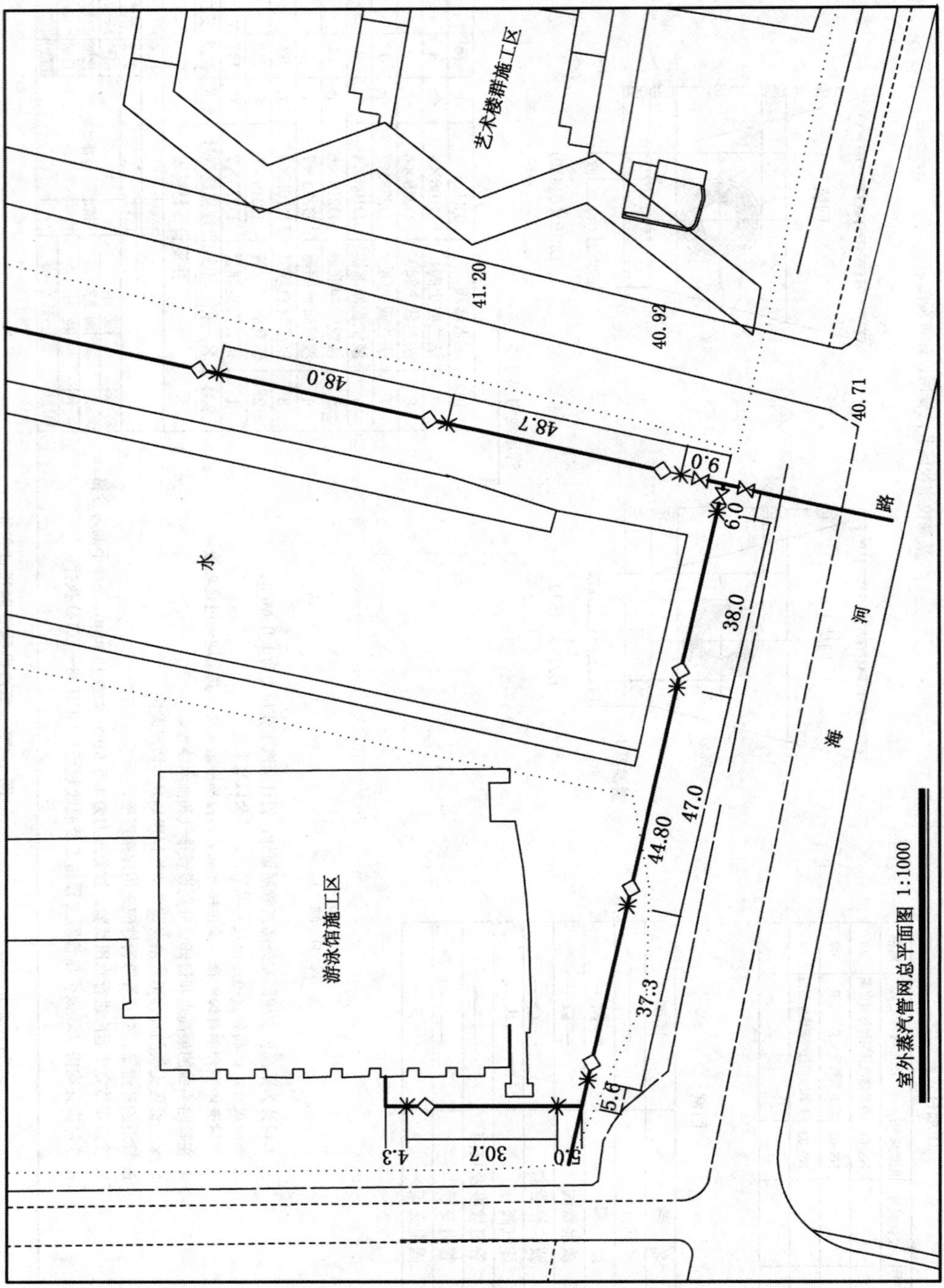

室外蒸汽管网总平面图 1:1000

图 7-28 蒸汽供热管网平面图

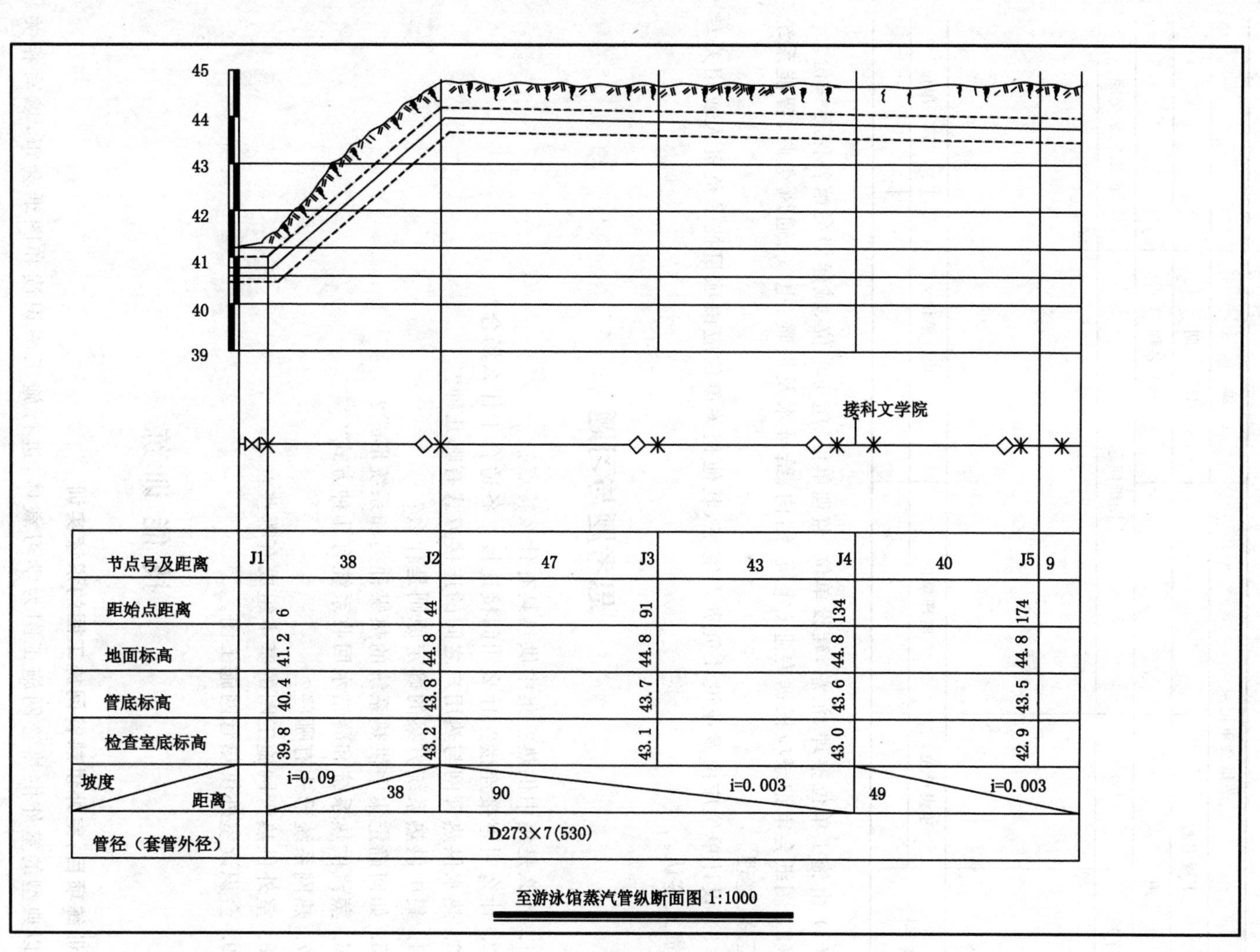

图 7-29　蒸汽供热管网纵断面图

图纸会审记录表的形式见表 7-2。

表 7-2　　图纸会审记录

<table>
<tr><td colspan="3">图纸会审记录</td><td>编　　号</td><td colspan="2"></td></tr>
<tr><td colspan="2">工程名称</td><td></td><td>日　　期</td><td colspan="2"></td></tr>
<tr><td colspan="2">地　　点</td><td></td><td>专业名称</td><td colspan="2"></td></tr>
<tr><td>序号</td><td>图号</td><td colspan="2">图纸问题</td><td colspan="2">图纸问题交底</td></tr>
<tr><td></td><td></td><td colspan="2"></td><td colspan="2"></td></tr>
<tr><td rowspan="2">签字栏</td><td>建设单位</td><td>监理单位</td><td colspan="2">设计单位</td><td>施工单位</td></tr>
<tr><td></td><td></td><td colspan="2"></td><td></td></tr>
</table>

(1) 由施工单位整理、汇总，建设单位、监理单位、施工单位、城建档案馆各保存一份。

(2) 图纸会审记录应根据专业(建筑、结构、给排水及供暖、电气、通风空调、智能系统等)汇总、整理。

(3) 设计单位应由专业设计负责人签字，其他相关单位应由项目技术负责人或相关专业负责人签认。

思考题与习题

1. 什么是集中供热？集中供热具有什么特点？
2. 什么叫直接连接？什么叫间接连接？各适合于什么场合？
3. 热水供热管网与热用户之间的连接方式有哪几种？
4. 集中供热系统方案的确定原则是什么？
5. 如何确定集中供热系统的热媒种类和系统形式？
6. 蒸汽供热系统和凝结水回收系统有几种方式？
7. 热网系统形式有哪些？
8. 室外供热管网施工图的基本组成有哪些？
9. 会识读室外供热管网施工图。

技能训练

训练项目：室外供热管网施工图的识读实训

以典型的室外供热管网施工图为学习载体，进行施工图识读和图纸会审，填写相关记录。

1. 实训目标

(1) 熟悉室外管网施工图的组成，设备与管道的布置原则与方法；

(2) 明确图纸会审组织程序；

(3) 全面细致地熟悉图纸，领会设计意图、掌握工程特点及难点；

(4) 审查出施工图中存在的问题及不合理情况，并拟定解决方案。

2. 实训项目

以图 7-27～图 7～29 为实训项目。

3. 实训成果

图纸会审记录一份，见表 7-2。

4. 项目评价

注重学习和训练的过程评价，包括识读施工图中答疑的数量和质量、发现问题的正确性、解决方案、图纸会审记录等。采取表 7-3 所示评价表进行全过程评价。

表 7-3　　实训项目评价表

班级		姓名	学号	
同组学生名单（学号）				
序号	问题	答案	自评分	教师评分
根据图纸回答问题（20 分）				
1	描述热源的概况			
2	敷设方式			
3	管网的布置形式			
4	管材			
5	补偿器的形式与数量			
6	固定支座的形式与数量			
7	阀门的种类与数量			
8	管道埋深			
9	试验压力			
10	其他			
答疑的问题记录（30 分）				
11				
12				
13				
14				
15				
图纸会审记录（50 分）				
总评分				
总结：				

学习情境八　室外供热管道的安装

一、职业能力

1. 室外供热管网的水力计算能力。
2. 室外供热管网管材进场验收能力。
3. 编制管道安装施工方案的能力。
4. 组织管道施工安装的能力。
5. 管道施工安装分项验收的能力。
6. 管道施工安装分项工程资料整理的能力。

二、工作任务

1. 综合实训任务：室外供热管网的水力计算。
2. 室外供热管道安装分项工程施工方案的编制。

三、相关实践知识

1. 管道的安装组织。
2. 管道安装质量的验收。
3. 施工资料的整理。
4. 管道质量、施工质量的验收。

四、相关理论知识

1. 集中供热系统的热负荷确定方法。
2. 供热管网水力计算的方法。
3. 水力计算表的使用。

项目一　供热管网的水力计算

一、集中供热系统的热负荷

集中供热系统有供暖、通风、空调及生活热水供应、生产工艺等用热热负荷。正确合理地确定这些热用户的热负荷是确定供热方案、选择锅炉和进行热网水力计算的重要依据。

集中供热系统各热用户用热系统的热负荷，按其性质可分为两大类：

(1) 季节性热负荷。供暖、通风、空调等系统的热负荷是季节性热负荷。它们与室外温度、湿度、风速、风向和太阳辐射强度等气候条件密切相关，其中室外温度对季节性热负荷的大小起决定作用。

(2) 常年性热负荷。生产工艺热负荷和生活用热(主要指热水供应)系统的热负荷是常年性热负荷。这些热负荷与气候条件的关系不大，用热比较稳定，在全年中变化较小。但在全天中由于生产班制和生活用热人数多少的变化，用热负荷的变化幅度较大。

对集中供热系统进行规划或初步设计时，通常采用热指标法概算各类热用户的设计热负荷。对于已建成和原有建筑物，或已有热负荷数据的拟建房屋，可以采取对需要供热的建筑物进行热负荷调查，用统计的方法，确定系统的热负荷。根据调查统计资料确定总热负荷时，应考虑热网热损失附加5%的安全余量。

（一）供暖热负荷的确定

$$Q_h = q_h A \times 10^{-3} \tag{8-1}$$

式中　Q_h——建筑物的供暖设计热负荷，kW；

A——供暖建筑物的建筑面积，m^2；

q_h——建筑物供暖面积热指标，W/m^2。

建筑物的面积热指标表示各类建筑物在室内外温差为1 ℃时，每1 m^2 建筑面积的供暖设计热负荷。

各类建筑物面积热指标的推荐值见表8-1。

表8-1　　**供暖面积热指标**　　单位：W/m^2

建筑物类型	住宅	居住区综合	学校办公	医院托幼	旅馆	商店	食堂餐厅	影剧院展览馆	大礼堂体育馆
未采取节能措施	58～64	60～67	60～80	65～80	60～70	65～80	115～140	95～115	115～165
采取节能措施	40～45	45～55	50～70	55～70	50～60	55～70	100～130	80～105	100～150

注：① 表中数值适用于我国东北、华北、西北地区。
② 热指标中已包括约5%的热网热损失。

（二）通风热负荷的确定

通风热负荷是指加热从机械通风系统进入建筑物的室外空气的耗热量。可通过下式进行确定。

$$Q_v = K_v Q_h \tag{8-2}$$

式中　Q_v——通风设计热负荷，kW；

Q_h——建筑物的供暖设计热负荷，kW；

K_v——建筑物通风热负荷系数，可取0.3～0.5。

（三）空调热负荷的确定

空调热负荷分为空调冬季设计热负荷和空调夏季热负荷。

1. 空调冬季热负荷

$$Q_a = q_a A \times 10^{-3} \tag{8-3}$$

式中　Q_a——空调冬季设计热负荷，kW；

q_a——空调热指标，W/m^2，可按表8-2取用；

A——空调建筑物的建筑面积，m^2。

2. 空调夏季热负荷

$$Q_c = \frac{q_c A \times 10^{-3}}{COP} \tag{8-4}$$

式中　Q_c——空调夏季设计热负荷，kW；

q_c——空调冷指标，W/m²，可按表 8-2 取用；

A——空调建筑物的建筑面积，m²；

COP——吸收式制冷剂的制冷系数，可取 0.7～1.2。

表 8-2　　空调热指标 q_a、冷指标 q_c 推荐值　　单位：W/m²

建筑物类型	办公	医院	旅馆、宾馆	商店、展览馆	影剧院	体育馆
热指标 q_a	80～100	90～120	90～120	100～120	115～140	130～190
冷指标 q_c	80～110	70～100	80～110	125～180	150～200	140～200

注：① 表中数值适用于我国东北、华北、西北地区。

② 寒冷地区热指标取较小值，冷指标取较大值；严寒地区热指标取较大值，冷指标取较小值。

（四）生活热水热负荷的确定

1. 生活热水平均热负荷

$$Q_{w.a}=q_w A\times 10^{-3} \tag{8-5}$$

式中　$Q_{w.a}$——生活热水平均热负荷，kW；

q_w——生活热水热指标，W/m²，可按表 8-3 取用；

A——空调建筑物的建筑面积，m²。

表 8-3　　居住区供暖期生活热水日平均热指标 q_w 推荐值　　单位：W/m²

用水设备情况	热指标
住宅无生活热水设备，只对公共建筑供热水时	2～3
全部住宅有沐浴设备，并供给热水时	5～15

注：① 冷水温度较高时取较小值，冷水温度较低时取较大值。

② 热指标中已包括约 10%的管网热损失在内。

2. 生活热水最大热负荷

$$Q_{w.max}=K_h Q_{w.a} \tag{8-6}$$

式中　$Q_{w.max}$——生活热水最大热负荷，kW；

$Q_{w.a}$——生活热水平均热负荷，kW；

K_h——小时变化系数，根据用热水计算单位数按《建筑给水排水设计规范》(GB 50015)规定取用。

计算热力网设计热负荷时，生活热水设计热负荷应按下列规定取用：

(1) 干线

应采用生活热水平均热负荷。

(2) 支线

当用户有足够容积的储水箱时，应采用生活热水平均热负荷；当用户无足够容积的储水箱时，应采用生活热水最大热负荷，最大热负荷叠加时应考虑同时使用系数。

（五）工业热负荷

工业热负荷包括生产工艺热负荷、生活热负荷和工业建筑的供暖、通风、空调热负荷。

生产工艺热负荷的最大、最小、平均热负荷和凝结水回收率应采用生产工艺系统的实际数据，并应收集生产工艺系统不同季节的典型日(周)负荷曲线图。

当生产工艺热用户或用热设备较多时，供热管网中各热用户的最大热负荷往往不会同时出现，因而在计算集中供热系统的热负荷时，应以经各工艺热用户核实的最大热负荷之和乘以同时使用系数(同时使用系数指实际运行的用热设备的最大热负荷与全部用热设备最大热负荷之和的比值)，同时使用系数一般为0.6～0.9。考虑各设备的同时使用系数后将使热网总热负荷适当降低，因而可相应降低集中供热系统的投资费用。

（六）年耗热量

集中供热系统的年耗热量是各类热用户年耗热量的总和。民用建筑的全年耗热量应按下列公式计算。

1. 供暖年耗热量

$$Q_h^a = 0.086\,4 Q_h \left(\frac{t_n - t_{pj}}{t_n - t_{wn}}\right) N \tag{8-7}$$

式中　Q_h^a——供暖年耗热量，GJ；

Q_h——供暖设计热负荷，kW；

N——供暖期天数；

t_{wn}——供暖室外计算温度，℃；

t_n——供暖室内计算温度，℃，一般取18 ℃；

t_{pj}——供暖期室外平均温度，℃。

2. 供暖期通风耗热量

$$Q_V^a = 0.003\,6 T_V Q_V \left(\frac{t_n - t_{pj}}{t_n - t_{wV}}\right) N \tag{8-8}$$

式中　Q_V^a——供暖期通风耗热量，GJ；

T_V——供暖期内通风装置每日平均运行小时数，h；

N——供暖期天数；

Q_V——通风设计热负荷，kW；

t_n——通风室内计算温度，℃；

t_{pj}——供暖期室外平均温度，℃；

t_{wV}——冬季通风室外计算温度，℃。

3. 空调供暖耗热量

$$Q_a^a = 0.003\,6 T_a Q_a \left(\frac{t_n - t_{pj}}{t_n - t_{wa}}\right) N \tag{8-9}$$

式中　Q_a^a——空调供暖耗热量，GJ；

T_a——供暖期内空调装置每日平均运行小时数，h；

N——供暖期天数；

Q_a——空调冬季设计热负荷，kW；

t_n——空调室内计算温度，℃；

t_{pj}——供暖期室外平均温度，℃；

t_{wa}——冬季空调室外计算温度，℃。

4. 供冷期制冷耗热量

$$Q_c^a = 0.0036 Q_c T_{c.max} \tag{8-10}$$

式中 Q_c^a——供冷期制冷耗热量,GJ;

Q_c——空调夏季设计热负荷,kW;

$T_{c.max}$——空调夏季最大负荷利用小时数,h。

5. 生活热水全年耗热量

$$Q_w^a = 30.24 Q_{w.a} \tag{8-11}$$

式中 Q_w^a——生活热水全年耗热量,GJ;

$Q_{w.a}$——生活热水平均热负荷,kW。

6. 工业热负荷

生产工艺热负荷的全年耗热量应根据年负荷曲线图计算。工业建筑的供暖、通风、空调及生活热水的全年耗热量可按前面所述进行计算。

二、热水热网水力计算的基本原理

热水热网水力计算的主要任务是:

(1) 根据热媒的流量和允许比摩阻,选择各管段的管径;

(2) 根据管径和允许压降,计算或校核系统输送介质的流量;

(3) 根据流量和管径计算管路压降,为热源设计和选择循环水泵提供必要的数据。

课件:供暖管网的水力计算

对于热水热网,还可以根据水力计算结果和沿管线建筑物的分布情况、地形变化等绘制热网水压图,进而控制和调整供热管网的水力工况,并为确定热网与热用户的连接方式等提供依据。

(一) 沿程压力损失的计算

因室外热网流量较大,所以计算每米长沿程压力损失(比摩阻)的公式中的流量,用 t/h 做单位,即

$$R = 6.25 \times 10^{-2} \frac{\lambda G^2}{\rho d^5} \tag{8-12}$$

式中 R——每米管长的沿程压力损失,Pa/m;

G——管段的热媒流量,t/h;

λ——沿程阻力系数;

ρ——热媒密度,kg/m³;

d——管道内径,m。

对于管径等于或大于 40 mm 的管道,λ 可用公式 $\lambda = 0.11\left(\frac{K}{d}\right)^{0.25}$ 计算。

式中 K 是管内壁面的绝对粗糙度,对室外热网取 $K = 0.5$ mm。将该式代入公式(8-12)中,得:

$$R = 6.88 \times 10^{-3} K^{0.25} \frac{G^2}{\rho d^{5.25}} \tag{8-13}$$

根据式(8-13)编制的热水热网水力计算表见附录 8-1。该表的编制条件为绝对粗糙度 $K = 0.5$ mm,温度 $t = 100$ ℃,密度 $\rho = 958.38$ kg/m³,运动黏滞系数 $\nu = 0.295 \times 10^{-6}$ m²/s,

如果实际使用条件与制表条件不符，应按下列公式对流速、管径、比摩阻进行修正。

（1）管道的实际绝对粗糙度与制表的绝对粗糙度不符时，则

$$R_{sh}=\left(\frac{K_{sh}}{K_b}\right)^{0.25}R_b=mR_b \tag{8-14}$$

式中　R_b，K_b——制表中的比摩阻和表中规定的管道绝对粗糙度；

R_{sh}，K_{sh}——热媒的实际比摩阻和管道的实际绝对粗糙度；

m——绝对粗糙度 K 修正系数，见表 8-4。

表 8-4　　K 值修正系数 m 和 β 值

K/mm	0.1	0.2	0.5	1.0
m	0.669	0.795	1.0	1.189
β	1.495	1.26	1.0	0.84

（2）如果流体的实际密度与制表的密度不同，但质量流量相同时，则

$$v_{sh}=\left(\frac{\rho_b}{\rho_{sh}}\right)\cdot v_b \tag{8-15}$$

$$R_{sh}=\left(\frac{\rho_b}{\rho_{sh}}\right)\cdot R_b \tag{8-16}$$

$$d_{sh}=\left(\frac{\rho_b}{\rho_{sh}}\right)^{0.19}\cdot d_b \tag{8-17}$$

式中　ρ_b，v_b，R_b，d_b——制表中的密度和在表中查得的流速、比摩阻、管径；

ρ_{sh}，v_{sh}，R_{sh}，d_{sh}——热媒的实际密度和实际密度下的流速、比摩阻、管径。

在热水热网的水力计算中，由于水的密度随温度变化很小，可以不考虑不同密度下的修正计算，但对于蒸汽热网和余压凝结水热网，流体在管中流动，密度变化较大时，应考虑不同密度下的修正计算。

（二）局部压力损失的计算

在室外热网的水力计算中，经常采用当量长度法进行热网局部压力损失的计算。局部阻力的当量长度 $l_d=\sum\xi\frac{d}{\lambda}$，将公式 $\lambda=0.11\left(\frac{K}{d}\right)^{0.25}$ 代入，得

$$l_d=9.1\frac{d^{1.25}}{K^{0.25}}\sum\xi \tag{8-18}$$

式中　l_d——管段的局部阻力当量长度，m；

$\sum\xi$——管段的总局部阻力系数。

$K=0.5$ mm 条件下，一些局部构件的局部阻力系数和当量长度值见附录 8-2。如果使用条件下的绝对粗糙度与制表的绝对粗糙度不符，应对当量长度 l_d 进行修正。即

$$l_{dsh}=\left(\frac{K_b}{K_{sh}}\right)^{0.25}l_{db}=\beta l_{db} \tag{8-19}$$

式中　K_b，l_{db}——制表时的绝对粗糙度及表中查得的当量长度；

K_{sh}——热网的实际绝对粗糙度；

l_{dsh}——实际粗糙度条件下的当量长度；

β——绝对粗糙度的修正系数，见表 8-4。

（三）室外热网的总压力损失

当采用当量长度法进行水力计算时，热水热网中管段的总压降为：

$$\Delta p = \sum R(l + l_d) = Rl_{zh} \tag{8-20}$$

式中　l_{zh}——管段的折算长度，m。

若进行压力损失的估算，局部阻力的当量长度 l_d 可按管道实际长度 l 的百分数估算。即

$$l_d = \alpha_j \cdot l \tag{8-21}$$

式中　α_j——局部阻力当量长度百分数，%，见表 8-5；

l——管段的实际长度，m。

表 8-5　局部阻力当量长度百分数　单位：%

补偿器类型	公称直径 /mm	局部阻力与沿程阻力的比值	
		蒸汽管道	热水及凝结水管道
输送干线			
套筒或波纹管补偿器（带内衬筒）	≤1200	0.2	0.2
方形补偿器	200～350	0.7	0.5
方形补偿器	400～500	0.9	0.7
方形补偿器	600～1 200	1.2	1.0
输配管线			
套筒或波纹管补偿器（带内衬筒）	≤400	0.4	0.3
套筒或波纹管补偿器（带内衬筒）	450～1 200	0.5	0.4
方形补偿器	150～250	0.8	0.6
方形补偿器	300～350	1.0	0.8
方形补偿器	400～500	1.0	0.9
方形补偿器	600～1 200	1.2	1.0

注：① 输送干线是指自热源至主要负荷区且长度超过 2km 无分支管的干线。
② 输配管线是指有分支管接出的干线。

三、热水热网的水力计算

（一）热水热网的水力计算已知条件

热水热网水力计算时，需要的已知条件有：

（1）地形图。

（2）热网平面图，标注管道、所有的附件、伸缩器及有关设备等。

（3）热用户和热源的位置和标高。

（4）热源近期和远期供热能力、供热范围、供热方式、供热介质参数。

（5）热用户近、远期热负荷及各管段长度。

（二）热水热网的水力计算方法和例题

热水热网水力计算的方法如下。

1. 确定各管段的计算流量

热网水力计算时，各管段的计算流量应根据各管段所担负的各热用户的计算流量确定。

如果热用户只有热水供暖热用户，流量可按下式确定

$$G=3.6\frac{Q}{c(t_g-t_h)} \tag{8-22}$$

式中　G——管段设计流量，t/h；

Q——计算管段的设计热负荷，kW；

t_g、t_h——热水热网的设计供、回水温度，℃；

c——水的比热容，取 $c=4.187$ kJ/(kg·℃)。

2. 确定主干线并选择管径

热水热网的主干线应为允许平均比摩阻最小的管线。热水热网主干线的管径应按经济比摩阻选定。主干线经济比摩阻的数值一般可按 30～70 Pa/m 选用，当热网设计温差较小或供热半径大时取较小值，反之取较大值。根据计算流量和比摩阻即可按附录 8-1 确定各管段管径和实际比摩阻。

3. 计算主干线的压力损失

由主干线各管段的管径、实际比摩阻、管段长度及局部阻力形式、数量，并查附录 8-2 确定相应的当量长度，按式(8-20)计算各管段的压降及主干线总压降。

4. 计算各分支干线或支线

在保证各热用户入口处预留足够的资用压差以克服热用户内部系统的阻力的同时，应按热网各分支干线或支线始末两端的资用压力差选择管径，并尽量消耗掉剩余压差，以使各并联环路之间的压力损失趋于平衡。但应控制管内介质流速不应大于 3.5 m/s，同时支干线比摩阻不应大于 300 Pa/m。对于只连接一个热用户的支线，比摩阻可大于 300 Pa/m。

当并联环路的压力损失相差太大而无法平衡时，可在阻力损失小的分支管上设置调节阀、平衡阀及调压板。

【例题 8-1】　某热水供热管网平面布置如图 8-1 所示。已知热网设计供回水温度为 $t_g=130$ ℃，$t_h=70$ ℃，各热用户内部要求的压力差均为 50 kPa。试对该热网系统进行水力计算。

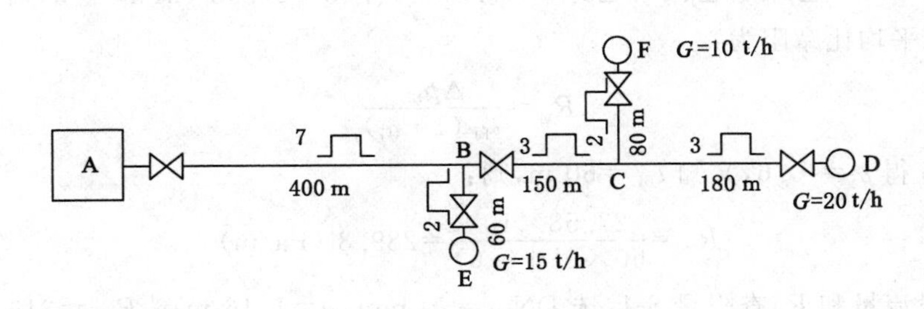

图 8-1　热水热网水力计算图

解　(1) 主干线的计算

首先选择确定热网主干线，由于各热用户入口要求的压力差均为 50 kPa，故从热源到最远热用户 D 的管线为主干线，对主干线及分支干线的各管段编号，求出各管段的计算流量，并将有关数据填入表 8-6 内。

根据主干线各管段的计算流量和比摩阻 $R_{pj}=30\sim70$ Pa/m 的范围，查附录 8-1 选择各管段管径和实际比摩阻，将所得数据列入表 8-6 内。

表 8-6 例题 8-1 水力计算表

管段编号	计算流量 $G/(\text{t/h})$	管段长度 L/m	当量长度 L_d/m	折算长度 L_{zh}/m	公称直径 DN/mm	流速 $v/(\text{m/s})$	比摩阻 $R/(\text{Pa/m})$	实际压降 $\Delta p/\text{kPa}$
1	2	3	4	5	6	7	8	9
AB	45	400	110.04	510.04	150	0.74	46.9	23.92
BC	30	150	44.1	194.1	125	0.71	54.6	10.60
CD	20	180	34.35	214.35	100	0.74	79.2	16.98
								51.50
BE	15	60	17.6	77.6	70	1.16	319.7	24.81
CF	10	80	17.6	97.6	70	0.78	142.2	13.88

对管段 AB，$G=15+10+20=45$ t/h，当 $R_{pj}=30\sim70$ Pa/m 时，查附录 8-1 得管径 DN $=150$ mm，$v=0.74$ m/s，$R=46.9$ Pa/m。

查附录 8-2 得管段 AB 的局部阻力当量长度为：

闸阀(DN150)：$1\times2.24=2.24$ (m)。

方形伸缩器(DN150)：$7\times15.4=107.8$ (m)。

AB 管段的当量长度为：$l_d=2.24+107.8=110.04$ (m)。

AB 段的实际压力损失为：

$$\Delta p_{AB}=R(l+l_d)=46.9\times(400+110.04)=23.92\ (\text{kPa})$$

用相同的方法计算 BC 段和 CD 段，计算结果见表 8-6。

由计算结果可见，主干线的压力损失为：

$$\Delta p_{AD}=23.92+10.60+16.98=51.5\ (\text{kPa})$$

(2) 各分支线的计算

分支线 BE 与主干线 BD 并联，因而资用压差为：

$$\Delta p_{BE}=\Delta p_{BC}+\Delta p_{CD}=10.60+16.98=27.58\ (\text{kPa})$$

BE 段的平均比摩阻为：

$$R_{pj}=\frac{\Delta p_{BE}}{l_{BE}(1+\alpha_j)}$$

查表 8-5 得 $\alpha_j=0.6$，又知 $l_{BE}=60$ m，则：

$$R_{pj}=\frac{27.58\times10^3}{60\times(1+0.6)}=289.3\ (\text{Pa/m})$$

由 BE 段流量和 R_{pj} 查附录 8-1，选 $DN_{BE}=70$ mm，$v=1.16$ m/s，$R_{BE}=319.7$ Pa/m，均符合规定。

BE 管段的当量长度为：

闸阀(DN70)：$1\times1.0=1.0$ (m)。

方形伸缩器：$2\times6.8=13.6$ (m)。

分流三通：$1\times3.0=3.0$ (m)。

故当量长度为：

$$l_d = 1.0 + 13.6 + 3.0 = 17.6\ (\text{m})$$

BE 段的压力损失为：

$$\Delta p_{BE} = R(l + l_d) = 319.7 \times (60 + 17.6) = 24.81\ (\text{kPa})$$

剩余压差 $\Delta p = 27.58 - 24.81 = 2.77$ (kPa)，通过调节阀门消耗掉。

计算 CF 管段的方法同上，计算结果见表 8-6。

四、蒸汽热网的水力计算

（一）蒸汽热网水力计算的特点

蒸汽管道水力计算的特点是在计算压力损失时应考虑蒸汽密度的变化。在设计中，为了简化计算，蒸汽密度采用平均密度，即以管段的起点和终点密度的平均值作为该管段的计算密度。

热水热网水力计算的基本公式，对蒸汽热网同样适用。

1. 沿程阻力计算

编制附录 8-3 室外蒸汽管道水力计算表时，取 $K = 0.2$ mm，蒸汽密度 $\rho = 1\ \text{kg/m}^3$。当计算管段的平均密度不等于 $1\ \text{kg/m}^3$ 时，可用式(8-15)、(8-16)对比摩阻及流速进行修正。

当蒸汽管道的当量绝对粗糙度 K_{sh} 与 $K_b = 0.2$ mm 不符时，同样按式(8-14)进行修正。

2. 局部阻力损失计算

局部阻力损失按当量长度法计算，局部阻力当量长度查附录 8-2 进行计算。

3. 蒸汽热网供热介质的最大允许设计流速

(1) 过热蒸汽管道

① 公称直径大于 200 mm 的管道　　80 m/s

② 公称直径小于或等于 200 mm 的管道　　50 m/s

(2) 饱和蒸汽管道

① 公称直径大于 200 mm 的管道　　60 m/s

② 公称直径小于或等于 200 mm 的管道　　35 m/s

（二）蒸汽热网水力计算方法和例题

蒸汽热网的水力计算方法如下：

(1) 先确定各管段的流量

$$G = 3.6\frac{Q}{r} \tag{8-23}$$

式中　G——管段的计算流量，t/h；

Q——用户的计算热负荷，kW；

r——用汽压力下的蒸汽潜热，kJ/kg。

(2) 绘制蒸汽热网平面图，并在图中标注所有补偿器、阀门的个数及其型号、管道长度等。

(3) 确定主干线的平均比摩阻

$$R_{pj} = \frac{\Delta p}{\sum l(1 + \alpha_j)} \tag{8-24}$$

式中 Δp—— 热网始端和终端的蒸汽压力差,Pa

$\sum l$—— 主干线总长,m;

α_j——局部阻力当量长度百分比,查表 8-5。

(4) 按主干线上压力损失均匀分布来假定管段末端压力

$$p_{mi}=p_{si}-\frac{\Delta p}{\sum l}l_i \tag{8-25}$$

式中 p_{mi},p_{si}——该管段的终端、始端蒸汽压力,Pa;

l_i—— 该计算管段的长度,m。

(5) 计算管段中蒸汽的平均密度

$$\rho_{pj}=\frac{\rho_{si}+\rho_{mi}}{2} \tag{8-26}$$

式中 ρ_{pj}——管段中蒸汽的平均密度,kg/m³;

ρ_{si},ρ_{mi}——管段中蒸汽的始端、末端密度,kg/m³。

(6) 根据式(8-16)将平均比摩阻换算成查表用比摩阻。

(7) 根据各管段的流量和查表用比摩阻查附录 8-3 选定合适的管径,从而得出对应于选定管径情况下的比摩阻及流速。

(8) 根据式(8-15)、(8-16)将表中查出的比摩阻、流速再换算成实际条件下的比摩阻及流速。

(9) 检查管内实际流速是否超过限定流速。

(10) 根据已选定的管径,查附录 8-2 得出局部阻力当量长度 L_d。

(11) 计算管段阻力损失及主干线总阻力损失。各管段阻力损失为 $\Delta p=\sum R(l+l_d)$,主干线总阻力损失应为各管段阻力损失总和。

(12) 校验计算:求出管段实际的末端压力 $p_{mi}=p_{si}-\Delta p$ 与蒸汽密度,与假定值对比。若误差允许,则计算下一管段,否则,用第一次计算的实际密度值,重新进行计算,直到符合要求。

(13) 根据分支节点压力选择并联支管的管径,方法同前。

【例题 8-2】 蒸汽热网如图 8-2 所示,锅炉出口饱和蒸汽压力为 10×10^5 Pa,$P_D=8\times10^5$ Pa,$P_E=6\times10^5$ Pa,试确定热网管径。

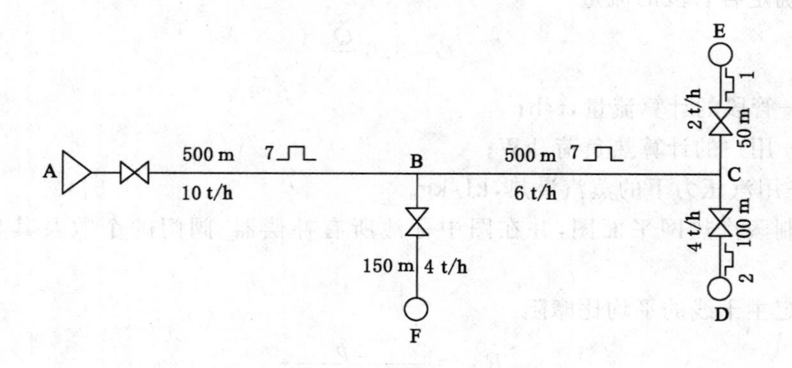

图 8-2 蒸汽热网水力计算图

解

主干线 AD 段的平均比摩阻为：

$$R_{pj}=\frac{\Delta p}{\sum l(1+\alpha_j)}=\frac{(10-8)\times 10^5}{(500+500+100)(1+0.7)}=107\ (\text{Pa/m})$$

(1) 管段 AB

管段 AB 末端压力为：

$$p_{mi}=p_{si}-\frac{\Delta p}{\sum l}l_i=10\times 10^5-\frac{(10-8)\times 10^5}{1\ 100}\times 500=9.09\times 10^5(\text{Pa})$$

计算管段 AB 蒸汽平均密度。查附录 8-4，始端蒸汽绝对压力 $p_A=(10+1)\times 10^5$ Pa$=11\times 10^5$ Pa，$\rho_A=5.637$ kg/m^3；末端蒸汽绝对压力 $p_B=(9.09+1)\times 10^5$ Pa$=10.09\times 10^5$ Pa，$\rho_B=5.191$ kg/m^3，则：

$$\rho_{pj}=(5.637+5.191)/2=5.414\ (\text{kg/m}^3)$$

换算为表中条件值，查表确定管径。

$$R_{pjb}=\frac{R_{pj}\rho_{pj}}{\rho_b}=\frac{107\times 5.414}{1}=579.3\ (\text{Pa/m})$$

用平均比摩阻和流量查附录 8-3，得管径 DN＝175 mm，且 $R_b=628.6$ Pa/m，$v_b=107$ m/s。换算成实际比摩阻和流速

$$R_{sh}=\left(\frac{\rho_b}{\rho_{sh}}\right)\cdot R_b=628.6\times\frac{1}{5.414}=116.1\ (\text{Pa/m})$$

$$v_{sh}=\left(\frac{\rho_b}{\rho_{sh}}\right)\cdot v_b=107\times\frac{1}{5.414}=19.76\ (\text{m/s})$$

蒸汽流速没有超出极限流速。

查附录 8-2 局部阻力当量长度表，局部阻力当量长度为 $l_d=217.35$ m。

管段总压力损失为：

$$\Delta p_{AB}=R_{sh}(l+l_d)=116.1\times(500+217.35)=83\ 284\ (\text{Pa})\approx 0.083\ (\text{MPa})$$

管段末端压力为

$$p_B=1-0.083=0.917\ (\text{MPa})$$

查得 $\rho_B=5.229$ kg/m^3。

管段实际平均密度为

$$\rho_{pj}=(5.637+5.229)/2=5.433\ (\text{kg/m}^3)$$

假定值与实际值基本相符，可将计算结果列于水力计算表 8-7 中。

(2) 管段 BC

将管段 BC 的始端压力定为 0.917 MPa，计算方法及步骤与管段 AB 相同。

(3) 其他管段

如同管段 AB 方法逐段计算，列入计算表中。

考虑 15%的富裕度后，主干线的总压力损失为 A 至热用户 D 处的压力，大小为 1－0.863＝0.137 (MPa)，高于要求值，富裕压力可在热用户 D 入口调节。

分支管线，只计算了 CE 段，从表中可见热用户处压力比要求值高，用阀门调节。

表 8-7

例题 3-2 蒸汽热网水力计算表

管段	蒸汽流量 G /(t/h)	管段长度 l /m	蒸汽始端压力 p /$\times10^5$ Pa	蒸汽末端压力 p /$\times10^5$ Pa	蒸汽平均密度 ρ_{pj} /(kg/m^3)	平均比摩阻 R_{pj} /(Pa/m)	管径 $D\times s$ /mm	查表比摩阻 R_b /(Pa/m)	查表流速 v_b /(m/s)	实际比摩阻 R_{sh} /(Pa/m)	流速 v_{sh} /(m/s)	当量长度 l_d /m	总计算长度 $l+l_d$ /m	管段压力损失 Δp /Pa	蒸汽始端压力 p /$\times10^5$ Pa	蒸汽末端压力 p /$\times10^5$ Pa	蒸汽平均密度 ρ_{pj} /(kg/m^3)
AB	10	500	10	9.09	5.414 5.433	579.3	194×6	628.6	107	116.1 115.7	19.76 19.69	217.35	717.35	83 284 82 997	10 10	9.167 9.170	5.433 5.434
BC	6	500	9.170	8.261	5.007 5.155	537.7	194×6	226.4	64.1	45.22 43.92	12.80 12.43	176.70	676.70	30 600 29 721	9.170 9.170	8.864 8.873	5.155 5.157
CD	4	100	8.873	8.691	5.040 5.026	539.3	133×4	723.3	90.6	143.49 143.89	17.98 18.00	65.90	165.90	23 805 23 871	8.873 8.873	8.635 8.634	5.026 5.026
CE	2	50	8.873	8.096	4.376 4.863 4.885	4 493	73×3.5	5 214	164	1 191.4 1 072.1 1 067.3	37.48 33.72 33.57	25.70	75.70	90 189 81 158 80 795	8.873 8.873 8.873	7.971 8.061 8.065	4.863 4.885 4.886

注：管段局部阻力当量长度：

AB：7 个方形补偿器，1 个截止阀：1.26×(7×19+39.5)=217.35；

BC：7 个方形补偿器，1 个直流三通：1.26×(7×19+7.24)=176.70；

CD：2 个方形补偿器，1 个分流三通，1 个截止阀：1.26×(2×12.5+8.8+18.5)=65.90；

CE：1 个方形补偿器，1 个分流三通，1 个截止阀：1.26×(1×6.8+4+9.6)=25.70。

五、凝结水管网的水力计算

（一）凝结水管管径确定的基本原则

高压蒸汽供热系统的凝结水管，根据凝结水回收系统的各部位管段内凝结水流动形式不同，管径确定方法也不同。

（1）单相凝结水满管流动的凝结水管路，其流动规律与热水管路相同，水力计算公式与热水管路相同。因此，管径可按热水管路的水力计算方法和图表进行计算。

（2）汽水两相乳状混合物满管流的凝结水管路，近似认为流体在管内的流动规律与热水管路相同。因此，在计算流动摩擦阻力和局部阻力时，采用与热水相同的公式，只需将乳状混合物的密度代入计算式即可。

（3）非满管流动的管路，流动复杂，较难准确计算，一般不进行水力计算，而是采用根据经验和实验结果制成的管道管径选用表，直接根据热负荷查表确定管径，见附录 8-5 低压蒸汽供暖系统干式和湿式自流凝结水管管径选择表。

（二）凝结水管网水力计算例题

【例题 8-3】　如图 8-3 所示为一闭式满管流凝结水回收系统示意图。用热设备的凝结水计算流量 $G=2.0$ t/h，疏水器前凝结水表压力 $p_1=250$ kPa，疏水器后的表压力 $p_2=100$ kPa。二次蒸发箱的最高蒸汽表压力 $p_3=40$ kPa。管段的计算长度 $l_1=160$ m，管壁 $K=0.5$ mm，疏水器后凝结水提升高度 $h_1=4.0$ m。二次蒸发箱下面减压水封出口与凝结水箱的回形管标高差 $h_2=2.5$ m。热网管段长度 $l_2=200$ m。闭式凝结水箱的蒸汽表压力 $p_4=5$ kPa。试选择各管段的管径。

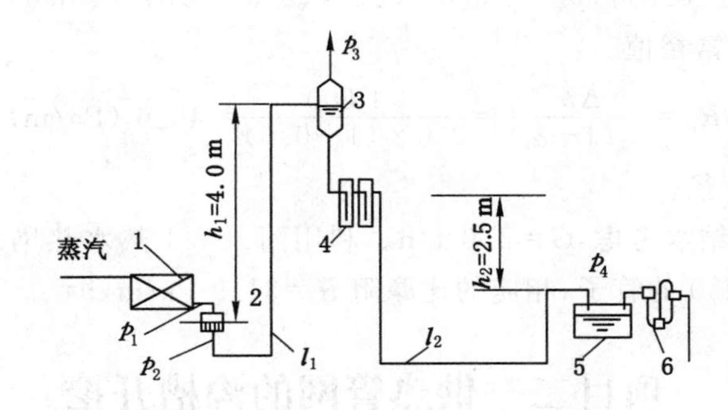

图 8-3　凝结水管网水力计算图

1——用汽设备；2——疏水器；3——二次蒸发箱；4——多级水封；5——闭式凝结水；6——安全水封

解　（1）从疏水器到二次蒸发箱的凝结水管段

① 计算余压凝结水管段的资用压力及其允许平均比摩阻值

该管段资用压力

$$\Delta p_1=(p_2-p_3)-h_1\rho_n g=(100-40)\times10^3-4\times10^3\times9.8=20\ 800\ (\text{Pa})$$

其中，ρ_n 为凝结水管中凝结水的密度，从安全角度出发，取 $\rho_n=1\ 000\ \text{kg/m}^3$。

该管段的允许平均比摩阻

$$R_{pj}=\frac{\Delta p(1-\alpha_j)}{\sum l}=\frac{20\ 800\times(1-0.2)}{160}=104\ (Pa/m)$$

② 求余压凝结水管中汽水混合物的密度 ρ_r 值，设疏水器漏汽量 $x_1=0$，查二次蒸发汽量表(附录 8-6)得出由于压降产生的含汽量 $x_2=0.056$ kg/kg，则在该余压凝结水管的二次含汽量为

$$x=x_1+x_2=0+0.056=0.056\ (kg/kg)$$

由饱和水及饱和水蒸气性质表查得，二次蒸发箱表压力 40 kPa 下饱和水比容 $v_s=0.001\ m^3/kg$，饱和蒸汽比容 $v_q=1.258\ m^3/kg$。则汽水混合物密度 ρ_r 为

$$\rho_r=\frac{1}{v_r}=\frac{1}{v_s+x(v_q-v_s)}=\frac{1}{0.001+0.056\times1.257}=14.01\ (kg/m^3)$$

③ 确定凝结水管管径。利用附录 8-7 闭式余压回水凝结水管径计算表($p=30$ kPa)，漏汽加二次蒸发汽量按 15%计算，该表 $K=0.5$ mm，$p=30$ kPa，$\rho=5.26\ kg/m^3$，则

$$R_{pj}=\frac{104\times14.01}{5.26}=277.0\ (Pa/m)$$

查表时的流量 $G=2$ t/h，换算成蒸汽放热量为

$$Q=Gr=\frac{2\ 000\times2\ 164.1}{3\ 600}=1\ 202.3\ (kW)$$

查附录 8-7 闭式余压回水凝结水管径计算表($p=30$ kPa)得，管径 $d=100$ mm。

(2) 从二次蒸发箱到凝结水箱的热网凝结水管段

① 该管段内为纯凝结水，可利用的作用压头 Δp_2 及其允许比摩阻 R_{pj} 值，按下式计算

$$\Delta p_2=\rho_n g(h_2-0.5)-p_4=1\ 000\times9.8\times(2.5-0.5)-5\ 000=14\ 600\ (Pa)$$

式中的 0.5 m 为预留富裕值。

$$R_{pj}=\frac{\Delta p_2}{l_2(1+\alpha_j)}=\frac{14\ 600}{200\times(1+0.6)}=45.6\ (Pa/m)$$

② 确定该管段管径。

按流过最大量凝结水考虑，$G=2.0$ t/h。利用附录 8-1 热水热网水力计算表，根据 R_{pj} 值选择管径，选用 DN50 的管子，相应的比摩阻 $R=31.9$ Pa/m，$v=0.3$ m/s。

项目二　供热管网的沟槽开挖

一、沟槽形式和尺寸的确定

(一) 常用的沟槽形式

管沟开挖的断面形式，应根据现场的土层、地下水位、管子规格、管道埋深及施工方法而定。管沟一般有直槽、梯形槽、混合槽和联合槽 4 种，如图 8-4 所示。

(二) 沟槽尺寸的确定

沟槽形式确定后，再根据管道的数量、管子规格、管子之间的净距计算出沟底宽度，如图 8-5、图 8-6 所示，W 的计算式为

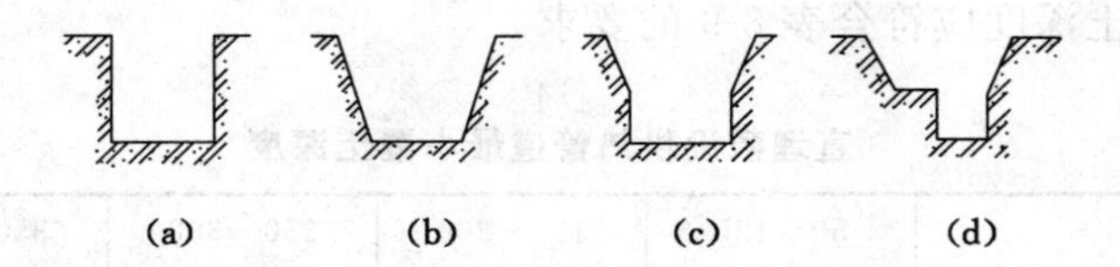

图 8-4　沟槽断面形式

(a) 直槽；(b) 梯形槽；(c) 混合槽；(d) 联合槽

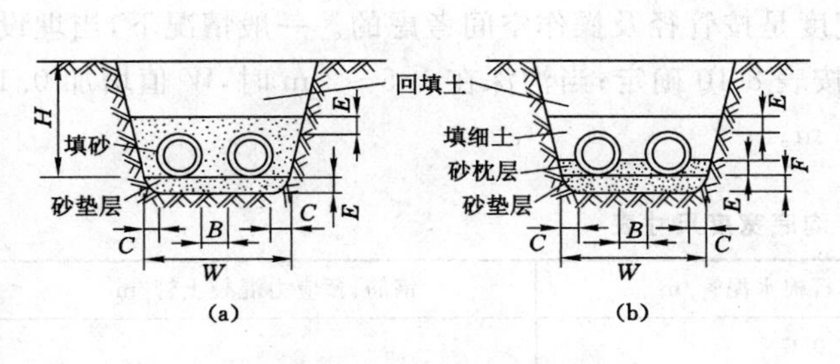

图 8-5　管道直埋断面形式

(a) 砂子埋管；(b) 细土埋管

$B \geqslant 200$ mm；$C \geqslant 150$ mm；$E = 100$ mm；$F = 75$ mm

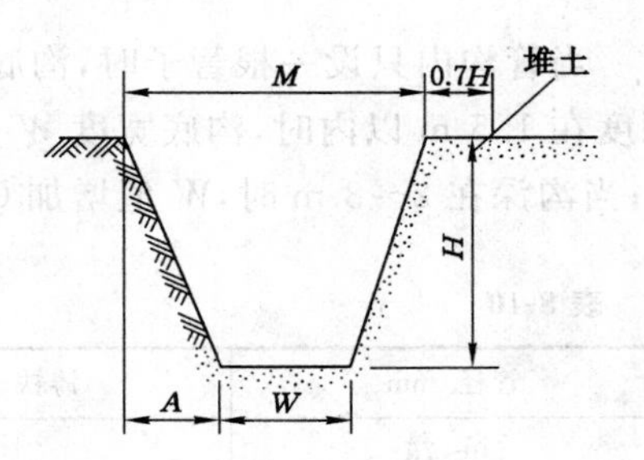

图 8-6　管沟断面尺寸

$$W = 2D + B + 2C \tag{8-27}$$

式中　D——管道保温结构外表面直径，mm；

B——管道间净距，不得小于 200 mm；

C——管道与沟壁净距，不得小于 150 mm。

由此可得出梯形槽顶面的开挖宽度为

$$M = W + 2A \tag{8-28}$$

$$A = H/I \tag{8-29}$$

$$I = \tan\alpha$$

式中　M——梯形槽槽顶尺寸，mm；

W——梯形槽槽底尺寸，mm；

H——梯形槽深度，mm；

I——梯形槽边坡。

梯形槽边坡尺寸见表 8-8。

表 8-8　梯形槽边坡尺寸

土质类别	边坡 $I(H/A)$	
	槽深 $H<3$ m	槽深 $H=3\sim5$ m
砂土	1∶0.75	1∶1.00
亚黏土	1∶0.50	1∶0.67
亚砂土	1∶0.33	1∶0.50
黏土	1∶0.25	1∶0.33
干黄土	1∶0.20	1∶0.25

管道的最小覆土深度应符合表 8-9 的要求。

表 8-9　　直埋敷设供热管道最小覆土深度

管径/mm		50～125	150～200	250～300	350～400	>450
覆土深度/m	车行道下	0.8	1.0	1.0	1.2	1.2
	非车行道	0.6	0.6	0.7	0.8	0.9

当管沟内只设一根管子时，沟底宽度是按管径及操作空间考虑的。一般情况下，当埋设深度在 1.5 m 以内时，沟底宽度 *W* 可按表 8-10 确定；当沟深在 1.5～2 m 时，*W* 值增加 0.1 m；当沟深在 2～3 m 时，*W* 值增加 0.2 m。

表 8-10　　沟底宽度尺寸表

管径/mm	铸铁、钢、石棉水泥管/m	钢筋、预应力混凝土管/m
50～75	0.6	—
100～200	0.7	—
250～350	0.8	1.0
400～450	1.0	1.3
500	1.3	1.5

对于热水双管、单管水平安装管道横断面图也可直接查表选用。

1. 热水双管水平安装管道横断面图(图 8-7)

双管水平安装横断面尺寸见表 8-11。

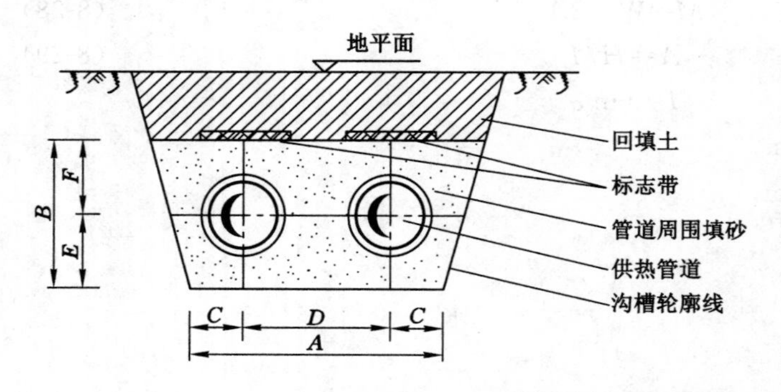

说明：

① 直埋保温管外皮距槽底填砂距离不小于 100 mm。

② 直埋保温管外皮距槽顶填砂距离不小于 150 mm。

③ 直埋保温管外皮距槽边填砂距离：管径≤DN100，不小于 100 mm；管径>DN100，不小于 150 mm。

④ 直埋保温管外皮间净距取 150～250 mm。

⑤ 通常情况下，槽边的放坡角度为 45°。

图 8-7　热水双管水平安装管道横断面图

表 8-11　　双管水平安装横断面尺寸表　　单位：mm

钢管公称直径 DN	保温厚度	保温管外径	*A*		*B*	*C*	*D*		*E*	*F*
			自然补偿	补偿器补偿			自然补偿	补偿器补偿		
50	31	125	630	690	390	170	290	350	170	220
65	29	140	630	740	390	170	290	400	170	220
80	33	160	670	790	410	180	310	430	180	230

续表 8-11

钢管公称直径 DN	保温厚度	保温管外径	A		B	C	D		E	F
			自然补偿	补偿器补偿			自然补偿	补偿器补偿		
100	40	200	750	870	450	200	350	470	200	250
125	40	225	1 010	1 030	480	265	480	500	215	265
150	42	250	1 050	1 120	500	275	500	570	225	275
200	43	315	1 200	1 260	570	315	570	630	260	310
250	57	400	1 350	1 400	650	350	650	700	300	350
300	56	450	1 450	1 550	700	375	700	800	325	375
350	54	500	1 600	1 670	750	400	800	870	350	400
400	58	560	1 720	1 810	810	430	860	950	380	430
450	52	600	1 790	1 940	850	450	890	1 040	400	450
500	53	655	1 890	2 070	910	480	930	1 110	430	480

2. 单管水平安装管道横断面图(图 8-8)

单管水平安装横断面尺寸见表 8-12。

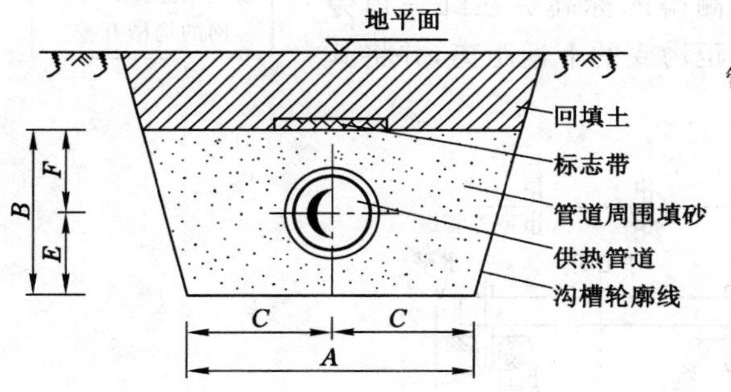

说明：

① 本图横断面适用于供回水管分开布置的直埋供热管道。

② 直埋保温管外皮距槽底填砂距离不小于 100 mm。

③ 直埋保温管外皮距槽顶填砂距离不小于 150 mm。

④ 直埋保温管外皮距槽边填砂距离：

管径≤DN100，不小于 100 mm；

管径>DN100，不小于 150 mm。

⑤ 通常情况下，槽边的放坡角度为 45°。

图 8-8　单管水平安装管道横断面图

表 8-12　　**单管水平安装横断面尺寸表**　　单位：mm

钢管公称直径 DN	保温厚度	保温管外径	A	B	C	E	F
50	31	125	340	390	170	170	220
65	29	140	340	390	170	170	220
80	33	160	360	410	180	180	230
100	40	200	400	450	200	200	250
125	40	225	430	480	265	215	265
150	42	250	450	500	275	225	275
200	43	315	630	570	315	260	310
250	57	400	700	650	350	300	350

续表 8-12

钢管公称直径 DN	保温厚度	保温管外径	*A*	*B*	*C*	*E*	*F*
300	56	450	750	700	375	325	375
350	54	500	800	750	400	350	400
400	58	560	860	810	430	380	430
450	52	600	900	850	450	400	450
500	53	655	960	910	480	430	480

二、供热管网的沟槽开挖

(一) 沟槽放线定位

管线中心定位后，根据管沟断面形状、管径的大小即可确定合理的开槽宽度，依次在中心桩两侧各打入一根边桩，边桩离沟边约 700 mm，地面以上留 200 mm。将一块高 150 mm、厚 25～30 mm 的木板钉在两边桩上，板顶应水平，该板称为龙门板，如图 8-9 所示。然后将中心桩的中心钉引到龙门板上，用水准仪测出每块龙门板上中心钉的绝对标高，并用红漆在板上标出表示标高的红三角，把测得的标高标在红三角旁边。根据中心钉标高和管底标高计算出该点距沟底的下返距离，并将其标在龙门板上，以便挖沟人员使用。

微课：热水供热管网的沟槽开挖

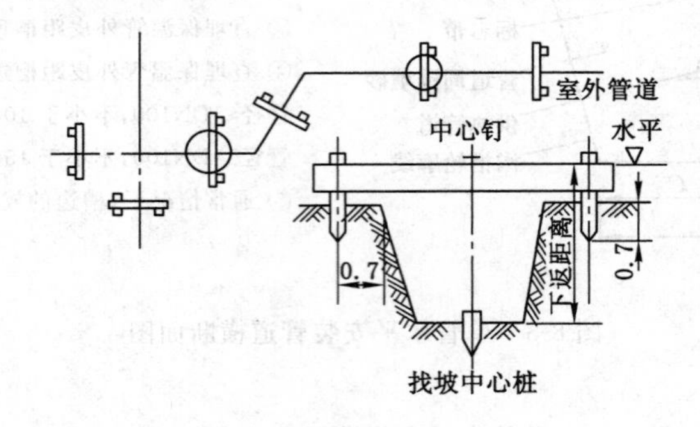

图 8-9　沟槽龙门板

用钢卷尺量出沟槽需开挖的宽度，以中心钉为基准各分一半画在龙门板上，用线绳在两块龙门板之间拉直，浇上白灰水，经复查无误后即可开挖。

(二) 沟槽开挖方法

1. 沟槽开挖前的准备工作

(1) 根据设计图纸的设计要求进行测量放线，定出中心桩、槽边线。

(2) 先查明开挖段的地下管线及其他地下构筑物情况，会同有关部门做出妥善处理，确保施工安全。

(3) 沟槽开挖前应做好沟槽外四周的排水工作，保证场外地表水不流入沟槽。

(4) 按工程监测要求，开挖前先布置各种类型的观测点，并测定初始资料。

(5) 准备好所有的机械设备及场内外运输道路，以利土方开挖工作连续快速完成。

2. 沟槽开挖方法

(1) 开挖方式以机械开挖为主，人工开挖进行配合。土方采用分段分层开挖的方式进行，开挖深度 3 m 以内的采用挖掘机一次开挖至距沟槽底 20 cm，开挖深度超过 3 m 的，采用挖掘机分两次开挖至距沟槽底 20 cm，挖出的土方用自卸运土车运至指定余泥堆场。

(2) 沟槽基底标高以上 20 cm 的土层，采用人工开挖、清理、平整，以免扰动基底土，严禁超挖。

(3) 土方开挖时，必须按有关规定设置沟槽护栏、夜间照明灯及指示红灯等设施，并按需要设置临时道路或桥梁。

(4) 沟槽开挖过程中，土层与设计不符时，及时通知设计、监理单位，由设计、监理及施工单位共同商讨处理方法，并做好记录。

(5) 当沟槽遇有风化岩或岩石时，开挖应由有资质的专业施工单位进行施工。当采用爆破法施工时，必须制定安全措施，并经有关单位同意，由专人指挥进行施工。

(6) 直埋管道的土方挖掘，宜以一个补偿段作为一个工作段，一次开挖至设计要求。在直埋保温管接头处应设工作坑，工作坑宜比正常断面加深、加宽 250～300 mm。

(三) 沟槽的开挖质量

沟槽的开挖质量应符合下列规定：

(1) 槽底不得受水浸泡或受冻。

(2) 槽壁平整，边坡坡度不得小于施工设计的规定。

(3) 沟槽中心线每侧的净宽不应小于沟槽底部开挖宽度的一半。

(4) 槽底高程的允许偏差，开挖土方时应为 ±20 mm，开挖石方时应为 －200～＋200 mm。

(四) 管基处理

在挖无地下水的沟槽时，不得一次挖到底，应留有 100～300 mm 的土层作为沟底和找坡的操作余量，沟底要求是自然土层，如果是松土铺成的或沟底是砾石，要进行处理，防止管子不均匀下沉使管子受力不均匀。对于松土，要用夯夯实；对于砾石底，则应挖出 200 mm 的砾石，用素土回填或用黄沙铺平，再用夯夯实，然后再敷设管道；如果是因为下雨或地下水位较高，使沟底的土层受到扰动和破坏时，应先进行排水，再铺以 150～200 mm 的碎石(或卵石)，最后再在垫层上铺 150～200 mm 的黄沙。

(五) 管沟砌筑

管沟砌筑工作由土建组织施工，管沟及检查室砌体结构施工应符合现行国家标准《砌体结构工程施工质量验收规范》(GB 50203)的规定。

(1) 砌体结构应符合下列规定：

① 砌筑方法应正确，不应有通缝；砂浆应饱满，配合比应符合设计要求。

② 清水墙面应保持清洁，刮缝深度应适宜，勾缝应密实，深浅一致，横竖缝交接处应平整。

③ 砌体的允许偏差及检验方法应符合有关规定。

④ 检查室施工质量应符合下列规定：

· 砌体室壁砂浆应饱满，灰缝平整，抹面压光，不得有空鼓、裂缝等现象。

· 室内底应平顺，坡向集水坑，爬梯应安装牢固，位置准确，不得有建筑垃圾等杂物。

· 井圈、井盖型号准确，安装平稳。

· 检查室允许偏差及检验方法应符合表 8-13 的要求。

表 8-13　检查室允许偏差及检验方法

序号	项目		允许偏差/mm	检验频率		检验方法
				范围	点数	
1	检查室尺寸	长度、宽度	±20	每座	2	尺量检查
		高度	+20	每座	2	
2	井盖顶高程	路面	±5	每座	1	水准仪测量
		非路面	+20	每座	1	

(2) 施工时应注意配合以下工作：

① 地沟内铁件的预埋。

② 架空管道要进行地脚螺栓、铁件的预埋或预留孔洞。地脚螺栓预埋时，要注意找直。在螺栓丝扣部位刷上机油后用灰袋纸或塑料布包扎好，防止损坏丝扣。

③ 预埋件应按标准图预制。

④ 管沟内管道活动支座应按设计间距安装，按管道坡度逐个测量支承管道滑托的钢板面的高程，高程允许偏差为 0～10 mm。支座底部找平层应满铺密实。

⑤ 管沟、检查室封顶前，应将里面的渣土、杂物清扫干净。预制盖板安装找平层应饱满，安装后盖板接缝及盖板与墙体结合缝隙应先勾严底缝，再将外层压实抹平。

(3) 为了整体提高直埋供热管道工程质量，达到设计寿命，在施工过程中，开槽、回填、夯实等工序应对下述几点给予足够的重视：

① 通常，预制保温管在窄槽中安装，窄槽两边净空以送下保温管并能饱满填砂为宜。开槽宽度应按设计要求不得过窄，以致难以在保温管胸腔填砂。必须确实把砂子送进保温管的胸腔内，紧贴预制保温管外壳。

② 土壤的成拱作用有助于支撑荷载，其作用类似于土拱。填砂保护着保温管，砂层上面回填土必须夯实，以便形成削力拱。基底为土拱提供拱台，所以基底必须夯实。若对原状土扰动最小时，则直埋安装的质量就最好。

③ 土壤夯实时，每层土厚应不大于 300 mm，在距管顶 600 mm 范围内不得重夯，否则会造成保温层变形，导致被动土压过大、荷载集中，同时对保温层和钢管的黏接性能、保温层及其保护壳的黏接性能造成破坏。

④ 应消除回填土中所有的空隙。空隙能对保温管造成压力集中，在胸腔以下也可能变成沿管道地下水流动的通道，砂子应与保温管充分接触。

⑤ 土壤密度是保证土壤为保温管提供结构支撑的最重要的土壤性质。资料表明，900 mm 的柔性管埋入松散的粉砂中，仅在胸腔部将土踩实，就会使环向挠曲减小将近一半。对于回填砂只需加以振动，使砂子在胸腔下移动和保温管紧密接触即可得到夯实效果。对于多种土壤，只需用机夯就可得到所需的密实度。

⑥ 在地下水位以下，土壤密实度更加重要。当土壤的空隙比大于临界空隙比时，水的加入将造成颗粒的相对移动，将土壤颗粒“振荡破坏”，使其体积变小。另外施工过程对基底造成最大可能破坏，所以这种条件下，基底应加天然级配砂石材料，增加基底的强度，保证土壤密实度。

⑦ 分层机械夯实是使土壤密实的有效方法。机夯可以采用滚压、揉搓、挤压、冲击、振动等方法；也可采用任何一种组合作用。松散土可用振动板或振动碾分层夯实。

⑧ 全部回填土应该是无渣块，无大石头、土块，无残渣。填埋土壤中出现这些材料会使夯实不均和导致过大的局部荷载，对保温层构成威胁。

⑨ 管道沿途基底土壤承载能力差异较大时，就有可能引起不均匀沉降。不均匀沉降不仅会引起管道很大的弯矩，也会引起剪力。所引起的应力在数量上很难求得。在设计和施工时应努力做到消除不均匀沉降或减低到最小，做好从一种土壤到另一种土壤基底的过渡处理和夯实。

⑩ 管道途经主要交通道路时，为了得到密实回填，可以引进一种密实的、级配好的、带棱角的颗粒状材料，但这并不意味着总是必需的。在选择一种回填料时，设计人员应综合考虑覆土深度、地下水位、聚氨酯密度、夯实费用等，通过技术经济比较确定。

项目三　供热管道的安装

一、室外供热管材、管件及附件

（一）管材、管件及连接

（1）热力管道应采用无缝钢管、电弧焊或高频焊焊接钢管。管材及管件的钢号不应低于表 8-14 的规定。

表 8-14　　热力管道管材钢号及适用范围

钢　号	适用范围	钢板厚度
Q235-A・F	$p\leqslant 1.0$ MPa，$t\leqslant 150$ ℃	≤8 mm
Q235-A	$p\leqslant 1.6$ MPa，$t\leqslant 300$ ℃	≤16 mm
Q235-B、20、20g、20R 及低合金钢	$p\leqslant 4.0$ MPa，$t\leqslant 450$ ℃	不限

注：p——管道设计压力；t——管道设计温度。

（2）凝结水管道宜采用具有防腐内衬或内衬防腐涂层的钢管，在承压能力和耐温性能满足要求的情况下，也可采用非金属管道。非金属管道的承压能力和耐温性能应满足设计技术要求。

（3）热力管道的连接应采用焊接，管道与设备、装置、法兰阀门连接时，应采用法兰连接。对公称直径小于或等于 25 mm 的放气阀，可采用螺纹连接，但与放气阀相连的管子应采用加厚钢管。

（4）室外供暖计算温度低于－5 ℃的地区，露天敷设的不连续运行的凝结水管道上的放水阀门，不得采用灰铸铁阀门；室外供暖计算温度低于－10 ℃的地区，露天敷设的热水管道设备、附件，均不得采用灰铸铁制品；室外供暖计算温度低于－30 ℃的地区，露天敷设的热水管道,应采用钢制阀门及附件。

(5) 城市热力网蒸汽管道在任何条件下均应采用钢制阀门及附件。

(6) 采用的弯头,其壁厚不得小于管道壁厚,弯头焊接应采用双面焊接。

(7) 钢管焊制三通,支管开孔应进行补强。对于承受干管轴向荷载较大的直埋敷设的管道,应考虑三通干管的轴向补强。

(8) 异径管应采用压制或钢板卷制,不应采用抽条法制作的异径管,异径管壁厚不应小于管道壁厚。蒸汽管道变径应采用下偏心异径管(管底平接),热水管道应采用上偏心异径管(管顶平接),凝结水管道应采用同心异径管。

(二) 附件与设施

(1) 热力管道干线、支干线、支线的起点应安装阀门。

(2) 热水热力网干线应装设分段阀门。分段阀门的间距宜为:输送干线 2 000～3 000 m,输配干线 1 000～1 500 m。蒸汽热力网可不安装阀门。多热源供热系统热源间的连通干线、环状管网环线的分段阀门应采用双向密封阀门。

(3) 热水、凝结水管道的高点,应安装放气装置。

(4) 热水、凝结水管道的低点应安装放水装置。热水管道的放水装置应保证一个放水段的排放时间不超过表 8-15 的规定。

表 8-15　热水管道放水时间

公称直径 DN/mm	DN≤300	300<DN≤500	DN≥600
放水时间/h	2～3	4～6	5～7

注:严寒地区采用表中规定的放水时间较小值。停热期间供热装置无冻结危险的地区,表中的规定可放宽。

(5) 蒸汽管道的低点和垂直升高的管段前应设启动疏水和经常疏水装置。同一坡度的管段,顺坡情况下每隔 400～500 m,逆坡时每隔 200～300 m 应设启动疏水和经常疏水装置。

(6) 经常疏水装置与管道连接处应设聚集凝结水的短管,短管直径为管道直径的 1/2～1/3。经常疏水管应连接在短管侧面,如图 8-10 所示。

(7) 经常疏水装置排出的凝结水,宜排入凝结水管道。

(8) 工作压力大于或等于 1.66 MPa 且公称直径大于或等于 500 mm 管道上的闸阀,安装时应安装旁通阀。旁通阀的规格可按阀门直径的 1/10 选用。

(9) 当供热系统补水能力有限,需控制管道充水量或蒸汽管道暖管需控制汽量时,管道阀门应装设口径较小的旁通阀作为控制阀门。

(10) 当动态水力分析需延长输送干线分段阀门关闭时间以降低压力瞬变值时,宜采用主阀并联旁通阀的方法解决。旁通阀直径可取主阀直径的 1/4。主阀和旁通阀应联锁控制,旁通阀必须在开启状态主阀方可进行关闭操作,主阀关闭后旁通阀才可关闭。

(11) 公称直径大于或等于 500 mm 的阀门,宜采用电动驱动装置。由监控系统远程操作的阀门,其旁通阀亦采用电动驱动装置。

(12) 公称直径大于或等于 500 mm 的热水管网干管,在低点、垂直升高管段前、分段阀门前宜设阻力小的永久性除污装置。

（13）地下敷设管道安装套筒补偿器、波纹管补偿器、阀门、放水和除污装置等设备附件时，应设检查室。

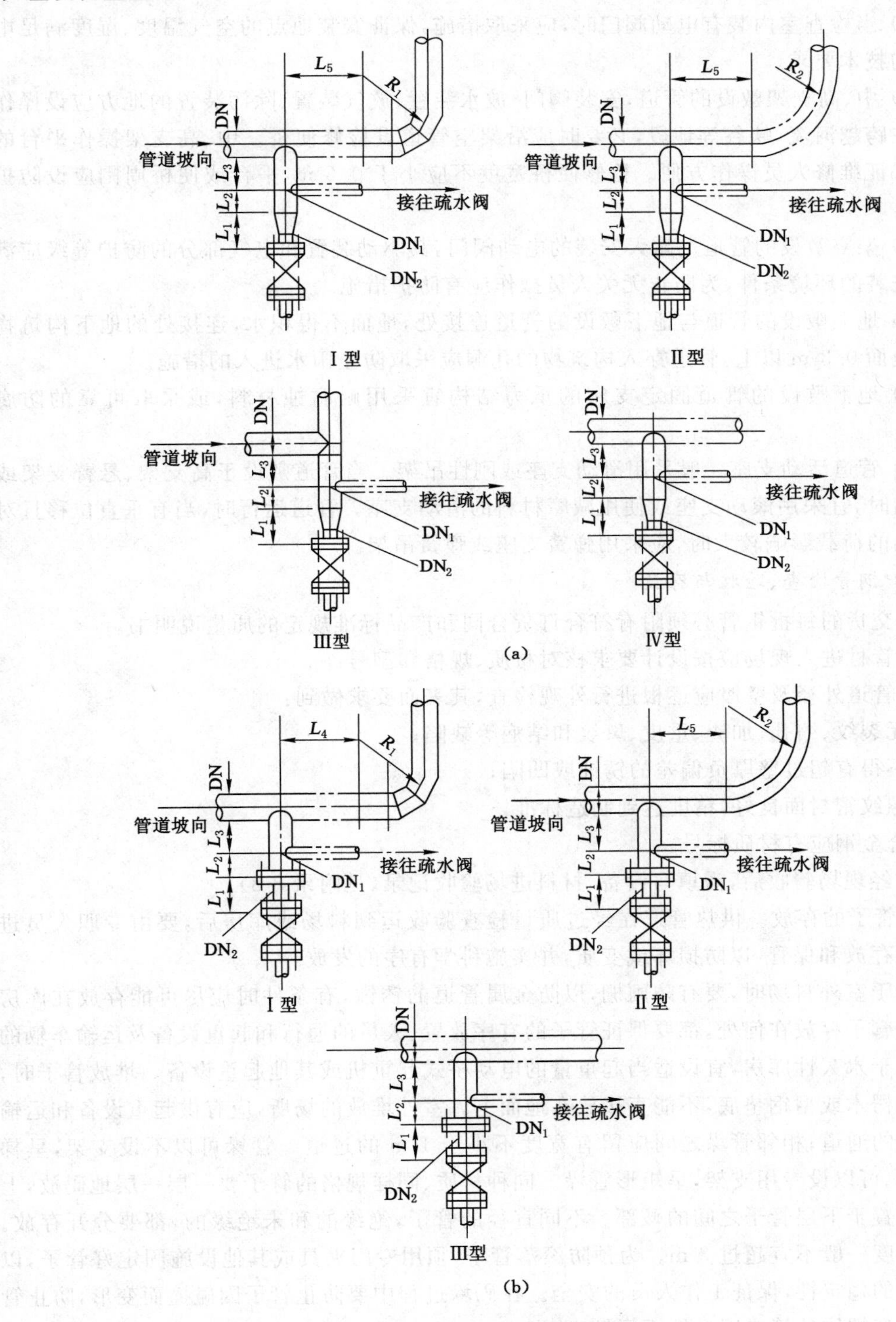

图 8-10　集水管及启动疏水装置

(a) DN25～DN125；(b) DN150～DN500

(14) 当检查室内需更换的设备、附件不能从人孔进出时，应在检查室顶板上设安装孔。安装孔的尺寸和位置应保证需更换设备的出入和便于安装。

(15) 当检查室内装有电动阀门时，应采取措施，保证安装地点的空气温度、湿度满足电气装置的技术要求。

(16) 中、高支架敷设的管道，安装阀门、放水装置、放气装置、除污装置的地方应设操作平台。在跨越河流、峡谷等地段，必要时应沿架空管道设检修便桥。中、高支架操作平台的尺寸应保证维修人员操作方便。检修便桥宽度不应小于 0.6 m，平台或便桥周围应设防护栏杆。

(17) 架空敷设的管道上露天安装的电动阀门，其驱动装置和电气部分的防护等级应满足露天安装的环境条件，为防止无关人员操作应有防护措施。

(18) 地上敷设的管道与地下敷设的管道连接处，地面不得积水，连接处的地下构筑物应高出地面 0.3 m 以上，管道穿入构筑物的孔洞应采取防止雨水进入的措施。

(19) 地下敷设的管道固定支座的承力结构宜采用耐腐蚀材料，或采取可靠的防腐措施。

(20) 管道活动支座一般采用滑动支座或刚性吊架。当管道敷设于高支架、悬臂支架或通行管沟时，宜采用滚动支座或使用减摩材料的滑动支座。管道运行时，当有垂直位移且对邻近支座的荷载影响较大时，应采用弹簧支座或弹簧吊架。

(三) 钢管检查、验收与存放

(1) 交货的每批钢管必须附有符合订货合同和产品标准规定的质量说明书。

(2) 管材进入现场应按设计要求核对材质、规格和型号。

(3) 管道外径及壁厚应逐根进行外观检查，其表面要求做到：

① 无裂纹、缩孔、加渣、重皮、斑纹和结疤等缺陷；

② 不得有超过壁厚负偏差的锈蚀或凹陷；

③ 螺纹密封面良好，精度达到制造标准；

④ 合金钢应有材质标号。

管材经现场验收后，需填写设备、材料进场验收记录(见附录 8-8)。

(4) 管子的存放。供热管道在经过质量检查验收运到料场或库房后，要由专职人员进行妥善的存放和保管，以防损坏或变质，并实施科学有序的发放。

存放于室外料场时，要有防雨棚，以防金属管道的锈蚀，有条件时应尽可能存放在库房内。不论管子存放在何处，都要保证管子的有序放置、人员的通行和起重设备及运输车辆的出入。对于永久性库房，宜设适当起重量的电动桥式起重机或其他起重设备。堆放管子时，管底要有楞木或型钢垫底，不能直接放在地面上。室外堆放的场所，应有供起重设备和运输车辆行驶的通道；相邻管垛之间应留有宽度不小于 1 m 的过道。管垛可以不设支架，呈梯形管垛，也可以设专用支架，呈矩形管垛。同种材质、同样规格的管子要一层一层地码放，上层的管子置于下层管子之间的鞍部。不同直径的管子，绝缘的和未绝缘的，都要分开存放。管垛的高度一般不宜超过 3 m。为预防滚落管子，须用专门夹具或其他设施固定好管子，以保持管垛的稳定性，保证工作人员的安全。在码垛过程中要防止管子因碰撞而变形，防止管口特别是有螺纹的管口因碰撞而损坏。

二、室外供热管道的安装

(一) 直埋供热管道安装

直埋供热管道的施工程序如图 8-11 所示。

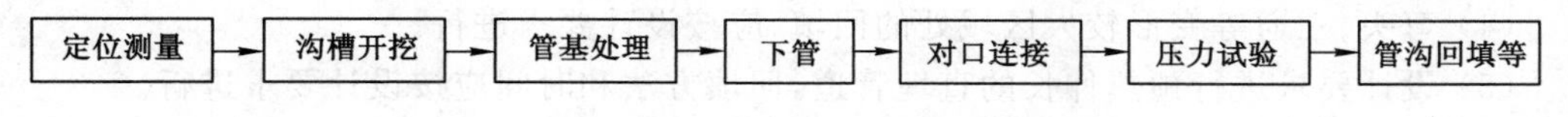

图 8-11　直埋供热管道的施工程序

直埋供热管道的定位测量、沟槽开挖和管基处理在前面已经学习过,下面主要介绍其他几道工序。

1. 下管

下管的方法分机械下管和人工下管两种,主要是根据管材种类、单节质量及长度、现场情况而定。机械下管方法有汽车吊、履带吊、下管机等起重机械进行下管。下管时若采用起重机下管,起重机应沿沟槽方向行驶,起重机与沟边至少要有 1 m 的距离,以保证槽壁不坍塌。管子一般是单节下管,但为了减少沟内接口工作量,在具有足够强度的管材和接口的条件下,可采用在地面上预制接长后再下到沟里。

人工下管方法很多,常用的有压绳法下管和塔架下管。如图 8-12 所示为人工立桩压绳下管。在距沟槽边 2.5～3 m 的地面上,打入两根深度不小于 0.8 m,直径为 50～80 mm 的钢管作地桩,在桩头各拴一根较长的麻绳(亦可为棕绳),绳子的另一端绕过管子由工人拉着,待管子撬下沟缘后,再拉紧绳子使管子缓慢地落到沟底。也可利用装在塔架上的滑轮、链条葫芦等设备下管,如图 8-13 所示。

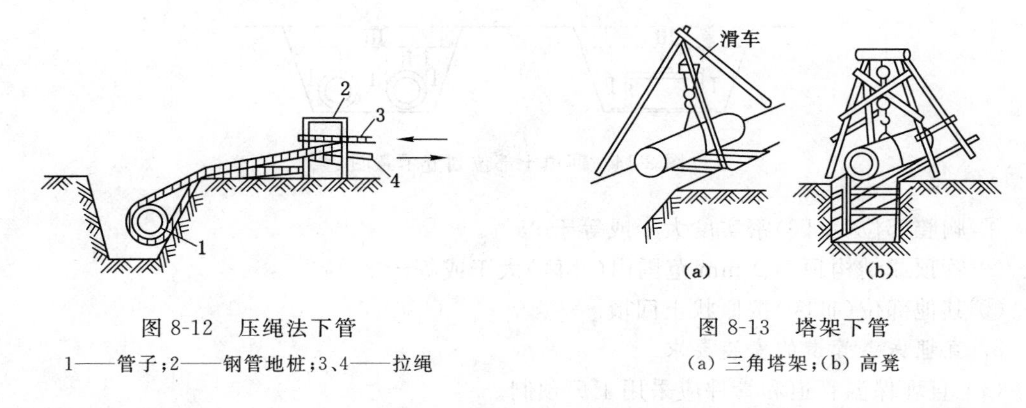

图 8-12　压绳法下管

1——管子;2——钢管地桩;3、4——拉绳

图 8-13　塔架下管

(a) 三角塔架;(b) 高凳

为确保施工安全,下管时,沟内不准站人;在沟槽内,两边的管子连接时必须找正;固定口的焊接处要挖出一个工作坑。

2. 回填土

沟槽、检查室的主体结构经隐蔽工程验收合格及竣工测量后,应及时进行回填。回填时应确保构筑物的安全,并应检查墙体结构强度、外墙防水抹面层强度、盖板或其他构件安装强度,当能承受施工操作动荷载时,方可进行回填。

回填前,应先将槽底杂物清除干净,如有积水应先排除。回填土应分层夯实,回填土中不得含有碎砖、石块、大于 100 mm 的冻土块及其他杂物。直埋保温管道沟槽回填时还应符合下列规定：

(1) 回填前，应修补保温管外护层破损处。

(2) 管道接头工作坑回填可采用水夯砂的方法分层夯实。

(3) 回填土中应按设计要求铺设警示带。

(4) 弯头、三通等变形较大区域处的回填，应按设计要求进行。

(5) 设计要求进行预热伸长的直埋管道，回填方法和时间应按设计要求进行。

回填土铺土厚度应根据夯实或压实机具的性能及压实度要求而定，虚铺厚度应符合表 8-16 的规定。

表 8-16　　回填土虚铺厚度

夯实或压实机具	振动压路机	压路机	动力夯实机	木夯
虚铺厚度/mm	≤400	≤300	≤250	<200

管顶或结构顶以上 500 mm 范围内应采用轻夯夯实，严禁采用动力夯实机，也不得采用压路机压实，回填压实时，应确保管道或结构的安全。

回填的质量应符合下列规定：

(1) 回填料的种类、密实度应符合设计要求。

(2) 回填时，沟槽内应无积水，不得回填淤泥、腐殖土及有机物质。

(3) 不得回填碎砖、石块及大于 100 mm 的冻土块及其他杂物。

(4) 回填土的密实度应逐层进行测定，设计无规定时应按回填部位划分如图 8-14 所示，回填的密实度应符合下列规定：

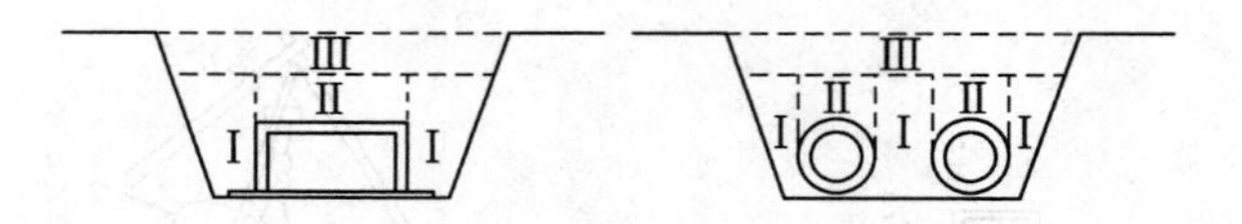

图 8-14　回填土部位划分示意图

① 胸腔部位(Ⅰ区)密实度大于或等于 95%。

② 管顶或结构顶 500 mm 范围内(Ⅱ区)大于或等于 85%。

③ 其他部位(Ⅲ区)按原状土回填。

3. 直埋保温管道的安装要求

(1) 直埋保温管道和管件应采用工厂预制。

(2) 直埋保温管道的施工分段宜按补偿段划分，当管道设计有预热伸长要求时，应以一个预热伸长段作为一个施工分段。

(3) 在雨、雪天进行接头焊接和保温施工时，应搭盖罩棚。

(4) 预制直埋保温管道在运输、现场存放、安装过程中，应采取必要措施封闭端口，不得拖拽保温管，不得损坏端口和外护层。

(5) 直埋保温管道在固定点没有达到设计要求之前，不得进行预热伸长或试运行。

(6) 保护套管不得妨碍管道伸缩，不得损坏保温层以及外保护层。

(7) 预制直埋保温管的现场切割应符合下列规定：

① 管道的配管长度不宜小于 2 m。

② 在切割时，应采取相应的措施，防止外护管脆裂。

③ 切割后，工作管裸露长度应与原成品管的工作钢管裸露长度一致。

④ 切割后，裸露的工作钢管外表面应清洁，不得有泡沫残渣。

4. 直埋保温管接头的保温和密封要求

(1) 接头处的钢管表面应干净、干燥。

(2) 接头施工采取的工艺，应有合格的形式检验报告。

(3) 接头的保温和密封应在接头焊口检验合格后进行。

(4) 接头外观不应出现溶胶溢出、过烧、鼓包、翘边、折皱或层间脱离等现象。

(5) 一级管网现场安装的接头密封应进行 100% 的气密性检验。二级管网现场安装的接头密封应进行不少于 20% 的气密性检验。气密性检验的压力为 0.02 MPa，用肥皂水仔细检查密封处，无气泡为合格。

5. 直埋保温管道预警系统要求

(1) 管道安装前应对单件产品预警线进行断路、短路检测。

(2) 在管道接头安装过程中，首先连接预警线，并在每个接头安装完毕后，进行预警线断路、短路检测。

(3) 在补偿器、阀门、固定支架等管件部位的现场保温，应在预警系统连接检验合格后进行。

(4) 直埋保温管道安装质量的检验项目及检验方法应符合表 8-17 的要求，钢管的安装质量应符合表 8-18 的规定。

表 8-17　直埋保温管道安装质量的检验项目及检验方法

<table>
<tr><th>序号</th><th>项　目</th><th colspan="3">质量标准</th><th>检验频率/%</th><th>检验方法</th></tr>
<tr><td>1</td><td>连接预警系统</td><td colspan="3">满足产品预警系统的技术要求</td><td>100</td><td>用仪表检查整体线路</td></tr>
<tr><td rowspan="3">2</td><td rowspan="3">节点的保温和密封①</td><td colspan="2">外观检查</td><td>无缺陷</td><td>100</td><td>目测</td></tr>
<tr><td rowspan="2">气密性试验</td><td>一级管网</td><td>无气泡</td><td>100</td><td rowspan="2">气密性试验</td></tr>
<tr><td>二级管网</td><td>无气泡</td><td>20</td></tr>
</table>

注：①为主控项目，其余为一般项目。

表 8-18　钢管安装的允许偏差及检验方法

<table>
<tr><th>项次</th><th>项　目</th><th colspan="2"></th><th>允许偏差</th><th>检验方法</th></tr>
<tr><td rowspan="2">1</td><td rowspan="2">坐标/mm</td><td colspan="2">敷设在沟槽内及架空</td><td>20</td><td rowspan="2">用水准仪(水平尺)、直尺、拉线</td></tr>
<tr><td colspan="2">埋地</td><td>50</td></tr>
<tr><td rowspan="2">2</td><td rowspan="2">标高/mm</td><td colspan="2">敷设在沟槽内及架空</td><td>±10</td><td rowspan="2">尺量检查</td></tr>
<tr><td colspan="2">埋地</td><td>±15</td></tr>
<tr><td rowspan="4">3</td><td rowspan="4">水平管道纵、横方向弯曲/mm</td><td rowspan="2">每 1 m</td><td>管径≤100 mm</td><td>1</td><td rowspan="4">用水准仪(水平尺)、直尺、拉线</td></tr>
<tr><td>管径>100 mm</td><td>1.5</td></tr>
<tr><td rowspan="2">全长(25 m 以上)</td><td>管径≤100 mm</td><td>≯13</td></tr>
<tr><td>管径>100 mm</td><td>≯25</td></tr>
</table>

续表 8-18

<table>
<tr><th>项次</th><th colspan="3">项　　目</th><th>允许偏差</th><th>检验方法</th></tr>
<tr><td rowspan="5">4</td><td rowspan="5">弯管</td><td rowspan="2">椭圆率</td><td>管径≤100 mm</td><td>8%</td><td rowspan="5">用外卡钳和尺量检查</td></tr>
<tr><td>管径>100 mm</td><td>5%</td></tr>
<tr><td rowspan="3">折皱不平度/mm</td><td>管径≤100 mm</td><td>4</td></tr>
<tr><td>管径 125～200 mm</td><td>5</td></tr>
<tr><td>管径 250～400 mm</td><td>7</td></tr>
</table>

(二) 管沟和地上敷设管道安装

1. 安装前的准备工作

室外供热管道安装前,应做好以下准备工作:

(1) 根据设计要求的管材和规格,应进行预先的钢管选择和检验,矫正管材的平直度,管口清理、整修以及加工焊接用坡口。

(2) 管子除锈、除污。将安装用管材表面的污物、铁锈予以清除。

(3) 根据运输和吊装设备情况及工艺条件,将钢管及管件预制成安装管段。

(4) 钢管应使用专用吊具进行吊装,因此应备好、备齐安装用各类吊具及设备。

2. 室外供热管道安装

(1) 室外供热管道的安装程序如图 8-15 所示。

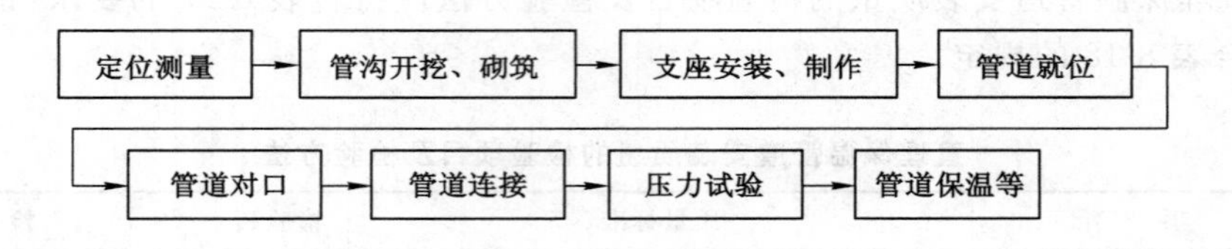

图 8-15　室外供热管道安装程序

(2) 管道吊装、就位过程中应满足下列要求:

① 在管道中心线和支架高程测量复核无误后,方可进行管道吊装、就位。

② 在管道安装过程中,管子不得碰撞沟壁、沟底、支座等。

③ 地上敷设管道的管组长度应按空中就位和焊接的需要来确定,一般地,管组长度宜大于或等于 2 倍支架间距。

④ 每个管组或每根钢管安装时都应按管道的中心线和管道坡度对接管口。

3. 管口对接要求

(1) 对接管口时,应检查管道的平直度,在距接口中心 200 mm 处测量,允许偏差为 1 mm,在所对接钢管的全长范围内,最大偏差值不应超过 10 mm。

(2) 在钢管对口处应安放牢固,不得在焊接过程中产生错位和变形。

(3) 管道焊口与支架的距离应保证焊接操作的需求。

(4) 焊口不得置于建筑物、构筑物的结构内,也不得置于支架上。

4. 套管安装要求

(1) 管道穿过建筑物、构筑物的墙、楼板时应加设套管。穿墙时,套管应与墙的两面齐平;穿楼板时,下端与楼板底面平齐,上端高出楼板 50 mm。

(2) 套管与被套管之间应采用柔性材料填塞,再灌以沥青防水油膏。

(3) 供热管道穿越建筑物、构筑物的基础、有地下室的外墙以及要求较高的构筑物时,应加设防水套管。

5. 管道安装质量要求

(1) 坐标、标高、坡度正确。

(2) 当蒸汽管道接出分支管时,支管应从主管上方或两侧接出。

(3) 水平管道变径,蒸汽管道应采用底平偏心异径管,热水管道应采用顶平偏心异径管,如图 8-16 所示。

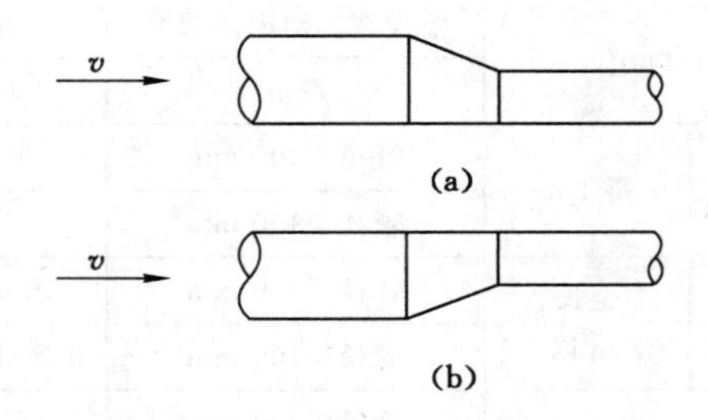

图 8-16　偏心异径管

(a) 底平偏心异径管;(b) 顶平偏心异径管

(4) 管道的安装允许偏差及检验方法见表 8-18。

(5) 室外供热管网管道及配件安装工程检验批质量验收记录见表 8-19。

表 8-19　　室外供热管网管道及配件安装工程检验批质量验收记录

工程名称			检验批部位		项目经理	
工程施工单位名称			分包项目经理		专业工长	
分包单位			施工执行标准名称及编号		施工班组长	
序号		《建筑给水排水及采暖工程施工质量验收规范》(GB 50242—2002)的规定			施工单位检查评定记录	监理(建设)单位验收记录
主控项目	1	平衡阀及调节阀型号、规格及公称压力应符合设计要求。安装后应根据系统要求进行调试,并做出标志				
	2	直埋无补偿供热管道预热伸长及三通加固应符合设计要求。回填前应注意检查预制保温层外壳及接口的完好性。回填应按设计要求进行				
	3	补偿器的位置必须符合设计要求,并应按设计要求或产品说明书进行预拉伸。管道固定支架的位置和构造必须符合要求				
	4	检查井室、用户入口处管道布置应便于操作及维修,支、吊、托架稳固,并满足设计要求				
	5	直埋管道的保温应符合设计要求,接口在现场发泡时,接头处厚度一致,接头处保护层必须与管道保护层成一体,符合防潮防水要求				

续表 8-19

序号		《建筑给水排水及采暖工程施工质量验收规范》(GB 50242—2002)的规定	施工单位检查评定记录	监理(建设)单位验收记录
一般项目	1	管道水平敷设其坡度应符合设计要求		
	2	除污器构造应符合设计要求，安装位置和方向应正确。管网冲洗后应清除内部污物		
	3	室外供热管道安装的允许偏差应符合下列规定：（见下表）		

项次	项目			允许偏差
(1)	坐标/mm		敷设在沟槽内及架空	20
			埋地	50
(2)	标高/mm		敷设在沟槽内及架空	±10
			埋地	±15
(3)	水平管道纵、横方向弯曲/mm	每 1 m	管径≤100 mm	1
			管径>100 mm	1.5
		全长(25 m 以上)	管径≤100 mm	≯13
			管径>100 mm	≯25
(4)	弯管	椭圆率	管径≤100 mm	8%
			管径>100 mm	5%
		折皱不平度/mm	管径≤100 mm	4
			管径 125～200 mm	5
			管径 250～400 mm	7

序号		《建筑给水排水及采暖工程施工质量验收规范》(GB 50242—2002)的规定	施工单位检查评定记录	监理(建设)单位验收记录
一般项目	4	管道焊口的允许偏差应符合下列规定：（见下表）		

项次	项目			允许偏差
(1)	焊口平直度	管壁厚 10 mm 以内		管壁厚 1/4
(2)	焊缝加强面	高度		+1 mm
		宽度		
(3)	咬边	深度		小于 0.5 mm
		长度	连续长度	25 mm
			总长度(两侧)	小于焊缝长度的 10%

序号		《建筑给水排水及采暖工程施工质量验收规范》(GB 50242—2002)的规定	施工单位检查评定记录	监理(建设)单位验收记录
一般项目	5	管道及管件焊接的焊缝表面质量应符合下列规定： (1) 焊缝外形尺寸应符合图纸和工艺文件的规定，焊缝高度不得低于母材表面，焊缝与母材应圆滑过渡； (2) 焊缝及热影响区表面应无裂纹、未熔合、未焊透、夹渣、弧坑和气孔等缺陷		
	6	供热管道的供水管或蒸汽管，如设计无规定时，应敷设在载热介质前进方向的右侧或上方		
	7	地沟内的管道安装位置，其净距(保温层外表面)应符合下列规定： 与沟壁　100～150 mm 与沟底　100～200 mm 与沟顶(不通行地沟)　50～100 mm (半通行和通行地沟)　200～300 mm		

续表 8-19

序号		《建筑给水排水及采暖工程施工质量验收规范》(GB 50242—2002)的规定				施工单位检查评定记录	监理(建设)单位验收记录
一般项目	8	架空敷设的供热管道安装高度，如设计无规定时，应符合下列规定(以保温层外表计算)： (1) 人行地区，不小于 2.5 m； (2) 通行车辆地区，不小于 4.5 m； (3) 跨越铁路，距轨顶不小于 6 m					
	9	防锈漆的厚度应均匀，不得有脱皮、起泡、流淌和漏涂等缺陷					
	10	项次	项目(管道及设备保温层)		允许偏差/mm		
		(1)	厚　度		+0.1δ		
					−0.05δ		
		(2)	表面平整度	卷材	5		
				涂抹	10		
施工单位检查评定结果		项目专业质量检查员 年　月　日					
监理(建设)单位验收结论		监理工程师(建设单位项目专业技术负责人)： 年　月　日					

（三）供热管道焊接及质量检验

焊接连接是管道工程最主要的连接方式之一，具有焊接接头强度大、牢固耐久，接头严密性好、不易渗漏，不需要接头配件、安全可靠，造价及维护费用较低等优点，但接口不容易拆卸，而且焊接工艺要求严格，焊工必须持有焊工操作资格证书才可上岗。

焊接工艺有手工电弧焊、手工氩弧焊、气焊、钎焊等多种焊接方式。

1. 电弧焊

电焊一般采用手工电弧焊，有交流电焊机和直流电焊机。电焊机的基本原理是电焊机、焊条、管道或管件组成电流通路，电焊机接通电源后，焊条接近焊接部位，中间产生高温电弧，使接口和焊条被融化焊接起来，见图 8-17。它具有价格便宜、耗电少、效率高、使用方便、焊接壁厚大等优点。电焊所用焊条有两种，一种是光焊条，一种是有药焊条，常用有药焊条。

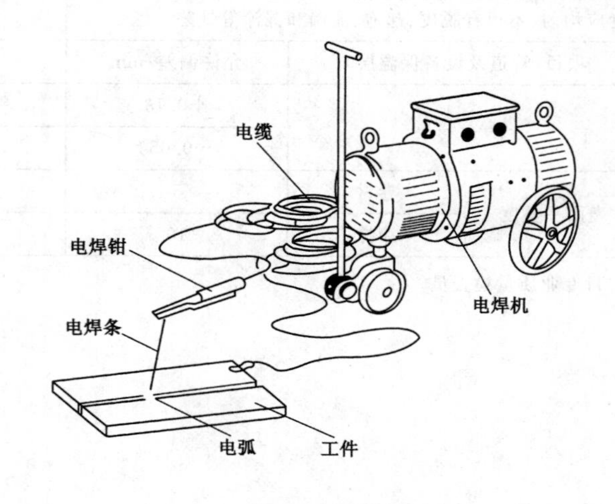

图 8-17　电弧焊示意图

(1) 电焊机

① 交流弧焊机。交流弧焊机供给焊接时的电流是交流电，是一种特殊的降压变压器，它具有结构简单、价格便宜、使用可靠、工作噪声小、维护方便等优点，所以焊接时常用交流弧焊机，它的主要缺点是焊接时电弧不够稳定。

② 直流弧焊机。直流弧焊机供给焊接时的电流为直流电。它具有电弧稳定、引弧容易、焊接质量较好的优点，但是直流弧焊发电机结构复杂、噪声大、成本高、维修困难。在焊接质量要求高或焊接 2 mm 以下薄钢件、有色金属、铸铁和特殊钢件时，宜用直流弧焊机。

(2) 焊条

① 焊条的组成和作用。涂有药皮的供手电弧焊用的焊条由焊芯和药皮两部分组成。

焊芯是一根具有一定直径和长度的金属丝。焊接时焊芯的作用一是作为电极，产生电弧；二是熔化后作为填充金属，与熔化的母材一起形成焊缝。焊芯的化学成分将直接影响焊缝质量，所以焊芯是由炼钢厂专门冶炼的。我国常用的碳素结构钢焊条的焊芯牌号为 H08、H08A(A 表示优质)，平均含碳量为 0.08%。焊条的直径是用焊芯直径来表示的，常用的直径为 3.2～6 mm，长度为 350～450 mm。

涂在焊芯外面的药皮，是由各种矿物质(如大理石、萤石等)、铁合金和黏结剂等原料按一定比例配制而成的。药皮的主要作用是：使电弧容易引燃并稳定电弧燃烧；形成大量气体和熔渣以保护熔池金属不被氧化；通过熔池中冶金作用去除有害的杂质(如氧、氢、硫、磷等)和添加合金元素以提高焊缝的力学性能。

② 焊条的种类及牌号。

焊条按用途不同可分为结构钢焊条、耐热钢焊条、不锈钢焊条、铸铁焊条、铜及铜合金焊条、铝及铝合金焊条等。

焊条按熔渣化学性质不同可分为酸性焊条和碱性焊条两大类。碱性焊条焊出的焊缝含氢、硫、磷少，焊缝力学性能良好，但对油、水、铁锈敏感，易产生气孔。酸性焊条焊接时电弧稳定、飞溅少、脱渣性好。因此重要的焊接结构件选用碱性焊条，而一般结构件都选用酸性焊条。

2. 气焊

气焊使用氧气和乙炔混合燃烧产生的高温火焰来熔化金属进行焊接，具有设备简单、不用电力、可焊很薄焊件、焊接铸铁和部分有色金属、焊接质量好等优点，见图 8-18。

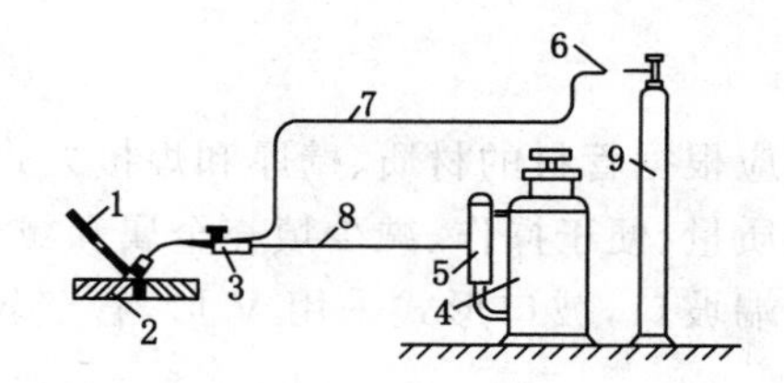

图 8-18　气焊应用的设备和器具

1——焊丝；2——焊件；3——焊炬；4——乙炔发生器；5——回火防止器；
6——氧气减压器；7——氧气橡皮管；8——乙炔橡皮管；9——氧气瓶

根据氧-乙炔的混合比例可得到三种不同性质的火焰。

乙炔与氧气混合燃烧的火焰叫作氧炔焰。按氧与乙炔的不同比值，可将氧炔焰分为中性焰、碳化焰(也叫还原焰)和氧化焰三种。

(1) 中性焰

中性焰燃烧后无过剩的氧和乙炔。它由焰芯、内焰和外焰三部分组成。焰芯呈尖锥形，色白而明亮，轮廓清楚。离焰芯尖端 2～4 mm 处化学反应最激烈，因此温度最高，为 3 100～3 200 ℃。内焰呈蓝白色，有深蓝色线条；外焰的颜色从里向外由淡紫色变为橙黄色。

(2) 碳化焰

碳化焰燃烧后的气体中尚有部分乙炔未燃烧。它的最高温度为 2 700～3 000 ℃。火焰明显，分为焰芯、内焰和外焰三部分。

(3) 氧化焰

氧化焰中有过量的氧。由于氧化焰在燃烧中氧的浓度极大，氧化反应又非常剧烈，因此焰芯、内焰和外焰都缩短，而且内焰和外焰的层次极为不清，我们可以把氧化焰看作由焰芯和外焰两部分组成。它的最高温度可达 3 100～3 300 ℃。由于火焰中有游离状态的氧，因此整个火焰有氧化性气焊时，火焰的选择要根据焊接材料而定。一般钢管的焊接都采用中性焰。

3. 焊接的技术要求

(1) 焊接前的清理检查

① 应将管子焊端坡口面管壁一定范围内铁锈、泥土、油脂、毛刺等污物清除干净，直到

露出金属光泽。清理要求见表 8-20。

表 8-20　　焊接坡口内外清理要求

管材	清理范围/mm	清理物	清理方法
碳素钢 不锈钢	≮20	油、漆、锈、毛刺等污物	手工或机械等

② 不圆的管子要校圆，对口前要检查平直度，在距焊口 200 mm 处测量，允许偏差不大于 1 mm，一根管子全长的偏差不大于 10 mm。

③ 对接焊连接的管子端面应与管子轴线垂直，不垂直度最大不能超过 1.5 mm。

④ 检查管子的质量合格证书，核对管子批号、材质。重要工程还要焊试件，根据材质化验单选择适宜焊接工艺。

(2) 焊接坡口的加工

管子、管件在焊接之前，应根据管材的材质、壁厚和焊接方式，选用适宜的坡口形式。坡口形式选择应考虑保证焊接质量、便于操作、减少填充金属和减少焊接变形等原则。钢管一般用气割或电动坡口机对管端坡口，坡口形式采用 V 形，管壁较厚时也可采用其他形式的坡口。

(3) 焊接管口的组对

① 两根管子焊接连接时，组对应保持中心线在一条线上，以便在焊口处不错口、不出弯。

② 外径和壁厚相同的钢管或管件对口时，应外壁平齐，对口错边量不宜超过壁厚的 10%，且不得超过 2 mm。

③ 壁厚不等的管口对接，应符合下列规定：

a. 内壁错边量超过 10%(或大于 2 mm)，应按图 8-19(a)～(d) 将厚件削薄，削薄后的接口处厚度应均匀。

b. 外壁错边量大于 3 mm 时，应按图 8-19(b)、(c) 将管壁厚的一端削薄。

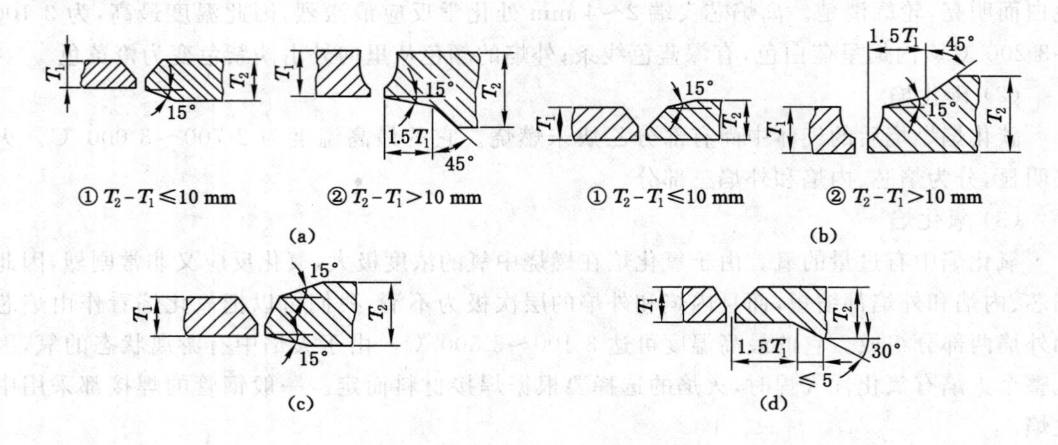

图 8-19　焊件坡口处理

(a) 内壁尺寸不相等；(b) 外壁尺寸不相等；

(c) 内、外壁尺寸均不相等；(d) 内壁尺寸不相等地削薄

④ 对口焊接前应检查坡口的外形尺寸和坡口质量。坡口表面应整齐、光洁,不得有裂纹、锈皮、熔渣和其他影响焊接质量的杂物,不合格的管口应进行修整。对口焊接时应有合理的间隙。

(4) 焊接管口的焊接要求

① 管子、管件组对好后,先施定位焊,一般分上下左右4处定位焊,但最少不应少于3处。定位焊的工艺措施及焊接材料应与正式焊接一致。定位焊长度一般为10～15 mm,高度为2～4 mm,且不应超过管壁厚度的2/3。定位焊时,如发现焊肉有裂纹等缺陷,应及时处理。

② 管子、管件组对、定位焊好并经检查调直再焊接,焊接时应垫牢、固定,不得搬动,不得将管子悬空处于外力作用下施焊。焊接时应尽量采用转动方法,减少仰焊,以保证焊接质量,提高焊接速度。

用电弧焊进行多层焊时,焊缝内堆焊的各层,其引弧和熄弧的地方彼此不应重合。焊缝的第一层应呈凹面,并保证把焊缝根部全部焊透;中间各层要把两焊接管的边缘全部结合好;最后一层应把焊缝全部填满,并保证自焊缝过渡到母材应平缓。

③ 每道焊缝均应焊透,且不得有裂纹、夹渣、砂眼等缺陷,焊缝表面成形良好。

④ 管道的焊缝位置应遵守下列规定:

a. 不得在焊缝所在处开孔或接分支管;

b. 管子上对接焊缝距弯管起弯点不应小于管子外径,且不得小于100 mm;

c. 钢板卷管对接时,钢板卷管上的纵向焊缝应错开一定距离,一般应为管子外径的1/4～1/2,但不得小于100 mm;

d. 管道连接时,两相邻的焊缝间距应大于管径,且不得小于200 mm;

e. 管道上的焊缝不得设在支架或吊架上,也不得设在穿墙或楼板等处的套管内。焊缝矩支、吊架的距离不得小于100 mm。

⑤ 为降低或消除焊接接头的残余应力,防止产生裂纹,改善焊缝和热影响区的金属组织与性能,应根据材料的淬硬性、焊件厚度及使用条件、施焊时的环境温度等,综合考虑进行焊前预热和焊后热处理。

4. 焊接

(1) 焊接前,应对定位焊进行检查,当发现缺陷时,应进行处理后方可焊接。在焊件纵向焊缝的端部(包括螺旋管焊缝),不得进行定位焊。焊缝长度及点数可按表8-21的规定执行。

表8-21　焊缝长度及点数

公称直径DN/mm	50～150	200～300	350～500	600～700	800～1 000	＞1 000
点焊长度/mm	5～10	10～20	15～30	40～60	50～70	80～100
点　数	均布2～3点	4	5	6	7	间距300 mm

(2) 当采用氧-乙炔焊接时,应先按焊件周长等距离适当点焊,点焊部位应焊透,厚度不大于壁厚的2/3,每道焊缝应一次焊完,根部应焊透,中断焊接时,火焰应缓慢离去。重新焊接前,应检查已焊部位,发现缺陷应铲除重焊。

(3) 当电焊焊接有坡口的钢管及管件时,焊接层数不得少于两层。当管壁厚度为3～6

mm 且不加工坡口时，应采用双面焊。管道接口的焊接顺序和方法不应产生附加应力。

(4) 多层焊接时，第一层焊缝根部应均匀焊透，不得烧穿。各层接头应错开，每层焊缝的厚度宜为焊条直径的 0.8～1.2 倍。不得在焊件的非焊接表面引弧。

(5) 每层焊完后，应清除熔渣、飞溅物等，并进行外观检查，发现缺陷，应铲除重焊。

(6) 在 0 ℃以下的气温中焊接，应符合下列规定：

① 清除管道上的冰、霜、雪。

② 在工作场地做好防风、防雪措施。

③ 预热温度可根据焊接工艺制定；焊接时，应保证焊缝自由收缩和防止焊口的加速冷却。

④ 应在焊口两侧 50 mm 范围内对焊件进行预热。

⑤ 在焊缝未完全冷却之前，不得在焊缝部位进行敲打。

5. 焊接质量检验

(1) 焊接质量的检验程序为：对口质量检验→表面质量检验→无损探伤检验→强度和严密性试验。

(2) 焊缝表面质量检验应符合下列规定：

① 检查前应将焊缝表面清理干净。

② 焊缝尺寸应符合要求，焊缝表面应完整，高度不应低于母材表面，与母材过渡圆滑。

③ 焊缝表面不得有裂纹、气孔、夹渣及熔合性飞溅物等缺陷。

④ 咬边深度应小于 0.5 mm，且每道焊缝的咬边长度不得大于该焊缝总长的 10%。

⑤ 表面加强高度不得大于该管道壁厚的 30%，且小于或等于 5 mm，焊缝宽度应高出坡口边缘 2～3 mm。

⑥ 表面凹陷深度不得大于 0.5 mm，且每道焊缝表面凹陷长度不得大于该焊缝总长的 10%。

(3) 焊缝无损探伤

① 管道无损探伤，应符合设计要求，设计无要求的应符合《城镇供热管网工程施工及验收规范》(CJJ 28)的规定，且为质量检验的主要项目。

② 焊缝无损探伤检验必须由有资质的检验单位完成。

③ 钢管与设备、管件连接处的焊缝应进行 100%的无损探伤检验。

④ 管线折点处有现场焊接的焊缝，应进行 100%的无损探伤检验。

⑤ 焊缝返修后应进行表面质量及 100%的无损探伤检验，其检验数量不记在规定的检验数中。

⑥ 穿越铁路干线的管道在铁路路基两侧各 10 m 范围内，穿越城市主要干线的不通行管沟及直埋敷设的管道在道路两侧各 5 m 范围内，穿越江、河、湖等的水下管道在岸边各 10 m 范围内的全部焊缝及不具备水压试验条件的管道焊缝，应进行 100%的无损探伤检验。检验量不记在规定的检验数量中。

⑦ 现场制作的各种承压管件，数量按 100%进行，其合格标准不得低于管道无损检验标准。

⑧ 焊缝的无损检验量，应按规定的检验百分数均布在焊缝上，严禁采用集中检验来替代检验焊缝的检验量。

⑨ 当使用超声波和射线两种方法进行焊缝无损检验时，应按各自标准检验，均合格时方可认为无损检验合格。超声波探伤部位应采用射线探伤复查，复检数量应为超声波探伤数量的 20%。

⑩ 焊缝不宜使用磁粉探伤和渗透探伤，但角焊缝处的检验可用磁粉探伤或渗透探伤。

⑪ 在城市主要道路、铁路、河湖等处敷设的直埋管网，不宜采用超声波探伤。此类管道射线探伤等级应按设计要求执行。

⑫ 供热管网的固定支架、导向支架、滑动支架等焊缝均应进行检查。

三、供热系统的质量通病与防治

室外供热管网质量通病及防治办法详见表 8-22。

表 8-22　　室外供热管网质量通病及防治办法

序号	质量通病	防治办法
1	地沟内支架松动	1. 支架栽埋后，尚未达到强度时，决不能敷设管道或承重； 2. 支架制作安装过程，严格按照设计尺寸及规定进行施工
2	运行时管道弯曲	1. 固定点的位置严格按设计要求确定，不可漏设； 2. 伸缩器安装时，必须先进行预拉伸； 3. 要按设计要求及有关规定设置补偿器； 4. 阀门下应设置支墩或支架
3	焊口锈蚀	焊接后，焊口必须及时做好防腐处理
4	滑动支座处保温层脱落	保温时，切不可将管道与支架包在一起，以免妨碍管道自由滑动
5	管道外层的保护壳或保温层被地沟内积水浸脱	管道施工前，先检查管沟深度，按设计坡度计算支架位置后，若发现管道距沟底不满足规定值时，应向设计单位提出修改或者采取有效措施
6	管道坡度不符合设计要求	1. 管架制作（或砌筑）标高应严格控制在规定值内； 2. 管架安装时，严格控制标高； 3. 活动及固定支座的高度要准确； 4. 管道敷设、找坡时，要认真用水平尺测定； 5. 管道稍有起伏的位置，用垫铁找坡
7	保温、防腐结构保护壳不美观	1. 高空作业保温层结构操作必须搭设作业架，操作时省力方便； 2. 保温结构找平、找圆后方可施工保温层外保护壳； 3. 保护层必须均匀、圆滑、坚固
8	弯头的外形不规整	1. 弯头的曲率半径应满足设计和施工规范规定； 2. 弯头处的保温结构操作方法必须按施工规范规定进行，不可简化以避免外形不美观
9	管内污物沉积阻塞	1. 试压和通热前，必须进行管网分段或系统冲洗与吹洗； 2. 冲洗水或吹洗蒸汽排出时，达到洁净方准停止
10	各用户热力不平衡	1. 通热调试前，应首先检查锅炉房运行状态，应达到设计压力及设计流量后再进行试调； 2. 调试必须严格按规定执行，并注意与锅炉房保持联系
11	试压时压力稳不住	灌水时，必须反复开关放风阀，将管道内的空气放净
12	试压时，压力稳定住了，但管道上尚有轻微渗漏	1. 试压时，必须停止加压，观察压力表； 2. 管线较长时，在管道尾端应设置压力表观察压力降下值

项目四　供热管网的保温与防腐

一、常见的保温材料

（一）保温的目的

管道和设备的保温是节约能源的有效措施之一。在供热管道（设备）及附件表面敷设保温层，其主要目的在于减少热媒在输送过程中的无效热损失，并使热媒维持一定的参数以满足热用户的需要。此外，管道（设备）保温后其外表面温度不致过高，从而保护运行检验人员避免烫伤，这也是技术安全所必要的。

设置保温的原则是供热介质设计温度高于 50 ℃的热力管道、设备、阀门应保温。

在不通行地沟敷设或直埋敷设条件下，热水热力网的回水管道、与蒸汽管道并行的凝结水管道以及其他温度较低的热水管道，在技术经济合理的情况下可不保温。

（二）常用保温材料

良好的保温材料应质量轻，导热系数小，在使用温度下不变形或不变质，具有一定的机械强度，不腐蚀金属，可燃成分少，吸水率低，易于施工成型，且成本低廉。

保温材料及其制品，应具有以下主要技术性能：

（1）保温材料在平均温度下的导热系数值不得大于 0.12 W/(m·℃)。

（2）保温材料的密度不应大于 350 kg/m^3。

（3）除软质、散状材料外，硬质预制成型制品的抗压强度不应小于 0.3 MPa；半硬质的保温材料压缩 10%时的抗压强度不应小于 0.2 MPa。

目前常用的管道保温材料有石棉、膨胀珍珠岩、岩棉、矿渣棉、玻璃纤维及玻璃棉、微孔硅酸钙、泡沫混凝土、聚氨酯硬质泡沫塑料等。

各种保温材料及其制品的技术性能可从生产厂家或一些设计手册中得到。在选用保温材料时，要考虑因地制宜，就地取材，力求节约。

二、保温层结构

供热管道的保温层结构是由保温层和保护层两部分组成的。

（一）保温层的施工

保温层是管道保温结构的主体部分，根据工艺介质需要、介质温度、材料供应、经济性和施工条件来选择。

保温厚度计算原则应按《设备及管道绝热设计导则》(GB 8175)的规定执行。

在工程设计中，保温层设计时应优先采用经济保温厚度。当经济保温厚度不能满足技术要求时，应按技术条件确定保温层厚度。

不同保温材料的保温厚度可根据介质种类、温度、管径大小查有关图集和手册确定。

微课：供热管道及其附件保温

供热管道常用保温结构的施工方法有涂抹法、预制块法、缠绕法、填充法、灌注法和喷涂法等。

1. 涂抹法保温

涂抹法保温适用于膨胀珍珠岩、膨胀蛭石、石棉白云石粉、石棉纤维等不定形的散状材料。涂抹法保温整体性好，保温层和保温面结合紧密，且不受保温物体形状的限制。

涂抹法保温多用于热力管道和设备的保温，其施工方法如下：

（1）首先将所用材料按一定比例用水调成胶泥状，加入黏结剂，如水泥、水玻璃、耐火黏土等，或再加入促凝剂（氟硅酸钠或霞石氨基比林），加水混拌均匀，成为塑性泥团，用手或工具分层涂抹。

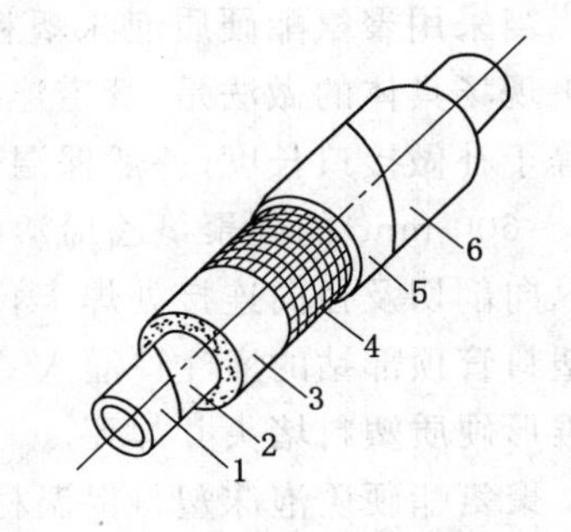

图 8-20　涂抹法保温结构

1——管道；2——防锈漆；3——保温层；4——铁丝网；5——保护层；6——防腐漆

（2）第一层用较稀的胶泥涂抹，其厚度为 5 mm，以增加胶泥与管壁的附着力。

（3）待底层完全干燥后，再用干一些的胶泥涂抹第二层，厚度为 10～15 mm，以后每层涂抹厚度为 15～25 mm。每层涂抹均应在前一层干燥后进行，直到要求的厚度为止。其结构如图 8-20 所示。

（4）在直立管段施工时，为防止胶泥下坠，应先在管道上焊接支撑环，然后再涂抹胶泥。

（5）如果保温层厚度在 100 mm 以内时，可用一层镀锌铁丝网；厚度大于 100 mm 时，可用两层镀锌铁丝网，以免受外力或受振动时脱落。

（6）在保温层外面应包裹油毡玻璃丝布保护层，或涂抹石棉水泥保护壳。

2. 绑扎法保温

绑扎法保温适用于预制保温瓦或板块料，用镀锌铁丝将保温材料绑扎在管道的防锈层表面上。这种保温结构施工简单，拆卸方便，保温材料有一定的弹性而不致破坏，可用于有振动或温度变化较大的地方。其施工方法如下：

（1）绑扎保温材料时，应将纵向接缝相互错开，横向接缝应朝上下。

（2）如一层预制品不能满足要求而采用双层结构时，双层绑扎的保温材料应内外盖缝，第一层必须平整，不平整时，矿纤材料用同类纤维状材料填平，其他保温材料用胶泥抹平，第一层表面平整后方可进行第二层保温预制品的绑扎。如保温材料为管壳，应将纵向接缝设置在管道的两侧。非矿纤材料制品的所有接缝均应用石棉粉、石棉硅藻土粉等配成胶泥填塞，而矿纤材料制品应采用干接缝。

（3）绑扎用镀锌铁丝直径一般为 1～1.2 mm，绑扎间距不应超过 300 mm，且每块预制品至少应绑扎 2 处，每处绑扎铁丝不应少于 2 圈，绑扎接头不应过长，应嵌入预制品接缝处，以便抹入接缝处。

3. 聚氨酯硬质泡沫塑料保温

聚氨酯硬质泡沫塑料由聚醚和多元异氰酸酯加催化剂、发泡剂、稳定剂等原料按比例配制发泡而成。保温施工时，把原料组合成两组（A 组和 B 组，或称黑液、白液），A 组为聚醚和其他原料的混合液，B 组为异氰酸酯，两种液体均匀混合在一起，即发泡生成硬质泡沫塑料。

聚氨酯硬质泡沫塑料一般采用现场发泡，其施工方法有喷涂法和灌注法两种。喷涂法的施工工艺是先配置少量的 A 组、B 组混合液体进行试喷，观察喷涂的效果，控制发泡时间，发泡时间以喷涂在垂直面上不下滴为宜，从而得出正确的配方和发泡时间，掌握施工操作方法后，再将A组、B组混合均匀的液体用喷枪喷涂到被保温物体的表面上。灌注法的施工工艺同样需要试灌，得出正确的配方、发泡时间和施工操作方法后，然后再将A组、B组混合均匀的液体灌注到需要成型的空间或事先安置的模具内，经发泡膨胀充满整个空间。

当采用聚氨酯硬质泡沫塑料预制保温管时，需要在现场补做管子接口处的保温结构。施工现场具体的做法是：管道连接试压合格后，取直径与预制保温管保护层塑料管相同、长度等于补做接口长度（一般保温管预制时，留250～300 mm不保温长度，则接口长度一般为500～600 mm）的硬聚氯乙烯塑料管，将其沿轴向剖切为两半圆，套在补做接口处，用焊接法将纵向剖切及径向连接处焊牢，再用压力为20 kPa的压缩空气试压，用肥皂水试漏合格后，从塑料管顶部钻的灌注口灌入A组、B组均匀混合液，待发泡硬化后，将灌注口、排气口打入锥形硬质塑料堵头并焊死。

聚氨酯硬质泡沫塑料保温材料的吸水率极小，耐腐蚀，易成型，易与金属和非金属黏结，可喷涂也可灌注，施工工艺简单，操作方便，施工效率高，适用于热媒温度为－100～120 ℃的保温工程中，其缺点是异氰酸酯及催化剂有毒，对上呼吸道、眼睛和皮肤有强烈的刺激作用。使用和操作时应注意如下事项：

（1）聚氨酯硬质泡沫塑料保温不宜在气温低于5 ℃的情况下施工，否则应对液料加热，其温度在20～30 ℃为宜。

（2）被涂物表面必须清洁干燥，可以不涂防锈层。为便于保温施工后清洗工具和脱取模具，在施工前可在工具和模具表面涂上一层油脂。

（3）调配聚氨酯混合液时，应随用随调，不能隔夜，防止原料失效。调制A、B组混合液均应按原料供应厂提供的配方及操作规程等技术文件资料进行。

（4）采用喷涂法时宜选发泡较快些的原料调制混合液，采用灌注法时宜选用发泡较慢些的原料调制发泡液，以保证有足够的操作时间。在同一温度下，发泡的快慢主要取决于原料的配方。

（5）异氰酸酯及其催化剂等原料均系有毒物质，操作时应戴防毒面具、防毒口罩、防护眼镜、橡皮手套等防护用品，以防中毒和影响人体健康。

4. 对保温层施工的技术要求

（1）对保温瓦或保温后呈硬质的材料，做热力管道保温时，直管段应每隔5～7 m留5 mm的膨胀缝，在弯管处直径小于等于300 mm时留20～30 mm膨胀缝，如图8-21所示。膨胀缝内应用石棉绳或玻璃棉填塞。设有支撑环的管道，膨胀缝一般置于支撑环下部。

（2）管道的弯管部分，当采用硬质材料保温时，如果没有成型预制品，应将保温板切割成虾米腰状的小块拼装在弧形弯管上，如图8-22所示。切块的多少应视弯管弯曲程度而定，但最少不得少于3块，每块保温材料均应用铁丝与管道绑扎紧固。

（3）除寒冷地区室外架空管道及室内防结露管道的法兰、阀门、套筒伸缩器、支架按设计要求保温外，一般的法兰、阀门、套筒伸缩器、支架等一般不做保温，其两侧应留70～80 mm膨胀伸缩缝，在保温端部抹成60°～70°的斜坡。

（4）保温管道支架处应留膨胀伸缩缝，并用石棉绳或玻璃棉填塞。

（5）保温层在施工过程中，一定要有防潮、防水措施。

（6）管道和设备保温的允许偏差和检验方法见表8-23。

（7）保温结构完成后，及时填写管道保温记录，见表8-24。

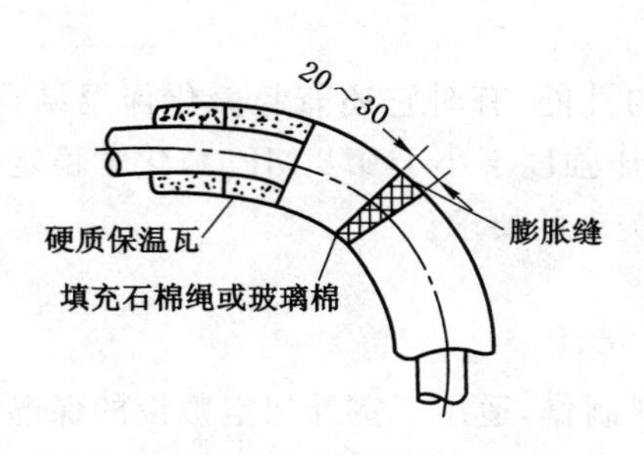

图 8-21　硬质材料弯头的保温

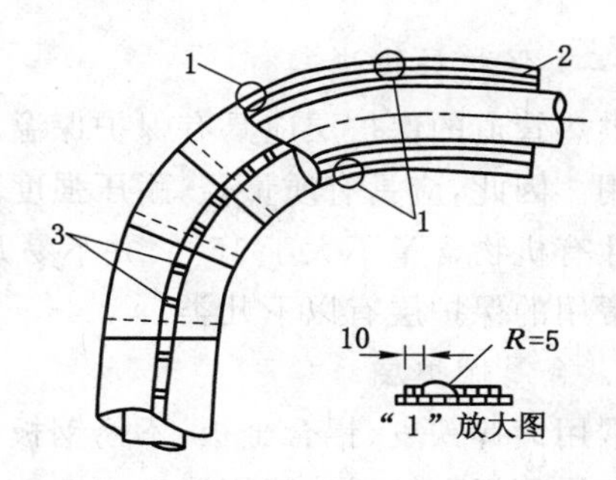

图 8-22　硬质材料弯头的保温做法

1——保温材料；2——保护层；3——铁丝

表 8-23　　管道与设备保温的允许偏差和检验方法

项次	项目		允许偏差	检查方法
1	厚度		$+0.1\delta$　-0.05δ	用钢针刺入
2	表面平整度	卷材	5	用 2 m 靠尺和楔形塞尺检查
		涂抹	10	

表 8-24　　管道保温记录

建设单位		工程名称	
安装单位		分项工程名称	
保温前的检查情况		保温对象	

保温项目	管径 /mm	长度 /m	第一层		第二层		表层		伸缩宽度 /mm	备注
			材质	厚度 /mm	材质	厚度 /mm	材质	平整度 /mm		

施工要求、说明及简图：

检查意见：

技术负责人：　　　　　　质量检查员：　　　　　　年　月　日

验收结论：

监理工程师（建设单位项目专业负责人）：　　　　　　年　月　日

（二）保护层的施工

供热管道的保护层应具有保护保温层和防水的性能，有时它还兼起美化保温结构外观的作用。因此，应具有质量轻，耐压强度高（一般耐压强度不小于 0.8 MPa），化学稳定性好，可燃性有机物含量不大于 15%，并不易开裂，外形美观的要求。

常用的保护层有以下几类。

1. 金属保护层

常用镀锌铁皮、铝合金板、不锈钢板等轻型材料制作，适用于室外架空敷设的保温管道。

金属薄板保护层一般用厚度为 0.5～0.8 mm 的镀锌铁皮或黑铁皮制作，当用黑铁皮时应在内外刷两遍防锈漆。施工时先按管道保护层（或防潮层）外径加工成型，再套在管道保温层上，搭接宽度均保持 30～40 mm，为了顺利排除雨水，纵向接缝朝向视向背面，接缝一般用自攻螺钉固定，先用手提式电钻打孔，打孔钻头直径为螺钉直径的 0.8 倍，螺钉间距为 200 mm 左右。禁止用冲孔和其他方式打孔。对有防潮层的保温管不能用自攻螺栓固定，而应用镀锌铁皮卡具扎紧防护层接缝。金属壳保护层工程造价高，主要适用于有防火、美观特殊要求的管道。

2. 沥青油毡和玻璃丝布构成的保护层

先将沥青油毡按保温层（或加防潮层）外圆周长度加搭接长度（一般为 50 mm）裁剪成块状，包裹在管子上，用镀锌铁丝绑扎紧固，其间距为 250～300 mm。沥青油毡包裹应自下而上进行，纵向接缝应用沥青或沥青玛琋脂封口，使纵向接缝留在管道外侧，接口朝下。在油毡表面再用螺旋式缠绕的方法缠绕玻璃丝布，玻璃丝布搭接宽度为玻璃丝布宽度的一半，缠绕的起点和终点均应用铁丝扎牢，缠绕的玻璃丝布应平整无皱纹且松紧适当。

油毡和玻璃丝布保护层一般用于室外露天敷设的管道保温，在玻璃丝布表面还应根据需要涂刷一遍耐气候变化的、可区别管内介质的不同颜色涂料。

3. 单独用玻璃丝布缠包的保护层

在保温层或防潮层表面只用玻璃丝布缠绕作为保护层时，其施工方法同上法缠绕，多用于室外不易受到碰撞的管道。当管道未做防潮层而又处于潮湿空气中时，为防止保温材料吸水受潮，可先在保温层上涂刷一道沥青或沥青玛琋脂，然后再缠绕玻璃丝布。

4. 石棉石膏、石棉水泥保护层

采用石棉石膏、石棉水泥、石棉灰水泥麻刀、白灰麻刀等材料做保护层时，均采用涂抹法施工。其施工方法如下：

(1) 先将选用材料按一定比例用水调配成胶泥，将胶泥直接涂抹在保温层或防潮层上。涂抹时，一般分两次进行。第一次粗抹，厚度为设计厚度的 1/3 左右，胶泥可干一些，待凝固干燥后，再进行第二次精抹，精抹的胶泥应稍稀一些，精抹必须保证设计厚度，并使表面光滑平整，不得有明显裂纹。

(2) 涂抹厚度为：保温层（或防潮层）外径小于或等于 500 mm 时为 10 mm，保温层（或防潮层）外径大于 500 mm 时为 15 mm。设备、容器不小于 15 mm。需要注意的是当保温层（或防潮层）外径大于或等于 200 mm，还应在保温层（或防潮层）外先用 30 mm×30 mm～50 mm×50 mm 网孔的镀锌铁丝网包扎，并用镀锌铁丝将网口扎牢，胶泥涂抹在镀锌铁丝网外面。

石棉石膏、石棉水泥保护层一般用于室外及有防火要求的非矿纤材料保温的管道，为防止保护层在冷热应力影响下产生裂缝，可在精抹胶泥未干时，缠绕一道玻璃丝布，搭接宽度为 10 mm，待胶泥凝固干燥后即与玻璃丝布结为一体。

三、管道和设备的防腐

（一）防腐的作用

由于供热管道、设备及附件经常与水和空气接触而易遭到腐蚀。为防止或减缓金属管材的腐蚀，保护和延长其使用寿命，应在保温前做防腐处理。常用防腐处理措施是在管道、设备及附件表面涂覆各种耐腐蚀的涂料。

（二）常用涂料

一般涂料按其所起的作用，可分为底漆和面漆，先用底漆打底，再用面漆罩面。防锈漆和底漆都能防锈，都可用于打底。它们的区别是：底漆的颜料成分高，可以打磨，漆料着重在对物面的附着力，而防锈漆料偏重在满足耐水、碱等性能的要求。

常用涂料有各种防锈漆、各种调和漆、各式醇酸瓷漆、铁红醇酸底漆、环氧红丹漆、磷化底漆、厚漆（铅油）、铝粉漆、生漆（大漆）、耐温铝粉漆、过氯乙烯漆、耐碱漆、沥青漆等。

各种涂料的性能和适用范围可参考有关资料。

思考题与习题

1. 试述集中供热系统热负荷的分类与特点，各类热负荷如何确定？
2. 供热管网水力计算的基本公式与室内供暖系统有什么不同？
3. 供热管网水力计算的任务有哪些？
4. 什么是热网主干线？水力计算为什么要从主干线开始计算？
5. 室外高压蒸汽管路的水力计算方法与室内蒸汽管路有什么不同？为什么？
6. 室外高压凝结水管路按流动动力分为哪几类？各类管径如何确定？
7. 室外蒸汽热网与凝结水热网在水力计算中分别要进行哪些换算？
8. 为什么要规定允许流速？选管径时流速过大会发生什么问题？
9. 试对图 8-23 所示某闭式双管热水热网进行水力计算。已知 $t_g=130$ ℃，$t_h=70$ ℃，热网每隔一定距离设有方形伸缩器。每一个热用户流量均为 15 t/h，入口要求作用压力不低于 4×10^4 Pa。其余条件见图示。

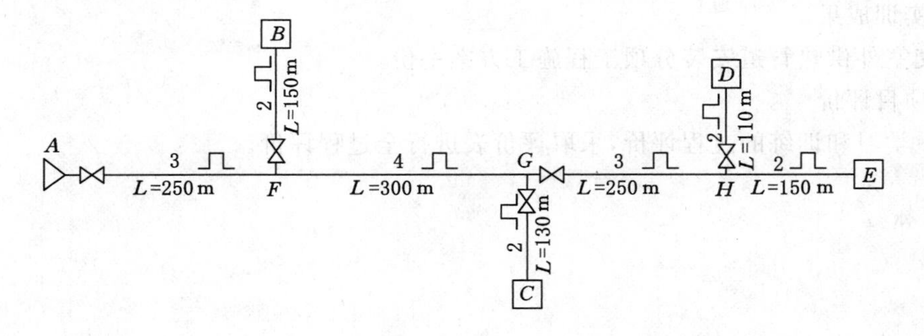

图 8-23　题 9 图

10. 试求某厂区蒸汽供热管网的管径。热网平面布置如图 8-24 所示，已知条件均标入图中。锅炉房供给的饱和蒸汽压力为 10×10^5 Pa。

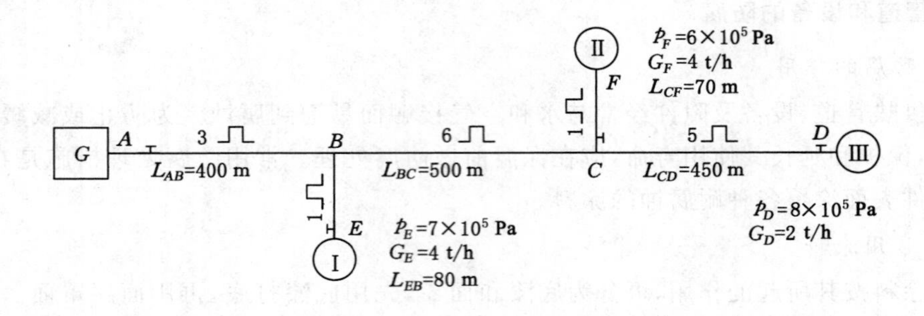

图 8-24 题 10 图

11. 室外供热常用的管材有哪些？如何连接？
12. 管沟和地上敷设管道安装程序是什么？安装质量要求有哪些？
13. 简述直埋管道下管方法和安装要求。
14. 管道焊接常用的机具有哪些？常用的材料有哪些？
15. 焊接质量如何检查验收？

技能训练

训练项目：室外供热管道安装分项工程施工方案的编制

1. 实训目标

(1) 熟悉室外供热管道安装的施工准备工作；
(2) 会进行室外供热管材进场验收；
(3) 熟悉室外供热管道安装工艺流程；
(4) 会进行室外供热管道安装半成品的保护、质量的验收；
(5) 会填写室外供热管道进场验收、安装质量验收资料的整理工作。

2. 实训项目

室外供热管道安装分项工程施工方案的编制。

3. 实训成果

提交室外供热管道安装分项工程施工方案一份。

4. 项目评价

注重学习和训练的过程评价，采取评价表进行全过程评价。

学习情境九 室外供热管网补偿器的安装

一、职业能力

1. 补偿器选择与布置的能力。
2. 补偿器进场验收的能力。
3. 补偿器施工安装的能力。
4. 补偿器施工安装质量验收的能力。

二、工作任务

综合实训任务:室外供热管网补偿器的选择与布置。

三、相关实践知识

1. 补偿器的布置方法。
2. 补偿器的选择方法。

四、相关理论知识

1. 了解管道的热补偿量的计算。
2. 常见的补偿器形式。

项目一 供热管网补偿器的选择

一、管道的热膨胀

供热管道的安装是在自然环境状态下进行的,而管道系统的运行是在热介质的工作温度状态下,由于热介质的温度与周围环境温度差别较大,这必将会使管道产生热变形。

为了防止供热管道升温时,由于热伸长或温度应力的作用而引起管道变形或破坏,则需要在供热管道上设置补偿器,以补偿管道的热伸长,从而减小管道壁的应力和作用在阀件或支架结构上的作用力。

管道的热伸长量可按下式计算

$$\Delta L=\alpha(t_1-t_2)L \tag{9-1}$$

式中 ΔL——管道的热伸长量,m;

α——管道的线膨胀系数,对钢管一般取 $\alpha=0.012\ \mathrm{mm/(m\cdot ℃)}$;

t_1——管壁最高温度,可取热媒的最高温度,℃;

t_2——管道安装时的环境温度,一般可取当地最冷月平均温度,℃;

微课:供热管道热膨胀及其补偿器

L——计算管段的长度，m。

二、补偿器的选择

热力管道的补偿方式有两种——自然补偿和补偿器补偿。

（一）自然补偿

自然补偿就是利用管道本身自然弯曲所具有的弹性来吸收管道的热变形。管道弹性是指管道在应力作用下产生弹性变形，几何形状发生改变，应力消失后又能恢复原状的能力。实践证明，当弯管角度大于 90°，能用作自然补偿，当管子弯曲角度小于 30°时，不能用作自然补偿。自然补偿的管道长度一般为 15～25 m，弯曲应力 σ_{bw} 不应超过 80 MPa。

管道工程中常用的自然补偿有 L 形补偿和 Z 形补偿，如图 9-1 所示。

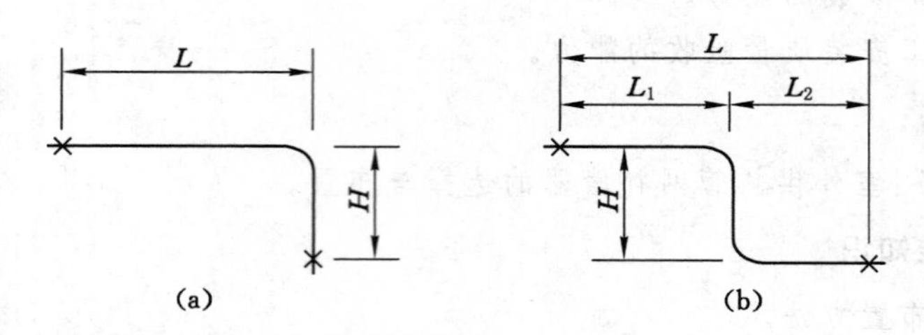

图 9-1　自然补偿器

(a) L 形自然补偿器；(b) Z 形自然补偿器

L 形自然补偿器是一个 L 形的转角管段，转角距两个固定点的长度多数情况下是不相等的，因而有长臂和短臂之分。

由于长臂的热变形量大于短臂，所以最大弯曲应力发生在短臂一端的固定点处，短臂 H 越短，弯曲应力越大。因此选用 L 形自然补偿器的关键是确定或校核短臂的长度 H 值，自然补偿器长边、短边尺寸详见表 9-1。

表 9-1　热力管道固定支架最大间距(自然补偿器长边、短边尺寸表)

补偿器形式	管道敷设方式	公称直径 DN/mm													
		25	32	40	50	65	80	100	125	150	200	250	300	350	400
L 形自然补偿器	长边最大距离	15	18	20	24	24	30	30	30	30	—	—	—	—	—
	短边最小距离	2	2.5	3.0	3.5	4.0	5.0	5.5	6.0	6.0	—	—	—	—	—

Z 形自然补偿器是一个 Z 形转角管段，可将它看做是两个 L 形转角管段的组合体，其中间臂长度 H(即两转角间的管道长度)越短，弯曲应力越大。因此选用 Z 形自然补偿器的关键是确定或校核中间臂长度 H 值。

需要注意的是，无论是 L 形还是 Z 形自然补偿器的转角都不宜小于 90°或大于 120°，其臂长不宜大于 20～25 m。

自然补偿是一种最简单、最经济的补偿方式，应充分加以利用。

（二）方形补偿器

方形补偿器是采用专门加工成Ⅱ形的连续弯管来吸收管道热变形的元件。这种补偿器是利用弯管的弹性来吸收管道的热变形，从其工作原理看，方形补偿器补偿属于管道弹性热补偿。

方形补偿器如图 9-2 所示，由水平臂、伸缩臂和自由臂构成。方形补偿器是由 4 个 90°弯头组成，其优点是制作简单，安装方便，热补偿量大，工作安全可靠，一般不需要维修，缺点是外形尺寸大，安装占用空间大，不太美观。

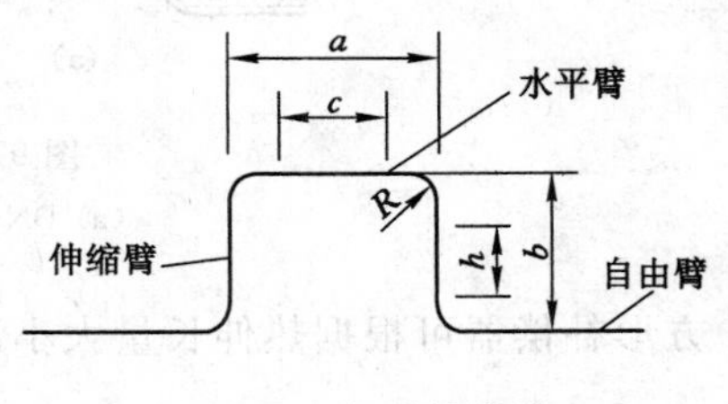

图 9-2　方形补偿器

方形补偿器按其外形可分为Ⅰ型——标准式($c=2h$)，Ⅱ型——等边式($c=h$)，Ⅲ型——长臂式($c=0.5h$)，Ⅳ型——小顶式($c=0$)，其中Ⅱ型、Ⅲ型最为常用，如图 9-3 所示。

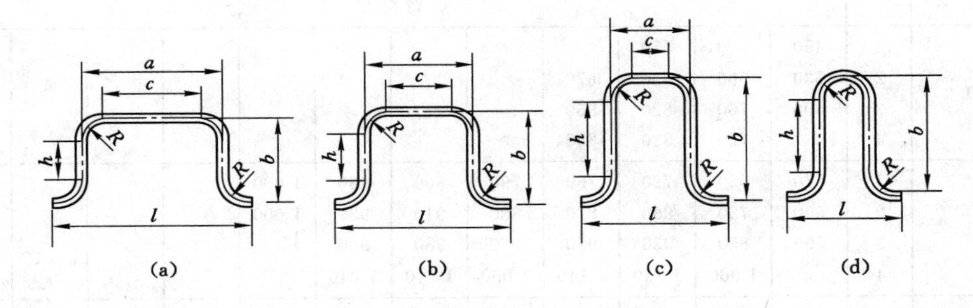

图 9-3　方形补偿器类型

(a) Ⅰ型 ($c=2h$)；(b) Ⅱ型 ($c=h$)；(c) Ⅲ型 ($c=0.5h$)；(d) Ⅳ型 ($c=0$)

制作方形补偿器必须选用质量好的无缝钢管煨制而成，整个补偿器最好用一根管子煨成，如果制作大规格的补偿器，也可用 2 根弯管或 3 根弯管焊制。方形补偿器不宜用冲压弯头焊制而成。方形补偿器的加工制作如图 9-4 所示。焊制方形补偿器的焊接点应放在外伸臂的中点处，因为此处的弯矩最小，严禁在补偿器的水平臂上焊接。焊制方形补偿器时，当 DN≤200 mm 时，焊缝与外伸臂垂直，当 DN＞200 mm 时，焊缝与轴线成 45°角，如图 9-5 所示。

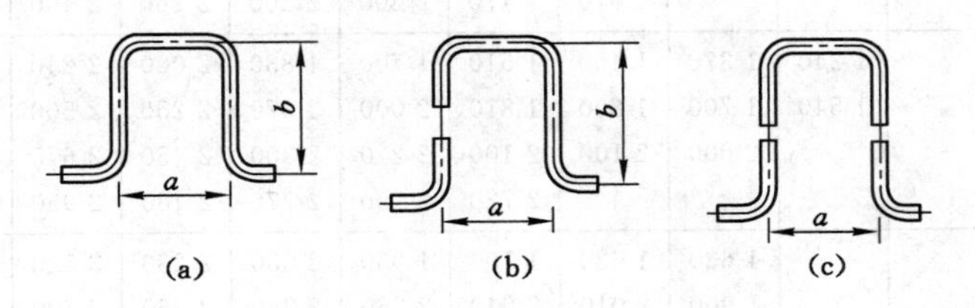

图 9-4　方形补偿器加工制作

(a) 整段管弯制；(b) 两段管构成；(c) 三段管构成

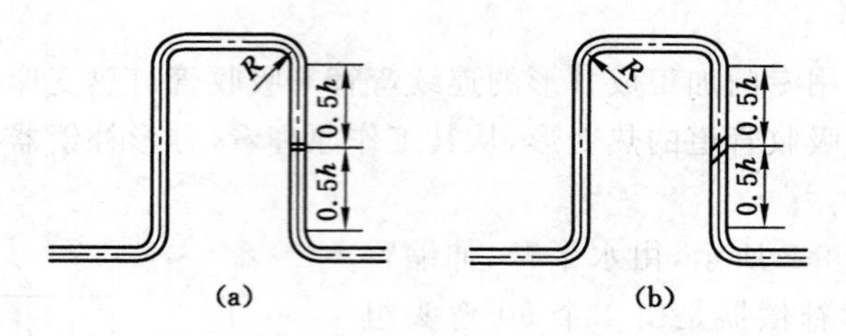

图 9-5　方形补偿器的焊接

(a) DN<200mm；(b) DN≥200 mm

方形补偿器可根据热伸长量大小和方形补偿器类型按表 9-2 选用。

表 9-2　**方形补偿器的补偿能力表**　单位：mm

补偿能力 ΔL	型号	公称直径											
		20	25	32	40	50	65	80	100	125	150	200	250
		臂长 H											
30	1	450	520	570									
	2	530	580	630	670								
	3	600	760	820	850								
	4		760	820	850								
50	1	570	650	720	760	790	860	930	1 000				
	2	690	750	830	870	880	910	930	1 000				
	3	790	850	930	970	970	980	980					
	4		1 060	1 120	1 140	1 050	1 240	1 240					
75	1	680	790	860	920	960	1 050	1 100	1 220	1 380	1 530	1 800	
	2	830	930	1 020	1 070	1 080	1 150	1 200	1 300	1 380	1 530	1 800	
	3	980	1 060	1 150	1 220	1 180	1 220	1 250	1 350	1 450	1 600		
	4		1 350	1 410	1 430	1 450	1 450	1 350	1 450	1 530	1 650		
100	1	780	910	980	1 050	1 100	1 200	1 270	1 400	1 590	1 730	2 050	
	2	970	1 070	1 070	1 240	1 250	1 330	1 400	1 530	1 670	1 830	2 100	2 300
	3	1 140	1 250	1 360	1 430	1 450	1 470	1 500	1 600	1 750	1 830	2 100	
	4		1 600	1 700	1 780	1 700	1 710	1 720	1 730	1 840	1 980	2 190	
150	1		1 100	1 260	1 270	1 310	1 400	1 570	1 730	1 920	2 120	2 500	
	2		1 330	1 450	1 540	1 550	1 660	1 760	1 920	2 100	2 280	2 630	2 800
	3		1 560	1 700	1 800	1 830	1 870	1 900	2 050	2 230	2 400	2 700	2 900
	4				2 070	2 170	2 200	2 200	2 260	2 400	2 570	2 800	3 100
200	1		1 240	1 370	1 450	1 510	1 700	1 830	2 000	2 240	2 470	2 840	
	2		1 540	1 700	1 800	1 810	2 000	2 070	2 250	2 500	2 700	3 080	3 200
	3			2 000	2 100	2 100	2 220	2 300	2 450	2 670	2 850	3 200	3 400
	4					2 720	2 750	2 770	2 780	2 950	3 130	3 400	3 700
250	1			1 630	1 620	1 700	1 950	2 050	2 230	2 520	2 780	3 160	
	2			1 900	2 010	2 040	2 260	2 340	2 560	2 800	3 050	3 500	3 800
	3					2 370	2 500	2 600	2 800	3 050	3 300	3 700	3 800
	4						3 000	3 100	3 230	3 450	3 640	4 000	4 200

注：表中的补偿能力是按安装时冷拉 $\frac{1}{2}\Delta L$ 计算的。

（三）波纹管补偿器

动画：波纹补偿器的构造

波纹管补偿器又称波纹管膨胀节，由一个或几个波纹管及结构件组成，用来吸收由于热胀冷缩等原因引起的管道或设备尺寸变化的装置。波纹管补偿器具有结构紧凑、承压能力高、工作性能好，配管简单、耐腐蚀、维修方便等优点。

1. 波纹管材料

波纹管补偿器是采用疲劳极限较高的不锈钢板或耐蚀合金板制成的，不锈钢板厚度为 0.2～10 mm，它适用于工作温度在 550 ℃以下，公称压力为 0.25～25 MPa，公称直径为 DN25～DN1200 的弱腐蚀性介质的管路上，见表 9-3。

表 9-3　　常用波纹管材料

名　称	牌　号	允许使用温度/℃	标准号
奥氏体不锈钢	0Cr18Ni10Ti	－200～550	GB/T 4237 GB/T 3280
	0Cr17Ni12M02		
	0Cr18Ni9		
	00Cr19Ni10	－200～425	
	00Cr17Ni14M02	－200～450	
耐蚀合金	NSll	－200～700	GB/T 15010
	FN-2		GB 1330

2. 波纹管补偿器类型

图片：单式轴向膨胀节

（1）单式轴向型波纹管补偿器。单式轴向型波纹管补偿器如图 9-6 所示，它由一个波纹管及构件组成，主要用于吸收轴向位移而不能承受波纹管压力推力。

（2）单式铰链型波纹管补偿器。单式铰链型波纹管补偿器如图 9-7 所示，它是由一个波纹管及销轴、铰链板和立板等结构件组成，只能吸收一个平面内的角位移并能承受波纹管压力推力。

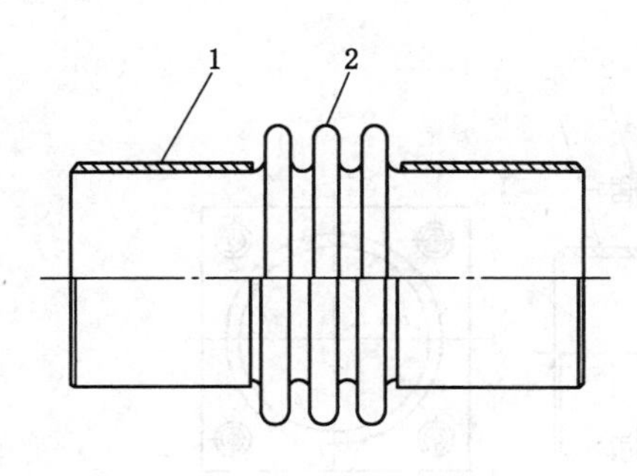

图 9-6　单式轴向型波纹管补偿器

1——端管；2——波纹管

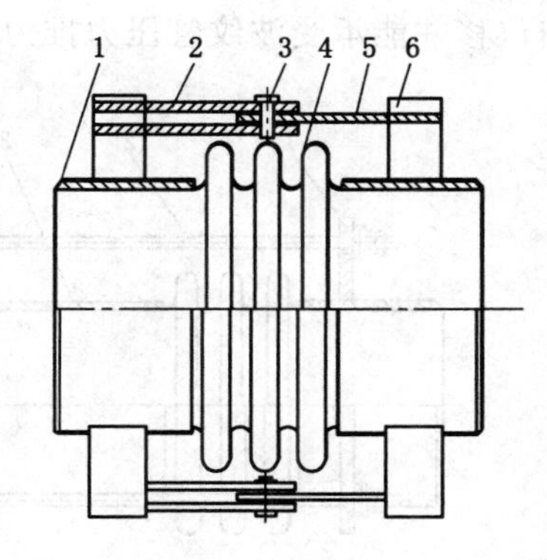

图 9-7　单式铰链型波纹管补偿器

1——端管；2——副铰链板；3——销轴；4——波纹管；5——主铰链板；6——立板

(3) 单式万向铰链型波纹管补偿器。单式万向铰链型波纹管补偿器如图 9-8 所示，它由一个波纹管及销轴、铰链板、万向环和立板等结构组成，能吸收任意平面内的角位移并能承受波纹管压力推力。

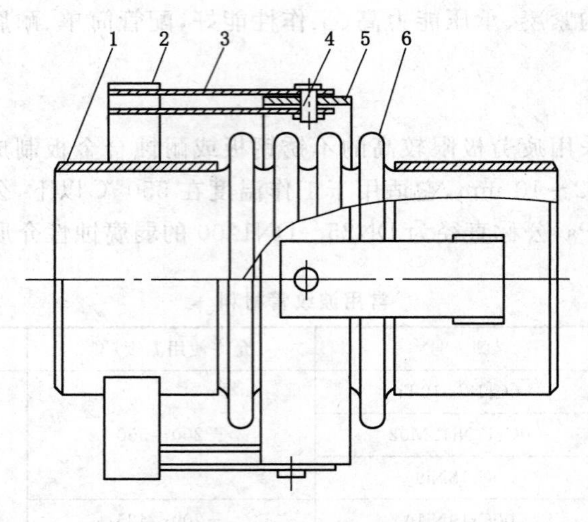

图 9-8　单式万向铰链型波纹管补偿器

1——端管；2——立板；3——铰链板；4——销轴；5——万向环；6——波纹管

(4) 复式自由型波纹管补偿器。复式自由型波纹管补偿器如图 9-9 所示，它由中间管所连接的两个波纹管及结构件组成，主要用于吸收轴向与横向组合位移而不能承受波纹管压力推力。

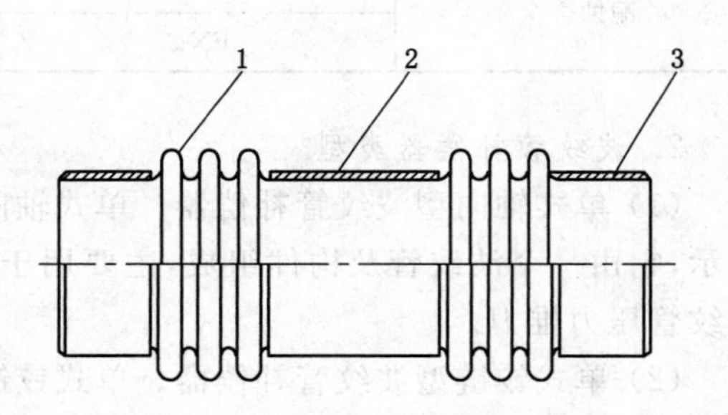

图 9-9　复式自由型波纹管补偿器

1——波纹管；2——中间管；3——端管

(5) 复式拉杆型波纹管补偿器。复式拉杆型波纹管补偿器如图 9-10 所示，它由中间管所连接的两个波纹管及拉杆、端板和球面与锥面垫圈等结构件组成，能吸收任一平面内的横向位移并能承受波纹管压力推力。

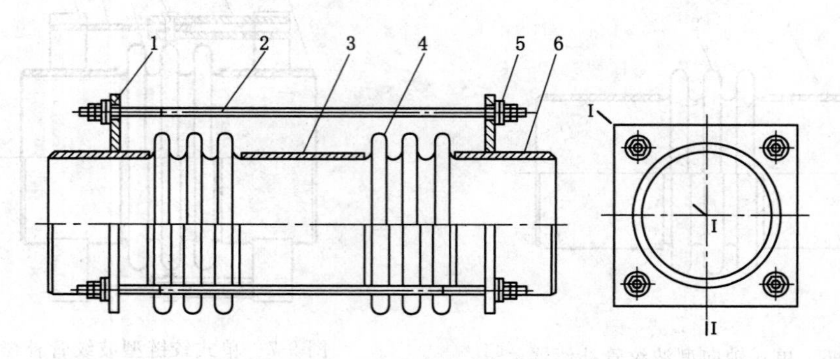

图 9-10　复式拉杆型波纹管补偿器

1——端板；2——拉杆；3——中间管；4——波纹管；5——球面垫圈；6——端管

(6) 复式铰链型波纹管补偿器。复式铰链型波纹管补偿器如图 9-11 所示，它由中间管所连接的两个波纹管及十字销轴、铰链板和立板等结构件组成，只能吸收一个平面内的横向位移并能承受波纹管压力推力。

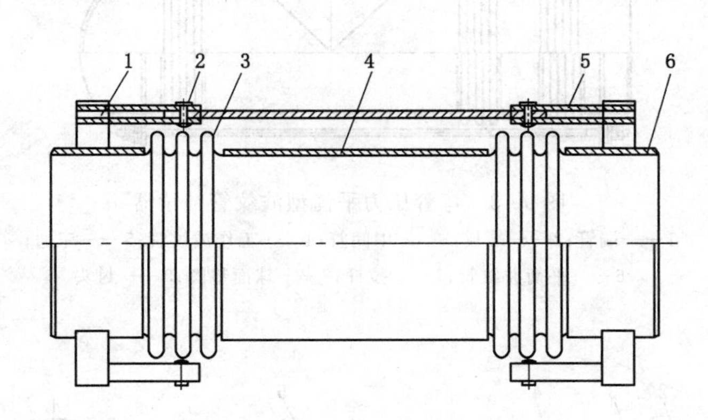

图 9-11　复式铰链型波纹管补偿器

1——立板；2——销轴；3——波纹管；4——中间管；5——铰链板；6——端管

(7) 复式万向铰链型波纹管补偿器。复式万向铰链型波纹管补偿器如图 9-12 所示，它由中间管所连接的两个波纹管及十字销轴、铰链板和立板等结构件组成，能吸收任一平面内的横向位移并能承受波纹管压力推力。

图片：复式铰链型膨胀节

(8) 弯管压力平衡型波纹管补偿器。弯管压力平衡型波纹管补偿器如图 9-13 所示，它由一个工作波纹管或中间管所连接的两个工作波纹管和一个平衡波纹管及弯头或三通、封头、拉杆、端板和球面与锥面垫圈等结构件组成，主要用于吸收轴向与横向组合位移并能组合平衡波纹管压力推力。

(9) 直管压力平衡型波纹管补偿器。直管压力平衡型波纹管补偿器如图 9-14 所示，它由位于两端的两个工作波纹管和位于中间的一个平衡波纹管及拉杆和端板等结构件组成，主要用于吸收轴向位移并能平衡波纹管压力推力。

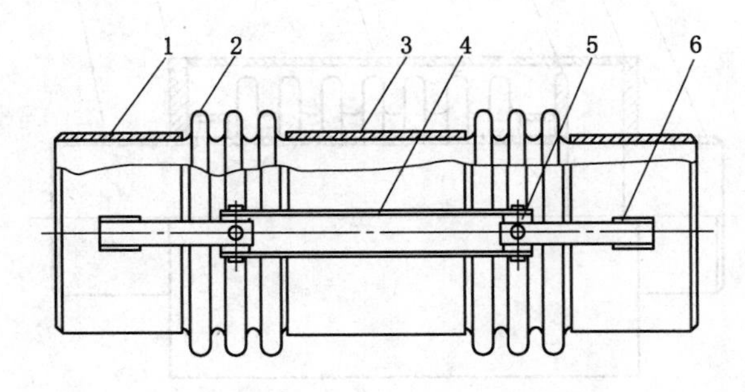

图 9-12　复式万向铰链型波纹管补偿器

1——端管；2——波纹管；3——中间管；4——铰链板；5——十字销轴；6——立板

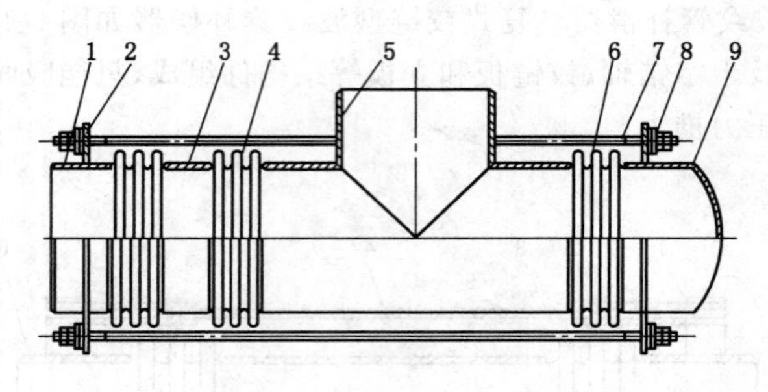

图 9-13　弯管压力平衡型波纹管补偿器

1——端管；2——端板；3——中间管；4——工作波纹管；5——三通；
6——平衡波纹管；7——拉杆；8——球面垫圈；9——封头

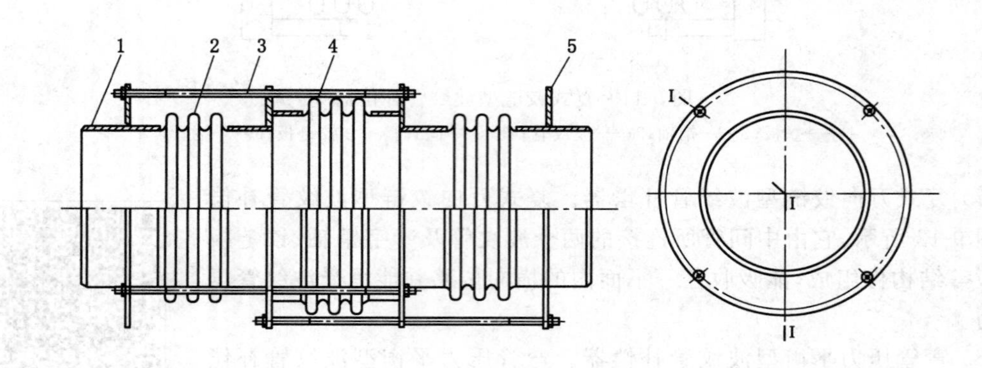

图 9-14　直管压力平衡型波纹管补偿器

1——直管；2——波纹管；3——拉杆；4——平衡波纹管；5——立板

(10) 外压单式轴向波纹管补偿器。外压单式轴向波纹管补偿器如图 9-15 所示，它由承受外压的波纹管及外管和端环等结构组成，只用于吸收轴向位移而不能承受波纹管压力推力。

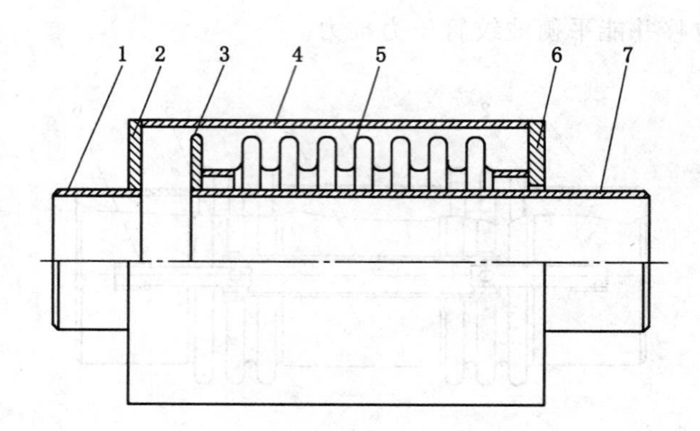

图 9-15　外压单式轴向波纹管补偿器

1——进口端管；2——进口端环；3——限位环；4——外管；
5——波纹管；6——出口端环；7——出口端管

（四）套筒式补偿器

套筒式补偿器又称填料式补偿器，如图 9-16 所示，它由套管、插管和密封填料等三部分组成，它是靠插管和套管的相对运动来补偿管道的热变形量的。

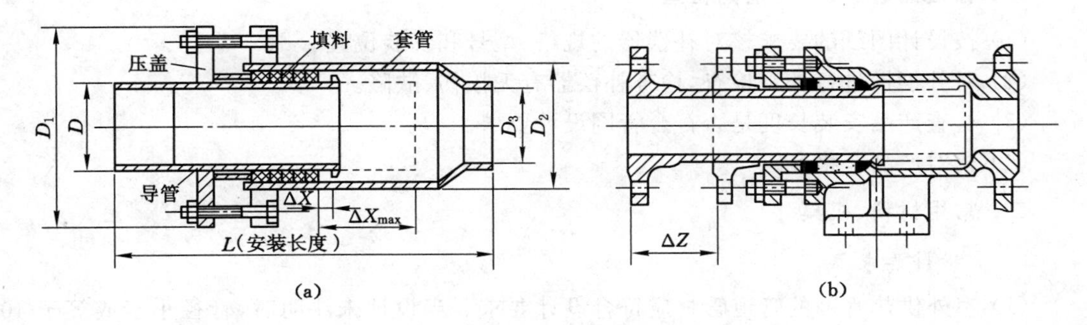

图 9-16　套筒式补偿器

(a) 焊接；(b) 法兰连接

套筒式补偿器按壳体的材料不同分为铸铁制和钢制两种，按套筒的结构分为单向套筒和双向套筒，按连接方式的不同分为螺纹连接、法兰连接和焊接。

套筒式补偿器结构简单、紧凑、补偿能力大，占地面积小，施工安装简便，这种补偿器的轴向推力大，易渗漏，需经常维修和更换填料。当管道稍有径向位移和角向位移时，易造成套筒被卡住的现象，故使用单向套筒式补偿器，应安装在固定支架附近。双向套筒式补偿器应安装在两固定支架中部，并应在补偿器前后设置导向支架。

（五）球形补偿器

球形补偿器如图 9-17 所示，它是利用补偿器的活动球形部分角向转弯来补偿管道的热变形，它允许管子在一定范围内相对转动，因而两直管可以不保持在一条直线上。其补偿能力大，占地面积小，可大幅降低钢材消耗量，球形补偿器的工作原理如图 9-18 所示。

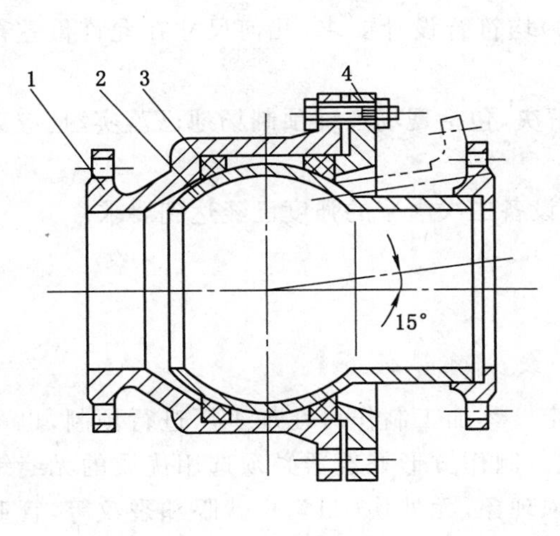

图 9-17　球形补偿器

1——壳体；2——球体；3——密封圈；4——压紧法兰

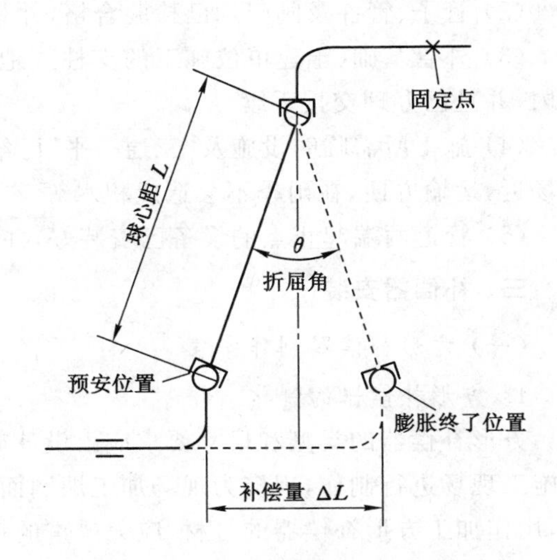

图 9-18　球形补偿器的工作原理

项目二　供热管网补偿器的安装

一、补偿器进场、安装前的检查

(1) 按设计图纸的要求核对补偿器的规格、型号和安装位置。

(2) 对补偿器进行外观检查,检查补偿器有无损伤、缺陷。

(3) 检查产品安装长度是否符合管网设计要求。

(4) 校对产品合格证。

二、常用材料、机具

(一) 材料要求

(1) 室外供热管网的管道管材应符合设计要求。当设计未注明时,管径小于或等于 40 mm,应使用焊接钢管;管径为 50～200 mm,应使用无缝钢管或焊接钢管;管径大于 200 mm,应使用螺旋焊接钢管。

(2) 管道焊接用焊条应根据母材材质选用。焊条、焊剂应有出厂合格证。焊条使用前应按出厂说明书的规定进行烘干,并在使用过程中保持干燥。焊条药皮应无脱落和显著裂缝。

(二) 主要机具

室外供热管网安装主要机具有:钢丝刷、尖头锤、刮铲、扁铲、油漆刷、油漆笔、排笔、泥刀勾缝刀、木槌、托灰板、托线板、线坠、塞尺、咬边机、滚圆机等。

冷拉器、撑拉器、千斤顶、手电钻、电动切管机、弯管机、手砂轮、电焊机、氧焊(割)设备、便携式氧-乙炔割管机。

(三) 施工作业条件

(1) 有安装项目的设计图纸,并且经过图纸会审、设计交底,施工方案已编制好。

(2) 管子、管件及阀门均已检验合格,并具有技术资料且与设计核对正确无误。

(3) 外管基础(土建单位施工的支柱式地沟)均符合设计要求,几何尺寸在允许偏差范围内,并且已办理交接手续。

(4) 施工所需临时设施及"三通一平"已经解决,包括现场各种预制场地已落实,且应离现场近,运输方便,在雨季不会造成积水等。

(5) 管道两端起止点的设备已安装好,并且设备二次灌浆的强度已经达到要求。

三、补偿器安装

(一) 方形补偿器制作安装

1. 方形补偿器的制作

方形补偿器的类型和尺寸要求应由设计确定。其加工制作可在加工厂进行预制,也可在施工现场进行制作,现多为现场加工煨制而成。制作方形补偿器必须选用优质的无缝钢管,用作加工方形补偿器的管材,应无严重的锈蚀现象,无外伤(凹陷)、砂眼和裂纹等,管壁厚度应均匀。整个补偿器最好采用整根管子煨制而成,如果制作较大规格的补偿器,用一根管子不易煨制时,也可采用 2 根或 3 根管子煨制,但焊接接口不得放在补偿器的平行臂上,且只能放在垂直臂中点处进行焊接，因该处的应力和弯矩最小。当管径小于 200 mm 时，焊缝应与垂直臂轴线垂直；当管径大于或等于 200 mm 时，焊缝应与垂直臂轴线呈 45°角。煨制补偿器时，其弯曲半径 R 应为管子公称直径的 4 倍，即 $R=4\text{DN}$。当管径小于 150 mm 时，应采用冷弯法进行弯制；当管径大于或等于 150 mm 时，可采用热弯法进行弯制。

2. 方形补偿器的制作要求

(1) 补偿器的 4 个弯头都应处于同一平面内，不得产生扭曲现象。平面扭曲偏差不应大于 3 mm/m，且总偏差不得大于 10 mm。

(2) 补偿器的两垂直臂应相等，允许偏差为 ±10 mm，平行臂长度允许偏差为 ±20 mm。

(3) 补偿器制作完成后，应进行质量检查。无出现裂纹、分层、过烧等缺陷，管壁的减薄率、弯管的椭圆率等均符合弯管的质量要求为合格。

3. 方形补偿器的安装

方形补偿器安装应符合下列规定：

(1) 补偿器的安装，应在固定支架安装固定牢靠，固定支架之间的管道、阀件和设备等安装完成，各连接件均已拧紧，活动支架全部安装完成后进行。

(2) 补偿器的安装位置应进行预留，预留位置的宽度，应为方形补偿器的宽度再加上补偿器的预拉伸长度。

(3) 方形补偿器应水平安装，其两垂直臂应保持水平，平行臂应与管道的坡度和坡向一致；当安装空间较狭窄，不能采用水平安装时，可采用垂直安装，但应在补偿器的最高点设排气装置，在最低点设泄水装置。

(4) 方形补偿器安装前，应按设计要求进行冷拉。冷拉应在补偿器两侧同时均匀进行，并记录补偿器的预拉伸量。

为了减少补偿器的膨胀热应力，提高补偿能力，在方形补偿器安装时，应进行预拉伸(冷拉)。预拉伸的长度与管道最高温度时的热伸长量有关，一般为最大伸长量的一半。其预拉伸的方法有两种，即采用带螺栓的冷拉器拉伸和带螺栓杆的撑拉器或千斤顶拉伸。冷拉的接口位置，当设计无明确要求时，可选在补偿器一侧的起弯点以外 2～3 m 处的直管段上，不得过于靠近补偿器。

(5) 施工时，先将一块厚度等于预拉伸量的木块或木垫圈夹在冷拉接口间隙中，再在接口两侧的管壁上分别焊上挡环，然后把冷拉器的拉爪卡在挡环上，在拉爪孔内穿入双头螺栓，用螺母上紧，并将木垫块夹紧，这样就在冷拉的接口位置处将冷拉器固定好。待管道上的其他部件全部安装好后，把冷拉器中的木垫拿掉，对称地上紧螺母，使接口间隙达到焊接时的对口要求为止。然后将接口进行点焊，取掉冷拉器即可进行焊接，最后完成补偿器的安装。

(6) 方形补偿器安装的同时，应进行补偿器支架的安装。在补偿器平行臂的中点处安装一个活动支架，在补偿器两侧距起弯点 40 倍的管径处应设 1～2 个导向支架。在靠近弯管处设置的阀门、法兰等连接件处的两侧，应设置导向支架，以防管道过大的弯曲变形而导致法兰等连接件泄漏。

课件：供热管网补偿器的安装

(二) 波纹管补偿器安装

(1) 安装前，应先检查波纹管膨胀节的型号、规格及管道的支座配置必须符合设计要求。

(2) 波纹管补偿器应与管道同轴。

(3) 有流向标记(箭头)的补偿器,箭头方向代表介质流动的方向,不得装反。

(4) 波纹管补偿器安装。波纹管补偿器无论是钢管焊接还是法兰连接的,通常采用后安装的方法,即在管道安装时先不安装波纹管补偿器,在要安装的位置上先放入整根直管,并按设计要求和补偿器生产厂对补偿器附近支架设置的要求安装好导向支架和固定支架,待支架达到设计要求,再开始安装补偿器。

波纹管补偿器安装的程序、步骤、方法如下:

① 先丈量已准备好的波纹管补偿器的全长(含连接法兰),在管道上为补偿器安装画出定位中线,按补偿器长度画出补偿器的边线(至连接法兰的边缘)。

② 依线切割管道,当法兰连接时要考虑法兰及垫片所占长度。

③ 连接焊接接口的补偿器。用临时支吊架将补偿器支吊起来,进行对口,补偿器两边的接口要同时对好,同时进行点焊,检查补偿器位置合适后,顺序进行焊接。

④ 连接法兰接口的补偿器。先将两个法兰垫片临时安装在补偿器上,用临时支、吊架将补偿器支吊起来,进行对口,同时进行点焊,检查补偿器位置合适后,卸开法兰螺栓,卸下补偿器,对两个法兰进行焊接,焊好后清理焊渣,检查焊接质量,合格后再对内外焊口进行防腐处理,最后将补偿器抬起进行法兰的正式安装。

(5) 波纹管补偿器安装时应注意的问题:

① 波纹管不能承重,应单独吊装并临时固定,待管道安装完后(包括系统试压、吹洗合格后),方可拆除临时固定装置。

② 波纹管补偿器的预拉伸问题比方形补偿器显得更为重要,不可忽视。在向厂家订购补偿器时,应向厂家提供供热管道的介质温度、压力参数、安装时可能的环境温度参数和补偿器的布置图,以便生产厂能了解所需的补偿器应有的补偿能力,或者直接向生产厂提出补偿能力的要求。

③ 除设计要求预拉伸或冷紧的预变形量外,严禁用使波纹管变形的方法来调整管道的安装偏差,以免影响补偿器的正常功能,降低使用寿命和增加管系、设备接管及支承构件的载荷。

④ 波纹管补偿器前后的管子应在同一轴线上。

⑤ 安装过程不允许焊渣飞溅到波纹管表面和受到其他机械性损伤;波纹管所有活动元件不得被外部构件卡死或限制其活动部位正常工作。

⑥ 水压试验用水须干净、无腐蚀性,对奥氏体不锈钢材质应严格控制水中氯离子含量不超过 25×10^{-6},并应及时排尽波纹管中的积水等。

(6) 波纹管补偿器安装中常见问题:

① 由于管系临时支撑不当,或管系固定支架设置不合理,导致支架破坏,波纹管过量变形而失效。

② 由于波纹管设计所考虑的压力或位移安全富裕度不够,管线试压时波纹管产生失稳变形失效。

③ 补偿器制造质量问题,制造厂偷工减料,5 层不锈钢私自改为 3 层或更少而失效。

造成波纹管补偿器失效的原因:设计占 10%,制造厂家偷工减料占 50%,安装不符合设备说明要求占20%,其余由运行管理不当引起。

(三) 套筒补偿器安装

套筒补偿器安装前应将补偿器拆开,检查填料是否齐备,质量是否符合要求。石棉绳应在煤焦油中浸过,接头处应有斜度并加润滑油,以增加耐腐蚀能力,保证其严密性。

安装套筒式补偿器还应符合下列要求:

(1) 单向补偿器应装在固定支架旁边的平直管道线上,双向补偿器应安装在固定支架中间。

(2) 与管道保持同心,不得歪斜。在靠近补偿器两侧,至少各有一个导向支座,保证运行自由伸缩,不偏离中心。

(3) 套管式补偿器在安装时,也应进行预拉,其预拉伸长度,应根据管段受热后的最大补偿量来确定。一般应根据设计要求,设计无要求时按表9-4要求预拉伸。预拉伸时,先将补偿器的填料压盖松开,将内套管拉出预拉伸的长度,然后再将填料压盖紧住。

表9-4　套筒补偿器预拉长度

补偿器规格/mm	15	20	25	32	40	50	65	75	80	100	125	150
拉出长度/mm	20	20	30	30	40	40	56	56	59	59	59	63

同时还应考虑到管道低于安装温度下时运行,补偿器仍有收缩的能力,安装时,可根据安装环境温度计算导管的安装位置,即导管与填料环之间应留有一定的间隙ΔX(如图9-16所示)。其预留间隙的最小尺寸可参见表9-5,安装时允许偏差为±5 mm。

表9-5　套管式补偿器的安装间隙ΔX

两固定支架间直管段长度/m	在下列温度下安装时,其间隙量ΔX的最小值/mm		
	<−5 ℃	5~20 ℃	>20 ℃
100	30	50	60
70	30	40	50

(4) 插管应安装在介质流入端。

(5) 填料的品种及规格应符合设计规定,一般采用涂有石墨粉的石棉盘根或浸过机油的石棉绳,填料应逐圈装入,逐圈压紧,填料环的厚度不得小于导管与套筒之间的间隙,各圈接头应相互错开;填料压盖的螺栓松紧应适当,既要保证不泄漏,又要使摩擦力不致过大,内套管又能伸缩自如为宜。填料石棉绳应涂石棉粉,并逐圈装入,逐圈压紧,各圈接口应相互错开。

项目三　供热管网阀门附件的选择与安装

一、供热管道的主要阀门

(一) 常见阀门

阀门是用来开闭管路和调节输送介质流量的设备,其主要作用是:接通或截断介质;防止介质倒流;调节介质压力、流量等参数;分离、混合或分配介质;防止介质压力超过规定数值,以保证管路或容器、设备的安全。常用的阀门有以下几类。

1. 截止阀

截止阀按介质流向可分为直通式、直角式和直流式(斜杆式)三种。按阀杆螺纹的位置可分为明杆和暗杆两种结构形式。

图 9-19 是常用的直通式截止阀结构示意图。

截止阀关闭时严密性较好,但阀体长,介质流动阻力大,产品公称直径不大于 200 mm。

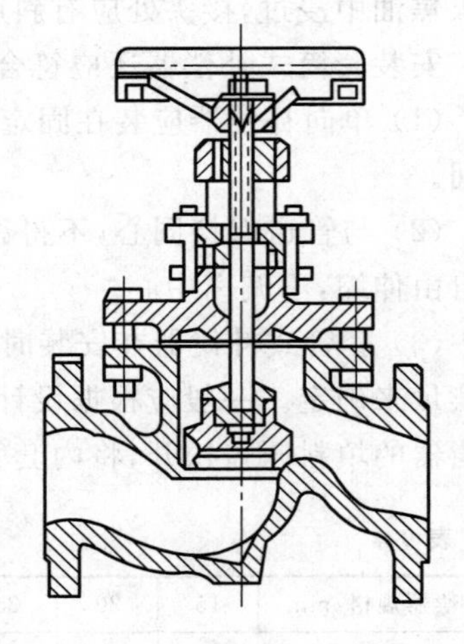

图 9-19 直通式截止阀

2. 闸阀

闸阀按结构形式分为明杆和暗杆两种;按闸板的形状分有楔式与平行式;按闸板的数目分有单板和双板。

图 9-20 是明杆平行式双板闸阀,图 9-21 是暗杆楔式单板闸阀。闸阀关闭时严密性不如截止阀好,但阀体短,介质流动阻力小。

截止阀和闸阀主要起开闭管路的作用,由于其调节性能不好,不适于用来调节流量。

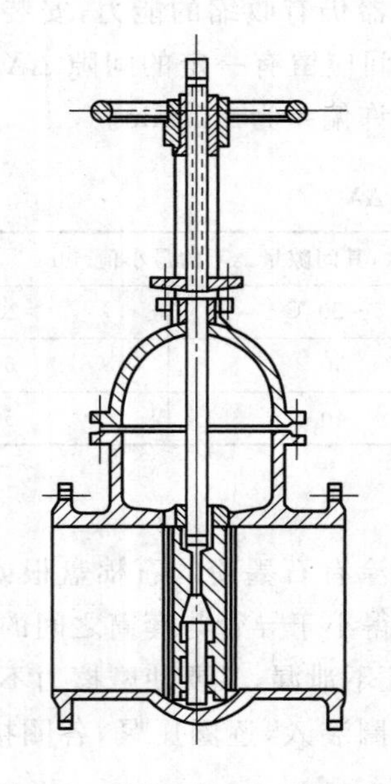

图 9-20 明杆平行式双板闸阀

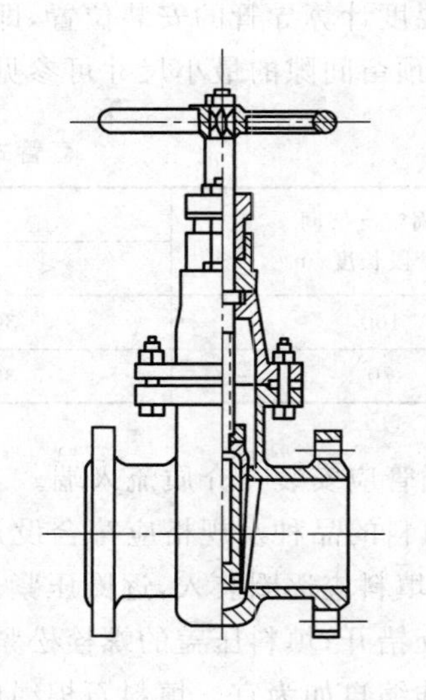

图 9-21 暗杆楔式单板闸阀

3. 蝶阀

蝶阀是阀板沿垂直管道轴线的立轴旋转,当阀板与管道轴线垂直时,阀门全闭;阀板与管道轴线平行时,阀门全开。图 9-22 是蜗轮传动型蝶阀。

蝶阀阀体长度小,流动阻力小,调节性能稍优于截止阀和闸阀,但造价高。

截止阀、闸阀和蝶阀可用法兰、螺纹或焊接连接方式。传动方式有手动传动(小口径)、齿轮、电动、液动和气动等等。公称直径大于或等于 500 mm 的阀门,应采用电动驱动装置。

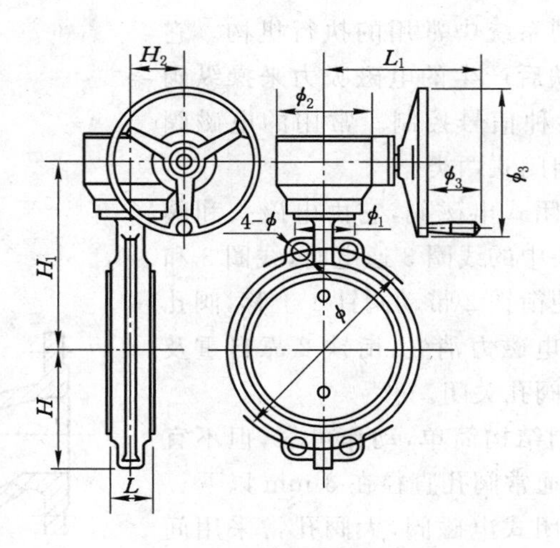

图 9-22　蝶阀结构示意图

4. 止回阀

止回阀用来防止管道或设备中的介质倒流的一种阀门，它利用流体在阀前阀后的压力差而自动启闭。在供热系统中，止回阀常设在水泵的出口、疏水器的出口管道以及其他不允许流体逆向流动的场合。

常用的止回阀有旋启式和升降式两种。图 9-23 是旋启式止回阀，图 9-24 是升降式止回阀。

升降式止回阀密封性能较好，但只能安装在水平管道上，一般用于公称直径小于 200 mm 的水平管道上。旋启式止回阀密封性稍差些，一般多用在垂直向上流动或大直径的管道上。

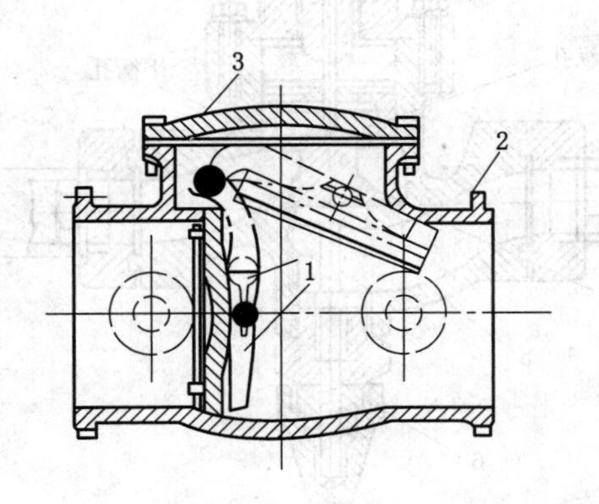

图 9-23　旋启式止回阀

1——阀瓣；2——主体；3——阀盖

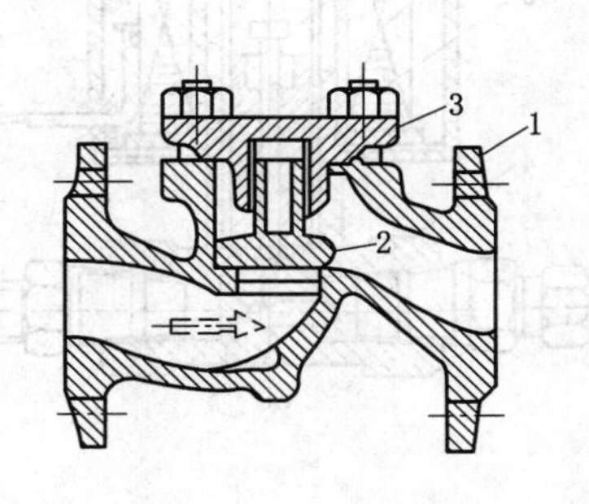

图 9-24　升降式止回阀

1——阀体；2——阀瓣；3——阀盖

5. 手动调节阀

当需要调节供热介质流量时，在管道上可设置手动调节阀。手动调节阀阀瓣呈锥形，通过转动手轮调节阀瓣的位置可以改变阀瓣下边与阀体通径之间所形成的缝隙面积，从而调节介质流量，如图 9-25 所示。

6. 电磁阀

电磁阀是自动控制系统中常用的执行机构。它是依靠电流通过电磁铁后产生的电磁吸力来操纵阀门的启闭,电流可由各种信号控制。常用的电磁阀有直接启闭式和间接启闭式两类。

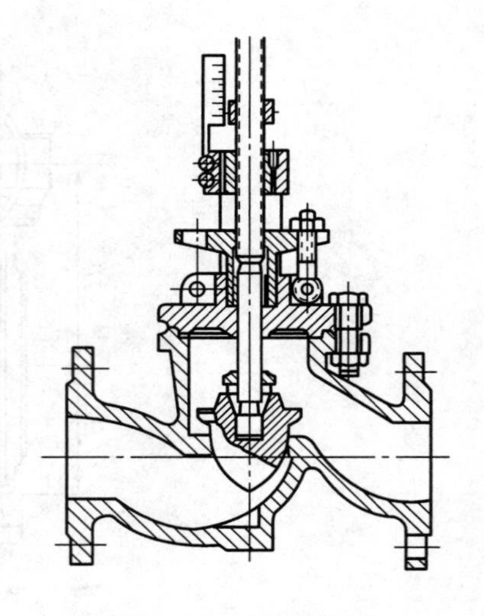

图 9-25 手动调节阀

图 9-26 为直接启闭式电磁阀,它由电磁头和阀体两部分组成。电磁头中的线圈 3 通电时,线圈 3 和衔铁 2 产生的电磁力使衔铁 2 带动阀针 1 上移,阀孔被打开。电流切断时,电磁力消失,衔铁 2 靠自重及弹簧力下落,阀针 1 将阀孔关闭。

直接启闭式电磁阀结构简单,动作可靠,但不宜控制较大直径的阀孔,通常阀孔直径在 3 mm 以下。

图 9-27 为间接启闭式电磁阀,大阀孔常采用间接启闭式电磁阀。阀的开启过程分为两步:当电磁头中的线圈 1 通电后,衔铁 2 和阀针 3 上移,先打开孔径较小的操纵孔,此时浮阀 4 上部的流体从操纵孔流向阀出口,其上部压力迅速降低,浮阀 4 在上下压力差的作用下上升,于是阀门全开。当线圈 1 断电后,阀针 3 下落,先关闭操纵孔,流体通过平衡孔进入上部空间,使浮阀 4 上下压力平衡,而后在自重和弹簧力的作用下,再将阀孔关闭。

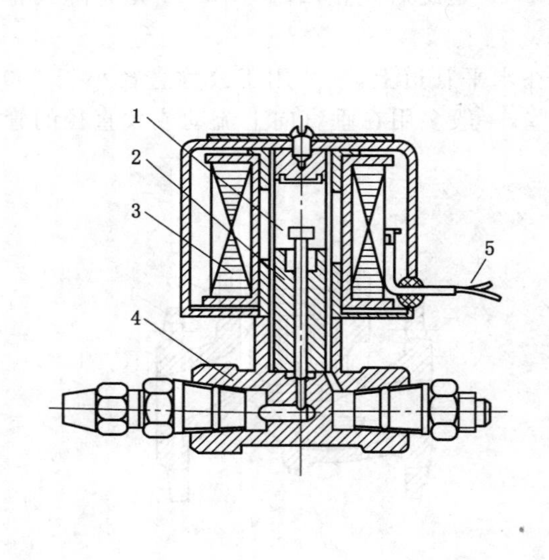

图 9-26 直接启闭式电磁阀

1——阀针;2——衔铁;3——线圈;
4——阀体;5——电源线

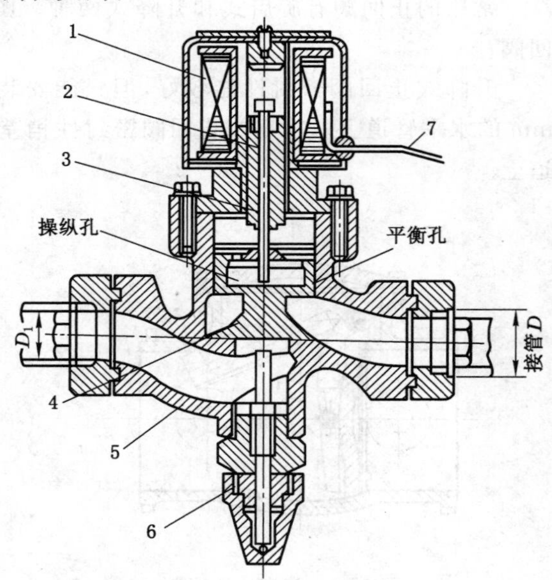

图 9-27 间接启闭式电磁阀

1——线圈;2——衔铁;3——阀针;
4——浮阀;5——阀体;6——调节杆;7——电源线

(二) 平衡阀

平衡阀属于调节阀范畴,它的工作原理是通过改变阀芯与阀座的间隙(开度),来改变流经阀门的流动阻力,以达到调节流量的目的。

国内开发的平衡阀与平衡阀专用智能仪表已经投入市场应用了多年，如图 9-28 所示。可以有效地保证热网水力及热力平衡。实践证明，凡应用平衡阀并经调试水力平衡后，可以很好地达到节能目的。

图 9-28　平衡阀及其智能仪表

平衡阀与普通阀门的不同之处在于有开度指示、开度锁定装置及阀体上有两个测压小阀。在热网平衡调试时，用软管将被调试的平衡阀测压小阀与专用智能仪表连接，仪表能显示出流经阀门的流量值（及压降值），经与仪表人机对话向仪表输入该平衡阀处要求的流量值后，仪表经计算、分析，可显示出管路系统达到水力平衡时该阀门的开度值。

平衡阀可安装在供水管上，也可安装在回水管上，每个环路中只需安装一处。对于一次环路来说，为了使平衡调试较为安全起见，建议将平衡阀安装在回水管路上，总管平衡阀宜安装在供水总管水泵后。

（三）自力式调节阀

自力式调节阀就是一种无需外来能源，依靠被调介质自身的压力、温度、流量变化自动调节的节能仪表，具有测量、执行、控制的综合功能。广泛适用于城市供热、供暖系统及其他工业部门的自控系统。采用该控制产品，节能功能十分明显。

1. 自力式流量调节阀

自力式流量调节阀又称作定流量阀或最大流量限制器。在一定的压差范围内，它可以有效地控制通过的流量。当阀门前后的压差增大时，阀门自动关小，保持流量不变；反之，当压差减小时，阀门自动开大，流量仍然恒定；但是当压差小于阀门正常工作范围时，阀门就全开，但流量则比定流量低。

图 9-29 为三个不同构造的进口定流量阀。这种形式的定流量阀的感应压力部分为膜盒膜片，节流部分则为阀芯。导流管将阀前后的压力连通到膜室上下，前后压力分别在膜片上产生作用力与弹簧反作用力相平衡，从而确定了阀芯与阀座的相对位置，确定了流经阀的流量。这种定流量阀可以通过改变弹簧预紧力来改变设定流量值，在一定流量范围内均

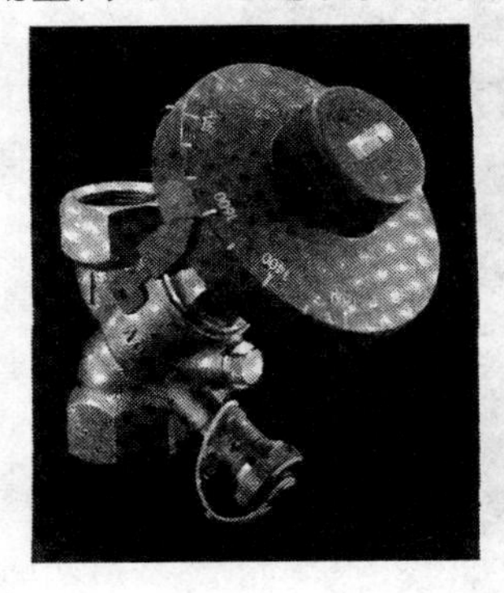

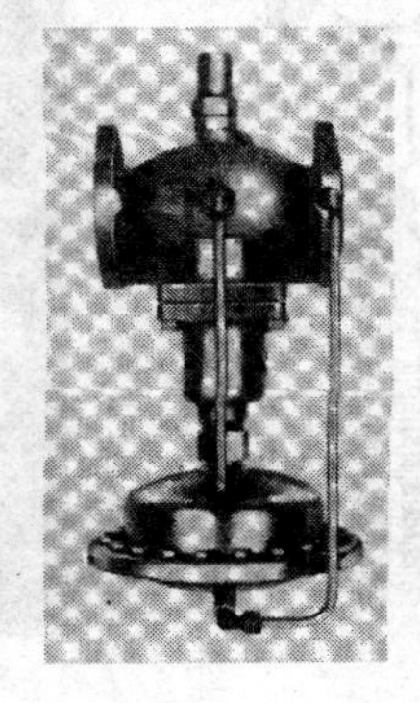

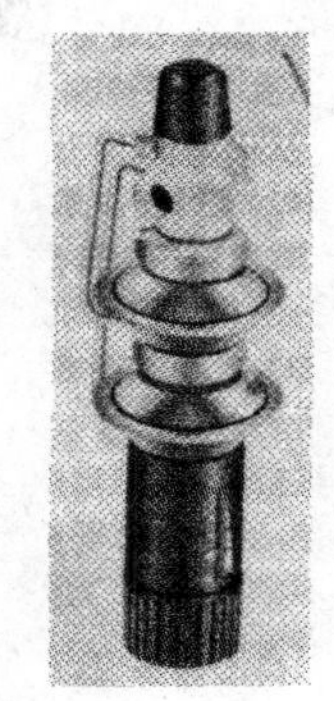

图 9-29　三种进口定流量阀

有效。

图 9-30 为一种国产双座阀形式的定流量阀，结构上可以分作两部分，通过手动调节段来设定流量，通过自动调节段来控制流量，这种阀门有较宽的流量设定范围，具有很好的稳定流量的效果。

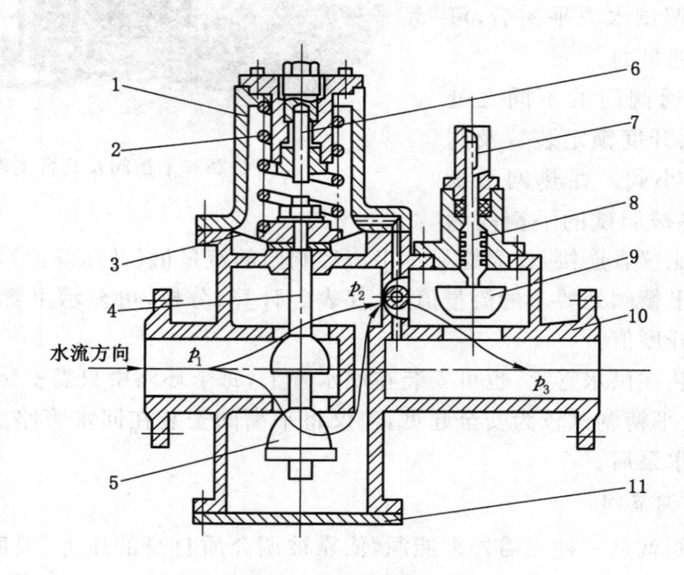

图 9-30　国产定流量阀

1——弹簧罩；2——弹簧；3——膜片；4——自动阀杆；5——自动阀瓣；
6——顶杆；7——流量刻度尺；8——手动阀杆；9——手动阀瓣；10——阀体；11——下盖

2. 自力式压差调节阀

该阀门通过不同的连接方式作三种不同的控制调节：阀后压力调节、阀前压力调节和压差调节，如图 9-31 所示。

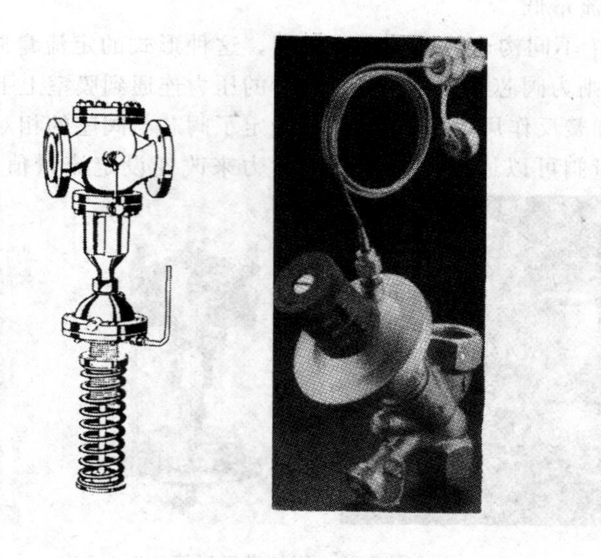

图 9-31　自力式压差控制阀

（1）阀后压力调节的工作原理

工艺介质的阀前压力 p_1 经过阀芯、阀座的节流后，变为阀后压力 p_2，p_2 经过控制管线输入执行器的下膜室内作用在膜片上，产生的作用力与弹簧的反作用力相平衡，决定了阀芯、阀座的相对位置，控制阀后的压力。当阀后压力 p_2 增加时，p_2 作用在膜片上的作用力也随之增加，此作用力大于弹簧的反作用力，使阀芯关向阀座的位置，直到作用力与反作用力相平衡为止。这时，阀芯与阀座之间的流通面积减少，流通阻力变大，使 p_2 降低为设定值。同理，当阀后压力 p_2 降低时，作用方向与上述相反，达到控制阀后压力的作用。当需要改变阀后压力 p_2 的设定值时，可调整调节螺母改变弹簧预设定值。

（2）阀前压力调节的工作原理

工艺介质的阀前压力 p_1 经过阀芯、阀座的节流后，变为阀后压力 p_2，p_1 经过控制管线输入执行器的上膜室内作用在膜片上，产生的作用力与弹簧的反作用力相平衡，决定了阀芯、阀座的相对位置，控制阀前的压力。当阀前压力 p_1 增加或降低时，调节过程同 p_2 调节方法。

（3）压差调节的工作原理

工艺介质通过阀芯、阀座的节流后，进入被控设备，而被控设备的压差，分别引入阀的上下膜室，在上下膜室内产生推动力，与弹簧的反作用力相平衡，从而决定了阀芯与阀座的相对位置，而阀芯与阀座的相对位置确定了压差值 Δp 的大小。当被控压差变化时，力的平衡被破坏，从而带动阀芯运动，改变阀的阻力系数，达到控制压差设定值的作用。当需要改变压差 Δp 的调定值时，可调整调节螺母改变弹簧预设定值。

二、法兰和阀门安装

（一）法兰安装

1. 安装前的检查

（1）法兰安装前应对法兰及密封垫片进行检查。法兰密封面应光洁、无损，法兰垫片应规整，无残损、折痕、断裂。

（2）连接法兰的螺栓应完整、无损伤。

2. 法兰连接的要求

法兰连接应满足以下要求：

（1）法兰端面与管道轴心线要垂直，偏差不大于1%，法兰的端面要平行，偏差不大于法兰外径的1.5‰，且不大于2 mm。不得采用加偏垫、多层垫或加强力拧紧法兰一侧螺栓的方法来消除法兰接口端面的缝隙。

（2）法兰与法兰、法兰与管道应保持同轴，螺栓孔中心偏差不得超过孔径的5%。

（3）垫片的材质和涂料应符合设计要求。当大规格的法兰垫片需要拼接时，应采用斜口拼接或迷宫形式的对接，不得直缝对接。

（4）严禁采用先加垫片，拧紧螺栓，再焊接法兰焊口的方法进行法兰焊接。

（5）法兰连接应使用同一规格的螺栓，安装方向应一致，紧固螺栓应对称、均匀地进行，松紧要适度。螺栓紧固后，螺栓宜与螺母平齐。

（二）阀门安装

1. 安装前的工作

（1）检验供热管网用阀门是否符合设计要求，有无缺陷，是否启闭灵活。

(2) 供热管网安装的阀门必须有制造厂的合格证。

(3) 在管网上起切断作用的阀门必须逐个做强度试验和严密性试验。强度试验压力为公称压力的1.5倍,试验时间为5 min,阀体无变形、破裂,壳体填料无渗漏为合格。密封试验宜以公称压力进行,试验时间为5 min,以阀瓣密封面不渗、不漏为合格。阀门试验合格后应单独存放,并填写阀门试验记录。

(4) 清除阀口的封闭物及其他污物。

2. 阀门安装的要求

(1) 阀门安装的位置应满足安装、检护、维修的需求。

(2) 阀门的阀杆应朝上安装,严禁朝下安装。

(3) 阀门安装应注意其方向性,这类阀门,如截止阀、止回阀、蝶阀等,阀体上都标有介质流动的方向,不得反向安装。

(4) 螺纹连接、法兰连接的截止阀、闸阀、蝶阀等,应在关闭的状态下安装;螺纹连接、法兰连接的球阀、旋塞等,应在开启的状态下安装;阀门以焊接的方式连接时,阀门应在开启的状态下安装。

(5) 并排安装的阀门应整齐、美观,方便操作。

(6) 阀门运输吊装时,绳索应绑扎在阀体上,严禁绳索绑扎在手轮、阀杆上。

(7) 安全阀应垂直安装,在系统投入运行时,应及时调校安全阀。

三、供热管道的放气与放水

为便于热水管道和蒸汽凝结水管道顺利排气和在运行或检修时放净管道中的存水,以及从蒸汽管道中排出沿途凝水,供热管道必须设置相应的坡度,同时,应配置相应的排气、放水及疏水装置。其措施如下:

管道敷设时应有一定的坡度,对于热水管、汽水同向流动的蒸汽管和凝结水管,坡度宜采用0.003,不得小于0.002;对于汽水逆向流动的蒸汽管,坡度不得小于0.005。

热水管道、凝结水管道在管道改变坡度时其最高点处应装设排气阀(手动或自动)。排气管管径不小于DN15。

蒸汽、热水、凝结水管道在改变坡度时,其最低点处应装设放水阀(蒸汽管的低点需设疏水器装置)。放水管的大小由被排水的管段直径和长度来确定,应保证管段内的水能在1 h内排完。放水管内的平均流速按1 m/s计算。

蒸汽管道的直线管段在顺坡时每隔400 m,逆坡时每隔200 m均应设疏水装置。在蒸汽管道低点处及垂直升高前应设启动疏水和经常疏水装置。疏水器后的凝结水应尽量排入凝结水管道内,以减少热量和水量的损失。

凡装疏水器处,必须装设检查疏水器用的检查阀或检查疏水器工作的附件。疏水器前宜装有过滤器。

热力管道最低处泄水管不应直接接入下水道或雨水管道内,需先进入集水坑再由手摇泵或电泵排出或临时通过软管泄水。

热水与凝水管道排气和放水装置位置的示意图,如图9-32所示。蒸汽管道的疏水装置,如图9-33所示。

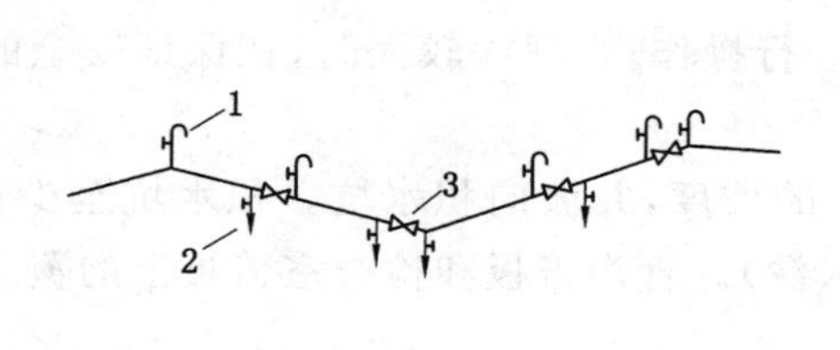

图 9-32　热水与凝水管道排气和放水装置位置示意图

1——排气阀；2——放水阀；3——阀门

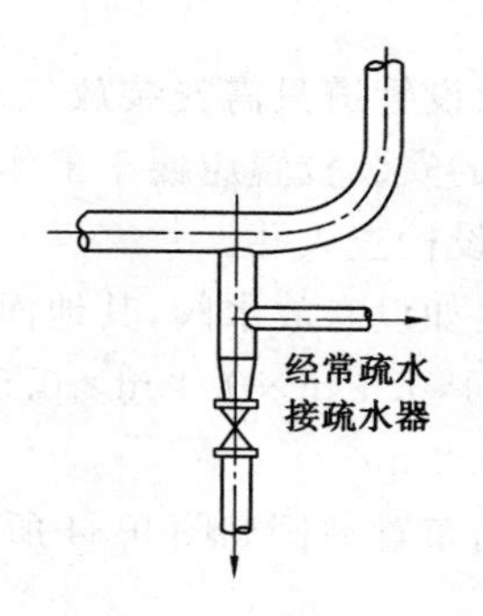

图 9-33　疏水装置图

管道疏水、排气及放水管直径见表 9-6。

表 9-6　**管道疏水、排气及放水管直径**　单位：mm

管道类别		DN			
		25～80	100～150	200～250	300～400
蒸汽管道	启动疏水管	25	25	50	50
	经常疏水管	15	20	20	25
	疏水器旁通管	15	20	20	25
凝结水管及热水管道	排气管	15	20	25	32
	放水管	25	50	80	100

四、供热管道的检查室及检查平台

检查室的结构尺寸，既要考虑维护操作方便，又要尽可能紧凑。其净空尺寸应根据管道的根数、管径、阀门及附件的数量和规格大小确定。

地下敷设管道安装套筒补偿器、波纹管补偿器、阀门、放水和除污装置等设备附件时，应设检查室。检查室应符合下列规定：

(1) 净空高度不应小于 1.8 m。

(2) 人行通道宽度不应小于 0.6 m。

(3) 干管保温结构表面与检查室地面距离不应小于 0.6 m。

(4) 检查室的人孔直径不应小于 0.7 m，人孔数量不应少于两个，并应对角布置，人孔应避开检查室内的设备，当检查室净空面积小于 4 m^2 时，可只设一个人孔。

(5) 检查室内至少应设一个积水坑，并应置于人孔下方。

(6) 检查室地面低于管沟内底应不小于 0.3 m。

(7) 检查室内爬梯高度大于 4 m 时应设护栏或在爬梯中间设平台。

当检查室内需更换的设备、附件不能从人孔进出时，应在检查室顶板上设安装孔。安装孔的尺寸和位置应保证需更换设备的出入和便于安装。

当检查室内装有电动阀门时，应采取措施，保证安装地点的空气温度、湿度满足电气装置的技术要求。

当地下敷设管道只需安装放气阀门且埋深很小时，可不设检查室，只在地面设检查井口，放气阀门的安装位置应便于工作人员在地面进行操作；当埋深较大时，在保证安全的条件下，也可只设检查人孔。

检查室内如设有放水阀，其地面应设有 0.01 的坡度，并坡向积水坑。积水坑至少设 1 个，尺寸不小于 0.4 m×0.4 m×0.5 m(长×宽×深)。管沟盖板和检查室盖板上的覆土深度不应小于 0.2 m。

检查室的布置举例如图 9-34 所示。

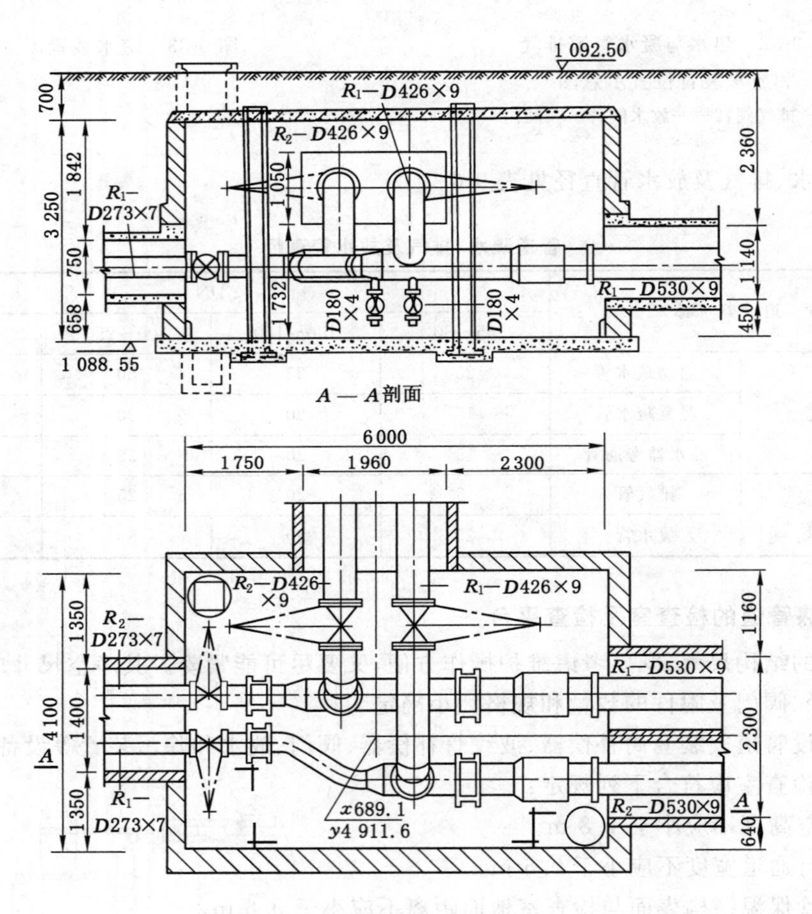

图 9-34　检查室布置举例

中、高支架敷设的管道，安装阀门、放水、放气、除污装置的地方应设操作平台。在跨越河流、峡谷等地段，必要时应沿架空管道设检修便桥。

中、高支架操作平台的尺寸应保证维修人员操作方便。检修便桥宽度不应小于 0.6 m。平台或便桥周围应设防护栏杆。

检查室或检查平台的位置及数量应在管道平面定线和设计时一起考虑。在保证安全运行和检修方便的前提下，应尽量减少其数量，以节约投资费用。

思考题与习题

1. 管道的热膨胀量如何计算？
2. 为什么要设置补偿器？
3. 常见的补偿器有哪些？如何起到补偿作用？
4. 方形补偿器的特点是什么？制作与安装时的注意事项有哪些？
5. 套筒、波形补偿器、球形补偿器的特点是什么？
6. 补偿器如何验收检查？
7. 波形补偿器、套筒补偿器的安装要求有哪些？

学习情境十 供热系统的试压冲洗与试运行

一、职业能力

1. 进行室外供热管网试压的能力。
2. 进行室内供热系统试压的能力。
3. 进行室外供热管网试运行的能力。
4. 进行室内供热管网试运行的能力。

二、工作任务

综合技能实训任务：编制供热系统的试压方案。

三、相关实践知识

供热系统试压方案的编制。

四、相关理论知识

1. 供热系统的试压与冲洗。
2. 供热系统的试运行及调试。

项目一 供热系统的试压与冲洗

一、供热管网的试压与冲洗

（一）供热管网的试压

热力管道安装完毕后，必须按设计要求进行强度试验和严密性试验，设计无要求的按下列规定进行：

（1）一级管网及二级管网应进行强度试验和严密性试验，强度试验压力应为设计工作压力的1.5倍，严密性试验压力应为设计工作压力的1.25倍，且不得低于0.6 MPa。

课件：供热管网的试压与冲洗

（2）热力站、中继泵站内的管道和设备均应进行严密性试验，试验压力为设计压力的1.25倍，且不得低于0.6 MPa。

（3）开式设备只做满水试验，以无渗漏为合格。

1. 压力试验应具备的条件

（1）应编制试验方案，并经监理（建设）单位和设计单位审查同意。试验前应对有关技术人员、操作人员进行技术交底、安全交底。

（2）管道的各种支架已安装调整完毕，钢筋混凝土支架已达到设计强度，回填土已满足设计要求。

（3）焊接质量外观检查合格，焊缝无损检验合格。

(4) 安全阀、爆破片及仪表组件等已拆除或已加设盲板隔离。加设的盲板处应有明显的标记并做记录，且安全阀应处在全开状态。

(5) 管道自由端的临时加固装置已经完成，经设计核算与检查确认安全可靠。试验管道与无关系统应采用盲板或采取其他措施隔开，不得影响其他系统的安全。

(6) 试验用的压力表已备好且已被校验，精度不低于1.5级，表的量程应达到试验压力的1.5～2倍，数量不得少于2块。试验用的压力表应安装在试压泵的出口和试验系统末端。

(7) 试压前应对试压系统进行划区，并设立标志，无关人员不得入内。

(8) 试验现场已清理完毕，具备对试压管道和设备进行检查的条件。

2. 试压前的工作

(1) 试压前的检查。试压前再对试压的系统管段进行一次全面的检查，检查系统有无缺陷、管道接口是否严密，为试压所做的各项准备工作是否周到，是否满足试压需求。

(2) 系统连接。在试压系统的最高点加设放气阀，在最低点加设泄水阀，将试验用的压力表分别连接在试压泵的出口和试验系统的末端。

(3) 向试压系统充水。先将热力管道系统中的阀门全部打开，关闭最低点的泄水阀，打开最高点的放气阀，这些工作准备妥当后，即可向试压管段充水，待最高点的放气阀连续不断地出水时，说明系统充水已满，关闭放气阀。水注满后不要立即升压，先全面检查一下管道有无异常，有无渗水、漏水现象，如有，应修复后再进行试压。

3. 升压试验

(1) 升压过程要缓慢，要逐级升压；当达到试验压力的1/2时，停止打压，进行一次全面的检查，如有异常，应泄压修复，若无异常，则继续升压；当达到试验压力的3/4时，停止升压，再次检查，若有异常，应泄压修复，若无异常，则继续升压至试验压力。

(2) 水压试验的检验。当打压至试验压力，应持压检查，检验的内容及检验方法应符合表10-1的规定。

表10-1　水压试验的检验内容及检验方法

序号	项　目	试验方法及质量标准	检验范围
1	强度试验	升压至试验压力，稳压10 min，无渗漏、无压力降，系统无异常，管道无变形、破裂，然后降压至设计压力，稳压30 min，无渗漏、无压降为合格	全段
2	严密性试验	升压至试验压力，当压力稳定后，进行全面的外观检查，并用质量为1.5 kg的小锤轻轻敲击焊缝，如压力不降，且连接点无渗水漏水现象，则严密性试验合格	全段
		一级管网及站内	稳压1 h，压力降不大于0.05 MPa，严密性试验合格
		二级管网	稳压30 min，无渗漏，压力降不大于0.05 MPa，严密性试验合格

4. 水压试验应注意的技术问题

(1) 水压试验时，环境温度不应低于5 ℃。如低于5 ℃，应采取保温措施，且在水压试验结束后立即将管道中的水放掉。

(2) 水压试验用水应是洁净的。

(3) 当试压管道与运行管道之间的温差大于 100 ℃时,应采取相应的技术措施,确保试压管道与运行管道的安全。

(4) 对高差较大的管道,应将试验介质的静压力计入试验压力中。热水管道的试验压力应为系统最高点的压力,但最低点的压力不得超过管道及设备的承受压力。

(5) 试验过程中如发现有异常或渗漏,应泄压修复,严禁带压修理,缺陷消除后,重新进行试验。

(6) 试验结束时,应及时拆除试验用临时设施和加固措施,应排尽管内积水。排水时不得随地排放,应防止形成负压。

(二) 供热管网的冲洗

供热管网在试压合格后,在正式运行前必须进行清洗。供热管网的清洗应在试运行前进行。清洗的方法应根据供热管道的运行要求、介质类别而定。供热管道的清洗方法有人工清洗、水力冲洗和气体冲洗。

1. 清洗前的准备工作

(1) 供热管网在清洗前应编制清洗方案。清洗方案中应包括清洗的方法、技术要求、操作及安全措施等内容。

(2) 应将不宜与系统一起进行清洗的减压阀、过滤器、疏水器、流量计、计量孔板、滤网、调节阀、止回阀及温度计的插管等拆下,并妥善保存,拆下的附件处先接一临时短管,待清洗结束后再将上述附件复位。

(3) 将不与管道同时清洗的设备、容器、仪表管等与清洗的管道隔开或拆除。

(4) 支架的强度应能承受清洗时的冲击力,必要时经设计同意进行临时性加固。

2. 热水管网清洗应满足的技术要求

(1) 清洗应按主干线、支干线、支线分别进行,二级管网应单独进行冲洗。冲洗前,应先将水注入系统,对管道予以浸泡。

(2) 水力冲洗进水管的截面积不得小于冲洗管截面积的 50%,排水管截面积不得小于进水管截面积。水力冲洗时,水的流动方向应与系统运行时介质流动的方向一致。

(3) 未冲洗管道的脏物不应进入已冲洗合格的管道中。

(4) 冲洗应连续进行,并逐渐加大管道内的流量,管内的平均流速不应低于 1 m/s,排水时不得形成负压。

(5) 对大口径管道,当冲洗水量不能满足要求时,宜采用人工清洗或密闭循环的水力冲洗方式。当采用循环水冲洗时,管内流速宜达到管道正常运行时的流速。当循环冲洗的水质较脏时,应更换循环水继续进行冲洗。

(6) 水力冲洗的合格标准应以排水水样中固形物的含量接近或等于冲洗用水中固形物的含量为合格。

(7) 冲洗时,排放的污水不得污染环境,严禁随意排放。

(8) 水力清洗结束前,应打开阀门用水清洗。清洗后,应对排污管、除污器等进行人工清除,以确保清洁。

(9) 水压试验及冲洗后要及时填写实验记录,如表 10-2 所示。

表 10-2　　室外供热管网管道系统水压试验及调试分项工程检验批质量验收记录

工程名称		检验批部位		项目经理	
工程施工单位名称		分包项目经理		专业工长	
分包单位		施工执行标准名称及编号		施工班组长	
序号		GB 50242—2002 的规定		施工单位检查评定记录	监理(建设)单位验收记录
主控项目	1	供热管道的水压试验压力应为工作压力的 1.5 倍，但不得小于 0.6 MPa			
主控项目	2	管道试压合格后，应进行冲洗			
主控项目	3	管道冲洗完毕应通水、加热，进行试运行和调试。当不具备加热条件时，应延期进行			
主控项目	4	供热管道做水压试验时，试验管道上的阀门应开启，试验管道与非试验管道应隔断			
施工单位检查评定结果	项目专业质量检查员：　　年　月　日				
监理(建设)单位验收结论	监理工程师(建设单位项目专业技术负责人)：　　年　月　日				

3. 蒸汽管网吹洗应满足的技术要求

(1) 蒸汽管网吹洗时，必须划定安全区，设置标志，确保设施及有关人员的安全。其他无关人员严禁进入吹洗区。

(2) 蒸汽管网吹洗前，应对吹洗的管段缓慢升温进行暖管，暖管速度宜慢并应及时疏水。暖管过程中应检查管道热伸长、补偿器、管路附件及设备、管道支承等有无异常，工作是否正常等。恒温 1 h 后进行吹洗。

送汽加热暖管时，应缓缓开启总阀门，勿使蒸汽的流量、压力增加过快。否则，由于压力和流量急剧增加，产生对管道强度所不能承受的温度应力导致管道破坏，且由于蒸汽流量、流速增加过快，系统中的凝结水来不及排出而产生水锤、振动，造成阀门破坏、支架垮塌、管道跳动、位移等严重事故。同时，由于系统中的凝结水来不及排出，使得管道上半部是蒸汽，下半部是凝结水，在管道断面上产生悬殊温差，导致管道向上拱曲，损害管道结构，破坏保温结构。

(3) 蒸汽管道加热完毕后即可进行吹洗。先将各种吹洗口的阀门全部打开，然后逐渐开大总阀门，增加蒸汽量进行吹洗，蒸汽吹洗的流速不应低于 30 m/s，每次吹洗的时间不少于 20 min，吹洗的次数为 2～3 次，当吹洗口排出的蒸汽清洁时，可停止吹洗。

吹洗完毕后，关闭总阀门，拆除吹洗管，对加热、吹洗过程中出现的问题做妥善处理。

二、室内供暖系统的试压与冲洗

（一）系统试压

1. 室内供暖系统试验压力

供暖系统安装完毕，管道保温之前应进行水压试验，试验压力应符合设计要求。当设计未注明时，可按以下规定进行：

（1）蒸汽、热水供暖系统，应以系统顶点工作压力加 0.1 MPa 做水压试验，同时在系统顶点的试验压力不小于 0.3 MPa。

（2）对于高温热水供暖系统，试验压力应为系统顶点工作压力加 0.4 MPa。

（3）使用塑料管及复合管的热水供暖系统，以系统顶点工作压力加 0.2 MPa 做水压试验，同时在系统顶点的试验压力不小于 0.4 MPa。

供暖系统做水压试验，其系统低点压力大于散热器所能承受的最大试验压力时，应分层进行水压试验。

2. 系统试压准备

（1）材料

① 钢管、阀门、管件、水源（汽源）。

② 线麻、石棉绳、铅油、生料带、粉笔。

（2）机具

① 电动打压泵、打压泵、管压力及案子、电焊工具、气焊工具、套丝扳、钢锯。

② 压力表、表弯管。

③ 管钳、活扳手、手锤。

（3）工作条件

① 地沟管道安装完，地沟未盖板之前；天棚干管隐蔽以前。

② 供暖管道全部安装完。

③ 水源、电源已接通，试压设备、机具、材料均已进场。

3. 系统试压前的工作

（1）管路连接

① 根据水源的位置和工程系统情况，制定出试压程序和技术措施，再测量出各连接管的尺寸，标注在连接图上。

② 断管、套丝、上管件及阀件，准备连接管路。

③ 一般选择在系统进户入口供水管的甩头处，连接至加压泵的管路。

④ 在试压管路的加压泵端和系统的末端安装压力表及表弯管。

（2）灌水前的检查

① 检查全系统管路、设备、阀件、固定支架、套管等，必须安装无误，各类连接处均无遗漏。

② 根据全系统试压或分系统试压的实际情况，检查系统上各类阀门的开、关状态，不得漏检。试压管道阀门全打开，试验管段与非试验管段连接处应予以隔断。

③ 检查试压用的压力表灵敏度。

④ 水压试验系统中阀门都处于全关闭状态，待试压中需要开启时再打开。

4. 水压试验

(1) 打开水压试验管路中的阀门,开始向供暖系统注水。

(2) 开启系统上各高处的排气阀,使管道及供暖设备里的空气排尽。待水灌满后,关闭排气阀和进水阀,停止向系统注水。

(3) 打开连接加压泵的阀门,用电动打压泵或手动打压泵通过管路向系统加压,同时拧开压力表上的旋塞阀,观察压力逐渐升高的情况,一般分 2～3 次升至试验压力。在此过程中,每加至一定数值时,应停下来对管道进行全面检查,无异常现象方可再继续加压。

(4) 工作压力不大于 0.07 MPa(表压力)的蒸汽供暖系统,应以系统顶点工作压力的 2 倍做水压试验,在系统的低点,不得小于 0.25 MPa 的表压力。热水供暖或工作压力超过 0.07 MPa的蒸汽供暖系统,应以系统顶点工作压力加上 0.1 MPa 做水压试验,同时,在系统顶点的试验压力不得小于 0.3 MPa 表压力。

(5) 高层建筑其系统低点如果大于散热器所能承受的最大试验压力,则应分层进行水压试验。

(6) 试压过程中,用试验压力对管道进行预先试压,其延续时间应不少于 10 min。然后将压力降至工作压力,进行全面外观检查,在检查中,对漏水或渗水的接口做上记号,便于返修。在 5 min 内压力降不大于 0.02 MPa 为合格。

(7) 系统试压达到合格验收标准后,放掉管道内的全部存水。不合格时应待补修后,再次按前述方法二次试压。

(8) 拆除试压连接管路,将入口处供水管用盲板临时封堵严实。

5. 注意事项

(1) 管道试压中,严禁使用失灵或不准确的压力表。

(2) 试压中,对管道加压时,不能分散精力,应集中注意观察压力表。

(3) 试压过程里若发现异常现象应立即停止试压,紧急情况下,应立即放尽管道内的水。

(4) 试验压力必须达到规范要求。

(5) 试验压力必须稳定才能认为合格。

(6) 试验压力必须加压在全系统管道和供暖设备上,严防关闭支路阀门或误将某个分环路试验压力当做全系统试验压力。

(7) 管道试压合格后,应和单位工程负责人办理移交保管手续,严防土建工程进行收尾时损坏管道接口。

(8) 立即进行除污、除锈及管道刷油工序。

(9) 清除地沟内的污物和积水。

(二) 管道冲洗

为保证供暖系统内部的清洁,在投入使用前应对管道进行全面的清洗或吹洗,以清除管道系统内部的灰、砂、焊渣等污物。

1. 冲洗前的准备工作

(1) 材料

① 钢管、阀门、胶皮管、热源、水源、管子接头。

② 线麻、石棉绳、铅油、锯条、生料带。

(2) 机具

① 管钳子、铰扳、钢锯、管压力及案子、活扳子、螺丝刀。

② 压力表、表弯管、温度计。

(3) 工作条件

① 管道已进行系统试压合格。

② 热源已送至进户装置前，或者热源已具备。

2. 供暖系统的冲洗

(1) 热水供暖系统的冲洗

首先检查全系统内各类阀件的关启状态。要关闭系统上的全部阀门，应关紧、关严。并拆下除污器、自动排汽阀等。

① 水平供水干管及总供水立管的冲洗。先将自来水管接进供水水平干管的末端，再将供水总立管进户处接往下水道。打开排水口的控制阀，再开启自来水进口控制阀，进行反复冲洗。依此顺序，对系统的各个分路供水水平干管分别进行冲洗。冲洗结束后，先关闭自来水进口阀，后关闭排水口控制阀门。

② 系统上立管及回水水平导管冲洗。自来水连通进口可不动，将排水出口连通管改接至回水管总出口外。关上供水总立管上各个分环路的阀门。先打开排水口的总阀门，再打开靠近供水总立管边的第一个立支管上的全部阀门，最后打开自来水入口处阀门进行第一分立支管的冲洗。冲洗结束时，先关闭进水口阀门，再关闭第一分支管上的阀门。按此顺序分别对第二、三……环路上各根立支管及水平回路的导管进行冲洗。若为同程式系统，则从最远的立支管开始冲洗为好。

③ 冲洗中，当排入下水道的冲洗水为洁净水时可认为合格。全部冲洗后，再以流速1～1.5 m/s 的速度进行全系统循环，延续 20 h 以上，循环水色透明为合格。

④ 全系统循环正常后，把系统回路按设计要求连接好。

(2) 蒸汽供暖供热系统吹洗

蒸汽供热系统的吹洗采用蒸气为热源较好，也可以采用压缩空气进行。

吹洗的过程除了将疏水器、回水盒卸除以外，其他程序均与热水系统相同。

3. 室内供暖管道通热

(1) 先联系好热源，制定出通暖试调方案、紧急情况的各项措施；备好修理、泄水等器具，人员分工和处理紧急情况的各项措施；备好修理、泄水等工具。

(2) 维修人员按分工各就各位，分别检查供暖系统中的泄水阀门是否关闭，导、立、支管上的阀门是否打开。

(3) 向系统内充水(最好充软化水)，开始先打开系统最高点的排气门，责成专人看管。慢慢打开系统回水干管的阀门，待最高点的排气门见水后立即关闭。然后开启总进口供水管的阀门，最高点的排气阀须反复开闭数次，直至系统中冷风排净为止。

(4) 在巡视检查中如发现隐患，应尽量关闭小范围内的供、回水阀门，发现问题及时处理和抢修。修好后随即开启阀门。

(5) 全系统运行时，遇有不热处要先查明原因。如需冲洗检修，先关闭供、回水阀，泄水后再先后打开供、回水阀门，反复放水冲洗。冲洗完再按上述程序通暖运行，直到运行正常为止。

(6) 若发现热度不均,应调整各个分路、立管、支管上的阀门,使其基本达到平衡后,邀请各有关单位检查验收,并办理验收手续。

(7) 高层建筑的供暖管道冲洗与通热,可按设计系统的特点进行划分,按区域、独立系统、分若干层等逐段进行。

(8) 冬季通暖时,必须采取临时供暖措施。室温应保持 5 ℃以上,并连续 24 h 后方可进行正常运行。

充水前先关闭总供水阀门,开启外网循环管的阀门,使热力外网管道先预热循环。分路或分立管通暖时,先从向阳面的末端立管开始,打开总进口阀门,通水后关闭外网循环管的阀门。待已供热的立管上的散热器全部热后,再依次逐根、逐个分环路通热直到全系统正常运行为止。

4. 注意事项

(1) 冲洗和吹洗中,管路通畅,无堵塞现象,排出的水和蒸气洁净为合格。

(2) 通热过程中,使各个环路热力平衡,温度相差不超过＋2～1 ℃为合格。

(3) 蒸汽吹洗时,应缓慢升温,以恒温 1 h 左右进行吹洗为宜。然后自然降温至室温,再升温、暖管、恒温进行二次吹洗,直至按规定吹洗合格为止。

(4) 蒸汽排出口可设置一块刨光的木板,板上无锈蚀物及脏物认为合格。

(5) 管道在冲洗过程中,要严防中途停止时污物进入管内。下班应设专人负责看管,也可采取保护措施。

(6) 通热试调后,阀门位置应做上定位记号,运行中再不可随便拧动。

(7) 冲洗或吹洗后,清扫干净地沟,防止地沟里管道的保温层遭到破坏。

(8) 冲洗或吹洗过程,严禁热水或蒸汽冲坏土建装修面,应设专人看护。

(9) 高空作业人员应遵守高空作业的安全注意事项。

(10) 用蒸汽吹洗中,排出口的管口应朝上,防止伤人。排气管管径不得小于被吹洗管的管径。

(11) 冲洗水的排放管,接至可靠的排水井或排水沟里,保证排泄畅通和安全。

项目二　供热系统的试运行

管道冲洗完毕应通水、加热,进行试运行和调试。当不具备加热条件时,应延期进行。

一、供热管网的试运行

试运行应在单位工程验收合格,热源已具备的条件下进行。

管网试运行前应编制试运行方案。在环境温度低于 5 ℃试运行时,应制定可靠的御寒防冻措施。试运行方案应由建设单位、设计单位进行审查同意并进行交底。

(一) 热水供热管网试运行

(1) 供热管线工程宜与热力站工程联合进行试运行。

(2) 供热管线的试运行应有完善、灵敏、可靠的通信系统及其他安全保障措施。

(3) 在试运行期间,管道法兰、阀门、补偿器及仪表等处的螺栓应进行热紧。热紧时的运行压力应在 0.3 MPa 以下。温度宜达到设计温度,螺栓应对称拧紧,在热紧部位应采取保护操作人员安全的技术措施。

(4) 试运行期间发现的问题,属于不影响试运行安全的,可待试运行结束后处理;属于必须当即解决的,应停止运行进行处理。试运行的时间,应从正常试运行状态的时间起计72 h。

(5) 供热工程应在建设单位、设计单位认可的参数下试运行,试运行的时间应为连续运行72 h。试运行应缓慢地升温,升温速度不应大于10 ℃/h。在低温试运行期间,应对管道、设备进行全面检查,支架的工作状况应做重点检查。在低温试运行正常以后,可缓慢升温到试运行参数下运行。

(6) 试运行期间,管道、设备的工作状态应正常,并应做好检验和考核的各项工作及试运行资料等记录。

(7) 试运行开始后,应每隔1 h对补偿器及其他管路附件进行检查,并应做好记录。

(二) 蒸汽供热管网试运行

蒸汽供热管网的试运行应带负荷进行,试运行合格后,可直接转入正常的供热运行。

不需继续运行的,应采取妥善措施加以保护。蒸汽管网试运行应符合下列要求:

(1) 试运行前应进行暖管,暖管合格后,缓缓提高蒸汽管的压力,待管道内蒸汽压力和温度达到设计规定的参数后,恒压时间不宜少于1 h。应对管道、设备、支架及凝结水系统进行一次全面的检查。

(2) 在确认管网的各部位均符合要求后,应对用户系统进行暖管并进行全面检查,确认热用户系统的各部位均符合要求后,再缓慢地提高供汽压力并进行适当的调整。供汽参数达到设计要求后即可转入正常的供汽运行。

(3) 试运行开始后,应每隔1 h对补偿器及其他管路附件进行检查,并应做好记录。

二、供热系统的初调节

(一) 热水供暖系统的初调节

1. 供暖管道的初调节

初调节是指热水供热管道运行开始阶段的调整。

供暖管道的初调节应保证各用户系统的供水管压力不会造成系统超压(对于采用铸铁散热器的用户,供水压力应小于0.4 MPa),也不会造成高温水汽化,用户入口回水管测压管水头应不小于用户系统的垂直几何高度。同时供回水管在各用户入口处应具有不小于0.02 MPa的压差(或压差等于系统的计算阻力),以利于系统循环。

另外,供暖管道初调节时,应考虑到用户之间的阻力平衡问题,应尽量按现有可调阀门调整,使其符合水压图压力分布要求。如果设计时没有采取有效措施使各环路达到平衡,而单靠初调节,往往难以使供热管网的阻力达到平衡。

供暖管道的调节方法是从离热源近的热用户或具有较大剩余压力的用户开始,调整用户系统入口的供回水管阀门的开启度,使入口装置中供回水管压力表读数的压力差同用户系统计算的压力降相一致,再依次用相同的方法调节离热源远的用户系统。

2. 用户系统的初调节

用户系统初调节的目的,是使供暖建筑物内的所有散热器都能分配到计算要求的热媒流量,以保证各个房间都达到设计的室内温度。

对异程式系统应先从立管开始，把离热力入口近的立管上的阀门关小，以后各立管的开启度依次增大。然后再把不太热的或不热的立管上的阀门开大一些，把最热立管上的阀门关小一些，直到各立管的温度均匀一致。调节好各立管后，再调节各散热器，散热器的调节必须根据供暖系统的形式采用不同的方法。

对双管上供式供暖系统的调节，主要是要消除上部楼层散热器环路产生的自然作用压力。因此，上层散热器支管阀门开度要小，下层开度要大。

对单管上供式热水供暖系统设跨越管或三通调节阀时，应由上向下依次调小流入跨越管的热水流量，以提高底部散热器热媒温度。

总之，用户系统初调节的目的就是要使各房间的散热器散热均匀，并达到设计温度的要求。

（二）蒸汽供热系统的初调节

1. 蒸汽供热管网的初调节

对于重力回水的蒸汽供热系统一般不需进行初调节。对于压力回水的系统，某些用户系统的凝结水可能排出不畅，甚至根本无法排出。因此要仔细调节各个用户系统的阀门，调节凝水管路阻力的大小，以平衡各环路压力。

2. 用户系统的初调节

低压蒸汽供暖系统应控制好散热器支管上的阀门，使蒸汽在散热器内部全部凝结，防止其进入凝水管。当立管管路间供汽严重失调时，可调节立管阀门以辅助调节工作。

高压蒸汽供暖系统要特别注意异程式系统最远立管的散热器。当这种系统中的多组散热器共用一个疏水器时，应用蒸汽支管阀门调节进入散热器的蒸汽压力，使疏水器前各分支凝水管内的压力达到平衡，以免出现某些分支凝水管堵水而阻碍立管和散热器的凝水排出。

蒸汽供热系统调节时应注意系统中空气的及时排出，以提高散热器的散热效果。

思考题与习题

1. 室外供热管网试运行方法与步骤是什么？
2. 热水供暖系统如何进行初调节？
3. 室内供暖系统安装中常见的问题有哪些？如何解决？
4. 室外供热管网安装中常见的问题有哪些？如何解决？

附录

附录 2-1　法定计量单位与习惯用非法定计量单位换算表

量的名称	法定计量单位		非法定计量单位		单位换算关系
	名称	符号	名称	符号	
压强	帕斯卡	Pa	毫米水柱	mmH_2O	1 mmH_2O=9.806 65 Pa
	帕斯卡	Pa	毫米汞柱	mmHg	1 mmHg=133.322 Pa
功能热	千焦耳	kJ	千卡	kcal	1 kcal=4.186 8 kJ
	兆焦耳	MJ	千瓦时	kW・h	1 kW・h=3.6 MJ
功率	瓦特	W	千卡每小时	kcal/h	1 kcal/h=1.163 W
比热容	千焦耳每千克开尔文	kJ/(kg・K)	千卡每千克摄氏度	kcal/(kg・℃)	1 kcal/(kg・℃)=4.186 8 kJ/(kg・K)
热流密度	瓦特每平方米	W/m^2	千卡每平方米小时	$kcal/(m^2 \cdot h)$	1 $kcal/(m^2 \cdot h)$=1.163 W/m^2
传热系数	瓦特每平方米开尔文	$W/(m^2 \cdot K)$	千卡每平方米小时摄氏度	$kcal/(m^2 \cdot h \cdot ℃)$	1 $kcal/(m^2 \cdot h \cdot ℃)$=1.163 $W/(m^2 \cdot K)$
导热系数	瓦特每米开尔文	W/(m・K)	千卡每米小时摄氏度	kcal/(m・h・℃)	1 kcal/(m・h・℃)=1.163 W/(m・K)
蓄热系数	瓦特每平方米开尔文	$W/(m^2 \cdot K)$	千卡每平方米小时摄氏度	$kcal/(m^2 \cdot h \cdot ℃)$	1 $kcal/(m^2 \cdot h \cdot ℃)$=1.163 $W/(m^2 \cdot K)$
表面换热系数	瓦特每平方米开尔文	$W/(m^2 \cdot K)$	千卡每平方米小时摄氏度	$kcal/(m^2 \cdot h \cdot ℃)$	1 $kcal/(m^2 \cdot h \cdot ℃)$=1.163 $W/(m^2 \cdot K)$
太阳辐射照度	瓦特每平方米	W/m^2	千卡每平方米小时	$kcal/(m^2 \cdot h)$	1 $kcal/(m^2 \cdot h)$=1.163 W/m^2
蒸汽渗透系数	克每米小时帕斯卡	g/(m・h・Pa)	克每米小时毫米汞柱	g/(m・h・mmHg)	1 g/(m・h・mmHg)=0.007 5 g/(m・h・Pa)

附录 2-2 **室外气象参数**

序号	城市名称	冬季室外计算温湿度				冬季室外风速、大气压力		供暖期	
		供暖室外计算温度/℃	冬季通风室外计算温度/℃	冬季空气调节室外计算温度/℃	冬季空气调节室外计算相对湿度/%	冬季室外平均风速/(m/s)	冬季室外大气压力/hPa	日平均温度≤+5 ℃的天数	平均温度≤+5 ℃期间内的平均温度/℃
1	2	3	4	5	6	7	8	9	10
1	北京	−7.6	−3.6	−9.9	44	2.6	1 000.2	123	−0.7
	天津(2)								
2	天津	−7.0	−3.5	−9.6	56	2.4	1 005.2	121	−0.6
3	塘沽	−6.8	−3.3	−9.2	59	3.9	1 004.6	122	−0.4
	河北(10)								
4	石家庄	−6.2	−2.3	−8.8	55	1.8	995.8	111	0.1
5	唐山	−9.2	−5.1	−11.6	55	2.2	1 002.4	130	−1.6
6	邢台	−5.5	−1.6	−8.0	57	1.4	996.2	105	0.5
7	保定	−7.0	−3.2	−9.5	55	1.8	1 002.9	119	−0.5
8	张家口	−13.6	−8.3	−16.2	41	2.8	925.0	146	−3.9
9	承德	−13.3	−9.1	−15.7	51	1.0	963.3	145	−4.1
10	秦皇岛	−9.6	−4.8	−12.0	51	2.5	1 005.6	135	−1.2
11	沧州	−7.1	−3.0	−9.6	57	2.6	1 004.0	118	−0.5
12	廊坊	−8.3	−4.4	−11.0	54	2.1	1 004.4	124	−1.3
13	衡水	−7.9	−3.9	−10.4	59	2.0	1 002.8	122	−0.9
	山西(10)								
14	太原	−10.1	−5.5	−12.8	50	2.0	919.8	141	−1.7
15	大同	−16.3	−10.6	−18.9	50	2.8	889.1	163	−4.8
16	阳泉	−8.3	−3.4	−10.4	43	2.2	923.8	126	−0.5
17	运城	−4.5	−0.9	−7.4	57	2.4	962.7	101	0.9
18	晋城	−6.6	−2.6	−9.1	53	1.9	932.4	120	0.0
19	朔州	−20.8	−14.4	−25.4	61	2.3	860.7	182	−6.9
20	晋中	−11.1	−6.6	−13.6	49	1.3	892.0	144	−2.6
21	忻州	−12.3	−7.7	−14.7	47	2.3	913.8	145	−3.2
22	临汾	−6.6	−2.7	−10.0	58	1.6	954.2	114	−0.2
23	吕梁	−12.6	−7.6	−16.0	55	2.1	901.3	143	−3
	内蒙古(10)								
24	呼和浩特	−17.0	−11.6	−20.3	58	1.5	889.6	167	−5.3
25	包头	−16.6	−11.1	−19.7	55	2.4	889.1	164	−5.1
26	赤峰	−16.2	−10.7	−18.8	43	2.3	941.1	161	−5.0
27	通辽	−19.0	−13.5	−21.8	54	3.7	984.4	166	−6.7
28	鄂尔多斯	−16.8	−10.5	−19.6	52	2.9	849.5	168	−4.9
29	呼伦贝尔	−28.6	−23.3	−31.6	75	3.7	930.3	210	−12.4
30	巴彦淖尔	−15.3	−9.9	−19.1	51	2.0	891.1	157	−4.4
31	乌兰察布	−18.9	−13.0	−21.9	55	3.0	853.7	181	−6.4
32	兴安盟	−20.5	−15.0	−23.5	54	2.6	973.3	176	−7.8
33	锡林郭勒盟	−24.3	−18.1	−27.8	69	3.6	898.3	181	−9.3

续表

序号	城市名称	冬季室外计算温湿度				冬季室外风速、大气压力		供暖期	
		供暖室外计算温度/℃	冬季通风室外计算温度/℃	冬季空气调节室外计算温度/℃	冬季空气调节室外计算相对湿度/%	冬季室外平均风速/(m/s)	冬季室外大气压力/hPa	日平均温度≤+5 ℃的天数	平均温度≤+5 ℃期间内的平均温度/℃
	辽宁(12)								
34	沈阳	−16.9	−11.0	−20.7	60	2.6	1 000.9	152	−5.1
35	大连	−9.8	−3.9	−13.0	56	5.2	997.8	132	−0.7
36	鞍山	−15.1	−8.6	−18.0	54	2.9	998.8	143	−3.8
37	抚顺	−20.0	−13.5	−23.8	68	2.3	992.4	161	−6.3
38	本溪	−18.1	−11.5	−21.5	64	2.4	985.7	157	−5.1
39	丹东	−12.9	−7.4	−15.9	55	3.4	1 005.5	145	−2.8
40	锦州	−13.1	−7.9	−15.5	52	3.2	997.8	144	−3.4
41	营口	−14.1	−8.5	−17.1	62	3.6	1 005.5	144	−3.6
42	阜新	−15.7	−10.6	−18.5	49	2.1	988.1	159	−4.8
43	铁岭	−20.0	−13.4	−23.5	49	2.7	994.6	160	−6.4
44	朝阳	−15.3	−9.7	−18.3	43	2.4	985.5	145	−4.7
45	葫芦岛	−12.6	−7.7	−15.0	52	2.2	1 004.7	145	−3.2
	吉林(8)								
46	长春	−21.1	−15.1	−24.3	66	3.7	978.4	169	−7.6
47	吉林	−24.0	−17.2	−27.5	72	2.6	984.8	172	−8.5
48	四平	−19.7	−13.5	−22.8	66	2.6	986.7	163	−6.6
49	通化	−21.0	−14.2	−24.2	68	1.3	961.0	170	−6.6
50	白山	−21.5	−15.6	−24.4	71	0.8	969.1	170	−7.2
51	松原	−21.6	−16.1	−24.5	64	2.9	987.9	170	−8.4
52	白城	−21.7	−16.4	−25.3	57	3.0	986.9	172	−8.6
53	延边	−18.4	−13.6	−21.3	59	2.6	986.8	171	−6.6
	黑龙江(11)								
54	哈尔滨	−24.2	−18.4	−27.1	73	3.2	987.7	176	−9.4
55	齐齐哈尔	−23.8	−18.6	−27.2	67	2.6	987.9	181	−9.5
56	鸡西	−21.5	−16.4	−24.4	64	3.5	979.7	179	−8.3
57	鹤岗	−22.7	−17.2	−25.3	63	3.1	979.5	184	−9.0
58	伊春	−28.3	−22.5	−31.3	73	1.8	978.5	190	−11.8
59	佳木斯	−24.0	−18.5	−27.4	70	3.1	996.4	180	−9.6
60	牡丹江	−22.4	−17.3	−25.8	69	2.2	978.9	177	−8.6
61	双鸭山	−23.2	−17.5	−26.4	65	3.7	996.7	179	−8.9
62	黑河	−29.5	−23.2	−33.2	70	2.8	986.2	197	−12.5
63	绥化	−26.7	−20.9	−30.3	76	3.2	984.9	184	−10.8
64	大兴安岭	−37.5	−29.6	−41.0	73	1.3	969.4	224	−16.1
65	上海	−0.3	4.2	−2.2	75	2.6	1 005.4	42	4.1

续表

序号	城市名称	冬季室外计算温湿度				冬季室外风速、大气压力		供暖期	
		供暖室外计算温度/℃	冬季通风室外计算温度/℃	冬季空气调节室外计算温度/℃	冬季空气调节室外计算相对湿度/%	冬季室外平均风速/(m/s)	冬季室外大气压力/hPa	日平均温度≤+5 ℃的天数	平均温度≤+5 ℃期间内的平均温度/℃
	江苏(9)								
66	南京	−1.8	2.4	−4.1	76	2.4	1 004.3	77	3.2
67	徐州	−3.6	0.4	−5.9	66	2.3	1 000.8	97	2.0
68	南通	−1.0	3.1	−3.0	75	3.0	1 005.5	57	3.6
69	连云港	−4.2	−0.3	−6.4	67	2.6	1 005.1	102	1.4
70	常州	−1.2	3.1	−3.5	75	2.4	1 005.3	56	3.6
71	淮安	−3.3	1	−5.6	72	2.5	1 003.9	93	2.3
72	盐城	−3.1	1.1	−5.0	74	3.2	1 005.6	94	2.2
73	扬州	−2.3	1.8	−4.3	75	2.6	1 005.2	87	2.8
74	苏州	−0.4	3.7	−2.5	77	3.5	1 003.7	50	3.8
	安徽(12)								
75	合肥	−1.7	2.6	−4.2	76	2.7	1 001.2	64	3.4
76	芜湖	−1.3	3	−3.5	77	2.2	1 003.1	62	3.4
77	蚌埠	−2.6	1.8	−5.0	71	2.3	1 002.6	83	2.9
78	安庆	−0.2	4	2.9	75	3.2	1 002.3	48	4.1
79	六安	−1.8	2.6	−4.6	76	2.0	998.2	64	3.3
80	亳州	−3.5	0.6	−5.7	68	2.5	1 000.4	93	2.1
81	黄山	−9.9	−2.4	−13.0	63	6.3	814.3	148	0.3
82	滁州	−1.8	2.3	−4.2	73	2.2	1 001.8	67	3.2
83	阜阳	−2.5	1.8	−5.2	71	2.5	1 000.8	71	2.8
84	宿州	−3.5	0.8	−5.6	68	2.2	1 002.3	93	2.2
85	巢湖	−1.2	2.9	−3.8	75	2.5	1 002.5	59	3.5
86	宣城	−1.5	2.9	−4.1	79	1.7	995.8	65	3.4
	山东(14)								
87	济南	−5.3	−0.4	−7.7	53	2.9	997.9	99	1.4
88	青岛	−5	−0.5	−7.2	63	5.4	1 000.4	108	1.3
89	淄博	−7.4	−2.3	−10.3	61	2.7	1 001.4	113	0.0
90	烟台	−5.8	−1.1	−8.1	59	4.4	1 001.2	112	0.7
91	潍坊	−7.0	−2.9	−9.3	63	3.5	1 000.9	118	−0.3
92	临沂	−4.7	−0.7	−6.8	62	2.8	996.4	103	1
93	德州	−6.5	−2.4	−9.1	60	2.1	1 002.8	114	0
94	菏泽	−4.9	−0.9	−7.2	68	2.2	999.4	105	0.9
95	日照	−4.4	−0.3	−6.5	61	3.4	1 006.6	108	1.4
96	威海	−5.4	−0.9	−7.7	61	5.4	1 001.8	116	1.2
97	济宁	−5.5	−1.3	−7.6	66	2.5	999.4	104	0.6
98	泰安	−6.7	−2.1	−9.4	60	2.7	990.5	113	0
99	滨州	−7.6	−3.3	−10.2	62	3.0	1 003.9	120	−0.5
100	东营	−6.6	−2.6	−9.2	62	3.4	1 004.9	115	0.0

续表

序号	城市名称	冬季室外计算温湿度				冬季室外风速、大气压力		供暖期	
		供暖室外计算温度/℃	冬季通风室外计算温度/℃	冬季空气调节室外计算温度/℃	冬季空气调节室外计算相对湿度/%	冬季室外平均风速/(m/s)	冬季室外大气压力/hPa	日平均温度≤+5 ℃的天数	平均温度≤+5 ℃期间内的平均温度/℃
	河南(12)								
101	郑州	−3.8	0.1	−6	61	2.7	992.3	97	1.7
102	开封	−3.9	0.0	−6.0	63	2.9	996.8	99	1.7
103	洛阳	−3.0	0.8	−5.1	59	2.1	988.2	92	2.1
104	新乡	−3.9	−0.2	−5.8	61	2.1	996.6	99	1.5
105	安阳	−4.7	−0.9	−7	60	1.9	996.6	101	1
106	三门峡	−3.8	−0.3	−6.2	55	2.4	959.3	99	1.4
107	南阳	−2.1	1.4	−4.5	70	2.1	990.4	86	2.6
108	商丘	−4	−0.1	−6.3	69	2.4	999.4	99	1.6
109	信阳	−2.1	2.2	−4.6	72	2.4	993.4	64	3.1
110	许昌	−3.2	0.7	−5.5	64	2.4	997.2	95	2.2
111	驻马店	−2.9	1.3	−5.5	69	2.4	995.4	87	2.5
112	周口	−3.2	0.6	−5.7	68	2.4	999.0	91	2.1
	西藏(7)								
113	拉萨	−5.2	−1.6	−7.6	28	2.0	652.9	132	0.61
114	昌都地区	−5.9	−2.3	−7.6	37	0.9	681.7	148	0.3
115	那曲地区	−17.8	−12.6	−21.9	40	3.0	589.1	254	−5.3
116	日喀则地区	−7.3	−3.2	−9.1	28	1.8	638.5	159	−0.3
117	林芝地区	−2	0.5	−3.7	49	2.0	706.2	116	2.0
118	阿里地区	−19.8	−12.4	−24.5	37	2.6	604.8	238	−5.5
119	山南地区	−14.4	−9.9	−18.2	64	3.6	602.7	251	−3.7
	陕西(9)								
120	西安	−3.4	−0.1	−5.7	66	1.4	959.8	100	1.5
121	延安	−10.3	−5.5	−13.3	53	1.8	900.7	133	−1.9
122	宝鸡	−3.4	0.1	−5.8	62	1.1	936.9	101	1.6
123	汉中	−0.1	2.4	−1.8	80	0.9	947.8	72	3.0
124	榆林	−15.1	−9.4	−19.3	55	1.7	889.9	153	−3.9
125	安康	0.9	3.5	−0.9	71	1.2	971.7	60	3.8
126	铜川	−7.2	−3.0	−9.8	55	2.2	898.4	128	−0.2
127	咸阳	−3.6	−0.4	−5.9	67	1.4	953.1	101	1.2
128	商洛	−3.3	0.5	−5	59	2.6	923.3	100	1.9
	甘肃(13)								
129	兰州	−9.0	−5.3	−11.5	54	0.5	843.2	130	−1.9
130	酒泉	−14.5	−9.0	−18.5	53	2.0	847.2	157	−4
131	平凉	−8.8	−4.6	−12.3	55	2.1	860.8	143	−1.3
132	天水	−5.7	−2.0	−8.4	62	1.0	881.2	119	0.3
133	陇南	0.0	3.3	−2.3	51	1.2	887.3	64	3.7
134	张掖	−13.7	−9.3	−17.1	52	1.8	846.5	159	−4.0
135	白银	−10.7	−6.9	−13.9	58	0.7	855	138	−2.7
	金昌	−14.8	−9.6	−18.2	45	2.6	798.9	175	−4.3
136	庆阳	−9.6	−4.8	−12.9	53	2.2	853.5	144	−1.5
137	定西	−11.3	−7.0	−15.2	62	1.0	808.1	155	−2.2
138	武威	−12.7	−7.8	−16.3	49	1.6	841.8	155	−3.1
139	临夏州	−10.6	−6.7	−13.4	59	1.2	805.1	156	−2.2
140	甘南州	−13.8	−9.9	−16.6	49	1.0	716.0	202	−3.9

续表

序号	城市名称	冬季室外计算温湿度				冬季室外风速、大气压力		供暖期	
		供暖室外计算温度/℃	冬季通风室外计算温度/℃	冬季空气调节室外计算温度/℃	冬季空气调节室外计算相对湿度/%	冬季室外平均风速/(m/s)	冬季室外大气压力/hPa	日平均温度≤+5 ℃的天数	平均温度≤+5 ℃期间内的平均温度/℃
	青海(8)								
141	西宁	−11.4	−7.4	−13.6	45	1.3	772.9	165	−2.6
142	玉树州	−11.9	−7.6	−15.8	44	1.1	651.5	199	−2.7
143	海西州	−12.9	−9.1	−15.7	39	2.2	724.0	176	−3.8
144	黄南洲	−18.0	−12.3	−22.0	55	1.9	668.4	243	−4.5
145	海南州	−14	−9.8	−16.6	43	1.4	721.8	183	−4.1
146	果洛州	−18.0	−12.6	−21.1	53	2.0	630.1	255	−4.9
147	海北州	−17.2	−13.2	−19.7	44	1.5	727.3	213	−5.8
148	海东地区	−10.5	−6.2	−13.4	51	1.4	815.0	146	−2.1
	宁夏(5)								
149	银川	−13.1	−7.9	−17.3	55	1.8	883.9	145	−3.2
150	石嘴山	−13.6	−8.4	−17.4	50	2.7	885.7	146	−3.7
151	吴忠	−12.0	−7.1	−16.0	50	2.3	860.6	143	−2.8
152	固原	−13.2	−8.1	−17.3	56	2.7	821.1	166	−3.1
153	中卫	−12.6	−7.5	−16.4	51	1.8	871.7	145	−3.1
	新疆(14)								
154	乌鲁木齐	−19.7	−12.7	−23.7	78	1.6	911.2	158	−7.1
155	克拉玛依	−22.2	−15.4	−26.5	78	1.1	957.6	147	−8.6
156	吐鲁番	−12.6	−7.6	−17.1	60	0.5	997.6	118	−3.4
157	哈密	−15.6	−10.4	−18.9	60	1.5	921.0	141	−4.7
158	和田	−8.7	−4.4	−12.8	54	1.4	856.5	114	−1.4
159	阿勒泰	−24.5	−15.5	−29.5	74	1.2	925.0	176	−8.6
160	喀什地区	−10.9	−5.3	−14.6	67	1.1	866.0	121	−1.9
161	伊犁哈萨克自治州	−16.9	−8.8	−21.5	78	1.3	934	141	−3.9
162	巴音郭楞蒙古自治州	−11.1	−7	−15.3	63	1.8	902.3	127	−2.9
163	昌吉回族自治州	−24.0	−17.0	−28.2	79	2.5	919.4	164	−9.5
164	博尔塔拉蒙古自治州	−22.2	−15.2	−25.8	81	1.0	971.2	152	−7.7
165	阿克苏地区	−12.5	−7.8	−16.2	69	1.2	884.3	124	−3.5
166	塔城地区	−19.2	−10.5	−24.7	72	2.0	947.5	162	−5.4
167	克孜勒苏柯尔克孜自治州	−14.1	−8.2	−17.9	59	1.4	784.3	153	−3.6

附录 2-3　　一些建筑材料的热物理特性表

材料名称	密度 ρ /(kg/m^3)	导热系数 λ /[W/(m·℃)]	蓄热系数 S(24 h) /[W/(m^2·℃)]	比热 c /[J/(kg·℃)]
混凝土				
钢筋混凝土	2 500	1.74	17.20	920
碎石、卵石混凝土	2 300	1.51	15.36	920
加气泡沫混凝土	700	0.22	3.56	1 050
砂浆和砌体				
水泥砂浆	1 800	0.93	11.26	1 050
石灰、水泥、砂、砂浆	1 700	0.87	10.79	1 050
石灰、砂、砂浆	1 600	0.81	10.12	1 050
重砂浆黏土砖砌体	1 800	0.81	10.53	1 050
轻砂浆黏土砖砌体	1 700	0.76	9.86	1 050
热绝缘材料				
矿棉、岩棉、玻璃棉板	<150	0.064	0.93	1 218
	150～300	0.07～0.093	0.98～1.60	1 218
水泥膨胀珍珠岩	800	0.26	4.16	1 176
	600	0.21	3.26	1 176
木材、建筑板材				
橡木、枫木(横木纹)	700	0.23	5.43	2 500
橡木、枫木(顺木纹)	700	0.41	7.18	2 500
松枞木、云杉(横木纹)	500	0.17	3.98	2 500
松枞木、云杉(顺木纹)	500	0.35	5.63	2 500
胶合板	600	0.17	4.36	2 500
软木板	300	0.093	1.95	1 890
纤维板	1 000	0.34	7.83	2 500
石棉水泥隔热板	500	0.16	2.48	1 050
石棉水泥板	1 800	0.52	8.57	1 056
木屑板	200	0.065	1.41	2 100
松散材料				
锅炉渣	1 000	0.29	4.40	920
膨胀珍珠岩	120	0.07		1 176
木　屑	250	0.093	1.84	2 000
卷材、沥青材料				
沥青油毡、油毡纸	600	0.17	3.33	1471

附录 2-4　　常用围护结构的传热系数 K 值　　单位：W/(m^2·℃)

类　型	K	类　型	K
A　门		金属框	
实体木制外门		单层	6.40
单层	4.65	双层	3.26
双层	2.33	单框二层玻璃窗	3.49
带玻璃的阳台外门		商店橱窗	4.65
单层(木框)	5.82	Low-E 中空断热桥钢窗(6+12+6)	2.60

续表

类 型	K	类 型	K
双层(木框)	2.68	C 外墙	
单层(金属框)	6.40	内表面抹灰砖墙 240 砖墙	2.08
双层(金属框)	3.26	内表面抹灰砖墙 370 砖墙	1.57
单层内门	2.91	内外表面抹灰 240 砖墙加 60 厚 EPS 保温板	0.47
B 外窗及天窗		D 内墙(双面抹灰)	
木框		120 砖墙	2.31
单层	5.82	240 砖墙	1.72
双层	2.68	E 屋顶	
		120 钢筋混凝土+100 炉渣找平+50EPS 保温板	0.48

附录 2-5 **按各主要城市区分的朝向修正率** 单位:%

序号	地 名	朝向				计算条件
		南	西南,东南	西,东	北,西北,东北	
1	哈尔滨	−17	−9	+5	+12	供暖房间的外围护物是双层木窗、两砖墙
2	沈阳	−19	−10	+5	+13	
3	长春	−25	−16	−1	+8	
4	乌鲁木齐	−20	−12	+2	+8	
5	呼和浩特	−27	−18	−2	+8	
6	佳木斯	−19	−10	+3	+10	
7	银川	−27	−16	+2	+13	单层木窗,一砖墙
8	格尔木	−26	−16	+1	+13	
9	西宁	−28	−18	−1	+10	
10	太原	−26	−15	+1	+11	
11	喀什	−18	−11	+1	+6	
12	兰州	−17	−10	0	+6	
13	和田	−22	−11	+2	+9	
14	北京	−30	−17	+2	+12	
15	天津	−27	−16	+1	+11	
16	济南	−27	−14	+5	+16	
17	西安	−17	−10	0	+5	
18	郑州	−23	−13	+2	+10	
19	敦煌	−26	−14	+4	+15	
20	哈密	−24	−13	+4	+14	

注:① 此表用于不具有分朝向调节能力的供暖系统;

② 若所有条件与表列计算条件不符,可用下式修正:

对序号 1~6:$\sigma'=1.491\dfrac{\sigma}{f'_cK'_c+f'_qK'_q}$; 对序号 7~20:$\sigma'=2.849\dfrac{\sigma}{f'_cK'_c+f'_qK'_q}$。

式中 f'_c, f'_q——单位围护面积下的窗、墙所占百分比;K'_c, K'_q——所用条件下的窗、墙传热系数。

附录 2-6

渗透空气量的朝向修正系数 n 值

地点	北	东北	东	东南	南	西南	西	西北
哈尔滨	0.30	0.15	0.20	0.70	1.00	0.85	0.70	0.60
沈阳	1.00	0.70	0.30	0.30	0.40	0.35	0.30	0.70
北京	1.00	0 50	0.15	0.10	0.15	0.15	0.40	1.00
天津	1.00	0.40	0.20	0.10	0.15	0.20	0.40	1.00
西安	0.70	1.00	0.70	0.25	0.40	0.50	0.35	0.25
太原	0.90	0.40	0.15	0.20	0.30	0.20	0.70	1.00
兰州	1.00	1 00	1.00	0.70	0.50	0.20	0.15	0.50
乌鲁木齐	0.35	0.35	0.55	0.75	1.00	0.70	0.25	0.35
徐州	0.55	1.0	1.0	0.45	0.20	0.35	0.45	0.65

注:本表摘自《民用建筑供暖通风与空气调节设计规范》(GB 50736—2012)(部分城市)。

附录 2-7

散热器组装片数修正系数 β_1

每组片数	<6	6～10	11～20	>20
β_1	0.95	1.00	1.05	1.10

注:本表仅适用于各种柱形散热器;长翼形和圆翼形不修正;其他散热器需要修正时,见产品说明。

附录 2-8

散热器连接形式修正系数 β_2

连接形式	同侧 上进下出	异侧 上进下出	异侧 下进下出	异侧 下进上出	同侧 下进下出
四柱 813 型	1.0	1.004	1.239	1.422	1.426
M-132 型	1.0	1.009	1.251	1.386	1.396
长翼形(大 60)	1.0	1.009	1.225	1.331	1.369

注:① 本表数值由原哈尔滨建筑工程学院供热研究室提供。该值是在标准状态下测定的。

② 其他散热器可近似套用上表数据。

附录 2-9

散热器安装形式修正系数 β_3

装置示意	装置说明	系数 β_3
	散热器安装在墙面上加盖板	当 A=40 mm,β_3=1.05 A=80 mm,β_3=1.03 A=100 mm,β_3=1.02
	散热器装在墙龛内	当 A=40 mm,β_3=1.11 A=80 mm,β_3=1.07 A=100 mm,β_3=1.06
	散热器安装在墙面,外面有罩,罩子上面及前面之下端有空气流通孔	当 A=260 mm,β_3=1.12 A=220 mm,β_3=1.13 A=180 mm,β_3=1.19 A=150 mm,β_3=1.25

续表

装置示意	装置说明	系数 β_3
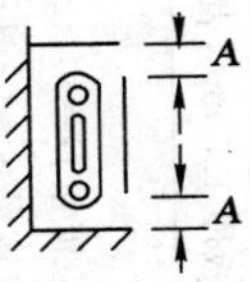 A A	散热器安装形式同前，但空气流通孔开在罩子前面上下两端	当 $A=130$ mm 孔口张开，$\beta_3=1.2$ 孔口有格栅式网状物盖着，$\beta_3=1.4$
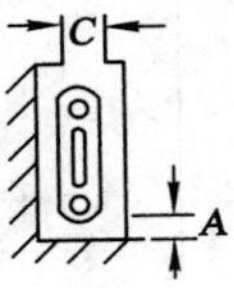 C A	安装形式同前，但罩子上面空气流通孔宽度 C 不小于散热器的宽度，罩子前面下端的孔口高度不小于 100 mm，其他部分为格栅	当 $A=100$ mm，$\beta_3=1.15$
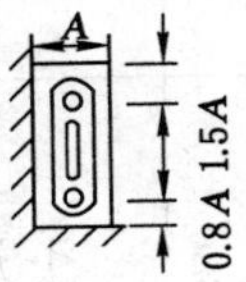 A 0.8A 1.5A	安装形式同前，空气流通口开在罩子前面上下两端，其宽度如图	$\beta_3=1.0$
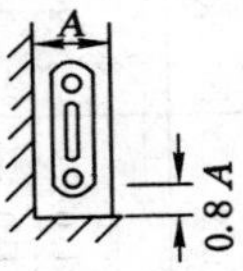 A 0.8A	散热器用挡板挡住，挡板下端留有空气流通口，其高度为 $0.8A$	$\beta_3=0.9$

注：散热器明装，敞开布置，$\beta_3=1.0$。

附录 2-10　　部分散热器在一定连接方式下流量修正系数 β_4

名称	连接方式	流量修正系数 β_4					
		1/2G	G	2G	3G	4G	5G
钢串片对流散热器	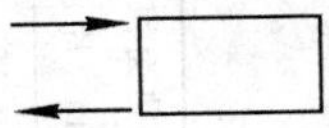	1.03	1.00	0.98	0.97	0.96	0.95
钢制板式散热器			1.00	0.95	0.95	0.95	0.95
四柱 813 散热器			1.00	0.90	0.86	0.85	0.83
铜铝复合柱翼形散热器	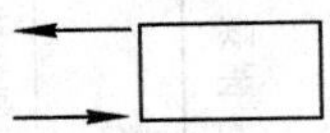	1.08	1.00	0.93	0.90		

附录 2-11

一些铸铁散热器规格及其传热系数 K 值

型号	散热面积 /(m²/片)	水容量 /(L/片)	质量 /(kg/片)	工作压力 /MPa	传热系数计算公式 K/[W/(m²·℃)]	热水热媒当 $\Delta t=64.5$ ℃时的 K 值/[W/(m²·℃)]	不同蒸汽表压力(MPa)下的 K 值/[W/(m²·℃)]		
							0.03	0.07	≥0.1
TG0.28/5-4,长翼形(大 60)	1.16	8	28	0.4	$K=1.743\Delta t^{0.23}$	5.59	6.12	6.27	6.36
TZ2-5-5(M-132 型)	0.24	1.32	7	0.5	$K=2.426\Delta t^{0.286}$	7.99	8.75	8.97	9.10
TZ 4-6-5(四柱 760 型)	0.235	1.16	6.6	0.5	$K=2.503\Delta t^{0.203}$	8.49	9.31	9.55	9.69
TZ 4-5-5(四柱 640 型)	0.20	1.03	5.7	0.5	$K=3.663\Delta t^{0.16}$	7.13	7.51	7.61	7.67
TZ2-5-5(二柱 700 型,带腿)	0.24	1.35	6	0.5	$K=2.02\Delta t^{0.271}$	6.25	6.81	6.97	7.07
四柱 813 型(带腿)	0.28	1.4	8	0.5	$K=2.237\Delta t^{0.302}$	7.87	8.66	8.89	9.03
圆翼形	1.8	4.42	38.2	0.5					
单排						5.81	6.97	6.97	7.79
双排						5.08	5.81	5.81	6.51
三排						4.65	5.23	5.23	5.81

注:① 本表前四项由原哈尔滨建筑工程学院 ISO 散热器试验台测试,其余柱形由清华大学 ISO 散热器试验台测试;

② 散热器表面喷银粉漆、明装、同侧连接上进下出;

③ 圆翼形散热点因无实验公式,暂按以前一些手册数据采用;

④ 此为密闭实验台测试数据,在实际情况下,散热器的 K 和 Q 值约比表中数值增大 10%左右。

附录 2-12

一些钢制散热器规格及其传热系数 K 值

型号	散热面积 /(m²/片)	水容量 /(L/片)	质量 /(kg/片)	工作压力 /MPa	传热系数计算公式 K/[W/(m²·℃)]	热水热媒当 $\Delta t=64.5$ ℃时的 K 值/[W/(m²·℃)]	备注
钢制柱式散热器 600×120	0.15	1	2.2	0.8	$K=2.489\Delta t^{0.306}$	8.94	钢板厚 1.5 mm,表面涂调合漆
钢制板式散热器 600×120	2.75	4.6	18.4	0.8	$K=2.5\Delta t^{0.289}$	6.76	钢板厚 1.5 mm,表面涂调合漆
钢制扁管散热器							
单板 600×120	1.151	4.71	15.1	0.8	$K=3.53\Delta t^{0.235}$	9.4	钢板厚 1.5 mm,表面涂调合漆
单板带对流片 600×120	5.55	5.49	27.4	0.8	$K=1.23\Delta t^{0.246}$	3.4	钢板厚 1.5 mm,表面涂调合漆
闭式钢串片散热器							
150×80	3.15	1.05	10.5	1.0	$K=2.07\Delta t^{0.11}$	3.71	相应流量 $G=50$ kg/h 时的工况
240×100	5.72	1.47	17.4	1.0	$K=1.30\Delta t^{0.18}$	2.75	相应流量 $G=150$ kg/h 时的工况
500×90	7.44	2.50	30.5	1.0	$K=1.88\Delta t^{0.11}$	2.97	相应流量 $G=250$ kg/h 时的工况

附录 4-1

热水供暖系统管道水力计算表

($t_g=95$ ℃, $t_h=70$ ℃, $K=0.2$ mm)

公称直径/mm	15		20		25		32		40		50		70	
内径/mm	15.75		21.25		27.00		35.75		41.00		53.00		68.00	
G	*R*	*v*	*R*	*v*	*R*	*v*	*R*	*v*	*R*	*v*	*R*	*v*	*R*	*v*
30	2.64	0.04												
34	2.99	0.05												
40	3.52	0.06												
42	6.78	0.06												
48	8.60	0.07												
50	9.25	0.07	1.33	0.04										
52	9.92	0.08	1.38	0.04										
54	10.62	0.08	1.43	0.04										
56	11.34	0.08	1.49	0.04										
60	12.84	0.09	2.93	0.05										
70	16.99	0.10	3.85	0.06										
80	21.68	0.12	4.88	0.06										
82	22.69	0.12	5.10	0.07										
84	23.71	0.12	5.33	0.07										
90	26.93	0.13	6.03	0.07										
100	32.72	0.15	7.29	0.08	2.24	0.05								
105	35.82	0.15	7.96	0.08	2.45	0.05								
110	39.05	0.16	8.66	0.09	2.66	0.05								
120	45.93	0.17	10.15	0.10	3.10	0.06								
125	49.57	0.18	10.93	0.10	3.34	0.06								
130	53.35	0.19	11.74	0.10	3.58	0.06								
135	57.27	0.20	12.58	0.11	3.83	0.07								
140	61.32	0.20	13.45	0.11	4.09	0.07	1.04	0.04						
160	78.87	0.23	17.19	0.13	5.20	0.08	1.31	0 05						
180	98.59	0.26	21.38	0.14	6.44	0.09	1.61	0.05						
200	120.48	0.29	26.01	0.16	7.80	0.10	1 95	0.06						
220	144.52	0.32	31.08	0.18	9.29	0.11	2.31	0.06						
240	170.73	0.35	36.58	0.19	10.90	0.12	2.70	0.07						
260	199.09	0.38	42.52	0.21	12.64	0.13	3.12	0.07						
270	214.08	0.39	45.66	0.22	13.55	0.13	3.34	0.08						
280	229.61	0.41	48.91	0.22	14.50	0.14	3.57	0.08	1.82	0.06				

续表

公称直径/mm	15		20		25		32		40		50		70	
内径/mm	15.75		21.25		27.00		35.75		41.00		53.00		68.00	
G	R	v	R	v	R	v	R	v	R	v	R	v	R	v
300	262.29	0.44	55.72	0.24	16.48	0.15	4.05	0.08	2.06	0.06				
400	458.07	0.58	96.37	0.32	28.23	0.20	6.85	0.11	3.46	0.09				
500			147.91	0.40	43.03	0.25	10.35	0.14	5.21	0.11				
520			159.53	0.41	46.36	0.26	11.13	0.15	5.60	0.11	1.57	0.07		
560			184.07	0.45	53.38	0.28	12.78	0.16	6.42	0.12	1.79	0.07		
600			210.35	0.48	60.89	0.30	14.54	0.17	7.29	0.13	2.03	0.08		
700			283.67	0.56	81.79	0.35	19.43	0.20	9.71	0.15	2.69	0.09		
760			332.89	0.61	95.79	0.38	22.69	0.21	11.33	0.16	3.13	0.10		
780			350.17	0.62	100.71	0.38	23.83	0.22	11.89	0.17	3.28	0.10		
800			367.88	0.64	105.74	0.39	25.00	0.23	12.47	0.17	3.44	0.10		
900			462.97	0.72	132.72	0.44	31.25	0.25	15.56	0.19	4.27	0.12	1.24	0.07
1 000			568.94	0.80	162.75	0.49	38.20	0.28	18.98	0.21	5.19	0.13	1.50	0.08
1 050			626.01	0.84	178.90	0.52	41.93	0.30	20.81	0.22	5.69	0.13	1.64	0.08
1 100			685.79	0.88	195.81	0.54	45.83	0.31	22.73	0.24	6.20	0.14	1.79	0.09
1 200			813.52	0.96	231.92	0.59	54.14	0.34	26.81	0.26	7.29	0.15	2.10	0.09
1 250			881.47	1.00	251.11	0.62	58.55	0.35	28.98	0.27	7.87	0.16	2.26	0.10
1 300					271.06	0.64	63.14	0.37	31.23	0.28	8.47	0.17	2.43	0.10
1 400					313.24	0.69	72.82	0.39	35.98	0.30	9.74	0.18	2.79	0.11
1 600					406.71	0.79	94.24	0.45	46.47	0.34	12.52	0.20	3.57	0.12
1 800					512.34	0.89	118.39	0.51	58.28	0.39	15.65	0.23	4.44	0.14
2 000					630.11	0.99	145.28	0.56	71.42	0.43	19.12	0.26	5.41	0.16
2 200							174.91	0.62	85.88	0.47	22.92	0.28	6.47	0.17
2 400							207.26	0.68	101.66	0.51	27.07	0.31	7.62	0.19
2 500							224.47	0.70	110.04	0.53	29.28	0.32	8.23	0.19
2 600							242.35	0.73	118.76	0.56	31.56	0.33	8.86	0.20
2 800							280.18	0.79	137.19	0.60	36.39	0.36	10.20	0.22

注:① 本表按供暖季平均水温 $t\approx60$ ℃,相应的密度 $\rho=983.248\ kg/m^3$ 条件编制。

② 摩擦阻力系数 λ 值按下述原则确定:层流区中,按式 $\lambda=\frac{64}{Re}$ 计算;紊流区中,按式 $\frac{1}{\sqrt{\lambda}}=-2\lg(\frac{2.51}{Re\sqrt{\lambda}}+\frac{K/d}{3.72})$ 计算。

③ 表中符号:G——管段热水流量,kg/h;R——比摩阻,Pa/m;v——水流速,m/s。

附录 4-2　　**热水及蒸汽供暖系统局部阻力系数 ξ 值**

局部阻力名称	ξ	说　明
双柱散热器	2.0	以热媒在导管中的流速计算局部阻力
铸铁锅炉	2.5	
钢制锅炉	2.0	
突然扩大	1.0	以其中较大的流速计算局部阻力
突然缩小	0.5	
直流三通(图①)	1.0	① ④ ② ⑤ ③ ⑥
旁流三通(图②)	1.5	
合流三通(图③)	3.0	
分流三通(图③)		
直流四通(图④)	2.0	
分流四通(图⑤)	3.0	
方形补偿器	2.0	
套管补偿器	0.5	

局部阻力系数	下列管径(DN)对应的 ξ 值					
	15	20	25	32	40	≥50
截止阀	16.0	10.0	9.0	9.0	8.0	7.0
旋塞	4.0	2.0	2.0	2.0		
斜杆截止阀	3.0	3.0	3.0	2.5	2.5	2.0
闸阀	1.5	0.5	0.5	0.5	0.5	0.5
弯头	2.0	2.0	1.5	1.5	1.0	1.0
90°煨弯及乙字管	1.5	1.5	1.0	1.0	0.5	0.5
括弯(图⑥)	3.0	2.0	2.0	2.0	2.0	2.0
急弯双弯头	2.0	2.0	2.0	2.0	2.0	2.0
缓弯双弯头	1.0	1.0	1.0	1.0	1.0	1.0

附录 4-3　**热水采暖系统局部阻力系数 ξ=1 的局部损失(动压头)值 $\Delta p_d=\rho v^2/2$**　　单位:Pa

v	Δp_d	v	Δp_d	v	Δp_d	v	Δp_d	v	Δp_d	v	Δp_d
0.01	0.05	0.13	8.31	0.25	30.73	0.37	67.30	0.49	118.04	0.61	182.93
0.02	0.2	0.14	9.64	0.26	33.23	0.38	70.99	0.50	122.91	0.62	188.98
0.03	0.44	0.15	11.06	0.27	35.84	0.39	74.78	0.51	127.87	0.65	207.71
0.04	0.79	0.16	12.59	0.28	38.54	0.4	78.66	0.52	132.94	0.68	227.33
0.05	1.23	0.17	14.21	0.29	41.35	0.41	82.64	0.53	138.10	0.71	247.83
0.06	1.77	0.18	15.93	0.3	44.25	0.42	86.72	0.54	143.36	0.74	269.21
0.07	2.41	0.19	17.75	0.31	47.25	0.43	90.90	0.55	148.72	0.77	291.48
0.08	3.15	0.20	19.66	0.32	50.34	0.44	95.18	0.56	154.17	0.8	314.64
0.09	3.98	0.21	21.68	0.33	53.54	0.45	99.55	0.57	159.73	0.85	355.20
0.10	4.92	0.22	23.79	0.34	56.83	0.46	104.03	0.58	165.38	0.9	398.22
0.11	5.95	0.23	26.01	0.35	60.22	0.47	108.6	0.59	171.13	0.95	443.70
0.12	7.08	0.24	28.32	0.36	63.71	0.48	113.27	0.60	176.98	1.0	491.62

注:本表按 t_g=95 ℃,t_h=70 ℃,整个供暖季的平均水温 t≈60 ℃,相应水的密度 ρ=983.248 kg/m³ 编制。

附录 4-4　　**一些管径的 λ/d 值和 A 值**

公称直径/mm	15	20	25	32	40	50	70	89×3.5	108×4
外径/mm	21.25	26.75	33.5	42.25	48	60	75.5	89	108
内径/mm	15.75	21.25	27	35.75	41	53	68	82	100
$\frac{\lambda}{d}$/(1/m)	2.6	1.8	1.3	0.9	0.76	0.54	0.4	0.31	0.24
A/[Pa/(kg/h)²]	1.03×10^{-3}	3.12×10^{-4}	1.2×10^{-4}	3.89×10^{-5}	2.25×10^{-5}	8.06×10^{-6}	2.97×10^{-7}	1.41×10^{-7}	6.36×10^{-7}

注:本表按 t_g=95 ℃,t_h=70 ℃,整个供暖季的平均水温 t≈60 ℃,相应水的密度 ρ=983.248 kg/m³ 编制。

附录 4-5　　按 $\xi_{zh}=1$ 确定热水供暖系统管段压力损失的管径计算表

项目	公称直径 DN/mm									流速 v /(m/s)	压力损失 Δp/Pa
	15	20	25	32	40	50	70	80	100		
水流量 G /(kg/h)	76	138	223	391	514	859	1 415	2 054	3 059	0.11	5.95
	83	151	243	427	561	937	1 544	2 241	3 336	0.12	7.08
	90	163	263	462	608	1 015	1 628	2 428	3 615	0.13	8.31
	97	176	283	498	655	1 094	1 802	2 615	3 893	0.14	9.64
	104	188	304	533	701	1 171	1 930	2 801	4 170	0.15	11.06
	111	201	324	569	748	1 250	2 059	2 988	4 449	0.16	12.59
	117	213	344	604	795	1 328	2 187	3 175	4 727	0.17	15.21
	124	226	364	640	841	1 406	2 316	3 361	5 005	0.18	15.93
	131	239	385	675	888	1 484	2 475	3 548	5 283	0.19	17.75
	138	251	405	711	935	1 562	2 573	3 734	5 560	0.20	19.66
	145	264	425	747	982	1 640	2 702	3 921	5 838	0.21	21.68
	152	276	445	782	1 028	1 718	2 830	4 108	6 116	0.22	23.79
	159	289	466	818	1 075	1 796	2 959	4 295	6 395	0.23	26.01
	166	301	486	853	1 122	1 874	3 088	4 482	6 673	0.24	28.32
	173	314	506	889	1 169	1 953	3 217	4 668	6 951	0.25	30.73
	180	326	526	924	1 215	2 030	3 345	4 855	7 228	0.26	33.23
	187	339	547	960	1 262	2 109	3 474	5 042	7 507	0.27	35.84
	193	351	567	995	1 309	2 187	3 602	5 228	7 784	0.28	38.54
	200	364	587	1 031	1 356	2 265	3 731	5 415	8 063	0.29	41.35
	207	377	607	1 067	1 402	2 343	3 860	5 602	8 341	0.30	44.25
	214	389	627	1 102	1 449	2 421	3 989	5 789	8 619	0.31	47.25
	221	402	648	1 138	1 496	2 499	4 117	5 975	8 897	0.32	50.34
	228	414	668	1 173	1 543	2 577	4 246	6 162	9 175	0.33	53.54
	235	427	688	1 209	1 589	2 655	4 374	6 349	9 453	0.34	56.83
	242	439	708	1 244	1 636	2 733	4 503	6 535	9 731	0.35	60.22
	249	452	729	1 280	1 683	2 811	4 632	6 722	10 009	0.36	63.71
	256	464	749	1 315	1 729	2 890	4 760	6 909	10 287	0.37	67.30
	263	477	769	1 351	1 766	2 968	4 889	7 096	10 565	0.38	70.99
	276	502	810	1 422	1 870	3 124	5 146	7 469	11 121	0.40	78.66
	290	527	850	1 493	1 963	3 280	5 404	7 842	11 677	0.42	86.72
	304	552	891	1 564	2 057	3 436	5 661	8 216	12 233	0.44	95.18
	318	577	931	1 635	2 150	3 593	5 918	8 590	12 789	0.46	104.03
	332	603	972	1 706	2 244	3 749	6 176	8 963	13 345	0.48	113.27
	345	628	1 012	1 778	2 337	3 905	6 433	9 336	13 902	0.50	122.91
	380	690	1 113	1 955	2 571	4 296	7 076	10 270	15 292	0.55	148.72
	415	753	1 214	2 133	2 805	4 686	7 719	11 203	16 681	0.60	176.98
	449	816	1 316	2 311	3 038	5 076	8 363	12 137	18 072	0.65	207.71
	484	879	1 417	2 489	3 272	5 467	9 006	13 071	19 462	0.70	240.90
		1 004	1 619	2 844	3 740	6 248	10 293	14 938	22 242	0.80	314.64
				3 200	4 207	7 029	11 579	16 806	25 023	0.90	398.22
						7 810	12 866	18 673	27 803	1.00	491.62
								22 407	33 363	1.20	707.94

注：按 $G=(\Delta p/A)^{0.5}$ 计算，其中 Δp 按附录 4-3，A 值按附录 4-4 计算。

附录 4-6　　单管顺流式热水采暖系统立管组合部件的 ξ_{zh} 值

<table>
<tr><th colspan="2" rowspan="2">组合部件名称</th><th rowspan="2">图　式</th><th rowspan="2">ξ_{zh}</th><th colspan="8">管径/mm</th></tr>
<tr><th colspan="2">15</th><th colspan="2">20</th><th colspan="2">25</th><th colspan="2">32</th></tr>
<tr><td rowspan="6">立管</td><td rowspan="2">回水干管
在地沟内</td><td></td><td>$\xi_{zh\cdot z}$</td><td colspan="2">15.6</td><td colspan="2">12.9</td><td colspan="2">10.5</td><td colspan="2">10.2</td></tr>
<tr><td></td><td>$\xi_{zh\cdot j}$</td><td colspan="2">44.6</td><td colspan="2">31.9</td><td colspan="2">27.5</td><td colspan="2">27.2</td></tr>
<tr><td rowspan="2">无地沟，散热器
单侧连接</td><td></td><td>$\xi_{zh\cdot z}$</td><td colspan="2">7.5</td><td colspan="2">5.5</td><td colspan="2">5.0</td><td colspan="2">5.0</td></tr>
<tr><td></td><td>$\xi_{zh\cdot j}$</td><td colspan="2">36.5</td><td colspan="2">21.5</td><td colspan="2">22.0</td><td colspan="2">22.0</td></tr>
<tr><td rowspan="2">无地沟，散热器
双侧连接</td><td></td><td>$\xi_{zh\cdot z}$</td><td colspan="2">12.4</td><td colspan="2">10.1</td><td colspan="2">8.5</td><td colspan="2">8.3</td></tr>
<tr><td></td><td>$\xi_{zh\cdot j}$</td><td colspan="2">41.4</td><td colspan="2">29.1</td><td colspan="2">25.5</td><td colspan="2">25.3</td></tr>
<tr><td colspan="2">散热器单侧连接</td><td></td><td>ξ_{zh}</td><td colspan="2">14.2</td><td colspan="2">12.6</td><td colspan="2">9.6</td><td colspan="2">8.8</td></tr>
<tr><td colspan="2" rowspan="3">散热器双侧连接</td><td rowspan="3">d_1
d_2</td><td rowspan="3"></td><td colspan="8">管径 $d_1\times d_2$</td></tr>
<tr><td>15×15</td><td>20×15</td><td>20×20</td><td>25×15</td><td>25×20</td><td>25×25</td><td>32×20</td><td>32×25</td></tr>
<tr><td>4.7</td><td>15.7</td><td>4.1</td><td>40.6</td><td>10.7</td><td>3.5</td><td>32.8</td><td>10.7</td></tr>
</table>

注：① $\xi_{zh\cdot z}$——代表立管两端安装闸阀；

$\xi_{zh\cdot j}$——代表立管两端安装截止阀。

② 编制本表的条件为：

a. 散热器及其支管连接：散热器支管长度，单侧连接 $l_z=1.0$ m；双侧连接 $l_z=1.5$ m。每组散热器支管均装有乙字弯。

b. 立管与水平干管的几种连接方式见图式所示。立管上装设两个闸阀或截止阀。

③ 计算举例：以散热器双侧连接 $d_1\times d_2=20$ mm×15 mm 为例。

首先计算通过散热器及其支管这一组合部件的折算阻力系数 ξ_{zh}

$$\xi_{zh}=\frac{\lambda}{d}l_z+\sum\xi=2.6\times1.5\times2+11.0=18.8$$

其中，$\frac{\lambda}{d}$ 值查附录 4-4；支管上局部阻力有：分流三通 1 个，合流三通 1 个，乙字管 2 个及散热器，查附录 4-3，可得

$$\sum\xi=3.0+3.0+2\times1.5+2.0=11.0$$

设进入散热器的进流系数 $a=G_z/G_1=0.5$，则按下式可求出该组合部件的当量阻力系数 ξ_0 值（以立管流速的动压头为基准的 ξ 值）

$$\xi_0=\frac{d_1^4}{d_2^4}a^2\xi_{zh}=\left(\frac{21.25}{15.72}\right)^4\times0.5^2\times18.8=15.7$$

附录 4-7　　　单管顺流式热水采暖系统立管的 ξ_{zh} 值

层数	单向连接立管管径/mm				双向连接立管管径/mm							
					15	20		25			32	
					散热器支管直径/mm							
	15	20	25	32	15	15	20	15	20	25	20	32
（一）整根立管的折算阻力系数 ξ_{zh} 值（立管两端安装闸阀）												
3	77	63.7	48.7	43.1	48.4	72.7	38.2	141.7	52.0	30.4	115.1	48.8
4	97.4	80.6	61.4	54.1	59.3	92.6	46.6	185.4	65.8	37.0	150.1	61.7
5	117.9	97.5	74.1	65.0	70.3	112.5	55.0	229.1	79.6	43.6	185.0	74.5
6	138.3	114.5	86.9	76.0	81.2	132.5	63.5	272.9	93.5	50.3	220.0	87.4
7	158.8	131.4	99.6	86.9	92.2	152.4	71.9	316.6	107.3	56.9	254.9	100.2
8	179.2	148.3	112.3	97.9	103.1	172.3	80.3	360.3	121.1	63.5	290.0	113.1
（二）整根立管的折算阻力系数 ξ_{zh} 值（立管两端安装截止阀）												
3	106	82.7	65.7	60.1	77.4	91.7	57.2	158.7	69.0	47.4	132.1	65.8
4	126.4	99.6	78.4	71.1	88.3	111.6	65.6	202.4	82.8	54	167.1	78.7
5	146.9	116.5	91.1	82.0	99.3	131.5	74.0	246.1	96.6	60.6	202	91.5
6	167.3	133.5	103.9	93.0	110.2	151.5	82.5	289.9	110.5	67.3	237	104.4
7	187.8	150.4	116.6	103.9	121.2	171.4	90.9	333.6	124.3	73.9	271.9	117.2
8	208.2	167.3	129.3	114.9	132.1	191.3	99.3	377.3	138.1	80.5	307	130.1

注：① 编制本表条件：建筑物层高为 3.0 m，回水干管敷设在地沟内（见附录 4-6 图式）；

② 计算举例：如以 3 层楼 $d_1 \times d_2 = 20\ \text{mm} \times 15\ \text{mm}$ 为例。

层立管之间长度为 $3.0 - 0.6 = 2.4$ m，则层立管的当量阻力系数 $\xi_{0.1} = \dfrac{\lambda_1}{d_1} l_1 + \sum \xi_1 = 1.8 \times 2.4 + 0 = 4.32$。

设 n 为建筑物层数，ξ_0 代表散热器及其支管的当量阻力系数，ξ'_0 代表立管与供、回水干管连接部分的当量阻力系数，则整根立管的折算阻力系数 ξ_{zh} 为：

$$\xi_{zh} = n\xi_0 + n\xi_{0.1} + \xi'_0 = 3 \times 15.6 + 3 \times 4.32 + 12.9 = 72.7$$

附录 4-8　　　供暖系统中沿程损失与局部损失的概略分配比例 α　　　单位：%

供暖系统形式	摩擦损失	局部损失	供暖系统形式	摩擦损失	局部损失
重力循环热水供暖系统	50	50	高压蒸汽供暖系统	80	20
机械循环热水供暖系统	50	50	室内高压凝水管路系统	80	20
低压蒸汽供暖系统	60	40			

附录 7-1　　热力网管道与建筑物(构筑物)其他管线的最小距离

建筑物、构筑物或管线名称	与热力网管道最小水平净距/m	与热力网管道最小垂直净距/m
地下敷设热力网管道		
建筑物基础:对于管沟敷设热力网管道	0.5	—
对于直埋敷设闭式热力网管道 DN≤250	2.5	—
DN≥300	3.0	—
对于直埋敷设开式热力网管道	5.0	—
铁路钢轨	钢轨外侧 3.0	轨底 1.2
电车钢轨	钢轨外侧 2.0	轨底 1.0
铁路、公路路基边坡底脚或边沟的边缘	1.0	—
通讯、照明或 10 kV 以下电力线的电杆	1.0	—
桥墩(高架桥、栈桥)边缘	2.0	—
架空管道支架基础边缘	1.5	—
高压输电线铁塔基础边缘 35～220 kV	3.0	—
通讯电缆管块	1.0	0.15
直埋通讯电缆(光缆)	1.0	0.15
电力电缆和控制电缆 35 kV 以下	2.0	0.5
110 kV	2.0	1.0
燃气管道		
压力<0.005 MPa 对于管沟敷设热力网管道	1.0	0.15
压力≤0.4 MPa 对于管沟敷设热力网管道	1.5	0.15
压力≤0.8 MPa 对于管沟敷设热力网管道	2.0	0.15
压力>0.8 MPa 对于管沟敷设热力网管道	4.0	0.15
压力≤0.4 MPa 对于直埋敷设热水热力网管道	1.0	0.15
压力≤0.8 MPa 对于直埋敷设热水热力网管道	1.5	0.15
压力>0.8 MPa 对于直埋敷设热水热力网管道	2.0	0.15
给水管道	1.5	0.15
排水管道	1.5	0.15
地铁	5.0	0.8
电气铁路接触网电杆基础	3.0	—

续表

建筑物、构筑物或管线名称	与热力网管道最小水平净距/m	与热力网管道最小垂直净距/m
乔木(中心)	1.5	—
灌木(中心)	1.5	—
车道路路面	—	0.7
地上敷设热力网管道		
铁路钢轨	轨外侧 3.0	轨顶一般 5.5 电气铁路 6.55
电车钢轨	轨外侧 2.0	—
公路边缘	1.5	—
公路路面	—	4.5
架空输电线 1 kV 以下	导线最大风偏时 1.5	热力网管道在下面交叉通过导线最大垂直时 1.0
1～10 kV	导线最大风偏时 2.0	同上 2.0
35～110 kV	导线最大风偏时 4.0	同上 4.0
220 kV	导线最大风偏时 5.0	同上 5.0
330 kV	导线最大风偏时 6.0	同上 6.0
500 kV	导线最大风偏时 6.5	同上 6.5
树冠	0.5(到树中不小于 2.0)]—	

注:

① 表中不包括直埋敷设蒸汽管道与建筑物(构筑物)或其他管线的最小距离的规定。

② 当热力网管道的埋设深度大于建(构)筑物基础深度时,最小水平净距应按土壤内摩擦角计算确定。

③ 热力网管道与电力电缆平行敷设时,电缆处的土壤温度与月平均土壤自然温度比较,全年任何时候对于电压 10 kV 的电缆不高出 10 ℃,对于电压 35～110 kV 的电缆不高出 5 ℃时,可减小表中所列距离。

④ 在不同深度并列敷设各种管道时,各种管道间的水平净距不应小于其深度差。

⑤ 热力网管道检查室,方形补偿器壁龛与燃气管道最小水平净距亦应符合表中规定。

⑥ 在条件不允许时,可采取有效技术措施并经有关单位同意后,可以减小表中规定的距离,或采用埋深较大的暗挖法、盾构法施工。

附录 8-1

热水热网水力计算表

(K=0.5 mm, t=100 ℃, ρ=958.38 kg/m³, ν=0.295×10⁻⁶ m²/s)

表中采用单位：水流量 G(t/h)；流速 v(m/s)；比摩阻 R(Pa/m)

公称直径/mm	25		32		40		50		70		80		100		125		150	
外径×壁厚/mm	32×2.5		38×2.5		45×2.5		57×3.5		76×3.5		89×3.5		108×4		133×4		159×4.5	
G	v	R	v	R	v	R	v	R	v	R	v	R	v	R	v	R	v	R
0.6	0.3	77	0.2	27.5	0.14	9												
0.8	0.41	137.3	0.27	47.7	0.17	15.8	0.12	5.6										
1.0	0.51	214.8	0.34	73.1	0.23	24.4	0.15	8.6										
1.4	0.71	420.7	0.47	143.2	0.32	47.4	0.21	19.8	0.11	3.0								
1.8	0.91	695.3	0.61	236.3	0.42	84.2	0.27	26.1	0.14	5								
2.0	1.01	858.1	0.68	292.2	0.46	104	0.3	31.9	0.16	6.1								
2.2	1.11	1 038.5	0.75	353	0.51	125.5	0.33	36.2	0.17	7.4								
2.6			0.88	493.3	0.6	175.5	0.38	53.4	0.2	10.1								
3.0			1.02	657	0.69	234.4	0.44	71.2	0.23	13.2								
3.4			1.15	844.4	0.78	301.1	0.5	91.4	0.26	17								
4.0					0.92	415.8	0.59	126.5	0.31	22.8	0.22	9						
4.8					1.11	599.2	0.71	182.4	0.37	32.8	0.26	12.9						
6.0							0.83	252	0.43	44.5	0.31	17.5	0.21	6.4				
6.2							0.92	304	0.48	54.6	0.34	21.8	0.23	7.8	0.15	2.5		
7.0							1.03	387.4	0.54	69.6	0.38	27.9	0.26	9.9	0.17	3.1		
8.0							1.18	506	0.62	90.9	0.44	36.3	0.3	12.7	0.19	4.1		
9.0							1.33	640.4	0.7	114.7	0.49	46	0.33	16.1	0.21	5.1		
10.0							1.48	790.4	0.78	142.2	0.55	56.8	0.37	19.8	0.24	6.3		
11.0							1.63	957.1	0.85	171.6	0.6	68.6	0.41	23.9	0.26	7.6		
12.0									0.93	205	0.66	81.7	0.44	28.5	0.28	8.8	0.2	3.5
14.0									1.09	278.5	0.77	110.8	0.52	38.8	0.33	11.9	0.23	4.7

续表

公称直径/mm	25		32		40		50		70		80		100		125		150	
外径×壁厚/mm	32×2.5		38×2.5		45×2.5		57×3.5		76×3.5		89×3.5		108×4		133×4		159×4.5	
G	v	R	v	R	v	R	v	R	v	R	v	R	v	R	v	R	v	R
15.0									1.16	319.7	0.82	127.5	0.55	44.5	0.35	13.6	0.25	5.4
16.0									1.24	363.8	0.88	145.1	0.59	50.7	0.38	15.5	0.26	6.1
18.0									1.4	459.9	0.99	184.4	0.66	64.1	0.43	19.7	0.3	7.6
20.0									1.55	568.8	1.1	227.5	0.74	79.2	0.47	24.3	0.33	9.3
22.0									1.71	687.4	1.21	274.6	0.81	95.8	0.52	29.4	0.36	11.2
24.0									1.86	818.9	1.32	326.6	0.89	11.38	0.57	35	0.39	13.3
26.0									2.02	961.1	1.43	383.4	0.96	133.4	0.62	41.1	0.43	16.7
28.0											1.54	445.2	1.03	154.9	0.66	47.6	0.46	18.1
30.0											1.65	510.9	1.11	178.5	0.71	54.6	0.49	20.8
32.0											1.76	581.5	1.18	203	0.76	62.6	0.53	23.7
34.0											1.87	656.1	1.26	228.5	0.8	70.2	0.56	26.8
36.0											1.98	735.5	1.33	256.9	0.85	78.6	0.59	30
38.0											2.09	819.8	1.4	286.4	0.9	87.7	0.62	33.4

公称直径/mm	100		125		150		200		250		300	
外径×壁厚/mm	108×4		133×4		159×4.5		219×6		273×8		325×8	
G	v	R	v	R	v	R	v	R	v	R	v	R
40	1.48	316.8	0.95	97.2	0.66	37.1	0.35	6.8	0.22	2.3		
42	1.55	349.1	0.99	106.9	0.63	40.8	0.36	7.5	0.23	2.5		
44	1.63	383.4	1.04	117.7	0.72	44.8	0.38	8.1	0.25	2.7		
45	1.66	401.1	1.06	122.6	0.74	46.9	0.39	8.5	0.25	2.8		
48	1.77	456	1.13	14.2	0.79	53.3	0.41	9.7	0.27	3.2		
50	1.85	495.2	1.18	152.0	0.82	57.8	0.43	10.6	0.28	3.5		
54	1.99	577.6	1.28	177.5	0.89	67.5	0.47	12.4	0.3	4.0		
58	2.14	665.9	1.37	204	0.95	77.9	0.5	14.2	0.32	4.5		

续表

公称直径/mm	100		125		150		200		250		300	
外径×壁厚/mm	108×4		133×4		159×4.5		219×6		273×8		325×8	
G	v	R	v	R	v	R	v	R	v	R	v	R
62	2.29	761	1.47	233.4	1.02	88.9	0.53	16.3	0.35	5.0		
66	2.44	862	1.56	264.8	1.08	101	0.57	18.4	0.37	5.7		
70	2.59	969.9	1.65	297.1	1.15	113.8	0.6	20.7	0.39	6.4		
74			1.75	332.4	1.21	126.5	0.64	23.1	0.41	7.1		
78			1.84	369.7	1.28	141.2	0.67	25.7	0.44	8.2		
80			1.89	388.3	1.31	148.1	0.69	27.1	0.45	8.6		
90			2.13	491.3	1.48	187.3	0.78	34.2	0.5	11		
100			2.36	607	1.64	231.4	0.86	42.3	0.56	13.5	0.39	5.1
120			2.84	873.8	1.97	333.4	1.03	60.9	0.67	19.5	0.46	7.4
140					2.3	454	1.21	82.9	0.78	26.5	0.54	10.1
160					2.63	592.3	1.38	107.9	0.89	34.6	0.62	13.1
180							1.55	137.3	1.01	43.8	0.7	16.6
200							1.72	168.7	1.12	54.1	0.77	20.5
220							1.9	205	1.23	65.4	0.85	24.8
240							2.07	243.2	1.34	77.9	0.93	29.5
260							2.24	285.4	1.45	91.4	1.01	34.7
280							2.41	331.5	1.57	105.9	1.08	40.2
300							2.59	380.5	1.68	121.6	1.16	46.2
340							2.93	488.4	1.9	155.9	1.32	55.9
380							3.28	611	2.13	195.2	1.47	74
420							3.62	745.3	2.35	238.3	1.62	90.5
460									2.57	286.4	1.78	108.9
500									2.8	348.1	1.93	128.5

附录 8-2

热水热网局部阻力当量长度表(K=0.5 mm)

(用于蒸汽网路 K=0.2 mm,乘修正系数 β=1.26)

名称 \ 当量长度 \ 公称直径	局部阻力系数 ξ	32	40	50	70	80	100	125	150	175	200	250	300	350	400	450	500	600	700	800
截止阀	4～9	6	7.8	8.4	9.6	10.2	13.5	18.5	24.6	39.5	—	—	—	—	—	—	—	—	—	—
闸阀	0.5～1	—	—	0.65	1	1.28	1.65	2.2	2.24	2.9	3.36	3.73	4.17	4.3	4.5	4.7	5.3	5.7	6	6.4
旋启式止回阀	1.5～3	0.98	1.26	1.7	2.8	3.6	4.95	7	9.52	13	16	22.2	29.2	33.9	46	56	66	89.5	112	133
升降式止回阀	7	5.25	6.8	9.16	14	17.9	23	30.8	39.2	50.6	58.8	—	—	—	—	—	—	—	—	—
套筒补偿器(单向)	0.2～0.5	—	—	—	—	—	0.66	0.88	1.68	2.17	2.52	3.33	4.17	5	10	11.7	13.1	16.5	19.4	22.8
套筒补偿器(双向)	0.6	—	—	—	—	—	1.98	2.64	3.36	4.34	5.04	6.66	8.34	10.1	12	14	15.8	19.9	23.3	27.4
波纹管补偿器(无内套)	1.7～1	—	—	—	—	—	5.57	7.5	8.4	10.1	10.9	13.3	13.9	15.1	16					
波纹管补偿器(有内套)	0.1	—	—	—	—	—	0.38	0.44	0.56	0.72	0.84	1.1	1.4	1.68	2					
方形补偿器																				
三缝焊弯 $R=1.5d$	2.7	—	—	—	—	—	—	—	17.6	22.1	24.8	33	40	47	55	67	76	94	110	128
锻压弯头 $R=(1.5\sim2)d$	2.3～3	3.5	4	5.2	6.8	7.9	9.8	12.5	15.4	19	23.4	28	34	40	47	60	68	83	95	110
焊弯 $R\geqslant 4d$	1.16	1.8	2	2.4	3.2	3.5	3.8	5.6	6.5	8.4	9.3	11.2	11.5	16	20	—	—	—	—	—
弯头																				
45°单缝焊接弯头	0.3	—	—	—	—	—	—	—	1.68	2.17	2.52	3.33	4.17	5	6	7	7.9	9.9	11.7	13.7
60°单缝焊接弯头	0.7	—	—	—	—	—	—	—	3.92	5.06	5.9	7.8	9.7	11.8	14	16.3	18.4	23.2	27.2	32
锻压弯头 $R=(1.5\sim2)d$	0.5	0.38	0.48	0.65	1	1.28	1.65	2.2	2.8	3.62	4.2	5.55	6.95	8.4	10	11.7	13.1	16.5	19.4	22.8
煨弯 $R=4d$	0.3	0.22	0.29	0.4	0.6	0.67	0.98	1.32	1.68	2.17	2.52	3.3	4.17	5	6	—	—	—	—	—
除污器	10	—	—	—	—	—	—	—	56	72.4	84	111	139	168	200	233	262	331	388	456

续表

名称 \ 当量长度 \ 公称直径	局部阻力系数 ξ	32	40	50	70	80	100	125	150	175	200	250	300	350	400	450	500	600	700	800
分流三通：																				
直通管	1.0	0.75	0.97	1.3	2	2.55	3.3	4.4	5.6	7.24	8.4	11.1	13.9	16.8	20	23.3	26.3	33.1	38.8	45.7
分支管	1.5	1.13	1.45	1.96	3	3.82	4.95	6.6	8.4	10.9	12.6	16.7	20.8	25.2	30	35	39.4	49.6	58.2	68.6
合流三通：																				
直通管	1.5	1.13	1.45	1.96	3	3.82	4.95	6.6	8.4	10.9	12.6	16.7	20.8	25.2	30	35	39.4	49.6	58.2	68.6
分支管	2.0	1.5	1.94	2.62	4	5.1	6.6	8.8	11.2	14.5	16.8	22.2	27.8	33.6	40	46.6	52.5	66.2	77.6	91.5
三通汇流管	3.0	2.25	2.91	3.93	6	7.65	9.8	13.2	16.8	21.7	25.2	33.3	41.7	50.4	60	69.6	78.7	99.3	116	137
三通分流管	2.0	1.5	1.94	2.62	4	5.1	6.6	8.8	11.2	14.5	16.8	22.2	27.8	33.6	40	46.6	52.5	66.2	77.6	91.5
焊接异径接头（按小管径计算）																				
$F_1/F_0=2$	0.1	—	0.1	0.13	0.2	0.26	0.33	0.44	0.56	0.72	0.84	1.1	1.4	1.68	2	2.4	2.6	3.3	3.9	4.6
$F_1/F_0=3$	0.2～0.3	—	0.14	0.2	0.3	0.38	0.98	1.32	1.68	2.17	2.52	3.3	4.17	5	5.7	5.9	6.0	5.5	7.8	9.2
$F_1/F_0=4$	0.3～0.49	—	0.19	0.26	0.4	0.51	1.6	2.2	2.8	3.62	4.2	5.55	6.35	7.4	7.8	8	8.9	9.9	11.6	13.7
F_1 / F_0																				

附录 8-3

室外高压蒸汽管径计算表(K=0.2 mm, ρ=1 kg/m^3)

表中采用单位:水流量 G(t/h);流速 v(m/s);比摩阻 R(Pa/m)

公称直径/mm	65		80		100		125		150		175		200		250	
外径×壁厚/mm	76×3.5		89×3.5		108×4		133×4		159×4.5		194×6		219×6		273×8	
G	v	R	v	R	v	R	v	R	v	R	v	R	v	R	v	R
2.0	164	5 213.6	105	1 666	70.8	585.1	45.3	184.2	31.5	71.4	21.4	26.5				
2.1	171.6	5 754.6	111	1 832.6	74.3	644.8	47.6	201.9	33.0	78.8	22.4	28.9				
2.2	180.4	6 310.2	116	2 018.8	77.9	707.6	49.8	220.5	34.6	86.7	23.5	31.6				
2.3	188.1	6 902.1	121	2 205	81.4	774.2	52.1	240.1	36.2	94.6	24.6	34.4				
2.4	195.8	7 507.8	126	2 401	85	842.8	54.4	260.7	37.8	102.9	25.6	37.2				
2.5	204.6	8 149.7	132	2 597	88.5	914.3	56.6	282.2	39.3	110.7	26.7	41.1	20.7	21.8		
2.6	212.3	8 816.1	137	2 812.6	92	989.8	59.9	311.6	40.9	119.6	27.8	43.5	21.5	23.5		
2.7	221.1	9 508	142	3 038	95.6	1 068.2	62.2	329.3	42.5	129.4	28.9	47	22.3	25.5		
2.8	228.8	10 224.3	147	3 263.4	99.1	1 146.6	63.4	354.7	44.1	138.2	29.9	51	23.1	27.2		
2.9	237.6	10 965.2	153	3 498.6	103	1 234.8	67.7	380.2	45.6	145.0	31	53.9	24	28.4		
3.0	245.3	11 730.6	158	3 743.6	106	1 313.2	68	406.7	47.2	156.8	32.1	57.8	24.8	30.4		
3.1	253	12 533	163	3 998.4	110	1 401.4	70.2	434.1	48.8	167.6	33.1	61.7	25.6	32.1		
3.2	261.8	13 349	168	4 263	113	1 499.4	72.5	462.6	50.3	179.3	34.2	65.7	26.4	34.8		
3.3	269.5	14 200	174	4 527.6	117	1 597.4	74.8	492	51.9	190.1	35.3	69.6	27.3	37.0		
3.4	278.3	15 072	179	4 811.8	120	1 695.4	77	522.3	53.5	200.9	36.3	73.7	28.1	39.2		
3.5	286	15 966	184	5 096	124	1 793.4	79.3	494.9	55.1	212.7	37.4	78.4	29	41.9		
3.6			190	5 390	127	1 891.4	81.6	588	56.6	224.4	38.5	83.3	30	44.1		

续表

公称直径/mm	65		80		100		125		150		175		200		250	
外径×壁厚/mm	76×3.5		89×3.5		108×4		133×4		159×4.5		194×6		219×6		273×8	
G	v	R	v	R	v	R	v	R	v	R	v	R	v	R	v	R
3.7			195	5 693.8	131	1 999.2	83.8	619.4	58.2	237.4	39.5	87.2	30.6	46.1		
3.8			200	6 007.4	135	2 116.8	86.1	652.7	59.8	250.9	40.6	92.6	31.4	49		
3.9			205	6 330.8	138	2 224.6	88.4	688	61.4	263.6	41.7	97.5	32.2	51.7		
4.0			211	6 664	142	2 342.2	90.6	723.2	62.9	277.3	42.7	99.6	33	54.5		
4.2			221	7 340.2	149	2 577.4	97.4	835.9	66.1	305.8	44.9	112.7	34.7	58.8		
4.4			232	8 055.6	156	2 832.2	99.7	875.1	69.2	336.1	47.0	122.5	36.4	64.7		
4.6			242	8 810.2	163	3 096.8	104	956.5	72.4	366.5	49.1	133.3	38	70.1		
4.8			253	9 584.4	170	3 371.2	109	1 038.8	75.5	399.8	51.3	145.0	39.7	76.4		
5.0			263	10 407.6	177	3 655.4	113	1 127	78.7	433.2	53.4	157.8	41.3	84.3		
6.0					210	5 262.6	136	1 626.8	94.4	624.3	64.1	226.4	49.6	117.1	31.7	37
7.0					248	8 232	170	2 538.2	118	975.7	80.2	253.8	62	180.3	39.6	57
8.0					283	9 359	181	2 891	126	1 107.4	85.5	401.8	66.1	204.8	42.2	64.4
9.0					319	11 848	204	3 665.2	142	1 401.4	96.2	508.6	74.4	259.7	47.5	81.1
10.0							227	4 517.8	157	1 734.6	107	628.6	82.6	320.5	52.8	99
11.0							249	5 468.4	173	2 097.3	118	760.5	90.9	387.1	58	119.6
12.0							272	6 507.2	189	2 499	128	905.5	99.1	460.6	63.3	142.1

注：编制本表时，假定蒸汽动力黏滞系数为 2.05×10^{-6} kg·s/m³。进行蒸汽流态验算时，对阻力平方区，摩擦因数用式 $\lambda=\dfrac{1}{\left(1.14+2\lg\dfrac{d}{K}\right)^{2}}$ 计算；对紊流过渡区，查得数值有误差，但不大于5%。

附录 8-4　　饱和水与饱和蒸汽的热力特性

压力 /(10^5Pa)	饱和温度 /℃	比体积 /(m^3/ kg)		比焓 /(kJ/ kg)		
p	t	饱和水 v_i	饱和蒸汽 v_q	饱和水 i_i	汽化潜热 Δi	饱和蒸汽 i_q
1.0	99.63	0.001 043 4	1.694 6	417.51	2 258.2	2 675.7
1.2	104.81	0.001 047 6	1.428 9	439.36	2 244.4	2 683.8
1.4	109.32	0.001 051 3	1.237 0	458.42	2 232.4	2 690.8
1.6	113.32	0.001 054 7	1.091 7	475.38	2 221.4	2 696.8
1.8	116.93	0.001 057 9	0.977 8	490.70	2 211.4	2 702.1
2.0	120.23	0.001 060 8	0.885 9	504.7	2 202.2	2 706.9
2.5	127.43	0.001 067 5	0.718 8	535.4	2 121.8	2 717.2
3.0	133.54	0.001 073 5	0.605 9	561.4	2 164.1	2 725.2
3.5	138.88	0.001 078 9	0.524 3	584.3	2 148.2	2 732.5
4.0	143.62	0.001 083 9	0.462 4	604.7	2 133.8	2 738.5
4.5	147.92	0.001 088 5	0.413 9	623.2	2 120.6	2 743.8
5.0	151.85	0.001 092 8	0.374 8	640.1	2 108.4	2 748.5
6.0	158.84	0.001 100 9	0.315 6	670.4	2 086.0	2 756.4
7.0	164.96	0.001 108 2	0.272 7	697.1	2 065.8	2 762.9
8.0	170.36	0.001 115 0	0.240 3	720.9	2 047.5	2 768.4
9.0	175.36	0.001 121 3	0.214 8	742.6	2 030.4	2 773.0
10.0	179.88	0.001 127 4	0.194 3	762.6	2 014.4	2 777.0
11.0	184.06	0.001 133 1	0.177 4	781.1	1 999.3	2 780.4
12.0	187.96	0.001 138 6	0.163 2	798.4	1 985.0	2 783.4
13.0	191.60	0.001 143 8	0.151 1	814.7	1 971.3	2 786.0

附录 8-5　　低压蒸汽供暖系统干式和湿式自流凝结水管管径选择表

凝水管径 /mm	形成凝水时，由蒸汽放出的热/kW				
	干式凝水管		湿式凝水管(垂直或水平)		
			计算管段的长度/m		
	水平管段	垂直管段	50 以下	50～100	100 以上
15	14.7	7	33	21	9.3
20	17.5	26	82	53	29
25	33	49	145	93	47
32	79	116	310	200	100
40	120	180	440	290	135
50	250	370	760	550	250
76×3	580	875	1 750	1 220	580
89×3.5	870	1 300	2 620	1 750	875
102×4	1 280	2 000	3 605	2 320	1 280
114×4	1 630	2 440	4 540	3 000	1 600

附录 8-6　　**二次蒸发气量 x_2**　　单位:kg/kg

始端压力 p_1(abs) /(10^5 Pa)	末端压力 p_3(abs)/(10^5 Pa)										
	1	1.2	1.4	1.6	1.8	2.0	3.0	4.0	5.0	6.0	7.0
1.2	0.01										
1.5	0.022	0.012	0.004								
2	0.039	0.029	0.021	0.013	0.006						
2.5	0.052	0.043	0.034	0.027	0.02	0.014					
3	0.064	0.054	0.046	0.039	0.032	0.026					
3.5	0.074	0.064	0.056	0.049	0.042	0.036	0.01				
4	0.083	0.073	0.065	0.058	0.051	0.045	0.02				
5	0.098	0.089	0.081	0.074	0.067	0.061	0.036	0.017			
8	0.134	0.125	0.117	0.11	0.104	0.098	0.073	0.054	0.038	0.024	0.012
10	0.152	0.143	0.136	0.129	0.122	0.117	0.093	0.074	0.058	0.044	0.032
15	0.188	0.18	0.172	0.165	0.161	0.154	0.13	0.112	0.096	0.083	0.071

附录 8-7　　**闭式余压回水凝结水管径计算表(p=30 kPa)**

漏气加二次蒸发气量按15%计算,K=0.5 mm,p=30 kPa,ρ=5.26 kg/m^3

R /(Pa/m)	在下列管径时通过的流量/kW											
	15	20	25	32	40	50	70	80	100	125	150	219×6
20	3.64	7.99	15.0	30.5	43.6	95	168	275	521	691	1 510	2 490
40	5.05	11.3	23.3	43.5	60.7	135	238	390	738	974	2 140	4 130
60	6.22	13.9	26.1	53.5	74.6	164	291	477	904	1 160	2 820	5 070
80	7.16	15.0	30.1	61.0	86.9	189	336	552	1 040	1 370	3 030	6 070
100	7.99	17.9	33.7	68.4	97.2	213	376	613	1 160	1 540	3 380	6 550
120	8.81	19.5	36.4	75.2	106	233	409	669	1 270	1 680	3 700	7 140
150	9.87	21.8	39.9	83.4	119	260	458	752	1 410	1 880	4 130	7 970
200	11.4	25.2	47.2	96.5	137	301	528	866	1 640	2 170	4 770	9 210
250	12.8	28.4	53.0	108	153	337	595	975	1 840	2 430	5 270	10 300
300	14.0	30.8	57.8	117	169	366	646	1 060	2 020	2 650	5 840	11 300
350	15.0	33.5	62.5	128	183	397	701	1 140	2 180	2 870	6 350	12 200
400	16.1	35.6	66.9	136	195	426	752	1 230	2 330	3 080	6 790	13 500
450	17.0	38.1	71.2	146	207	451	792	1 310	2 470	3 250	7 180	13 800
500	19.3	40.0	74.9	152	218	474	834	1 370	2 610	3 430	7 530	14 600

附录 8-8 **设备、材料进场验收记录**

<table>
<tr><td colspan="2">建设单位</td><td colspan="2">施工单位</td><td></td><td></td></tr>
<tr><td colspan="2">工程名称</td><td colspan="2"></td><td>单位(分部)工程</td><td></td></tr>
<tr><td colspan="2">设备名称</td><td colspan="2"></td><td>型号、规格</td><td></td></tr>
<tr><td colspan="2">系统编号</td><td>装箱单号</td><td></td><td></td><td></td></tr>
<tr><td>设备检查</td><td colspan="5">包装
设备外观
设备零部件
其他</td></tr>
<tr><td>技术文件检查</td><td colspan="5">1. 装箱单　份　张
2. 合格证　份　张
3. 说明书　份　张
4. 设备图　份　张
5. 其他</td></tr>
<tr><td>存在问题及处理意见</td><td colspan="5">检查人员：</td></tr>
<tr><td colspan="4">建设监理单位：
年　月　日</td><td colspan="2">施工单位项目经理：
年　月　日</td></tr>
</table>

参考文献

[1] 陈宏振，汤延庆. 供热工程[M]. 武汉：武汉理工大学出版社，2008.
[2] 陈宏振. 室内采暖系统安装[M]. 徐州：中国矿业大学出版社，2010.
[3] 贺平，孙刚. 供热工程[M]. 北京：中国建筑工业出版社，2001.
[4] 蒋志良. 供热工程[M]. 北京：中国建筑工业出版社，2005.
[5] 陆亚俊. 暖通空调[M]. 北京：中国建筑工业出版社，2002.
[6] 陆耀庆. 实用供热空调设计手册[M]. 北京：中国建筑工业出版社，2008.
[7] 图集编绘组. 建筑设备设计施工图集[M]. 北京：中国建筑工业出版社，2000.
[8] 王飞，张建伟. 直埋供热管道工程设计[M]. 北京：中国建筑工业出版社，2007.
[9] 相里梅琴. 室外供热管网安装[M]. 徐州：中国矿业大学出版社，2010.
[10] 张金和. 图解供热工程安装[M]. 北京：中国电力出版社，2007.
[11] 中国建筑标准设计研究院. 热水管道直埋敷设：国家建筑标准设计图集 17R410[G]，2017.
[12] 中国建筑标准设计研究院. 室外热力管道安装（地沟敷设）：国家建筑标准设计图集 03R411-1[G]，2003.
[13] 中国建筑标准设计研究院. 室外热力管道地沟：国家建筑标准设计图集 03R411-2[G]，2003.
[14] 中国建筑标准设计研究院. 室外热力管道支座：国家建筑标准设计图集 97R412[G]，1997.
[15] 中华人民共和国建设部，国家质量监督检验检疫总局. 建筑给水排水及采暖工程施工质量验收规范：GB 50242－2002[S]. 北京：中国计划出版社，2002.
[16] 中华人民共和国建设部，国家质量监督检验检疫总局. 建筑工程施工质量验收统一标准：GB 50300—2013[S]. 北京：中国建筑工业出版社，2014.
[17] 中华人民共和国住房和城乡建设部，中华人民共和国国家质量监督检验检疫总局. 暖通空调制图标准：GB/T 50114—2010[S]. 北京：中国建筑工业出版社，2011.
[18] 中华人民共和国住房和城乡建设部. 工业建筑供暖通风与空气调节设计规范：GB 50019—2015[S]. 北京：中国计划出版社，2015.
[19] 中华人民共和国住房和城乡建设部. 城镇供热管网设计规范：CJJ 34—2010[S]. 北京：中国建筑工业出版社，2010.
[20] 中华人民共和国住房和城乡建设部. 供暖通风与空气调节术语标准：GB/T 50155—2015[S]. 北京：中国建筑工业出版社，2015.
[21] 中华人民共和国住房和城乡建设部. 供热工程制图标准：CJJ/T 78—2010[S]. 北京：中国计划出版社，2011.
[22] 中华人民共和国住房和城乡建设部. 供热术语标准：CJJ/T 55—2011[S]. 北京：中国建筑工业出版社，2012.